高等学校电子与通信工程类专业“十二五”规划教材

电视原理

（第二版）

主　编　李秀英
副主编　宋占伟　徐晓辉
主　审　余兆明

西安电子科技大学出版社

内 容 简 介

本书是作者从事多年数字电视原理的教学和科研工作的成果结晶。全书共9章，内容包括电视基础、CRT彩色电视的信号接收电路、CRT彩色电视的信号处理电路、CRT彩色电视的显示输出电路、数字电视的国际国内标准、数字电视信号的接收单元、数字电视信号的处理单元、数字电视信号的输出单元、数字电视的设计与开发。

图书在版编目(CIP)数据

电视原理/李秀英主编. —2版. —西安：西安电子科技大学出版社，2015.5

高等学校电子与通信工程类专业“十二五”规划教材

ISBN 978-7-5606-3681-8

Ⅰ. ① 电…　Ⅱ. ① 李…　Ⅲ. ① 电视—理论—高等学校—教材　Ⅳ. ① TN94

中国版本图书馆CIP数据核字(2015)第075123号

策　　划　邵汉平

责任编辑　张　玮　邵汉平

出版发行　西安电子科技大学出版社(西安市太白南路2号)

电　　话　(029)88242885　88201467　　邮　　编　710071

网　　址　www.xduph.com　　电子邮箱　xdupfxb001@163.com

经　　销　新华书店

印刷单位　陕西华沐印刷科技有限责任公司

版　　次　2015年5月第2版　2015年5月第2次印刷

开　　本　787毫米×1092毫米　1/16　印　张　18.5

字　　数　438千字

印　　数　3001～6000册

定　　价　33.00元

ISBN 978-7-5606-3681-8/TN

XDUP 3973002-2

前　言

数字电视的飞速发展与普及使“电视原理”课程的内容需要跟上实际设计的需求。在第一版的基础上，本书添加了智能电视功能开发的内容，以供产品研发与应用之需。

由于智能电视的开发具有多样性，因此，本书只是在基础开发平台与环境上进行了数字电视典型功能应用研发的叙述，以期对智能电视的功能开发起到抛砖引玉的作用。

本书是在第一版的基础上结合近几年电视教学与科研的结果而编写的，由李秀英、宋占伟、徐晓辉分工合作编写，在编写过程中得到了吉林大学数字电视研发团队的大力支持。

编　者

2015年2月于吉林大学

第一版前言

电视技术发展到今天，已经成为一个巨大的系统工程。电视技术涉及节目采编、后期制作、编码压缩、信号合成、调制发射、信道传输、条件控制、接收解调、信号分离、信源解码、同步控制、显示输出等诸多环节，电视已成为广播电视行业的支柱业务和社会信息传媒的重要手段。

用于视频、音频信号接收与图像、声音恢复重现的电视，已经深入到城市、乡村的家家户户，成为人们生活、娱乐、了解社会信息的必备电器和现代居家生活的组成部分。

随着科技的进步，电视的功能不断增加，电视的视觉和听觉感观效果不断增强，电视的结构和传输方式也发生着重大转变。从最早的黑白电视发展到彩色电视，从模拟电视信号传输发展到数字电视信号传输，从直角平面 CRT 显示发展到大平面 LCD/PDP 显示，从标准清晰度模拟显示输出发展到高清晰度数字显示输出，从单声道伴音输出发展到多声道环绕声输出，从简单的视听信息接收发展到高品质的视听感官享受，从固定电视接收发展到移动电视接收，从单向广播方式向双向互动点播方式转变，这都依靠电视技术的发展与电视产业的做大做强。

本书包含四大部分：电视基础、CRT 彩色电视接收机电路及原理、数字电视接收机电路及原理、数字电视的设计与开发。本书的读者对象主要是高等院校电子工程、通信工程、信息工程、广播电视工程、计算机等专业的教师和学生。同时本书也可为在广播电视行业从事数字电视、有线电视、卫星电视、地面电视等开发工作的工程技术人员提供参考和帮助。

本书是编者多年从事电视原理课程教学的经验总结，由宋占伟、李秀英、郑传涛分工合作编写而成，在编写过程中作者还查阅了大量的书籍和相关文献资料。在此，编者向所参阅书籍的有关作者表示由衷的谢意，同时也感谢西安电子科技大学出版社的大力支持。

由于编者水平有限，而且数字电视技术也在不断发展和进步，本书不可避免地存在一些不妥之处，恳请读者批评指正。

编　者

2010 年 8 月于吉林大学

目　录

第1章 电视基础

电视技术是利用无线电波、卫星信号或者有线信号传送声音和图像信息的一种技术。在了解彩色电视、数字电视的工作原理之前，很有必要对广播电视基础知识作一简单的介绍。本章首先介绍人的视觉对图像的感知机理，然后介绍电视图像的基本组成原理与方法。

1.1 视频图像原理

电视图像的形成和重现过程的基础是人眼的视觉暂留效应。只要满足视觉暂留效应的要求，人眼感受到的就是完整、连续的图像信息。

图像可以看成是确定大小的像素点按照行和列规则排列形成的结果。像素点的大小与人眼的明暗感知灵敏度相关。行和列的大小决定了图像的尺寸，图像的尺寸大小又与人眼的视角相关。

模拟电视图像是由显像管内的电子束以行列循环扫描的方式轰击荧光屏上的荧光粉发光形成的，某一时刻电子束只打在一个荧光点上，发光的亮暗与电子束所包含的电子多少相关。色彩是代表红、绿、蓝三基色的三束电子束分别轰击荧光点上对应的荧光粉发光合成的效果。

人眼所能分清的单个荧光点的大小就是人眼的视觉分辨力，而人眼所能感受到的由大量荧光点形成的屏幕范围就是人眼的视觉感知范围。在模拟电视中用电视线来表示视觉分辨力，而用线数表示视觉感知范围。

1.1.1 人眼的视觉分辨力

人眼视觉分辨力的严格定义是以被观察物上两点之间能分辨的最小视角 θ 的倒数来表示的，即

$$\text{视觉分辨力} = \frac{1}{\theta}$$

对于正常视力的人，在中等亮度的条件下观看静止图像时，其 $\theta = 1' \sim 1.5'$。视觉分辨力在很大程度上取决于景物细节亮度和对比度。

1.1.2 人眼的视觉暂留特性

当一个光脉冲作用于人眼时，人眼不能在瞬间形成稳定的亮度感觉，必须经过一个短

暂的升或降的过渡过程，即随时间增加，人眼主观亮度感觉由小至大，最后达到一稳定值，然后才以近似指数的规律逐渐减小。这一现象即称为视觉惰性，也称视觉暂留特性。这一特性可用图 1.1 来说明。

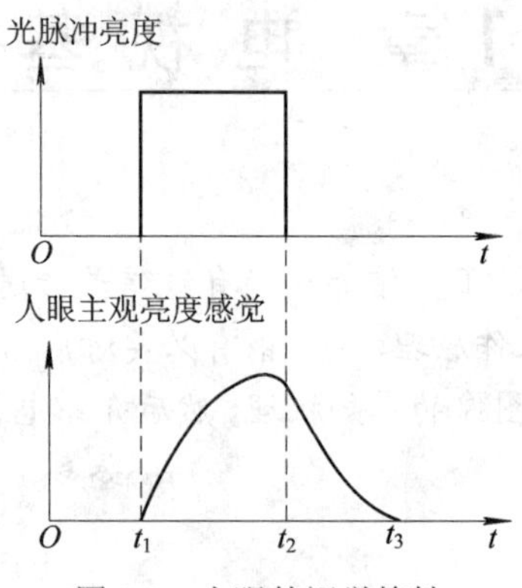

图 1.1 人眼的视觉惰性

视觉惰性在近代电影和电视中得到广泛应用。放映电影时，每秒传送 24 幅画面(放映时每幅画面曝光两次)；电视在播放中，每秒传送 25 幅画面(每幅画面扫描两次)。虽然每个画面不连续，但由于人眼存在视觉暂留特性，因而主观感觉图像内容是连续运动的。

实验测试表明，人眼的临界闪烁频率约为 46 Hz。图像的变换频率如果超过这一值，人眼就不会感到闪烁。人眼的视觉暂留时间在 20 ms 以内，在此时间间隔内人眼可将分立的各场图像感觉成连续的图像。

为了降低电路中电视信号的传输量并兼顾人眼的视觉效果，实际的电路系统将一帧完整的图像分解成由奇数行和偶数行构成的两个场，先传输显示奇数场，再传输显示偶数场，这样既满足了人的视觉要求，又减少了一半的数据传输量，使电路实现比较容易。这就是为什么在电视中采用 50 场或 60 场隔行扫描方式的原因。

人眼视觉最清楚的范围约为垂直夹角 15°、水平夹角 20° 的一个矩形面积。因此，电视机屏幕的宽高比多为 4∶3。为增强现场感与真实感，也可适当增加宽高比，例如高清晰度电视机屏幕的宽高比一般采用 16∶9。

显像管屏幕的大小常用 4∶3 幅面对角线尺寸来表示，一般家用彩色电视机有 21 英寸(54 cm)、25 英寸(64 cm)、29 英寸(74 cm)和最大尺寸 34 英寸(87 cm)。(注：1 英寸 = 2.54 cm。)

LCD 和 PDP 数字电视屏幕的大小通常采用 16∶9 幅面对角线尺寸来表示，一般家用数字电视机有 32 英寸、37 英寸、40 英寸、42 英寸、47 英寸和 50 英寸以上的大屏。

1.1.3 图像的解像力

图像清晰度是人们主观感觉到的图像细节的清晰程度。它与电视系统传送图像细节的能力有关，这种能力称为电视图像的解像力，常用多少“线”来表示。普通 CRT(Cathode Ray Tube)显像电视水平解像力可以达到 450 线，标准清晰度电视水平解像力可以达到 720 线，而高清数字电视水平解像力目前可以达到 2160 线。

解像力又分为垂直解像力和水平解像力。

垂直解像力是指沿着图像的垂直方向能够分辨出像素的数目，显然它受屏幕显示行数的限制。在最佳的情况下，垂直解像力 M 就等于显示行数。在一般情况下，物理屏幕上的每一行并不等同于垂直解像力意义上的一行，两者的关系取决于图像的状况以及图像与扫描线相对位置的各种情况。考虑到图像内容的随机性，有效垂直解像力 M 可由比例系数 K 和显示行数的乘积来确定，K 值通常取 0.5～1，若 $K = 0.76$，则有效垂直解像力 $M = 0.76 \times 575 = 437$ 线。

水平解像力是指电视系统沿图像水平方向能分辨的像素的数目，用 N 表示。水平解像力取决于图像信号通道的频带宽度以及电子束横截面的大小。也就是说，水平解像力与电子束直径相对于图像细节宽度的大小有关。实验证明，在同等长度条件下，当水平解像力等于垂直解像力时图像质量最佳。由于一般电视机屏幕的宽高比为 4∶3，故有效水平解像力 N 可根据下式求出：

$$N = \frac{4}{3}M = \frac{4}{3} \times 0.76 \times 575 = 583\text{ 线}$$

由扫描电子束存在一定的截面积而造成电视系统水平分解力下降的现象，称为孔阑效应。减小电子束直径可以提高水平解像力，但电子束直径的大小要适当。

为了获得图像的连续感、克服闪烁效应并不使图像信号的频带过宽，我国电视标准规定帧频为 25 Hz，采用隔行扫描，场频为 50 Hz。这样的场频恰好等于电网频率，还可以克服当电源滤波不良时的图像蠕动现象。由于扫描行数决定了电视系统的解像力，从而决定了图像的清晰度，因此在电视标准中确定的扫描行数是一个极为重要的指标。我国规定每帧扫描 625 行。

模拟电视图像由电子束的行、场扫描形成，中国和欧洲采用每幅 625 行，场频为 50 Hz，美国和日本采用 525 行，场频为 60 Hz，宽高比都为 4∶3。由于普遍采取隔行扫描方式，实际上两场构成一帧完整的图像，即分别对应每秒显示 25 帧和 30 帧。

由于每场图像扫描到最后一行末尾时，电子束要返回到下一场第一行的起始点，因此应该去除 50 行的回扫线，这样一幅电视图像的实际大小分别为

$$(625 - 50) \times \frac{4}{3} \times (625 - 50) = 44.10 \times 10^4\text{ 个有效像素点}$$

$$(525 - 60) \times \frac{4}{3} \times (525 - 60) = 28.83 \times 10^4\text{ 个有效像素点}$$

一帧电视图像的像素大小如图 1.2 所示。

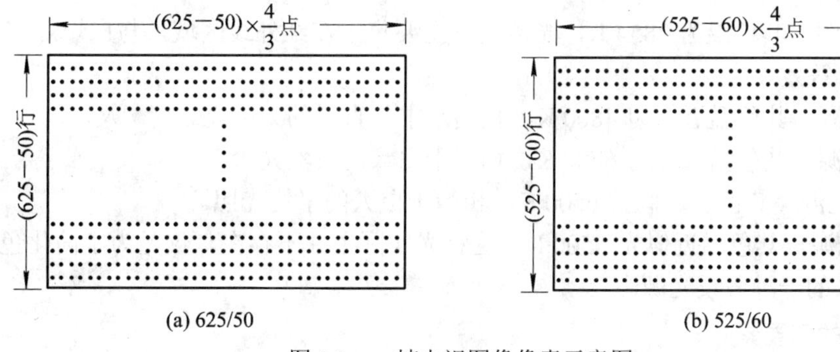

图 1.2 一帧电视图像像素示意图

625/25 显示方式下，每秒传送的数据量为

$$44.10\times10^4\times25=11.03\times10^6 \text{像素}$$

525/30 显示方式下，每秒传送的数据量为

$$28.83\times10^4\times30=8.65\times10^6 \text{像素}$$

1.2 色彩原理

1.2.1 光与彩色

1．光与色

光是一种物质，是一种携带能量的电磁波，其频率范围很宽，就人眼感觉到的可见光而言，其波长范围为 780～380 nm(1 nm = 10^{-9} m)。

色源于光，色(俗称颜色)也是光的一种形式，它是一定波长的光作用于人的视觉神经而引起的结果。电视中，红色光的波长约为 700 nm(780～630 nm)；绿色光的波长约为 546 nm(580～510 nm)；蓝色光的波长约为 435 nm(470～430 nm)，如图 1.3 所示。

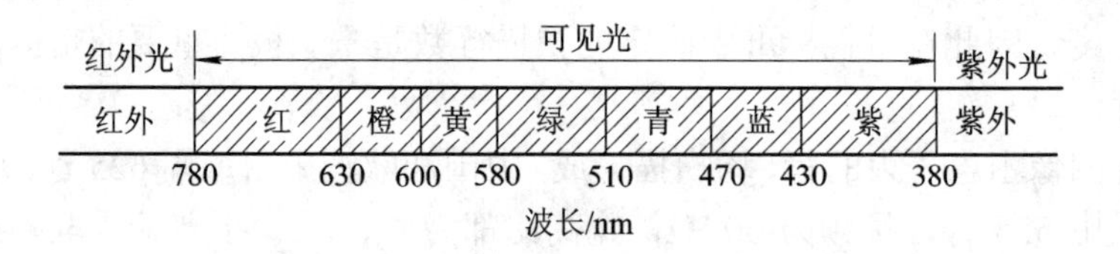

图 1.3 可见光中各色光的波长

可见光谱中，各色光的波长都有一定范围，其边界处的波长也不十分严格。很短或很长波长的光(紫外光和红外光)人眼是看不到的。所以，色是人眼对不同光谱的主观反映，没有光也就没有色，在漆黑的夜晚，是什么颜色也分辨不出来的。

太阳光是一种复式光，它包括了所有频率成分的可见光，通过三棱镜(分光镜)后就会分解出红、橙、黄、绿、青、蓝、紫 7 种颜色。

在电视技术中，通常采用国际上规定的 A、B、C、D_{65} 及 E 等几种光源作为标准光源，其主要特性如下：

(1) A 光源，其色温为 2854 K，光谱能量主要集中在红外线区域，与白炽灯在 2800 K 时辐射出的光等效。

(2) B 光源，其色温近似为 4800 K，相当于中午直射的太阳光。

(3) C 光源，其色温近似为 6700 K，相当于白天的自然光。

(4) D_{65} 光源，其色温近似为 6500 K，相当于白天的平均光照。

(5) E 光源，其色温近似为 5500 K，这种光实际上并不存在，仅是为了简化色度学中的计算而引入的一种假设光源。

2．彩色的三要素

光对人眼引起的视觉反应，一般可用 3 个基本参量来描述，这就是所谓的彩色三要素。

(1) 亮度，指光的明亮程度，即彩色光作用于人眼引起的视觉明亮程度的感觉，它由发光体的发光强度来确定。

(2) 色调，指彩色光的种类或类别，如红、黄、绿、蓝等不同的颜色。色调是由光的频率(或波长)高低来确定的，这是决定彩色本质的一个基本参量。

(3) 色饱和度，指彩色光的深浅程度，如红、浅红、浅绿、深绿等不同程度的颜色。光的色饱和度与彩色中掺入的白色光成分有关，即完全不掺入白色的彩色光，其饱和度最高，定为 100%；若掺入一半的白光，则饱和度为 50%。自然界中的彩色，实际上都是非饱和色。

色调和色饱和度通常合称为色度。这个名词在彩色电视中会经常提到，即色度为色调和色饱和度的总称，它既表明了彩色的种类，又表明了彩色的深浅。

1.2.2 三基色原理

1. 人眼的视觉特性

人眼的视觉神经细胞有两种，一种为杆状细胞，另一种为锥状细胞。

杆状细胞对亮度敏感，即细胞的感光灵敏度很高，能感受弱光。夜晚人眼的视觉就是由杆状细胞来完成的。杆状细胞多达 13 000 多万个，主要分布在视网膜周围，由于数量多、视觉分辨力高，因而需要传送更多的黑白图像细节才能满足视觉需求，黑白图像信号的频带也因此较宽。

锥状细胞(圆锥细胞)对彩色敏感，对强光也能产生亮度感觉。锥状细胞约有 700 多万个，比杆状细胞少得多，主要分布在视网膜中部的黄斑区。由于锥状细胞少，因而人眼对彩色的分辨力要比黑白亮度低，故传送彩色图像时，其细节并不重要。因此，彩色图像信号的频带宽度较窄，高频分量较少。

人眼的锥状细胞又有 3 种，分别对红、绿、蓝三色光敏感，在辐射强度相等但色彩不同的光的刺激下，3 种锥状细胞所产生的亮度感觉是不一样的。

如果一束彩色光只能引起人眼的一种锥状细胞(光敏细胞)的较强兴奋，而另两种锥状细胞的兴奋很微弱，则人眼的感觉就是某一种基色光，如红色、绿色或蓝色。

如果一种彩色光能使人眼的两种锥状细胞都兴奋，便会产生其他彩色感觉。若红敏、绿敏细胞都兴奋，便产生黄色感觉；若红敏、蓝敏细胞都兴奋，便产生紫色感觉；若绿敏、蓝敏细胞都兴奋，便产生青色感觉等。随着 3 种锥状细胞所受光的刺激程度不同，人眼便有各种各样的彩色感。

如果有一种光，能使 3 种锥状细胞产生同等程度的兴奋，那么人眼所感觉到的便是白色光了；若以相同比例同时改变红、绿、蓝 3 种基色光的强度，则人眼会得到明亮不等的亮度(灰度)感觉。也就是说，白色也可以用不同比例的红、绿、蓝三色混合得到。

图 1.4 表明了在相同辐射强度但彩色不同的光照激发下，人眼 3 种锥状细胞对不同色光(即不同波长)的相对视敏函数曲线(光敏特性曲线)。3 条响应曲线的峰值分别在波长为 580 nm 的红光、540 nm 的绿光(黄绿光)及 440 nm 的蓝光处。图中的亮度曲线是红、绿、蓝 3 条曲线相加的结果。实验还表明，复合光的亮度等于各色光分量的亮度之和。

上述的有关彩色视觉特性是俄国科学家罗蒙洛索夫于 1756 年首先提出的三基色假设

中指出的，这个假设后来得到许多科学家的实验证明，从而成为色度学的基础。

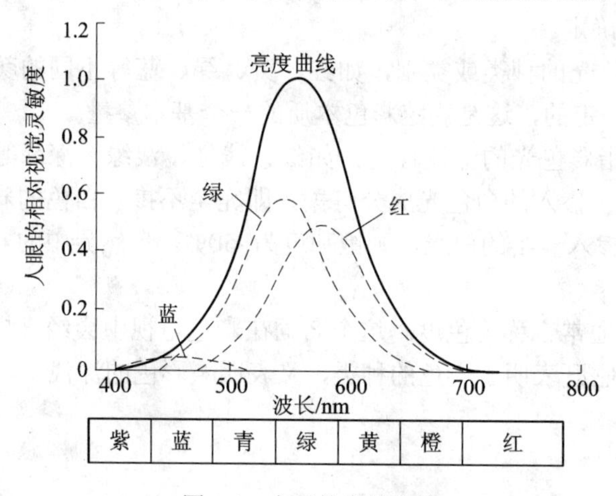

图 1.4 人眼的光敏特性

2. 人眼的色彩分辨力

实验表明，人眼对彩色的分辨能力比对亮度的分辨能力低，对不同色调的光，其分辨能力也各不相同。在同样照度下，人眼对绿色的分辨力最高，红色次之，蓝色最低。如果将人眼对黑白细节的分辨力定为 100%，则对黑红色的分辨力为 90%，对绿红色的分辨力为 40%，而对绿蓝色的分辨力只有 19%，具体情况如表 1.1 所示。

表 1.1 人眼对彩色的相对分辨力

不同色调	黑白	墨绿	黑红	绿红	黑蓝	红蓝	绿蓝
相对分辨率/%	100	94	90	40	26	23	19

表 1.1 中数据表明，人眼对彩色景物细节的分辨能力是很差的。举例来说，如果在一定距离内我们能分辨出电视机荧光屏白衬底上大小为 1 mm 的黑色细节，那么，在同样距离内要能分辨出红色衬底的绿色细节，图像的尺寸则增加至 2.5 mm；要能分辨出蓝色衬底的绿色细节，图像的尺寸则增加至 5.3 mm。若荧光屏上出现的彩色图像小于上述尺寸，则人眼将不能分辨其彩色，只能感觉到亮度的不同，也可以认为人眼对于很小的物体的彩色是色盲。

电视对黑白图像的清晰度要求愈高，图像信号的频带即愈宽。电视标准规定亮度信号(图像信号)的频带宽度为 6 MHz。由于人眼的辨色能力低，对彩色电视图像的清晰度要求低，故彩色电视信号(如红、绿、蓝)的频带宽度只要有 1.3 MHz 就能满足要求了。

3. 三基色原理

通常认为，太阳光由红、橙、黄、绿、青、蓝、紫 7 种颜色组成，但如果细分，则太阳光的色调可高达 120 多种。那么这么多颜色，可否由某几种色彩混合而成呢？就人眼的视觉特性而言，这是可行的。在彩色电视中，比较恰当的是选用红、绿、蓝 3 种色光，按照不同比例，就可混出白光和其他各色光，这样，就有了色彩产生的基础——三基色原理。这一原理包括下列几方面含义：

(1) 三种基色本身是相互独立的，其中任何一种不能由其他两种混合而得。

(2) 大自然中几乎所有彩色光都可以由这三种基色按不同比例相混而成。三基色的比例决定了色调(颜色)。当三基色混合比例相同时，色调也相同。

(3) 相混基色的多少决定了彩色光的亮度，混色后彩色光的亮度等于各基色光的亮度之和。混色的方法有两种，即相加混色和相减混色。在彩色电视技术中，采用相加混色方法(空间混色)，选用红(R)、绿(G)、蓝(B)作为3种基色；在印染、印刷、颜料等行业中，采用相减混色方法，选用黄、紫(品红)、青作为三基色。相加混色的三基色与相减混色的三基色互为补色，是密切相关的。

三基色原理是彩色电视的理论基础，实验表明，将红、绿、蓝3种色光投射到一个白色的屏幕上，调节它们的比例，就可得到不同的相加混色效果(空间混色)，其结果可简单地用图1.5的3个圆图及近似公式来说明，即

红光 + 绿光 = 黄光(黄为蓝的补色)
绿光 + 蓝光 = 青光(青为红的补色)
蓝光 + 红光 = 紫光(品红)(紫为绿的补色)
红光 + 绿光 + 蓝光 = 白光

如果进行混合的各种彩色的相对强度(比例)发生变化，则会产生不同的新色调(颜色)。图1.6就以三角形定性表明了各色相混的大致情况。

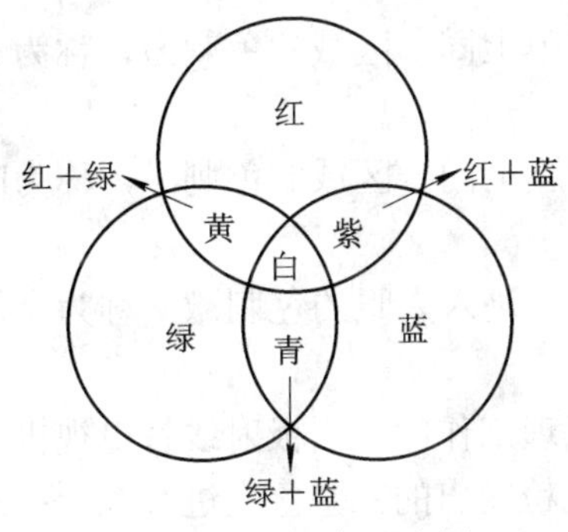

图1.5　相加混色示意图

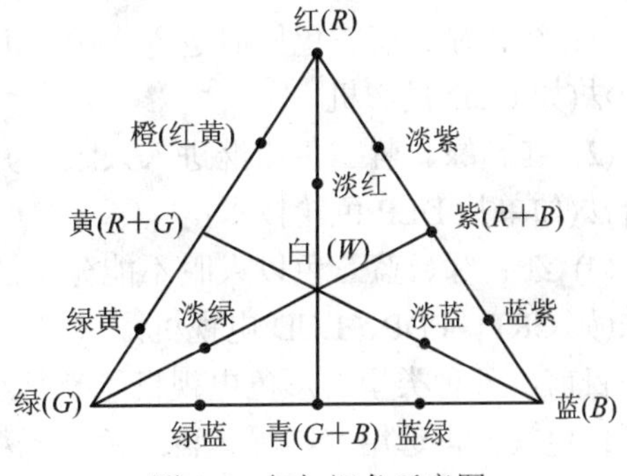

图1.6　相加混色示意图

在相减混色中，某物体的颜色是在白光中(白纸上或白布上)减去(滤去或被吸收)不需要的彩色而反射(留下)所需的彩色光。例如，照射某衣物上的白光，只有红色被反射时，则人们看到的即为红色衣物。相减混色中的有关公式可简述为

黄色 = 白色 − 蓝色；红色 = 白色 − 蓝色 − 绿色
紫色 = 白色 − 绿色；绿色 = 白色 − 蓝色 − 红色
青色 = 白色 − 红色；蓝色 = 白色 − 绿色 − 红色
黑色 = 白色 − 蓝色 − 绿色 − 红色 =黄色 + 紫色 + 青色

4. 亮度方程(亮度公式)

根据人眼的视觉特性，在彩色电视技术中，用强度相同的红、绿、蓝3种基色光合成亮度为100%的白色光时，各基色光对亮度的贡献是各不相同的，其关系可用如下方程表示：

对于NTSC制，有

$$Y = 0.30R + 0.59G + 0.11B$$

对于 PAL 制，有

$$Y = 0.222R + 0.707G + 0.071B$$

上述方程称为亮度方程。

尽管我国彩电制式为 PAL 制，但在进行有关计算时，一般都采用 NTSC 制的亮度方程，因为 NTSC 制使用较早。这样做虽然存在一些误差，但在主要特性上仍能满足视觉对亮度的要求。

亮度方程表示了由三基色信号合成亮度信号的数量关系，即在 1 lm 的白色光通量中，三基色红、绿、蓝所辐射的光通量分别为 0.30 lm、0.59 lm、0.11 lm。当三基色电压各为 1 V 时，则亮度信号 Y 为

$$Y = 0.30 \times 1\ \text{V} + 0.59 \times 1\ \text{V} + 0.11 \times 1\ \text{V} = 1\ \text{V}$$

请注意，相混后的亮度信号 Y 是 1 V，而不是 3 V。可见 3 个等强度(幅度)的基色光对亮度的影响是各不相同的。其中绿色影响(贡献)最大，为 59%；红色次之，为 30%；蓝色最弱，为 11%。这说明在亮度方面人眼对绿光最灵敏，对蓝光最不灵敏。

5．电视中的色彩构成原理

彩色电视机利用人眼的视觉特性，把自然界的五颜六色重现在屏幕上。对人眼识别颜色的研究表明：人的视觉对于单色的红、绿、蓝三种形式的色刺激具有相加的混合能力。人眼对于红、绿、蓝的相加混合可分为以下三种情况：

(1) 红、绿、蓝三色同时进入人眼，并投射在视网膜上同一区域的色刺激，称为光谱混合法(如 LCD 投影机)。

(2) 红、绿、蓝三色相继进入人眼，并投射在视网膜上同一区域的色刺激，称为时间混合法(如单片 DLP 色轮技术)。

(3) 红、绿、蓝三色以人眼不能分辨的“镶嵌”方式进入人眼的色刺激，称为空间混合法(如 CRT、PDP、LCD 电视机)。

目前，各种类型的彩色电视机，都是利用三基色原理工作的。阴极射线管电视机、等离子体电视机，选用红、绿、蓝三色荧光粉，利用荧光粉发出的三基色光进行混合；液晶电视机(包括直视型和投影型)、LCD 投影机都是通过光学系统滤光分色，分出红、绿、蓝三基色信号后经信号调制再相加混合而形成彩色图像的。

目前各种采用不同成像原理的成像器件中，有的成像器件重现还原的色域范围较小，限制了其在电视中的应用，液晶面板就是其中的一种。为了提升液晶电视的彩色重现范围，生产液晶面板的一些公司采用了不同的方法，以改进和提高彩色的还原能力。如采用 4 色、5 色或 6 色滤色器面板，以提高液晶电视的彩色重现范围。

随着数字化处理技术的发展，近几年对显示器的色度处理方法也越来越多，可以根据显示器内部电子装置的需要，将信号从一种形式变换成另一种形式，以便完成各种处理任务。通过对电路的设计，可以单独对红、绿、蓝和它们对应的补色分别进行修正，获得更明亮、更鲜艳的彩色，以符合某些观众对颜色的喜好。

无论采用哪种彩色的补偿修正方法，目前按常规色域播出的数字电视节目以红、绿、蓝作为彩色电视的三基色方法仍未改变。彩色电视系统中在前端摄像机采集景物图像的颜色，演播室的节目制作和中间的节目传输都采用红、绿、蓝三基色；只是有些企业为渲染

彩色重现效果，在电视机的信号处理电路部分分别采用“六色”、“五色”或“四色”的处理技术。即使如此，在终端显示时还是以 *R*、*G*、*B* 三基色相加混合重现彩色图像，重现的彩色范围不会超过三基色相加混色限定的范围。

6. 图像信号的典型表示方法

图像信号针对不同的应用具有不同的表示方法，各种表示方法可以相互转换。

图像信号在用于显示时普遍采用 *RGB* 表示法，即三基色表示法，这种表示法简单明了，直接与彩色图像的色彩恢复相对应。

图像信号在用于存储时普遍采用 YC_RC_B 表示法，即亮度色差表示法，这种表示法可以根据各信号的频谱成分所占的比重适当减少存储空间。

图像信号在用于传输时普遍采用 *YUV* 表示法，即亮度色度表示法，这种表示法可以根据亮度、色度和色饱和度分量的合理组合，充分利用传输信道资源。

1.3 电视信号的特征

电视发展到今天已经是一个大的系统，电视机作为电视信号的接收和输出显示装置是这个系统中最重要的部分，也是跟人们日常生活联系最紧密的家用电器，是人们接收信息和进行娱乐的主要工具。了解掌握电视的基本结构对于电视的研发和维护具有指导意义。

电视机结构从信号的角度可以分成三大基本单元：射频电视信号接收单元、中频电视信号解码单元和视频电视信号显示单元，见图 1.7。黑白、彩色、数字电视都遵循这种结构模式，只是针对相应的功能和形式，需增加或改变信号的处理过程。

图 1.7 电视机的结构框图

黑白电视作为电视的基础，在结构上比较简单，各单元的工作原理清晰；彩色电视在黑白电视的基础上添加了色度处理过程，使电视的工作制式趋于完备；数字电视在信号形式上发生了变化，由模拟信号变成数字信号，其处理过程也相应地发生改变，但总体流程没有发生变化。

了解电视的结构特点和各结构单元的工作过程，需掌握电视信号的特征和构成，这样才能抓住问题的关键，从整体上把握电视的结构。

与电视结构相对应，电视信号通过射频电视信号到中频电视信号再到视频电视信号的变换过程，最终实现图像的输出显示。

射频电视信号是为了传输目的而设计的。电视接收单元通过高频调谐器将天线或同轴电缆送来的射频电视信号变换成统一的中频电视信号输出。

中频电视信号经过解码处理单元，将视频电视信号、伴音信号和控制信号从全电视信号中分离出来，其中的视频电视信号又包括亮度信号和色度信号。

视频电视信号经输出显示单元进一步处理，解析出三基色信号并配合行场同步控制信号输出到显示器件(显像管)，经过电光变换得到连续图像。

1.3.1　射频电视信号的频段与频道特征

1．电视频道的划分

所谓频段是指能传送若干路节目(信号)的频率范围，如某个电视频段内能传送 12 路电视节目(VHF 段)或传送 56 路电视节目(UHF 段)；而频道则指传送一路节目(信号)的频率范围，一个电视频道的带宽为 8 MHz。

我国电视标准规定，电视频段划分成两大段，即 45～450 MHz 的甚高频段(VHF 段)和 470～960 MHz 的特高频段(UHF 段)。甚高频段中设有 12 个电视频道和 37 个增补频道；特高频段中设有 56 个电视频道。在甚高频段中又将 12 个频道分成 I 段(也称 VHF 低段)和 III 段。在 I 段内设置 1～5 频道，在 III 段内(也称 VHF 高段)设置 6～12 频道。前 7 个增补频道位于上述的 I 、III 段之间，后 30 个增补频道设置在 III 段之后 223～463 MHz 的范围中。

2．相邻电视频道频谱的排列

下面以第 1～4 频道为例，说明各电视频道频谱的排列，其示意图如图 1.8 所示。

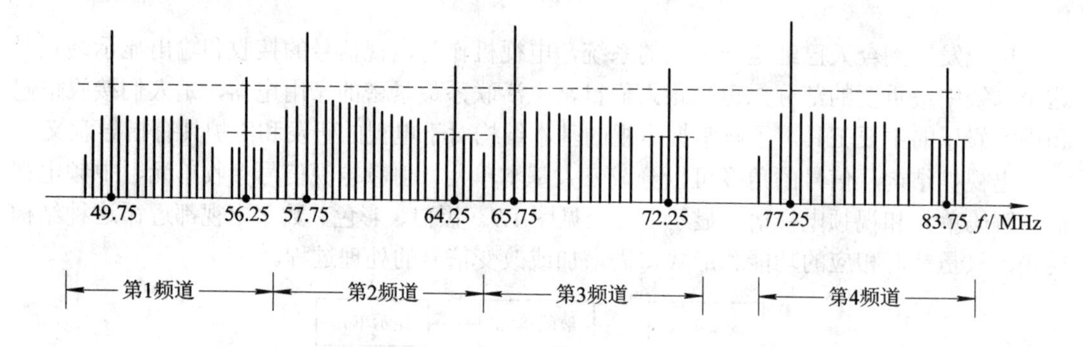

图 1.8　相邻电视频道频谱的排列

对各相邻电视频道频谱的排列，需特别说明下列几个问题：

(1) 每个电视频道占有的频带宽度为 8 MHz，相邻两频道之间尚有不足 200 kHz 的空隙。

(2) 每一频道的伴音信号均与高一频道的图像信号相邻，而其图像信号则与低一频道的伴音信号相邻。因此，若电视接收机的选择性不好，则高一频道的图像信号和低一频道的伴音信号都将会窜入本频道，对正常电视节目的接收产生干扰。

(3) 当电视接收机的选频特性曲线太陡、通频带过窄时，则被接收的电视信号的伴音及图像信号的低频分量会受损失，结果会使伴音失真、声音变小、图像大面积亮度失真。另外，如果接收机的选频特性偏高或偏低，则会使部分图像信号或伴音信号被滤去，使图像或伴音失真，甚至消失。

分析表明，用电视频道的频谱图来讨论电视接收机中的许多问题是很直观、很方便的。这对电视接收机的故障分析也十分有用。

3．增补频道的频率分布

在 VHF 段的第 5～6 频道之间及 VHF 与 UHF 的第 12～13 频道之间，存在相当宽的一段频率没有分配给广播电视使用，而是分配给其他无线通信或广播业务了。在有线电视系统中，使用电缆传送信号，不会对其他信号产生干扰，因而上述频段空隙可充分利用，以增加电视频道容量。在这些频段所增设的电视频道就称为增补频道。我国规定，在第 5～6 频道之间的 111～167 MHz 区间设置 Z_1～Z_7 共 7 个有线电视增补频道，在第 12～13 频道之间的 223～463 MHz 区间设置 Z_8～Z_{37} 共 30 个有线电视增补频道，总共增补 37 个频道。

在有线电视系统中，不同频率的系统使用的增补频道数是不一样的。在 300 MHz 系统中，即 VHF 频段中，使用 Z_1～Z_7 及 Z_8～Z_{16} 共 16 个增补频道(Z_{16} 的上限频率为 295 MHz)；而在 450 MHz 系统中，则包括全部 37 个增补频道。有线电视频道配置的示意图如图 1.9 所示。

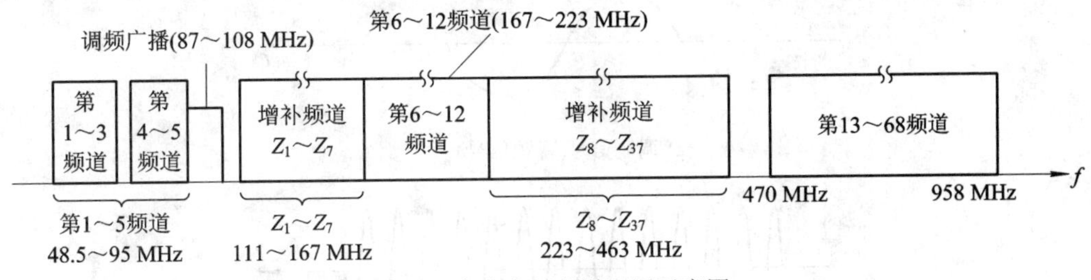

图 1.9　有线电视频道配置示意图

1.3.2　中频电视信号的特性

电视接收单元输出的中频电视信号经过解调电路，得到全电视信号。全电视信号由视频信号成分和伴音信号成分构成。

黑白电视中图像信号的频带宽度为 0～6 MHz，这一宽度实际上也就是黑白全电视信号的带宽。很显然，这是一个宽频带信号，它和人的声音一样，是无法用无线电波(电磁波)直接传播的，同样需要进行调制。在现行的广播电视系统中，世界各国对电视广播的视频信号均采用残留边带调幅(VSB)方法、对伴音采用调频方法进行处理。

(1) 视频信号经残留边带调幅后，所得的已调信号的频带宽度为 7.25 MHz，它要比标准调幅波的 12 MHz 带宽缩减 4.75 MHz。因此，用残留边带调幅的主要原因是为了压缩信号的频带宽度。

(2) 对比残留边带调幅的频谱和视频信号的频谱可见，在载频附近±1.25 MHz 范围内，已调信号既有上边带也有下边带，即这部分信号仍然是双边带调幅；而在 1.25～6 MHz 的视频信号，经调幅后，只有上边带没有下边带，为单边带调幅。单边带调幅由于缺少另一个边带信号，与双边带相比(同一调制中)，其能量要小一半左右。为此，在电视接收机中，中频放大器对这一信号中单边带分量的放大量应比对双边带分量的放大量大 1 倍，若前者放大为 100%，则后者只放大 50%。因此，对电视接收机的中放频率特性有特殊要求，其主要原因就在于此。

1. 伴音调频信号

电视伴音采用调频方式。所谓调频是用调制信号(伴音信号)去改变载频信号的频率，使其随着调制信号幅度的变化而变化。其波形变化及频谱情况如图 1.10 所示。由图 1.10 的波形与频谱情况可见以下两点：

(1) 调频波的幅度不变，其频率随调制信号的幅度变化而变化。

(2) 调频信号所占的频带宽度为

$$B = 2F_{max}(1 + m_F) = 2(F_{max} + \Delta f_m)$$

式中，$m_F = \Delta f_m/F$ 为调频系数；Δf_m 为最大频偏，我国调频广播规定其值为 50 kHz；F 为调制信号的频率。电视广播中，伴音信号的最高频率 $F_{max} = 15$ kHz。根据上述规定，可求得电视广播中伴音调频信号的带宽，即

$$B = 2F_{max}(1 + m_F) = 2(15 + 50)\text{kHz} = 130\text{ kHz}$$

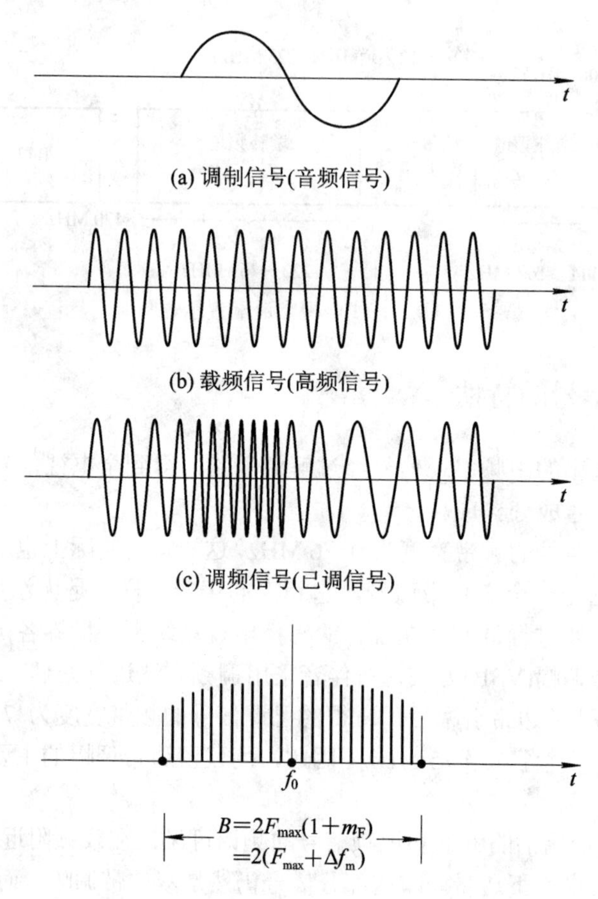

图 1.10　调频信号的波形及频谱

2. 电视高频信号的频谱

电视广播中的伴音调频信号与视频残留边带调幅信号是两个相对独立的已调高频信号，在每一电视频道中，这两个信号的载频有严格的定量关系。在我国的电视制式中(PAL-D制)，规定伴音信号的载频要比图像信号的载频高 6.5 MHz，示意图如图 1.11 所示。由图可见，每个电视频道信号所占的频带宽度为

$$B = 6.5\text{ MHz} + 1.25\text{ MHz} + 0.065\text{ MHz} \approx 7.82\text{ MHz}$$

为留有余地，每个电视频道的带宽给定 8 MHz。

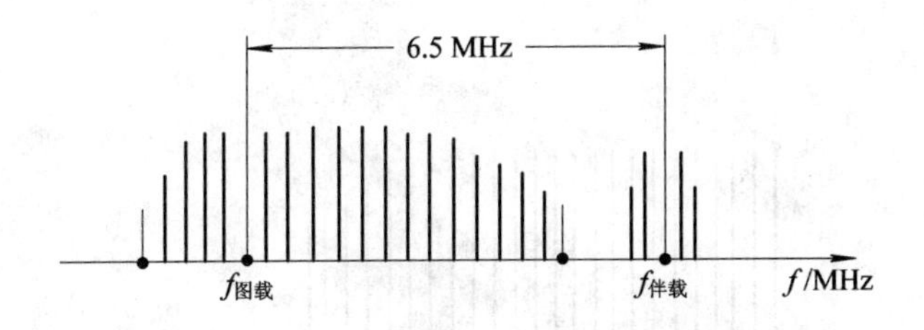

图 1.11　电视高频信号的频谱示意图

1.3.3　视频信号的特征

1. 视频图像信号的频带宽度

全电视信号是以图像信号为主体的，因此，只要弄清楚图像信号频谱组成情况也就能掌握全电视信号情况。为此，分析图像信号所含的最低频率和最高频率是十分必要的。

(1) 图像信号的最低频率。直流电平的高低与图像的亮暗程度有直接关系。因此，图像信号的最低频率应从零频(直流)开始。

(2) 图像信号的最高频率及频带宽度。图像信号的最高频率与图像的细微程度有关，也即与图像的清晰度有关。每秒黑白电平所变化的次数就是该信号的最高频率。

根据我国电视标准规定：每秒要传送 25 幅图像，每幅图像为 625 扫描行，每幅的回扫行为 50，幅型宽高比为 4∶3，则 25 幅的总像素(即每秒扫得的像素数)为

$$44.1 \times 10^4 \times 25 = 11.03 \times 10^6 \text{ 个}$$

以相邻两个黑白像素所形成的信号为一个周期(一高一低电平的重复)，如图 1.12 所示，则每秒信号的变化即频率为

$$f_{\max} = 11.03 \times 10^6 \div 2 = 5.52\ \text{MHz}$$

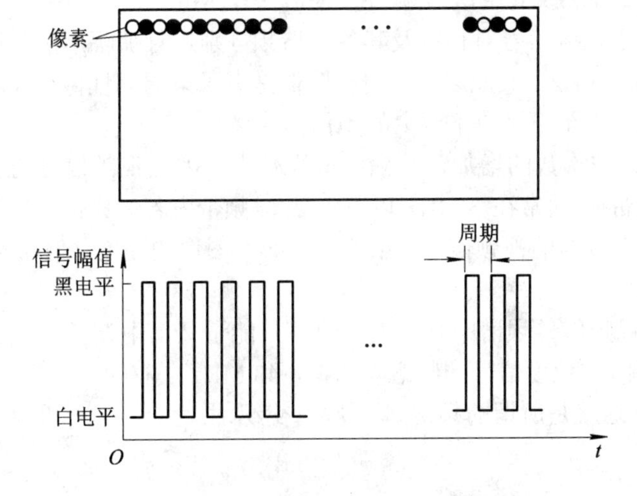

图 1.12　黑白相间像素的波形与相应信号的波形

这个频率就是图像信号的最高频率，为留有余量，我国电视视频信号的最高频率常以 6 MHz 计算，其频谱示意图如图 1.13 所示。

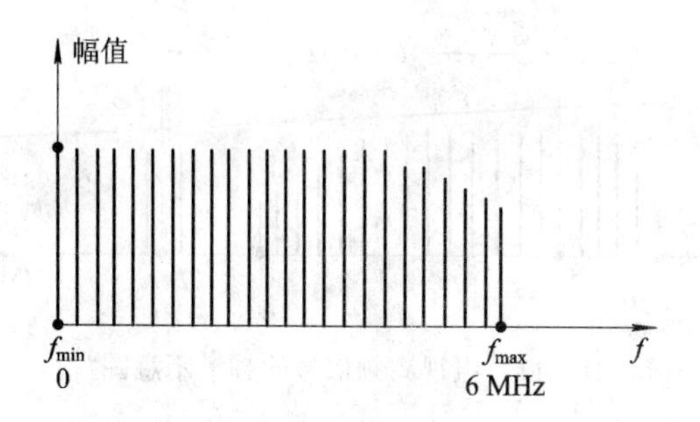

图 1.13　视频信号的频谱示意图

2. 视频信号的频谱结构

图 1.13 所示为图像信号(视频信号)常见的频谱示意图形，其频带宽度为 0～6 MHz。可以看出图像信号的频谱是不连续的，分析表明，活动图像的频谱约有 60%～70%是空隙，这样的空隙就为彩色信号(色度信号)的插入提供了空间，使黑白电视与彩色电视兼容有了基础。图 1.14 给出了黑白电视视频信号的频谱结构。

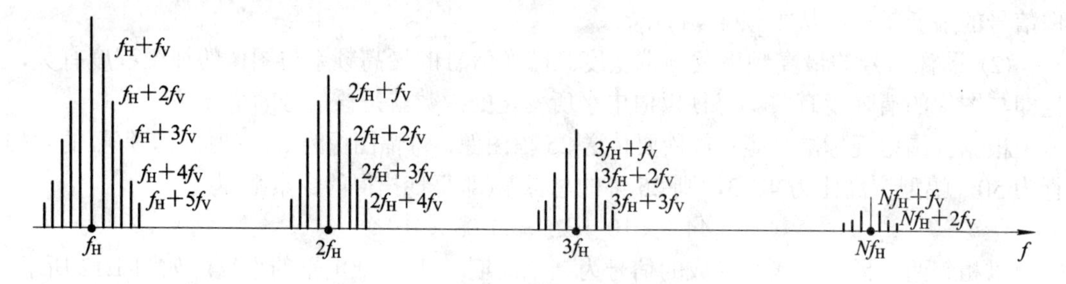

图 1.14　视频信号的频谱结构

(1) 视频信号的频谱是以行频(f_H = 15.625 kHz)和它的各次谐频($2f_H$，$3f_H$，…，Nf_H)为主谱线，以幅频(f_V = 25 Hz)及其各次谐频($2f_V$，$3f_V$，…，Nf_V)对称地分布在它两侧而组成的离散频谱群，它相当于幅频信号对行频及其各次谐频分别进行调幅后的频谱组合，每个谱群之间的频差为 15.625 kHz。其原因在于电视图像是电子束周期性做自左至右又自右至左的行扫描，同时又做自上至下又自下至上的场扫描的缘故。

(2) 随着行频谐波次数的增加，其幅值很快减小，因此视频信号的能量是集中在低次谐频附近较窄的频带内(通常在 3 MHz 以下)，此段频带内若丢失信号，将会使图像大面积亮度失真；至于频率较高的视频信号，虽然不会影响图像的亮度，但对图像的清晰度(细微程度)会起很大作用。

(3) 黑白电视视频信号频谱中有较大空隙，且能量又集中在低频范围之内，因而彩色电视系统中(PAL 制)，将色度信号的频谱安插在 4.43 MHz 左右的频谱空隙之中(第 283～284 行频之间的两侧)，这就是所谓的频谱间置(频谱交织)原理。

1.4　黑白电视的基本原理

黑白电视是最早出现的电视形式，其工作原理、信号构成、信号变换、电路结构等既是彩色电视接收机的基础，在某种程度上也是数字电视的基础，对它有一个全面而系统的了解，将会对以后各章的学习起到事半功倍的作用。

1.4.1　黑白电视接收机的组成

黑白电视接收机的主要任务是要对各电视台发来的电视信号进行选频、放大、混频、解调等各种处理，最后由显像管显示出稳定的图像，并由扬声器发出悦耳的伴音。

黑白电视接收机在结构上由三大部分组成，分别是信号的接收与变换单元、信号的分离与处理单元、信号的恢复与显示单元，其详细结构框图如图 1.15 所示。

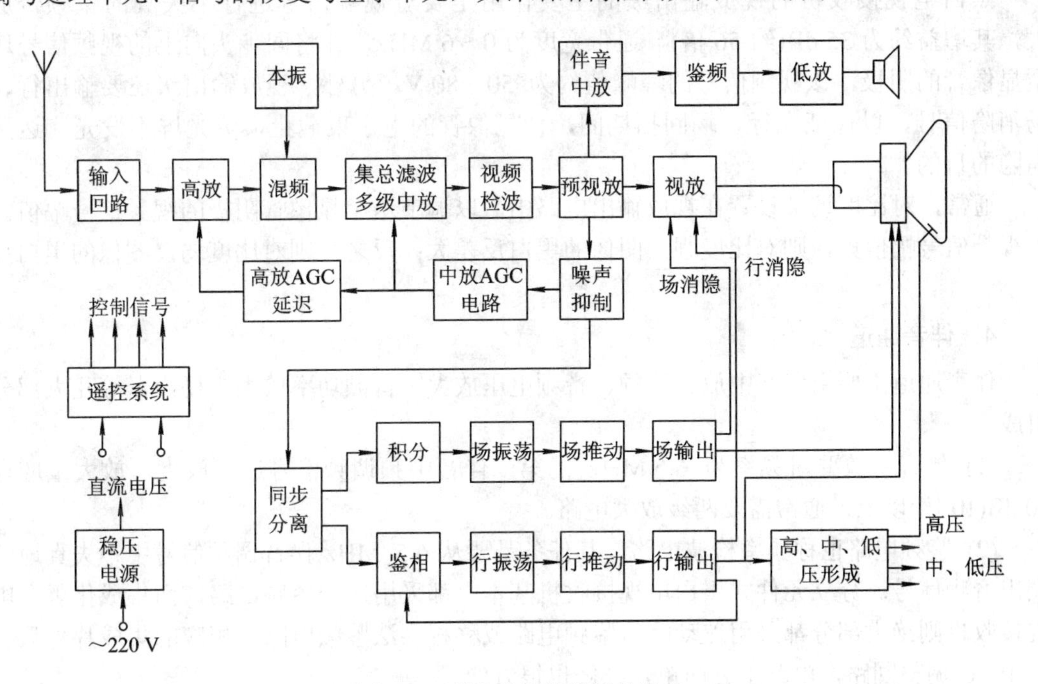

图 1.15　黑白电视接收机的组成

1．高频调谐器

高频调谐器俗称高频头，它由输入回路(也称天线回路)、高频放大电路、混频电路、本振电路等组成。它的主要作用是对所接收的信号进行选频、放大及变频，输出图像中频信号及伴音中频信号，输出信号的幅度约为毫伏级。我国电视标准规定：图像中频为 38 MHz，伴音中频为 31.5 MHz。

2．公共通道部分

公共通道部分主要包含有集总滤波电路或声表面波滤波器、多级中频放大电路(3～5 级中放)、视频检波电路及预视放电路。公共通道的主要作用有如下几点：

(1) 对高频调谐器送来的图像中频信号进行高增益放大，且放大倍数能自动进行调整(即自动增益控制 AGC)，放大量约在 60～80 dB(即 1000～10 000 倍)，中放级送至视频检波级的图像信号峰峰值可达 2～3 V(在集成电路的接收机中，中放级输出信号的幅值可小一个数量级)。

(2) 对伴音信号及邻近频道信号的载频进行适当衰减，以保证图像及伴音的质量。

(3) 对图像中频信号进行解调(检波)，恢复出(解出)视频信号，并经预视放电路放大、音频滤除，送出峰峰值约为 0.7～1 V 的视频信号至视放输出级。

(4) 视频检波级能对伴音中频信号进行第二混频，产生载频为 6.5 MHz 的第二伴音中频调频信号，此信号经预视放电路放大，送至伴音通道处理。

(5) 自动噪声抑制电路(ANC)或消噪电路、中放 AGC 电路及高放延迟 AGC 电路通常也设置在公共通道或公共通道集成芯片之内。

3．视放输出级电路

黑白电视接收机的视放输出级的主要作用是要对视频信号进行不失真的宽频带放大，其增益约为 35 dB(约 56 倍)，通带宽度为 0～6 MHz，并将同步头向上的视频信号送至显像管的阴极，该视频信号的峰峰值约为 50～80 V。另外，视放输出级还要输出行、场消隐信号，以保证在行、场回扫期间，使显像管的电子束截止，荧光屏不发光，达到消隐的目的。

通常，对比度调节设置在视放输出电路中，以调节送至显像管阴极的视频信号幅值。若视频信号幅值大，则对比度强，图像的黑白反差大；反之，则对比度弱，图像的黑白反差小。

4．伴音通道

伴音通道主要由伴音中放、鉴频、音频电压放大、音频功率放大、扬声器等几大部分组成。

(1) 伴音中放要对频率为 6.5 MHz 的第二伴音中频调频信号进行放大，放大量应在 40 dB(10 倍)以上，通常需要两级放大电路。

(2) 鉴频电路也称频率检波电路，其任务是要从 6.5 MHz 伴音调频信号中不失真地解调出音频信号。分立元件式黑白电视接收机基本上都采用比例鉴频电路，而集成化黑白电视接收机则绝大部分都采用差动峰值鉴频电路或移相乘法鉴频电路，相应的集成片外只有一个 *LC* 调整回路，电路十分简单，维修也很方便。

(3) 低放和功放电路要将鉴频级送来的音频信号不失真地进行电压和功率放大，以满足扬声器发声的要求，这一部分电路的放大量约在 100 倍(40 dB)。电路以集成化为主，部分机型也有集成与分立元件相结合的形式。送给扬声器的实际音频功率一般不足 1 W。扬声器的阻抗以 8 Ω 居多。

5．行、场扫描电路

行、场扫描电路包括同步分离电路、场扫描电路和行扫描电路三大部分。

(1) 同步分离电路的任务是要从视频信号中分离出行、场同步头信号，其实质是幅度分离，将同步头从视频信号中“切割”下来。

(2) 场扫描电路一般包括积分电路、场振荡电路、场推动(场激励)电路和场输出电路等。其主要作用是要给场偏转线圈提供一线性良好、幅度合适、正逆程时间符合要求的锯齿波电流，使显像管的电子束能自上至下又自下至上做垂直方向的场扫描。同时，场输出电路还要给视放输出级提供场逆程消隐信号，以供显像管场回扫时的消隐。

(3) 行扫描电路一般包括鉴相电路、低通滤波电路、行振荡电路/行推动(行激励)电路、行输出电路等。其主要作用有四方面：一是要给行偏转线圈提供一线性良好、幅度足够、正逆程时间符合要求的锯齿波电流，使显像管的电子束能自左至右又自右至左做水平方向的行扫描；二是要给行输出变压器(高压包)提供幅值与波形均符合要求的行逆程脉冲，作为高、中、低压的信号源；三是给鉴相电路提供比较信号；四是给视放输出级提供行逆程消隐脉冲，以供显像管行回扫时的消隐。行输出级由于工作在大电流、高电压的高频脉冲状态，故电路是由分立元件构成的。

6. 高、中、低压形成电路

这部分电路主要包括行输出变压器(高压包)、整流电路、滤波电路等。其任务是将行逆程脉冲转换成所需的高、中、低直流电压，然后提供给显像管各个电极及视放输出级。

7. 显像管及其附属电路

此部分电路将在后面进行详细介绍。

8. 稳压电源

稳压电源主要包括变压、整流、滤波和稳压几大部分。其任务是将 220 V 交流市电转换成稳定的直流电压输出，为整机电路提供能量。黑白电视接收机绝大多数采用串联调整式稳压电源，极少采用开关式稳压电路。

输出的直流电压，视不同机型有低压与高压之分。低压型一般为+12 V，高压型一般为+100 V。

9. 遥控系统

遥控系统是现代电视接收机不可缺少的部件，它主要包括遥控发射器、遥控接收器、微处理器、接口电路等几大部分，能为频道选择(选台)、音量控制、对比度控制、亮度控制及主电源的开关提供控制信号。

10. 电视接收天线

天线和传输线是电视信号进入电视接收机的第一环节，其任务是将电磁波转换成电信号，然后由馈线送至电视接收机的输入端。馈线的阻抗与接收机的输入阻抗(一般为 75 Ω)必须保持匹配，否则要经过阻抗变换器的变换。

1.4.2 黑白全电视信号的构成

电视信号是电视系统的传输与处理对象，不同的电视信号有不同的作用，其处理电路也不同。因此，学习并掌握好电视信号是理解电视接收机的一大关键。

黑白全电视信号(也称复合视频信号)由图像信号、行场消隐信号、行场同步信号、开槽脉冲及均衡脉冲组成。

(1) 图像信号，即亮度信号或灰度信号，是每行扫描正程时间中传送的信号，它携带了电视系统中传送的图像信息。

电子束做由左至右的正程扫描时，将图像信号显示出图像，电子束做水平的行扫描的同时，还要做垂直的场扫描，即由上至下的场正程扫描，如图 1.16 所示。我国电视规定场扫描正程时间为 18.4 ms。

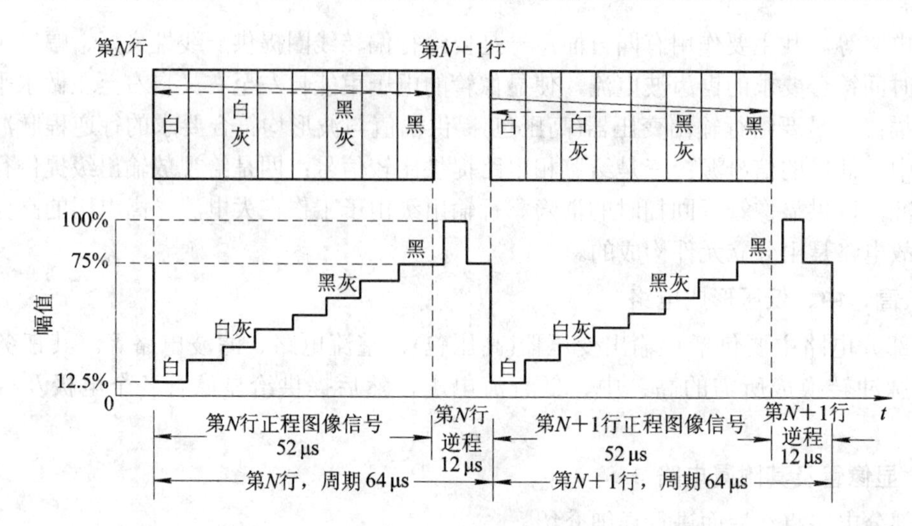

图 1.16　标准彩条的黑白视频信号(两行)

(2) 行场消隐信号为每行、每场逆程回扫期间所加的脉冲信号，其幅值相当于黑颜色的电压，保证在消隐期间，显像管屏幕不发光，即电子束截止。在场消隐期间还要加入测试行。在近代电视中，图文电视信号也是加在场消隐期间的某些行中的。

行消隐信号的持续时间为 12 μs，幅值与黑颜色的电压幅度相同，为视频信号总幅度的 75%。

场消隐信号的持续时间为 1.6 ms，场周期为 20 ms。场消隐电平的高度也与黑电平一样，为视频信号总幅度的 75%。

(3) 行场同步信号均加在各自的消隐电平之上，幅值占视频信号总幅值的 25%，即位于视频信号的 75%～100%之间，其脉冲宽度分别为 4.7 μs 和 160 μs。

为了确保接收机显像管的行、场扫描的频率、相位与发射端完全同步，电视台在发射图像信号、消隐信号的同时，每行、每场均需发射行场同步信号。

行场同步信号均为脉冲方波，其幅值相同，置于行消隐电平之上，距消隐脉冲的前沿 1.6 μs(前肩时间)，距消隐脉冲的后沿 5.7 μs(后肩时间)。在彩色电视信号中，色同步信号是置于此后肩之上的。场同步脉冲的宽度占两行半时间，置于场回扫期间的消隐电平之上。

(4) 开槽脉冲位于场同步脉冲中(共 5 个)。开槽脉冲是在场同步脉冲(2.5 行时间宽)期间按半行周期开槽的，即在 160 μs 宽的脉宽间开出 5 个槽，槽宽均为 4.7 μs，形成开槽脉冲。开槽脉冲是为了在场同步期间不丢失行同步信号，以保证每行扫描能收发同步，使图像能稳定可靠地显示。

(5) 均衡脉冲位于场同步脉冲前、后的场消隐电平之上，前后各 5 个，脉宽为 2.35 μs。均衡脉冲是加在场同步脉冲前后的 10 个窄脉冲(前后各 5 个)，其幅度与行场同步脉冲相同，宽度是行同步脉冲的一半，其间距为半个行周期。加入均衡脉冲的目的是为了使电视接收机所恢复出的奇偶两场的场同步脉冲起始电平趋于相同，以保证隔行扫描的准确性。

电视广播中，一般规定图像信号为负极性信号，即图像的最亮点所对应的图像信号幅值为最小(最低)，图像的最暗点所对应的图像信号幅值为最大(最高)。采用负极性图像信号的主要优点是：各种干扰信号的幅值往往较大(甚至比黑电平还高)，因而这些干扰信号在电视屏幕上所产生的干扰点即为黑点、黑线，它对人眼的影响要比白点、白线的影响小得多。

1.4.3　黑白显像管的构造

显像管是电真空器件，也称阴极射线管(CRT)，它主要由玻璃外壳、电子枪和荧光屏三大部分组成。管内真空度很高，管的外壳为玻璃，整个管子可分为管脚(尾部)、管颈、锥体及屏幕四大部分。显像管屏幕宽度与高度之比为 4∶3，并用屏幕对角线的长度来表示显像管的尺寸。

1. 黑白显像管的内部结构

黑白显像管的内部典型结构如图 1.17 所示。下面对显像管的内部组成作一简略说明。

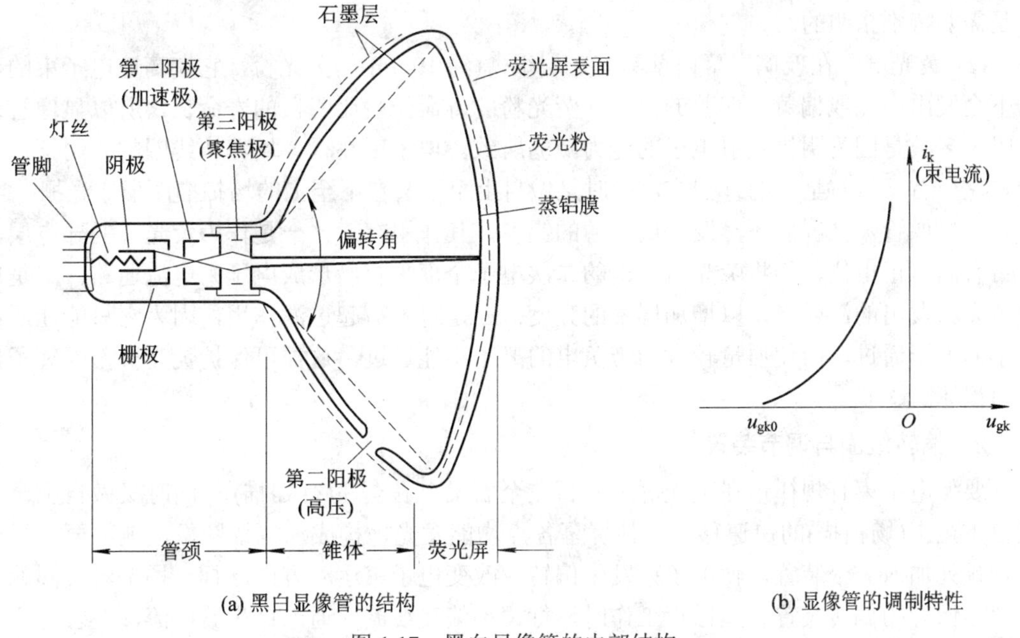

(a) 黑白显像管的结构　　(b) 显像管的调制特性

图 1.17　黑白显像管的内部结构

(1) 电子枪。电子枪由灯丝、阴极、控制栅极(简称栅极)、第一阳极(加速极)、第二阳极(高压阳极)、第三阳极(聚焦极)等组成。除高压阳极由锥体部分引出外，其他电极与灯丝均由管尾的管脚引出。电子枪的主要作用是要产生并发出一束受视频信号控制的、聚焦良好、具有很高速度的电子束，以对荧光屏进行高速轰击，使荧光粉发光。

显像管电子枪中各组成部分的主要作用如下：

① 灯丝一般由钨丝组成，通常加 6.3 V 或 11 V、12 V 电压。接通电源后，灯丝发热、发红、发光，将热能传给阴极，使其发射电子。

② 阴极呈圆筒状(金属圆筒)，筒内罩着灯丝，筒外涂有易于发射电子的氧化物，它是电子源。

③ 栅极也呈圆筒状(金属圆筒)，一般套在阴极外面，二者距离很近，圆筒中间开一小圆孔，用来通过电子束。显像管工作时，栅极对阴极加有数十伏负电压，一般为−20～−80 V。由于栅极紧靠阴极，故当栅-阴极间的电压变化时，即能控制阴极发出电子的多少，从而控制了阴极通过栅极小孔射向荧光屏的电子束的强弱，亦即控制了荧光屏的亮度。

④ 加速极(第一阳极)也是顶部开有小孔的金属圆筒，其位置紧靠栅极，工作时，其上加有几百伏正电压，对阴极所发出的电子起加速作用，将直流电能转换成电子束的动能。

⑤ 聚焦极(第三阳极)呈圆筒形，其上加 0～500 V 的可调正电压，此电压和第二阳极上所加电压相结合，形成与光学透镜相类似的“电子透镜”，对高速电子进行聚焦，以形成很细的一条电子束。

⑥ 高压阳极(第二阳极和第四阴极)是以金属连接起来的两个中央有小孔的金属圆筒，中间隔着聚焦电极。高压阳极一般要加 9～20 kV 的高电压(屏幕尺寸愈大，所加电压愈高)，使电子束聚焦并进一步加速，以获得更大的动能，最后轰击荧光屏的荧光粉，使其发光。高压阳极的高压由显像管锥体部位的高压帽座提供。高压阳极在锥体内壁的石墨层与管外的石墨导电层之间所形成的分布电容约为 500～1000 pF，此电容即为高压滤波电容，这一点是需要特别指明的。

(2) 荧光屏。在玻璃屏幕内壁涂有一层很薄(约 10 μm)的荧光粉，它在高速电子束的轰击下会发出白光或偏黄、偏蓝的白光。荧光粉的寿命一般比阴极的寿命长，所以显像管衰老时，多数是因为阴极发射电子的能力减弱所致。电子束在行、场偏转线圈的作用下，会做自左至右又自右至左的行扫描，同时又做自上至下又自下至上的场扫描而形成光栅。

在显像管荧光屏后还蒸发一层很薄的铝膜，其作用有三：一是作为荧光屏的导电层，它带有高压正电位，能将荧光粉发出的二次电子全部吸收，形成电子束电流通路；二是反射荧光粉发出的漫射光，以增加屏幕的亮度；三是对电荷起过滤作用，因为它只能让质量很小的电子通过，而使质量较大的带负电的离子不能通过，这样可保护荧光屏不受离子轰击而损坏。

2．偏转线圈与调节装置

要使电子束有规律地在荧光屏上做自左至右又自右至左(行扫描)，同时又做自上至下又自下至上(场扫描)的快速移动，使屏幕各点均能发光，构成一幅幅图像，就需要在显像的管颈处加入一个装置，使电子束发生偏转，改变电子束运动方向。行、场偏转线圈就是电视显像管的偏转装置。显像管工作时，行、场偏转线圈内通入锯齿波电流，在管内产生偏转磁场，使运动的电子束发生偏转。

为了提高光栅质量、延长显像管的使用寿命、改善画面画质，电视接收机中常常设有光栅(或图像)中心调节、亮度调整、聚焦调整、行消隐、场消隐、关机亮度消除等装置或附属电路。

3．黑白显像管的工作过程

在电视接收机中显像是由显像管来完成的，显像管的任务是要将电视图像信号转换成一幅幅图像(光像)。显像管上每一像素是由电子束在屏幕上依次由左至右、再由右至左(称为行扫描)，由上至下、再由下至上(称为场扫描)逐点扫描来决定的。只要控制电子束的束电流大小和有无，即可在屏幕上得到一幅幅明暗不同的黑白图像。

(1) 对比度的调节。对比度的大小直接与显像管阴极所加信号的幅度大小有关，视频信号幅值大，则黑白电平相差值就大，阴极所发射出的电子多少相差也就大，对比度当然也大，反之亦然。通常以调节视频放大器的增益达到这一目的。

(2) 亮度的调节。由显像管的结构与工作原理可知，只要控制栅-阴极间的直流电平，就能控制阴极发射电子的多少，从而控制荧光屏的平均亮度。黑白电视接收机就是以此方法进行亮度调节的。在彩色电视机中，通常是在亮度通路中控制直流恢复电路中的箝位电平以实现亮度的调节。

(3) 显像管的调制特性(栅-阴极控制特性)。显像管的栅极-阴极间的电压(u_{gk})高低，对电子束有很大的控制作用，改变 u_{gk} 可改变由阴极射向屏幕的电子数量(即电子束电流 i_k)。控制电压 u_{gk} 与束电流 i_k 的关系曲线即为显像管的调制特性曲线，如图1.17(b)所示。图中曲线表明，u_{gk} 的负值愈大，束电流 i_k 愈小，光栅愈暗。使 i_k =0 的 u_{gk0} 称为显像管的截止电压，此电压为-20～-80 V，视显像管的不同而有差异。

显像管工作时，应取合适的静态工作点，以保证有较大的线性动态范围，通常电子束的静态电流约为 100 μA，过大时容易使电子束散焦，影响图像的清晰度。

1.5 彩色电视的基本原理

彩色电视接收机是在黑白电视接收机的基础上发展而成的，二者相比，前者增加了处理彩色信号的色度通道，其他部分则基本相同，这是分清彩色电视与黑白电视的技术关键所在。

目前，彩色电视接收机都已集成化，按照所用集成电路的多少，主要有多片式、两片式、单片式几种类型。

对彩色电视接收机来说，详细了解其工作原理、彩色电视信号的形成与变换，以及彩色全电视信号的编码与解码过程，是理解与掌握彩色电视机的基础。

下面从彩色电视接收机的组成框图着手，介绍彩色电视信号在整机系统中的处理与变换过程，了解并掌握了这两个关键，许多问题就会迎刃而解。

1.5.1 彩色电视接收机的组成框图

彩色电视的结构是在黑白电视结构的基础上加入色彩信号处理单元形成的。为了与黑白电视信号相兼容，彩色电视信号在黑白电视信号的亮度分量上叠加了色度分量，依据叠加方法的不同在国际上已形成了三大制式标准，分别是 NTSC 制式、PAL 制式和 SECAM 制式。这三种制式在电视机中主要体现在色度通道的信号解码过程的不同，但电视机在总体结构上是相同的，典型的彩色电视机组成简图如图1.18 所示。

由于世界各国的彩色电视均采用与黑白电视兼容的体制，故彩色电视接收机的构成与黑白电视接收机有很多相同之处，如高频调谐、中频放大、视频检波、预视放、自动增益控制(AGC)、自动频率控制(AFC)、伴音通道、行场扫描的激励电路、输出电路、高中低压形成电路等，所不同的是增加了对彩色信号的处理电路，它的任务是要从视频检波输出的彩色全电视信号中分离出色度信号，然后进行必要处理，最后形成三基色信号(R、G、B)，传送给彩色显像管的三个阴极，以控制其电子束的电流大小，达到显示彩色图像的目的。

由图 1.18 可见，若将图中的色度通道和副载频产生电路去掉，而将亮度通道和基色矩阵当成视放电路，则彩色电视机接收机与黑白电视接收机的组成基本一致。

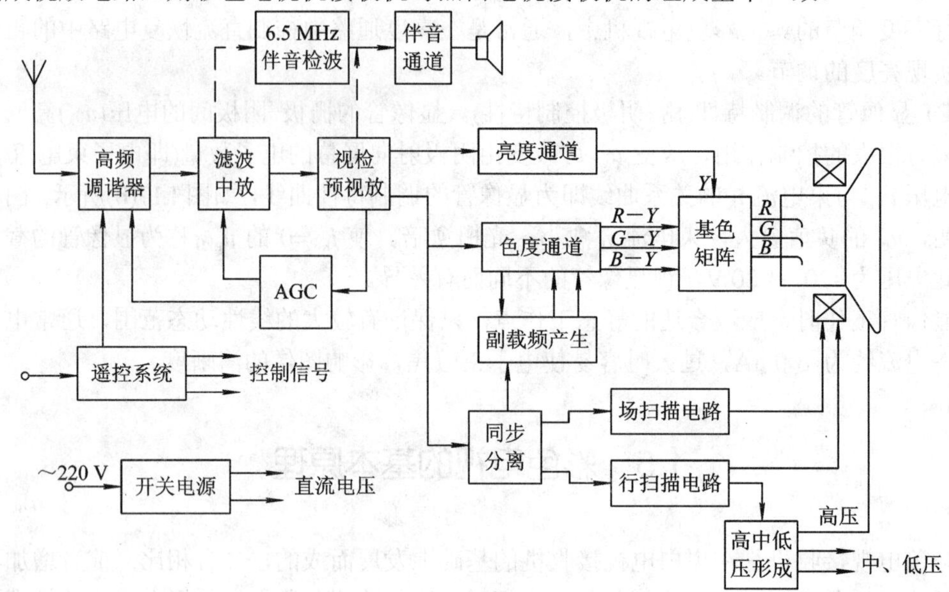

图 1.18　彩色电视接收机的组成框图

1.5.2　彩色电视接收机的工作流程

彩色电视接收机的工作流程是：电视天线或同轴电缆将射频电视信号送入高步调谐器进行高频放大与混频，得到中频信号送入公共通道进行中频放大和视频与音频的分离，再将视频信号进行亮度与色度分离，结合行场扫描控制，形成亮度、色度和行场定位信号分别送到输出放大器和高压包，驱动显像管电子枪和偏转线圈，控制电子束打在彩色光屏上，形成电视画面。具体工作流程可以从彩色电视的主要模块的构成与作用上体现出来。

(1) 彩色电视接收机的高频调谐器由输入回路、高频放大、本振、混频等电路组成。其频带宽度为 8 MHz，高放级受 AGC 控制。电视接收机的天线从天空中接收到各电视台的高频信号后，经高频调谐器的选频、放大和频率变换，输出 38 MHz 的图像中频信号、31.5 MHz 的伴音中频信号及 33.57 MHz 的色度中频信号。

(2) 中放通道能对高频调谐器送来的图像中频信号和伴音中频信号进行所需的放大或衰减。对图像信号的放大，最大可达 10^3～10^4 倍(60～80 dB)。输出图像信号的幅值在分立元件的接收机中较大，一般为几伏量级(视频检波为峰值检波)，而在集成电路的接收机中，输出的幅值可小一些(视频检波为同步检波)。中放电路应受 AGC 控制，增益的受控范围可达 40 dB。

(3) 视频检波及预视放电路，其中视频检波的主要作用是要从图像中频信号中解调出视频信号(彩色全电视信号)。在集成化的彩色电视接收机中，视频检波器基本都为同步检波电路，输出幅值约为 1 V 的同步图像的正极性视频信号。预视放电路能对视频信号进行放大并对前后电路起隔离(缓冲)作用。

(4) 第二伴音中频调频信号的产生有两种方案：一种是由视频检波器作伴音第二混频，由 38 MHz 图像中频作本振信号，与 31.5 MHz 伴音中频信号作差拍，产生 6.5 MHz 的第二伴音中频调频信号；另一种方案是由中放输出信号，经 6.5 MHz 伴音检波(实质上即为第二伴音混频)，产生 6.5 MHz 第二伴音中频调频信号，然后再送伴音通道作中放、鉴频及音频放大，最后送扬声器发声。

(5) 亮度通道包含有 4.43 MHz 色度信号吸收、视频信号放大、高频补偿、0.6 μs 延时等电路，为基色矩阵提供亮度信号 Y。图像信号的直流电平恢复(箝位)电路及行场消隐电路均设置在亮度通道中，对比度及亮度调节也如此。

(6) 色度通道包含色度信号选通、放大，色度信号分离，U、V 信号同步检波，$G-Y$ 矩阵，产生 $R-Y$、$G-Y$、$B-Y$ 三色差信号输出，送至基色矩阵。

(7) 基色矩阵能将输入的亮度信号 Y 与三色差信号 $R-Y$、$G-Y$、$B-Y$ 分别作用，产生三基色信号 R、G、B 输出。

(8) 4.43 MHz 副载频电路能产生 $\pm\cos\omega_{SC}t$、$\sin\omega_{SC}t$ 信号输出，为 U、V 信号同步检波提供参考信号，而且这一参考信号还要受色同步信号的同步，以保证彩色图像的稳定可靠。

(9) 同步分离及行、场扫描电路的作用与电路组成与黑白电视接收机相同，不再赘述。

(10) 开关电源产生稳定的直流电压输出。

(11) 遥控系统不仅为高频调谐器提供频段选择信号及频道调谐信号，还要提供音量、对比度、色饱和度等的控制信号，并为主电源的通/断提供控制信号。

(12) 彩色显像管目前均采用自会聚彩色显像管。

1.5.3 彩色显像管的结构与特点

彩色显像管是利用电子束在真空管中高速轰击荧光粉而发光的一种器件，荫罩是它的选色机构，阴极电压激励是它的图像调制方式，电子束扫描是它的寻址方式。图 1.19 是彩色显像管的选色原理示意图和结构示意图。

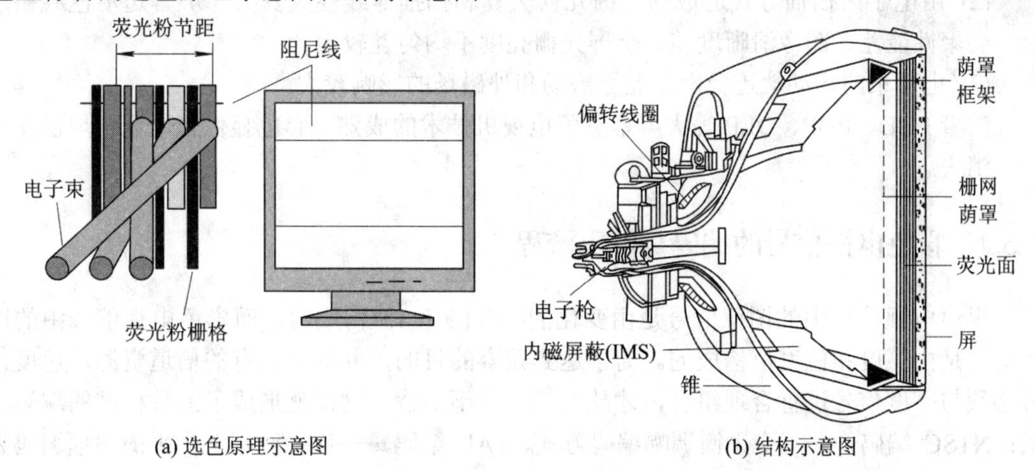

图 1.19 彩色显像管选色原理示意图和结构示意图

自会聚彩色显像管主要由玻璃外壳、电子枪、荧光板构成。其中电子枪中的红、绿、蓝三个阴极是各自独立的，并采用精密的水平一字形排列方式；而栅极、加速极、高压阳极是公用的。

自会聚彩色显像管在荧光屏上涂着垂直交替的红、绿、蓝三基色荧光粉条，$R/G/B$ 三个荧光粉条为一组，作为一个像素。在没有荧光粉的空隙处涂有石墨，可以吸收杂光，提高图像的对比度。

彩色显像管的主要优点如下：

(1) 寿命长和可靠性高，温度稳定性好，正常工作时，寿命超过2万小时。

(2) 亮度、对比度高。目前彩色显像管的图像亮度和对比度仍是其他显示器件无法比拟的，图像亮度和对比度越高，图像的透亮度、彩色鲜艳度越好。

(3) 性能价格比较高，满足SDTV标准清晰度数字电视4∶3幅型比、720×576的图像显示格式。按最新公布的我国数字高清晰度电视机行业标准规定，彩色显像管电视机的图像水平、垂直清晰度为大于等于620电视线，它也可以支持16∶9幅型比、1920×1080的高清晰度图像显示格式。

(4) 图像调制、寻址方式简单。图像调制只需R、G、B三根线，图像的寻址方式只需行、场偏转线圈的四根线。

(5) 可视角大。彩色显像管属于自发光器件，从不同观看角度观看，图像的亮度、色调不会产生失真。

(6) 彩色显像管电视机重显运动图像时惰性小，显示运动图像无拖尾，动态清晰度高。CRT型彩色电视机的响应时间远小于1 ms。

(7) 彩色显像管电视机的彩色重显能力好，它的激励方式仍使用模拟信号，原则上它的彩色重显种类为无穷多，特别是近年采用新型荧光粉，扩展了彩色显像管的重显色域，重显颜色更加鲜艳。

彩色显像管的主要缺点如下：

(1) 体积大，重量重，实现34英寸以上大屏幕显示有困难，只在中、小屏幕彩色电视机领域有性能价格比优势。

(2) 由电子束扫描方式造成的光栅几何失真和扫描非线性失真大，屏幕边沿色纯裕度小、会聚性能差、图像清晰度差，全屏光栅亮度不均匀性较大。

(3) 电子束的运动轨迹受南、北地磁场和外磁场的影响较大。

随着LCD、PDP、DLP等大屏幕彩色电视机技术的成熟，彩色显像管电视机现已在市场上消失。

1.5.4 彩色电视信号的编码与解码流程

黑白电视信号中的图像信号是由变化的亮度(灰度)值构成的，而彩色电视信号中的图像信号是由亮度和色度值构成的。为了达到兼容的目的，并利用已有的信道资源，色度信号必须与亮度信号进行合理组合，才能使二者互不干扰，这样就形成了三种标准的编码方式：NTSC编码——正交平衡调幅编码方式、PAL编码——逐行倒相正交平衡调幅编码方式、SECAM编码——逐行顺序调频编码方式。

所谓编码，就是用表示色彩的两个色差分量：红色差$R-Y$分量和蓝色差$B-Y$分量对决定亮度与色度组合位置的副载波信号进行调制，得到相应的色度信号的过程，而解码是编码的反过程。编码用于形成彩色图像信号，用来发射与传输；而解码则用于从彩色图像信号中提取出两个色差分量，用来形成三基色信号R、G、B进行图像显示。

因此，色度信号是红色差 $R-Y$ 分量和蓝色差 $B-Y$ 分量二者分别作正交平衡调幅后矢量和的总称。

1. NTSC 编码解码流程

NTSC 是一种对红、蓝色差信号作正交平衡调幅的彩电制式。NTSC 是现行几种兼容制彩电制式的基础，其特点是编解码简单，且性能良好。

由于平衡调幅是调制信号与载频信号相乘，因此调制信号的过零点就是已调信号(平衡调幅波)的过零点；同样，载频信号的过零点也就是已调信号的过零点。

由于载频信号是一等幅波，信号幅值为一常量，因此它与调制信号相乘后，已调信号的波形有下列显著特点：在调制信号的正值期间，由于相乘的结果，已调信号在此期间的正负包络均与调制信号的正包络相同，且上下对称；在调制信号的负值期间，由于相乘的结果，已调信号在此期间的正负包络均与调制信号的负包络相同，且上下对称。

平衡调幅波的包络与调制信号的波形(包络)是不相同的，它与普通调幅波的差别就在于此。因此，平衡调幅波不能用包络检波器解调，而要用同步检波器解调。

2. PAL 编码解码流程

PAL 制与 NTSC 制的主要不同在于：PAL 制中的红色差信号 $R-Y(U_{R-Y})$的平衡调幅时是逐行倒相的，即第 N 行的 $R-Y$ 是用$+\cos\omega_{SC}t$ 作平衡调幅，第 $N+1$ 行的 $R-Y$ 是用$-\cos\omega_{SC}t$ 作平衡调幅，第 $N+2$ 行的 $R-Y$ 再用$+\cos\omega_{SC}t$ 作平衡调幅；而各行的蓝色差信号 $B-Y$ 均用 $\sin\omega_{SC}t$ 作平衡调幅。

采用逐行倒相的色差信号，在传输过程中，其相邻两行信号的相位偏移正好相反(一正一负)，因而将相邻两行的色度信号作平均(合成)后，色调(彩色)畸变可互相抵消，使人眼看不到彩色失真。因此，PAL 制对相位失真的要求较低，其允许相位偏移在±40° 以内；而 NTSC 制则要求较高，只允许相位偏移在±12° 以内。

3. SECAM 编码解码流程

SECAM 的含义为顺序传送彩色与存储，是一种顺序-同时制，即在同一时刻 Y、$R-Y$、$B-Y$ 不会同时出现，而是按下列顺序按行传送：

$$Y、R-Y，Y、B-Y，Y、R-Y，Y、B-Y，\cdots$$

对色差信号的调制采用调频制，而不是 PAL 制和 NTSC 制所采用的平衡调幅制，故其抗干扰性能好。由于调制方式不同，因此 SECAM 制色度信号的编解码流程与 NTSC、PAL 制有较大区别。

1.5.5 频谱间置原理

频谱间置原理也称频谱交织原理。由于色差信号要用调制方法，将其 0～1.3 MHz 的频谱搬移到亮度信号频带中(0～6 MHz)某一个频率点的两旁(我国彩电制式规定此点频率为 4.433 618 75 MHz)，既能保证色差信号与亮度信号同时传送且互不干扰，又能保证彩色图像信号的总带宽限制在 6 MHz 以内，而满足与黑白电视兼容的要求。

由于亮度信号(黑白图像信号)的频谱是离散的，呈梳齿状，有较大的空隙，因此可以将色度信号的频谱插在这些空隙中，这就是所谓的频谱间置原理或频谱交织原理的依据。

通常色度信号频谱总是插在亮度信号频谱的高端，具体位置由副载波频率决定。NTSC制式的负载波频率 f_{SC} 选在半行频间置点 $f_H/2$ 上，PAL 制式的副载波频率 f_{SC} 选在 1/4 行频间置点 $f_H/4$ 上，以避开图像信号的主体成分，而且这里的亮度信号频谱幅值较低，信号的相互串扰更小。NTSC 制和 PAL 制彩色电视系统中 Y、F_V、F_U 三信号的频谱结构如图 1.20 所示。

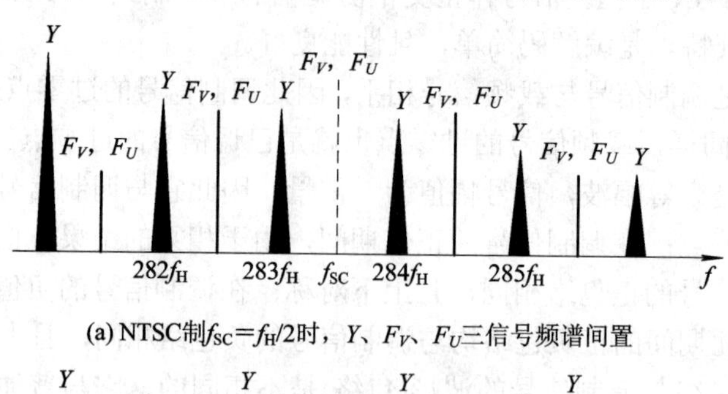

(a) NTSC制 $f_{SC}=f_H/2$ 时，Y、F_V、F_U 三信号频谱间置

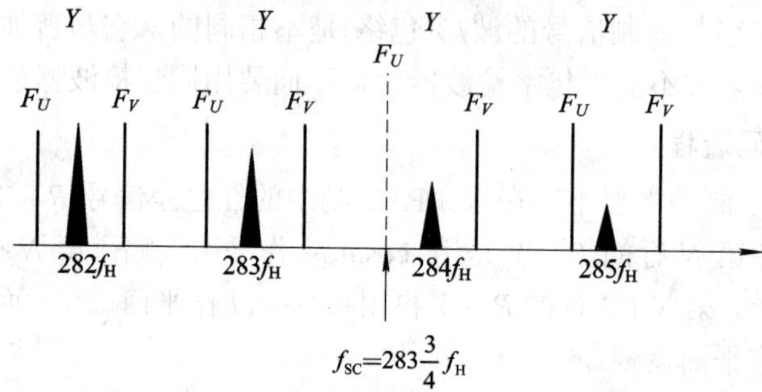

(b) PAL制 $f_{SC}=f_H/4$ 时，Y、F_V、F_U 三信号频谱间置

图 1.20　Y、F_V、F_U 三信号的频谱结构

1.6　数字电视的基本原理

随着社会的进步和人们生活水平的提高，对获取视听信息的电视提出了更高的需求。数字高清晰度电视作为全新的电视形式，能给人们带来更高级的视听享受、更清晰的图像、更逼真的色彩、更优美的音质，以及身临其境的感觉。

1.6.1　数字电视的定义、特点及分类

1. 数字电视的定义

数字电视(DTV)是数字电视系统的简称，是视频、音频和数据信号从信源编码、信道编码与调制、接收与处理等环节均采用数字技术的电视系统。数字电视系统的电视信号从编辑、发送、传输到接收等整个过程，都以数字信号的形式进行处理。

全数字高清晰度电视采用数字摄像机、数字录像机等数字设备实现节目制作与编排，在电视台发射、信道传输以及数字电视接收机的全过程中采用数字载波信号，在数字电视接收机内部全部采用数字信号处理电路，真正实现信号处理的全数字化，这是严格意义上的数字电视。

2. 数字电视的特点

数字电视具有以下特点：

(1) 信噪比可不随数字信号处理次数的增加而逐次下降。

(2) 图像可更清晰，音质可更好。

(3) 频谱资源得以充分利用，便于增加节目数量和服务形态。

(4) 便于开展条件接收(CA)业务。

(5) 便于开展增值业务。

(6) 易于存储和复制。

(7) 便于数字处理和计算机处理。

(8) 便于控制和管理。

(9) 具有可扩展性、可分级性和互操作性。

(10) 便于与计算机网络和电信网络实现三网融合(3C 融合)。

(11) 功能可极大丰富。

3. 数字电视的分类

根据数字信号传输介质以及方式的不同，数字电视可以分为卫星数字电视、有线数字电视、地面数字电视、条件接收数字电视系统。

根据扫描标准、图像格式和图像质量的不同，数字电视分为标准清晰度电视(SDTV)和高清晰度电视(HDTV)两种。

根据信号传输的途径和方式，数字电视分为卫星数字电视、有线数字电视和地面数字电视三种系统。

根据服务方式，数字电视又可分为面向一般公众的数字电视广播和只服务于付费用户的条件接收数字电视。

利用数字电视广播网，采用数字技术，也可开展传输各种数据信息的数据广播业务。除通过电视宽带网传送数字电视信号外，借助电信网可构成移动数字电视系统；通过计算机互联网可开展 IP 电视(IPTV)业务。

本部分内容将在后续章节中做详细的介绍。

1.6.2 数字电视系统的组成

数字电视系统由前级编辑与处理单元、传输与分配网络单元以及接收与显示单元组成。

数字电视的前级编辑与处理单元通常分为信源处理、信道处理和传输处理等三大部分，完成电视节目和数据信号采集，模拟电视信号数字化，数字电视信号处理与节目编辑，节目资源与质量管理，节目加扰、授权、认证和版权管理，电视节目存储与播出等功能。

数字电视的传输与分配网络单元主要包括卫星、各级光纤/微波网络、有线宽带网、地面发射等，既可单向传输或发射，也可组成双向传输与分配网络。

数字电视的接收与显示单元可采用数字电视接收器(机顶盒)加显示器方式，或采用数字电视接收一体机，也可采用计算机接收卡和计算机显示器等，既可只具有收看数字电视节目的功能，也可构成交互式终端。移动接收终端有手机和笔记本计算机等便携设备。

图 1.21 是数字电视系统音频/视频信号的一般处理过程示意图。首先，音频/视频模拟电视信号分别经取样、量化和编码转换成数字电视信号。接着，音频/视频数字电视信号分别通过编码器压缩数据率得到各自的基本流(ES)，再与数据及其他控制信息复用成传送流(TS)，完成信源编码。然后，为赋予编码码流抵御一定程度信道干扰和传输误码的能力，需进行信道编码，并且，为了与不同信道匹配，高效传送数字电视信号，还应进行相应方式的数字调制。此后，数字电视已调信号经信道传送到终端，终端经相反处理过程，恢复音频/视频模拟电视信号。

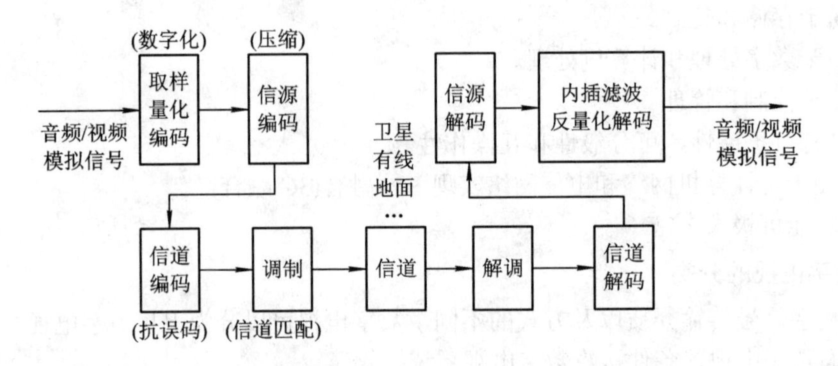

图 1.21　数字电视系统音频/视频信号处理过程示意图

因为传送数字电视信号的信道不同，所以需要采用不同的信道编码和数字调制技术。广播电视信道主要有卫星、有线和地面三种。卫星数字电视系统多采用四相相移键控(QPSK)调制方式，QPSK 也称正交相移键控。有线数字电视系统多采用多电平正交幅度调制(QAM)，使用最多的是 64QAM。作为地面数字电视系统调制方式，使用较多的是多电平残留边带调制(例如 8-VSB)和编码正交频分复用(COFDM)。

图 1.22 是数字电视广播系统构成示意图，其中的信道是最简单且并不严格的示意，实际的数字电视系统可以通过各种方式实现图中所示功能。例如，用一个设备甚至少量集成电路可实现一个或多个功能，也可播送多套节目，还可构成复杂的广播网等。

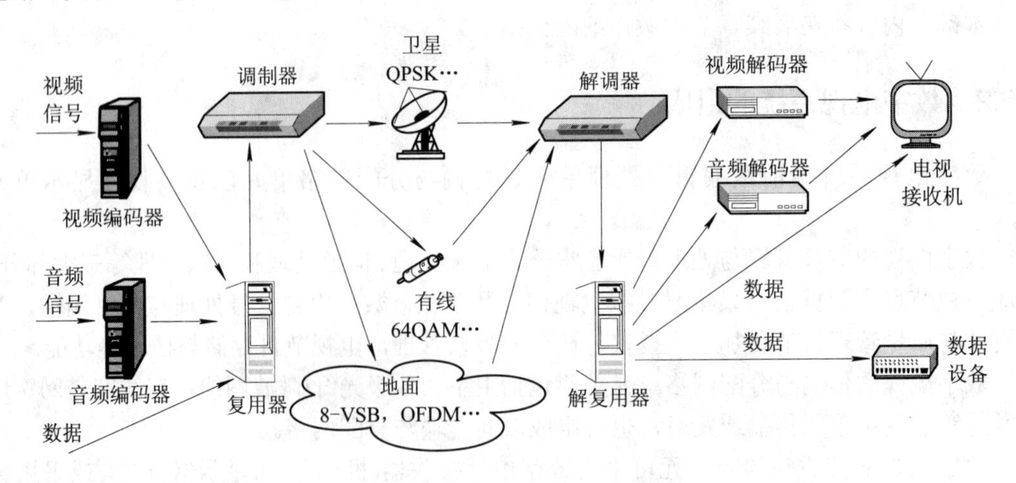

图 1.22　数字电视广播系统构成示意图

1.6.3　数字电视的图像格式

数字电视的图像格式分为两种，即标准清晰度图像格式和高清晰度图像格式。

标准清晰度电视(SDTV)图像在水平和垂直方向分别由 720 个和 576 个有效像素组成的阵列构成，即每一扫描行有 720 个有效像素，一帧由 576 个有效扫描行构成，在视觉上可达到 DVD 演播的效果。

高清晰度电视(HDTV)从视觉效果衡量，主要侧重于图像质量和信号传输带宽两个指标，通常要求图像分辨率达到 1920 × 1080，即一帧图像由 1080 行(每行有 1920 像素)构成。显示屏宽高比为 16∶9，水平视角为 30°，信息量是标准清晰度电视的 5 倍，更加符合人的视觉特性。

复 习 题

1. 简述图像信号采用负极性信号的原因。

2. 一个黑白电视接收机有伴音信号和光栅，但是没有图像信号，分析接收机出现故障的原因。

3. 黑白电视接收机的行频是多少？当实际的行频大于或者小于该数值时，荧光屏上的图像将会出现什么现象？

4. 黑白电视接收机的场频是多少？当实际的场频大于或者小于该数值时，荧光屏上的图像将会出现什么现象？

5. 简述黑白电视接收机的组成框图、各部分的工作原理及其作用。

6. 黑白全电视信号和彩色全电视信号的主要区别是什么？试绘出二者的频谱分布。

7. 简述电视信号接收天线的主要作用。

8. 简述电视接收机中 AGC 单元的主要作用。

9. 数字电视和黑白电视能够实现兼容的原因是什么？

第2章　CRT彩色电视的信号接收电路

电视信号的接收首先涉及电视信号的构成和电视信号的频道分布，这主要通过分析电视信号的特征和频谱来指导接收单元电路原理的解析。

电视接收单元主要由两大部分构成，即高频调谐器部分和中频滤波部分，可详细分为四个电路环节：前置放大环节、选频调谐环节、混频变换环节和中频滤波环节。

2.1　标准彩条电视信号

2.1.1　标准彩条图像的三基色信号

1. 标准彩条图像

电视广播中常用的标准彩条图像如图2.1所示，自左向右依次为白、黄、青、绿、紫、红、蓝、黑8种彩条，特点是左右对称的两种颜色互为补色，即白与黑、蓝与黄、红与青、绿与紫。每一种基色的补色均可由其他两种基色相混(相加)而得，这在本书第1章的三色圆图中已有过论述。

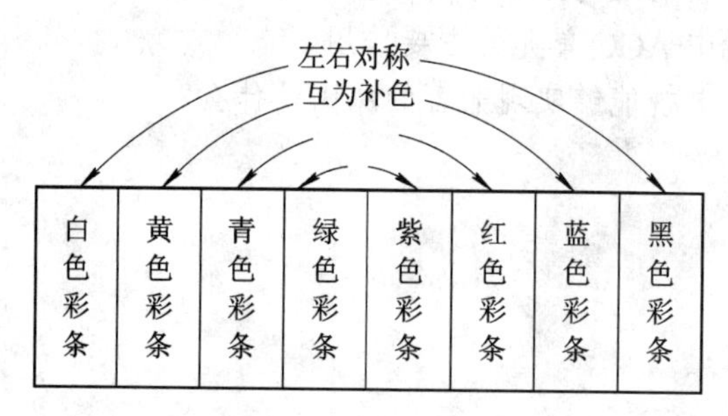

图2.1　彩条图像

2. 标准彩条图像的三基色信号波形与频谱

标准彩条图像红、绿、蓝三基色信号的波形如图2.2(a)所示。由图可看出如下几个特点：

(1) 左侧白、黄、青、绿4种彩条中均含有绿(G)基色，故G波形为高电平1；右侧紫、红、蓝、黑4种彩条中均不含绿(G)色，故G波形为低电平0。

(2) 8种彩条自左至右的白黄中含有红(R)，紫红中含有红，故所对应的R波形为高电平1，其余的彩条无红色，故为低电平0。

(3) 蓝色(B)的波形可用同样方法画得，不再赘述。

由 R、G、B 的波形图可见，所得的蓝基色信号频率最高，红基色信号次之，绿基色信号的频率最低。

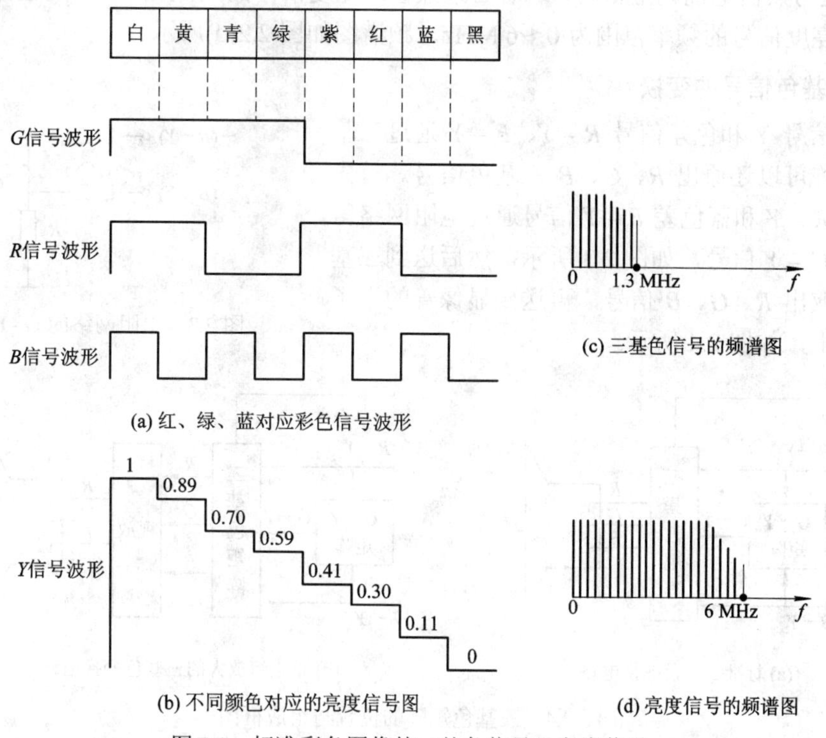

图 2.2　标准彩条图像的三基色信号及亮度信号

3. 三基色信号的频谱

上面已经讨论过，由于人眼对彩色的分辨力较低，故三基色信号的最高频率在 1.3 MHz 已能满足要求，而最低频率则很低，需传送直流电平。因此，三基色信号的频谱如图 2.2(c)所示，其频带宽度为 0～1.3 MHz。

2.1.2　标准彩条图像的亮度信号波形与频谱

1. 标准彩条的亮度信号波形

根据已经画出的三基色信号的波形及亮度方程

$$Y = 0.30R + 0.59G + 0.11B$$

即可以画出标准彩条的亮度信号 Y 的波形，如图 2.2(b)所示。每一彩条所对应的亮度幅值是根据上述方程计算出来的，例如，黄色条，由于黄中无蓝色，只有红、绿两色，故其亮度 Y 值为

$$Y = 0.30R + 0.59G = 0.30 \times 1 + 0.59 \times 1 = 0.89$$

又如紫色条，由于紫中无绿色，只有红、蓝两色，故其亮度 Y 值为

$$Y = 0.30R + 0.11B = 0.30 \times 1 + 0.11 \times 1 = 0.41$$

其他各彩条的 Y 值可类推。

2. 亮度信号的频谱

由于人眼对黑白亮度的分辨力很高，在我国的电视制式下，亮度信号的最高频率应为6 MHz，这与黑白电视完全相同，二者必须兼容。亮度信号的最低频率为0，也与黑白电视一致，故亮度信号的频率范围为0～6 MHz，频谱图如图2.2(d)所示。

3. 三基色信号的变换

亮度信号Y和色差信号$R-Y$、$B-Y$通过三基色变换矩阵可以还原出R、G、B三基色信号。首先由红色差$R-Y$和蓝色差$B-Y$信号通过电阻网络得到绿色差$G-Y$信号，如图2.3所示，然后送到三基色矩阵提取出R、G、B信号，再送到显像管的电子枪的阴极上，如图2.4所示。

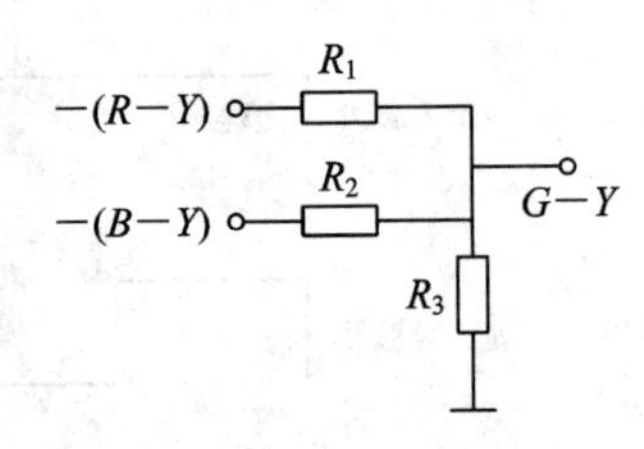

图2.3　电阻网络的$G-Y$矩阵

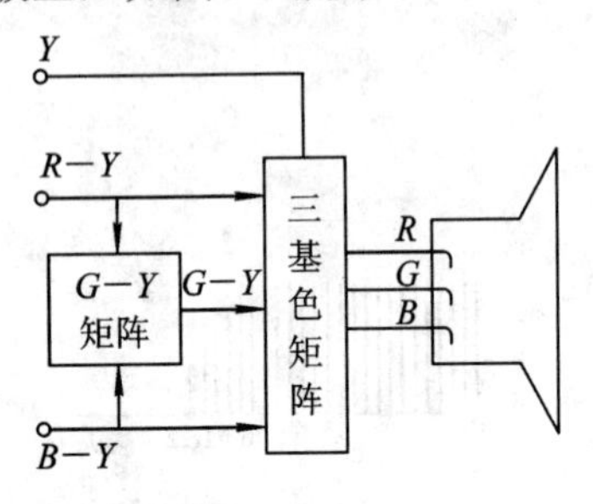

(a) 标准三基色变换电路

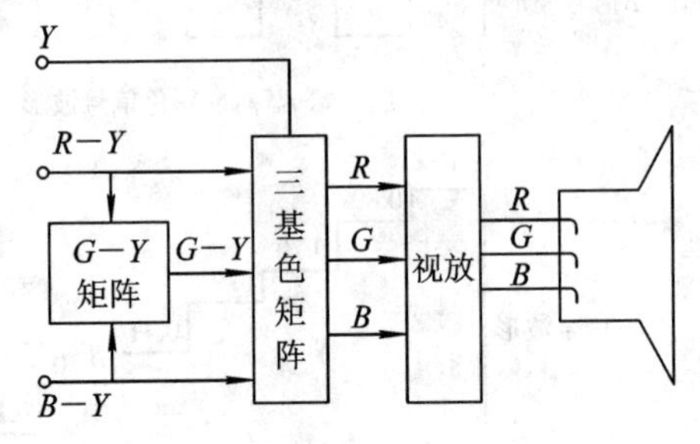

(b) 带电流放大的三基色变换电路

图2.4　三基色矩阵的位置与组成框图

由三基色矩阵产生的三基色信号R、G、B或直送彩色显像管红、绿、蓝三个阴极，或经过视放后再送至这三个阴极，以控制该阴极发出电子的多少。此信号电平高时，发出的电子少；此信号电平低时，发出的电子多。而电子的多少，即电子束电流的大小将直接决定着荧光屏上图像的彩色。例如：

u_R、u_B很高而u_G很低时，只有G电子束存在，荧光屏呈现一片绿色。

u_R、u_G很高而u_B很低时，只有B电子束存在，荧光屏呈现一片蓝色。

u_B很高而u_R、u_G很低时，则有红(R)、绿(G)电子束存在，荧光屏呈现一片黄色。

在黑白电视接收机中，图像信号(灰度信号)是直接加至显像管的阴极，控制阴极发出的电子数量使荧光屏呈现出不同灰度的黑白图像。

在彩色电视接收机中，如果接收的是黑白电视信号，则只有Y而无$R-Y$及$B-Y$，因而加到三基色矩阵的信号Y经放大后，输至显像管三个阴极的信号均为Y，其值也相等。Y信号幅值高时，各阴极发出的电子少，荧光屏呈黑色或灰色；Y信号幅值低时，各阴极发出的电子多，荧光屏呈白灰或白色。总之，只要$u_R=u_B=u_G$，显像管显示出来的就一定为黑白图像。

2.1.3　色差信号的波形与频谱

1. 标准彩条色差信号的波形图

这里仍以标准彩条图像为例，画出它的波形，如图2.5所示，此波形图有如下特点：

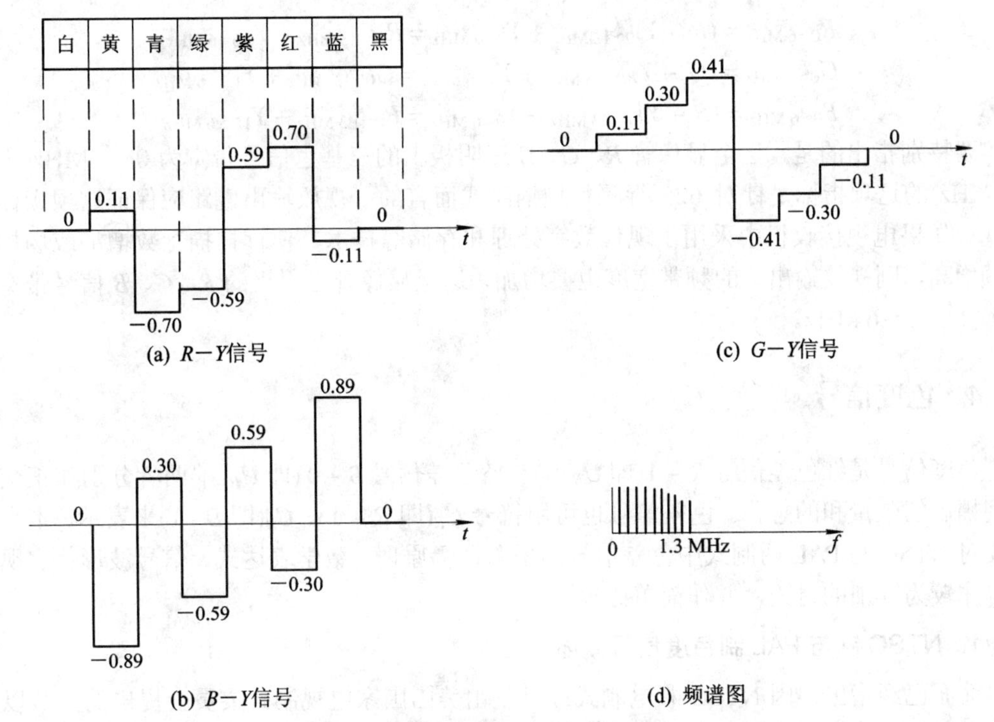

(a) R−Y信号

(c) G−Y信号

(b) B−Y信号

(d) 频谱图

图 2.5　标准彩条图像的色差信号及频谱

(1) 图中所标幅值是由基色波形和亮度信号 Y 波形相应之值相减后得出的，例如：最左侧白条，由于 $R=B=G=1$，$Y=1$，则 $R-Y=0$、$B-Y=0$、$G-Y=0$，即其所对应的各色差信号均为 0；又如黄条，由于 $R=1$、$G=1$、$B=0$、$Y=0.89$，则可算得三色差信号的值为

$$R-Y=1-0.89=0.11$$

$$B-Y=0-0.89=-0.89$$

$$G-Y=1-0.89=0.11$$

其余各彩条色差信号的幅值可依此法推导。

(2) 由于标准彩条是左右对称、互为补色，故各色差信号波形均以中间的竖线奇对称。若将右侧 4 个波形顺时针转动 180°，则必定与左侧 4 个波形重合。

2．色差信号的频谱

电视制式中，规定色差信号的频带宽度为 0～1.3 MHz，即最高频率为 1.3 MHz。其频谱图如图 2.5(d)所示。

1.3 MHz 的带宽，表明在传送图像的彩色时，仅传送了图像信号中的低频成分。这样，在接收机所恢复出的三基色信号中也只含有较低的频率成分，反映在画面上，即表现了大面积的色调(大面积着色)。而图像的细节，即高频成分，则由亮度信号 Y 来补充，这就是高频混合原理，实际上也就是大面积着色原理的另一种说法。

采用色差信号传送彩色有利于高频混合。在彩色电视接收机的三基色矩阵的运算中，亮度信号 Y 中的高频分量补充了各色差信号中未被传送的高频成分，使送至显像管 3 个阴极上的基色信号带宽扩展至 0～6 MHz，了解这一点是很重要的。上述原理可用简单的矩阵运算公式表示出来，即

$$R_{0\sim6\,\text{MHz}}=(R-Y)_{0\sim1.3\text{MHz}}+Y_{0\sim6\,\text{MHz}}=R_{0\sim1.3\,\text{MHz}}+Y_{1.3\sim6\,\text{MHz}}$$
$$G_{0\sim6\,\text{MHz}}=(G-Y)_{0\sim1.3\,\text{MHz}}+Y_{0\sim6\,\text{MHz}}=G_{0\sim1.3\,\text{MHz}}+Y_{1.3\sim6\,\text{MHz}}$$
$$B_{0\sim6\,\text{MHz}}=(B-Y)_{0\sim1.3\,\text{MHz}}+Y_{0\sim6\,\text{MHz}}=B_{0\sim1.3\,\text{MHz}}+Y_{1.3\sim6\,\text{MHz}}$$

要特别指出的是，送至显像管 R、G、B 三阴极上的三基色信号带宽为 0～6 MHz(不是 1.3 MHz)的这项指标是针对 625 行隔行扫描制式而言的，视放输出电路应保证这项指标的实现。如果电视接收机中采用了现代数字处理和存储等技术，使行扫描行数增加或场扫描幅频增高，则视放输出级的频带宽度也要增加，送至显像管三阴极的 R、G、B 信号带宽将远远高于 0～6 MHz。

2.1.4　色度信号

色度信号是红色差信号 $R-Y$(即 U_{R-Y})与蓝色差信号 $B-Y$(即 U_{B-Y})两者分别作正交平衡调幅后的矢量和的总称。色差信号也可用符号 C_R(即 $R-Y$)、C_B(即 $B-Y$)来表示。本小节主要对 NTSC 与 PAL 两制式中色差信号的平衡调幅原理、数学表达式、信号波形、实现框图等作较为详细的讨论，并作简单比较。

1. NTSC 制与 PAL 制色度信号概述

前面已经指出，因 NTSC 彩电制式最早是由美国国家电视制式委员会提出的，故以该委员会的英文字头 NTSC(National Television System Committee)来命名。究其实质，NTSC 是一种对红、蓝色差信号作正交平衡调幅的彩电制式。NTSC 制是现行几种兼容制彩电制式的基础，其特点是编解码简单且性能良好。

PAL 制是逐行倒相正交平衡调幅制彩色电视制式，它是针对 NTSC 制对相位误差(失真)敏感的缺点而设计出的一种彩电制式。除了逐行倒相这一点不同外，PAL 制的其他方面均与 NTSC 制大同小异。因此，PAL 制也可认为是 NTSC 制的一种改进形式。

NTSC 与 PAL 两种彩电制式中色度信号的表达形式、矢量图对比关系如表 2.1 所示。

表 2.1　NTSC 与 PAL 制的色度信号

项目	制　式	
	NTSC 制	PAL 制
色度信号表达式	$\dot F=\dot F_U+\dot F_V$ $=0.493U_{B-Y}-Y\sin\omega_{SC}t+0.877U_{R-Y}-Y\cos\omega_{SC}t$ $=F\sin(\omega_{SC}t+\varphi)=U+\text{j}V$ $=F\angle\varphi$	$\dot F=\dot F_U+\dot F_V$ $=0.493U_{B-Y}\sin\omega_{SC}t\pm0.877U_{R-Y}\cos\omega_{SC}t$ $=F\sin(\omega_{SC}t\pm\varphi)=U\pm\text{j}V$ $=F\angle\pm\varphi$ (相角有正、负之分)
色度信号矢量图	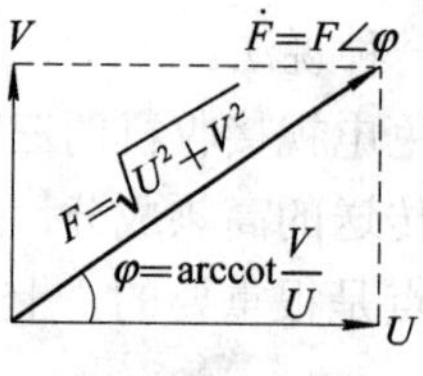 V　$\dot F=F\angle\varphi$ $F=\sqrt{U^2+V^2}$ $\varphi=\text{arccot}\dfrac{V}{U}$ U	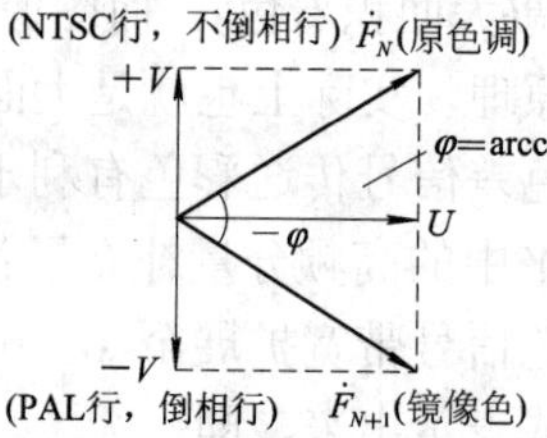 (NTSC行，不倒相行) $\dot F_N$(原色调) $+V$ $\varphi=\text{arccot}\dfrac{V}{U}$ $-\varphi$　U $-V$ (PAL行，倒相行)　$\dot F_{N+1}$(镜像色)

续表

项　目	制　式
F_V、F_U的含义	F_V 是红色差 $R-Y(U_{R-Y})$作平衡调幅后的信号，也称红色差的色度信号，为简便起见，常以 F_V 代替 $\dot{F}_V$； F_U 是蓝色差 $B-Y(U_{B-Y})$作平衡调幅后的信号，也称蓝色差的色度信号，为简便起见，常以 F_U 代替 $\dot{F}_U$
F 的含义	F 是色度信号矢量的模，或为色度信号的幅值，它的大小代表了彩色的饱和度，即彩色的深浅。F 值大，则颜色深，反之则颜色浅，即 $F=\sqrt{V^2+U^2}$ (压缩后) 其中， $V=0.877U_{R-Y}$，$U=0.493U_{B-Y}$
φ 的含义	φ 是色度信号的相角(相位)，它的大小代表了彩色的色调，即颜色的种类。每一种颜色均有一相角与其对应，如红色的 $\varphi=130°$，绿色的 $\varphi=241°$，蓝色的 $\varphi=347°$等。φ 的计算式为 $\varphi=\text{arccot}\dfrac{V}{U}$
ω_{SC}的含义	ω_{SC}是色差信号作平衡调幅时所用载频(称副载频)信号的角频率，$\omega_{SC}=2\pi f_{SC}$，式中 f_{SC} 就是通常所说的彩色副载频。 NTSC 制中的 f_{SC} 有两种：宽频带系统中，$f_{SC}=4.43$ MHz；窄频带系统中，$f_{SC}=3.58$ MHz。 PAL 制中的 f_{SC} 为 4.43 MHz(严格为 4.433 618 75 MHz)

2．NTSC 制彩色电视制式的色度信号

1)　NTSC 制色度信号形成的电路框图

根据上述的 NTSC 制色度信号与已调色差信号的表达式，可以很方便地画出形成色度信号的系统框图，图 2.6 就是 NTSC 制的色度信号形成的电路框图(以 Y、V、U 的宽带方式为例)。图 2.6 中的平衡调幅实际上是一个乘法电路，其输出为两输入信号的相乘，因而实现了：

$$F_V=U_{R-Y}\cos\omega_{SC}t \text{——红色差的平衡调幅度}$$

$$F_U=U_{B-Y}\sin\omega_{SC}t \text{——蓝色差的平衡调幅度}$$

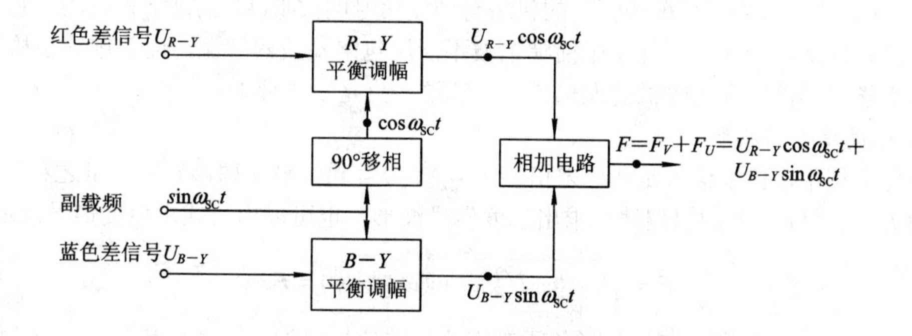

图 2.6　NTSC 制色度信号形成的电路框图

已调色差信号的波形是平衡调幅波的波形，根据高频电路所述的平衡调幅波的分析，我们可以知道，一个信号经过平衡调幅后，其波形特点如图 2.7 所示。

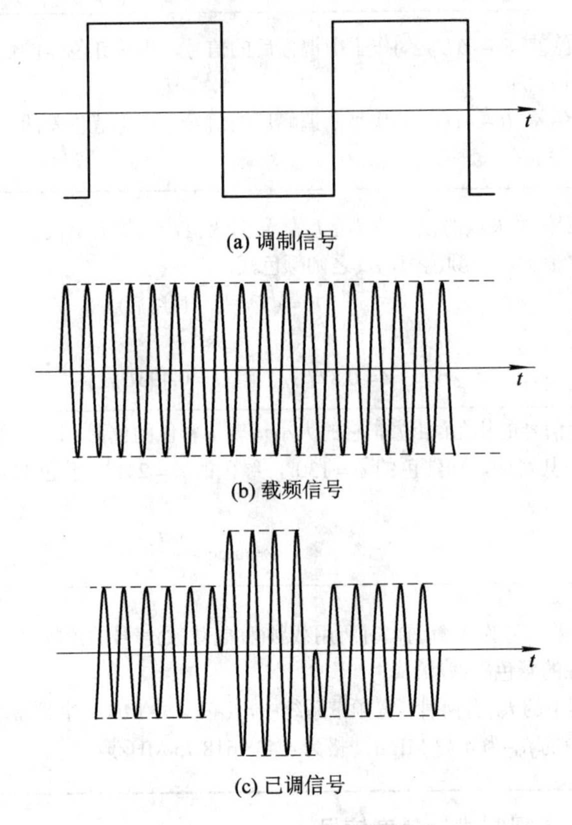

(a) 调制信号

(b) 载频信号

(c) 已调信号

图 2.7　平衡调幅的波形关系

(1) 因为平衡调幅是调制信号与载频信号相乘，所以调制信号的过零点就是已调信号(平衡调幅波)的过零点；同样，载频信号的过零点也就是已调信号的过零点。

(2) 由于载频信号是一等幅波，信号幅值为一常量，因此它与调制信号相乘后，已调信号的波形有下列显著特点：在调制信号的正值期间，由于相乘的结果，已调信号在此期间的正、负包络均与调制信号的正包络相同，且上下对称；在调制信号的负值期间，由于相乘的结果，已调信号在此期间的正、负包络均与调制信号的负包络相同，且上下对称。

(3) 由图 2.7 可见，平衡调幅波的包络与调制信号的波形(包络)是不相同的，它与普通调幅波的差别就在于此。因此，平衡调幅波不能用包络检波器解调，而要用同步检波器解调。对于学习彩色电视接收机的人来说，了解这一点是很必要的。

2) 色度信号的波形

彩色电视中，色度信号是两色差信号($R-Y$、$B-Y$)作平衡调幅后的矢量之和，因此，可以由 $R-Y$ 和 $B-Y$ 的已调波形求出色度信号波形，也可以由公式求色度信号波形，即

$$\dot{F}=\sqrt{U_{R-Y}^{2}+U_{B-Y}^{2}}\ \sin(\omega_{\mathrm{SC}}t+\varphi)=F\angle\varphi$$

对于标准彩条图像而言，各彩条所对应的色差信号已调波形和色度信号波形如图 2.8 所示(这里以 Y、V、U 的宽带方式为例)。

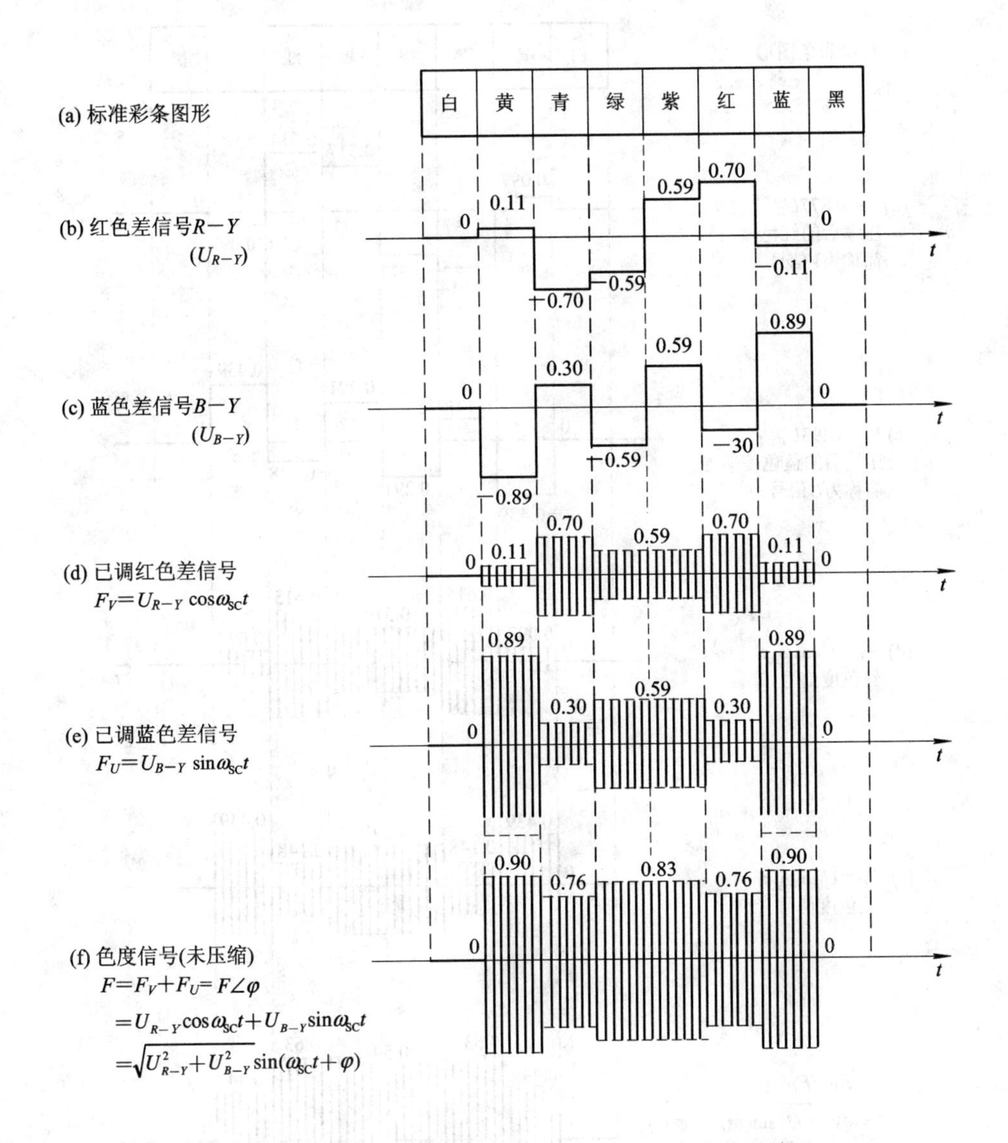

图2.8　未压缩的标准彩条信号的色差信号和色度信号波形

3) 压缩后的色差信号及色度信号波形

为了使色度信号 F 与亮度信号 Y 相混后的彩色图像信号的幅值限制在一定的范围之内，以免造成不良后果(使彩色全电视信号的动态范围太大)，故需对两色差信号的幅值进行压缩，其压缩系数分别为0.877和0.493。压缩后的红色差信号称为 V 信号，压缩后的蓝色差信号称为 U 信号，即

$$V = 0.887U_{R-Y} \text{或} V = 0.877(R-Y)$$

$$U = 0.493U_{B-Y} \text{或} U = 0.493(B-Y)$$

压缩后的标准彩条信号的色差信号、色度信号的波形如图2.9所示。有关压缩的详细原理下一节还要作进一步讨论。

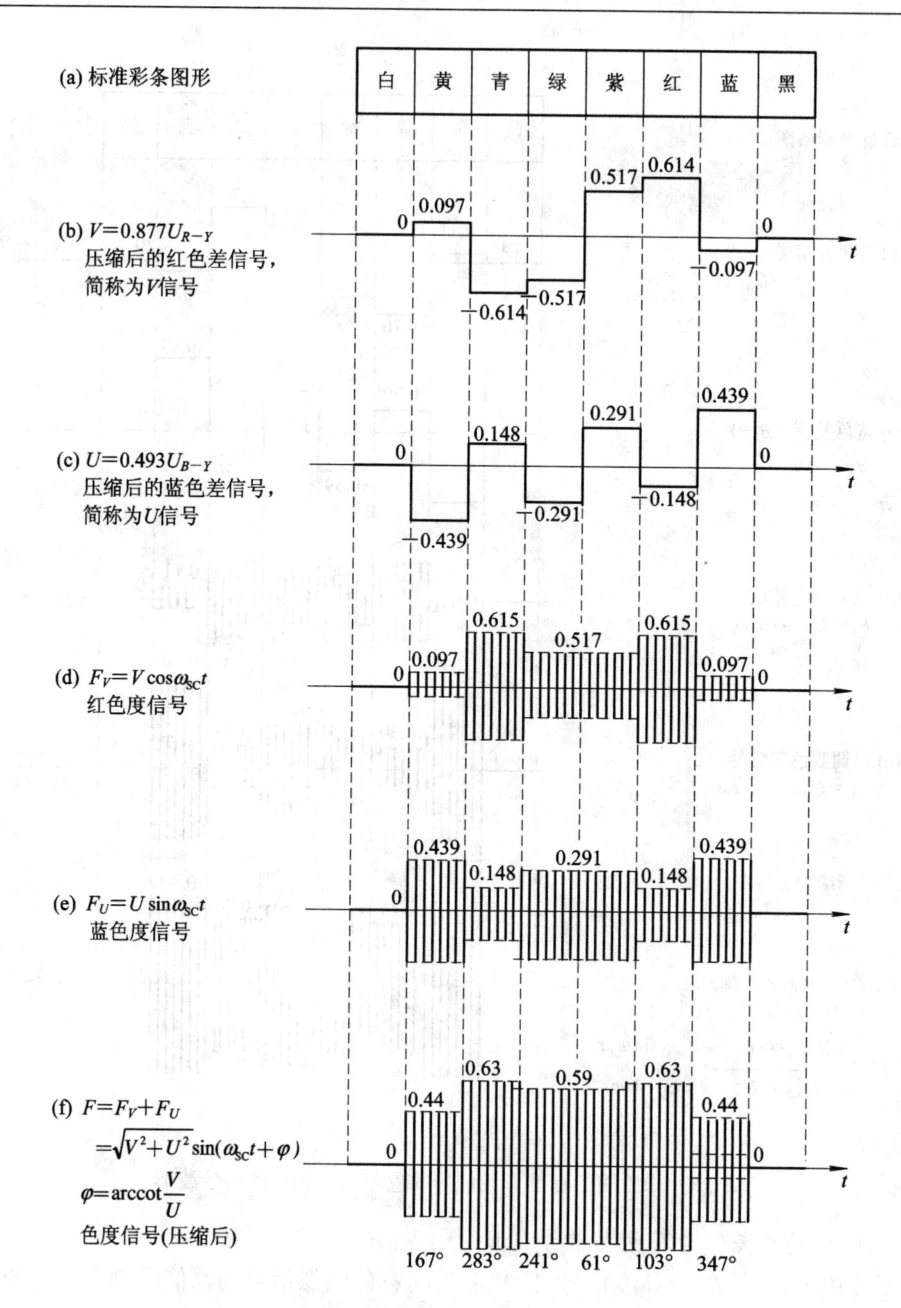

图 2.9　压缩后的标准彩条信号的色差信号及色度信号

4) 色度信号的频谱

色度信号是由色差信号进行平衡调幅后获得的，因此，可根据平衡调幅时对调制信号频谱的变换来求得色度信号频谱。在 NTSC 制中，对于色度信号的频谱有两种不同的处理方式，下面简单作一说明。

(1) Y、V、U 宽带方式。这是对原有黑白电视的视频信号为 5.5～6 MHz 的宽带系统设计的。这种方式中，两个色差信号的带宽均取 1.3 MHz，平衡调幅后的信号带宽为 2.6 MHz。上述的波形均是按这一方式讨论的。

这一方式中的色差信号、色度信号的频谱如图 2.10(a)、(b)所示，图 2.10(c)表示了色度信号在视频信号(亮度信号)频谱中的位置关系。色度信号的频带宽度为

$$B = 2 \times 1.3\ \text{MHz} = 2.6\ \text{MHz}\ (2\ \text{倍于色差信号的频带宽度})$$

这种方式下平衡调幅时的载频(称彩色副载频)通常为 4.43 MHz。

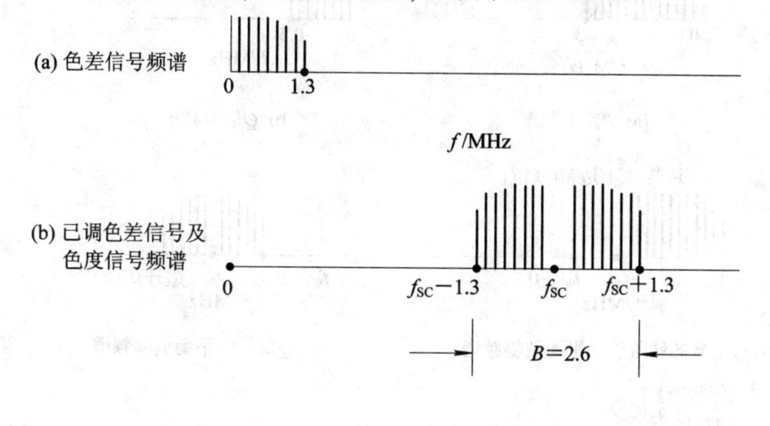

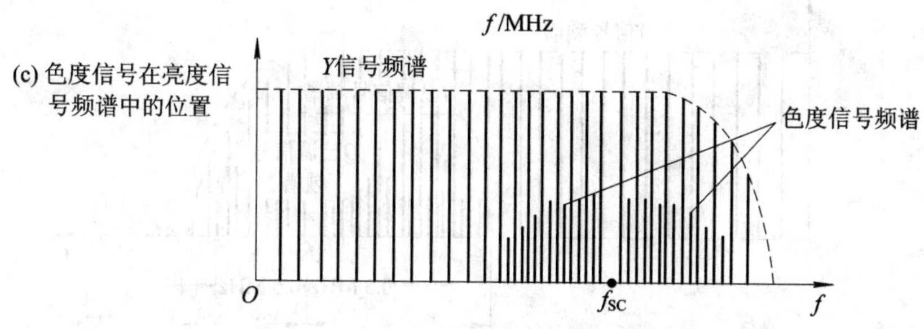

图 2.10　Y、U、V 在宽带方式下的频谱分布

(2) Y、I、Q 窄带方式。这是对原有黑白电视的视频信号约为 4.25 MHz 的窄带系统设计的，这是一种变形的 NTSC 制。由于视频带宽窄，故需压缩已调色差的带宽，因而选用 I、Q 作为两色差信号，I、Q 与$(R-Y)$、$(B-Y)$的关系为

$$I = 0.74(R-Y) - 0.27(B-Y)$$

$$Q = 0.48(R-Y) + 0.41(B-Y)$$

经过简单的变化，可求得 I、Q 与 R、G、B 的信号关系，即

$$Y = 0.30R + 0.59G + 0.11B$$

$$I = 0.60R - 0.28G - 0.32B$$

$$Q = 0.21R - 0.52G + 0.31B$$

在传送黑白电视信号时，由于 $R = G = B$，故 $I = 0$，$Q = 0$，这样可减小色度信号与亮度信号之间的干扰。

在这种 Y、I、Q 窄带方式中，色差信号 I、Q 的带宽是不相等的，其中 I 的带宽仍为 0～1.3 MHz，而 Q 的带宽压缩至 0.5 MHz，这是根据人眼对于不同彩色有不同的分辨力而得出的。色差信号 Q 的带宽较窄，只有 0.5 MHz，平衡调幅后的带宽也只有 $2 \times 0.5\ \text{MHz} = 1\ \text{MHz}$，故不需压缩；色差信号 I 的带宽为 1.3 MHz，平衡调幅的带宽为 $2 \times 1.3\ \text{MHz} = 2.6\ \text{MHz}$，故需压缩。通常采用残留边带平衡调幅的方法，用滤波器将其部分上边带滤除(由

1.3 MHz 压至 0.6 MHz)。所有的副载频一般较低，常为 3.58 MHz，而不是 4.43 MHz。这种制式的有关频谱如图 2.11 所示。

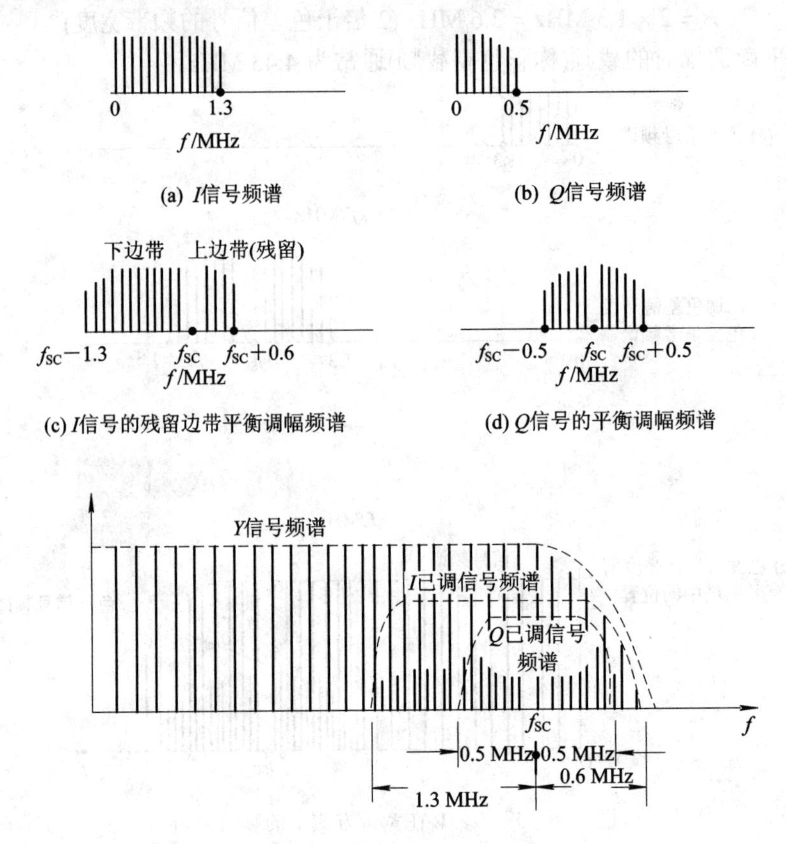

图 2.11 I、Q 信号的频谱及其色度信号的频谱

3. PAL 制彩色电视制式的色度信号

PAL 制与 NTSC 制的主要不同在于：PAL 制中的红色差信号 $R-Y(U_{R-Y})$在平衡调幅时是逐行倒相的，即第 N 行的 $R-Y$ 是用$+\cos\omega_{SC}t$ 作平衡调幅，第 $N+1$ 行的 $R-Y$ 是用$-\cos\omega_{SC}t$ 作平衡调幅，第 $N+2$ 行的 $R-Y$ 再用$+\cos\omega_{SC}t$ 作平衡调幅；而各行的蓝色差信号 $B-Y$ 均用 $\sin\omega_{SC}t$ 作平衡调幅。上述情况已在表 2.1 中表明清楚，这里不再赘述。

1) PAL 制色度信号形成的电路框图

根据表 2.1 所列内容及相关论述，可以很方便地画出形成 PAL 制色度信号的电路组成框图，如图 2.12 所示。

对比图 2.6 与图 2.12，两者的差别仅仅在于红色差信号 $R-Y$ 平衡调幅的副载频信号的相位上，其中 PAL 制要求副载频为$\pm\cos(\omega_{SC}t)$，即逐行倒相，以实现：

$$F_V=+U_{R-Y}\cos(\omega_{SC}t)\text{ ——不倒相的 NTSC 行}$$

$$F_V=-U_{R-Y}\cos(\omega_{SC}t)\text{ ——倒相的 PAL 行}$$

而各行的蓝色差信号平衡调幅后的色度信号均相同，并与 NTSC 制一样，其大小为

$$F_U = U_{B-Y}\sin(\omega_{SC}t)$$

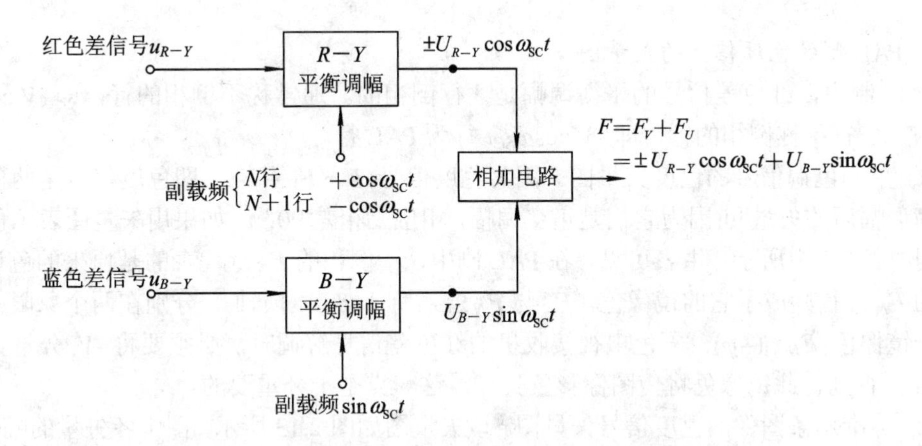

图 2.12 PAL 制色度信号形成的电路框图

由此可很容易写出 PAL 制色度信号的表达式，即

$$\begin{aligned}\boldsymbol{F} &= F_U + F_V = \pm U_{R-Y}\cos(\omega_{SC}t)+U_{B-Y}\sin(\omega_{SC}t)\\ &= \sqrt{U_{R-Y}^2+U_{B-Y}^2}\sin(\omega_{SC}t\pm\varphi)\\ &= F\angle\pm\varphi\end{aligned}$$

2) 压缩后的色差信号与色度信号

PAL 制与 NTSC 制一样，也要对色差信号进行压缩，且压缩系数也相同，分别为 0.877 和 0.493，压缩后的色度信号表达式如下所述。

红色度信号为

$$F_V = 0.877U_{R-Y}(\pm\cos(\omega_{SC}t)) = \pm V\cos(\omega_{SC}t) \quad (\text{逐行倒向})$$

蓝色度信号为

$$F_U = 0.493U_{B-Y}\sin_{SC}t = U\sin\omega_{SC}t \quad (\text{与 NTSC 制完全相同})$$

色度信号为

$$\begin{aligned}\boldsymbol{F} &= F_U + F_V = U\sin(\omega_{SC}t)\pm V\cos(\omega_{SC}t)\\ &= \sqrt{U^2+V^2}\sin(\omega_{SC}t\pm\varphi)\\ &= F\angle\pm\varphi\end{aligned}$$

式中，$F=\sqrt{U^2+V^2}$ 为色度信号的模，代表彩色的饱和度，即彩色的深浅；$\varphi=\operatorname{arccot}\dfrac{V}{U}$ 为色度信号的相位角，代表彩色(色调)的种类。

上述分析的结果与 NTSC 制基本相似，但有两点不同：

其一，PAL 制红色差信号作平衡调幅后的色度信号 F_V，其不倒相行(第 N 行)信号的幅值与相位与 NTSC 制完全相同；而倒相行(第 $N+1$ 行)信号的幅值与 NTSC 行相等，但相位相反，即相差 180°。

其二，PAL 制的色度信号(以标准彩条图形为例)其幅值与 NTSC 制一样，但相位分散在四个象限中，且互为补色彩条的相位差为 180°，即两者的矢量在一条直线上。

PAL 制标准彩条图形的色差信号、色度信号的波形与 NTSC 制相同，读者可参阅图 2.8。

3) PAL 制的色度信号的矢量图

PAL 制中，红色差信号的平衡调幅是逐行倒相的。通常称不倒相的行，即 $+V\cos\omega_{SC}t$ 行为 NTSC 行；称倒相的行，即 $-V\cos\omega_{SC}t$ 行为 PAL 行。

(1) 单一色调信号的色度矢量图。因为色度信号 $\boldsymbol{F}=\boldsymbol{F}_V+\boldsymbol{F}_U$，即色度信号是两色差信号平衡调幅后的矢量和(因为它们是正交调幅，相位上相差 90°)。如果用矢量图表示色度信号，则如表 2.1 中所示。由表可见，在 PAL 制中，不倒相的 $\boldsymbol{F}_N$ 行代表的是原来的色调，而倒相的 $\boldsymbol{F}_{N+1}$ 行则成了它的镜像色，$\boldsymbol{F}_N$ 与 $\boldsymbol{F}_{N+1}$ 对称于 U 轴(横轴)，分别在两个象限中。对于这一镜像色 $\boldsymbol{F}_{N+1}(-\varphi)$，彩色电视接收机的红色差信号解调时，必须要将 $-V$ 分量重新倒相成 $+V$；否则，此镜像色将使图像彩色失真，这一点是十分重要的。

(2) 标准彩条图像的色度信号矢量图。该矢量图如图 2.13 所示，图中各矢量的幅值(模)和相角可由图 2.8 中的有关数值及相关公式获得，此矢量图可用矢量示波器观察，每一种色调(彩色)在矢量图上都有它确切的位置。

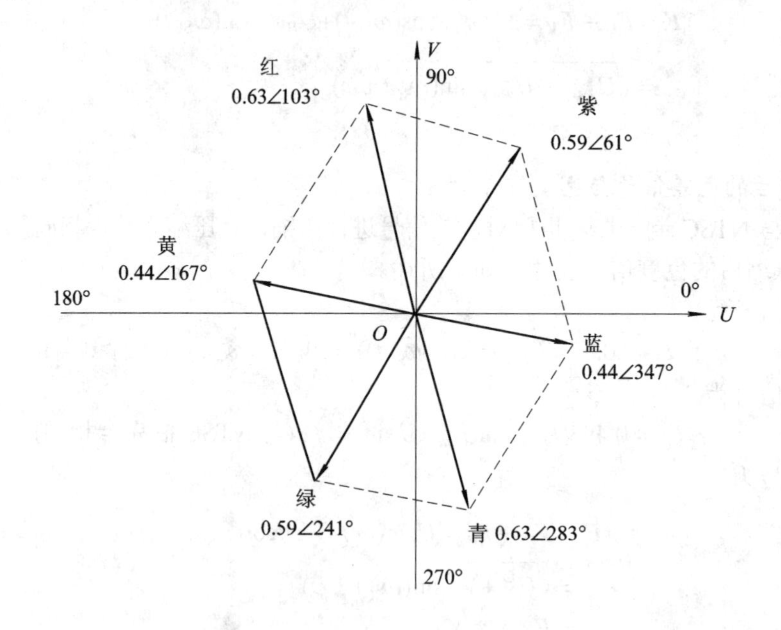

图 2.13　标准彩条图像色度信号的矢量图

矢量的长短代表该色调(彩色)的深浅，矢量的相位角代表色调的种类。图中还表明，三基色与各自的三补色都在过 O 点的一条直线上。

4．PAL 制逐行倒相对相位敏感的补偿原理

电视信号在传输过程中，由于某种原因，其相位角中(代表着彩色)会发生偏移，如图 2.14 中，使色度信号 $\boldsymbol{F}_N$ 偏移至 $\boldsymbol{F}'_N$，即偏移了 $\Delta\varphi$ 相位角。

在 NTSC 制式中，色度信号 $\boldsymbol{F}_N$ 偏移至 $\boldsymbol{F}'_N$ 后，图像的彩色即由原来的紫色失真为紫红色(紫偏红)。这说明 NTSC 制对信号的相位变化是很敏感的。

在 PAL 制式中，由于采用了逐行倒相的处理办法，使信号对相位的敏感程度大大降低。如图 2.14 中，对于某一色度信号(如紫色)，它除了有 $\boldsymbol{F}_N$ 矢量(与 NTSC 制相同)外，还有与 U 轴对称的倒相行(镜像色)$\boldsymbol{F}_{N+1}$。如果信号 $\boldsymbol{F}_N$ 的相位偏移了 $\Delta\varphi$，成为 $\boldsymbol{F}_N'$，则信号 $\boldsymbol{F}_{N+1}$ 的相位也会偏移 $\Delta\varphi$，成为 $\boldsymbol{F}_{N+1}'$。在进行色度信号解调时，一定要将倒相行再倒相回来，使 $\boldsymbol{F}_{N+1}$ 与 $\boldsymbol{F}_N$ 重合(未偏移 $\Delta\varphi$ 时)；现在偏移了 $\Delta\varphi$，使 $\boldsymbol{F}_N$ 移至 $\boldsymbol{F}_N'$，$\boldsymbol{F}_{N+1}$ 移至 $\boldsymbol{F}_{N+1}'$，解调后，$\boldsymbol{F}_{N+1}'$ 倒相至 F_{N+1}'' 位置，显然它与 $\boldsymbol{F}_N'$ 不重合了。但由图 2.14 中的三角关系分析，$\boldsymbol{F}_N'$ 与 F_{N+1}'' 的矢量合成(矢量和)的位置仍在原来的 $\boldsymbol{F}_N$ 位置上(或附近)，这表明信号的彩色没有改变(失真)。也可这样解释，在图 2.14 中，由于相位偏移，使原来紫色的 $\boldsymbol{F}_N$ 信号失真成紫红色的(紫偏红)的 $\boldsymbol{F}_N'$ 信号，而其镜像色 $\boldsymbol{F}'_{N+1}$ 在倒相后由原来的紫色失真成紫蓝色(紫偏蓝)的 $\boldsymbol{F}_{N+1}'$ 信号。紫红色($\boldsymbol{F}_N'$)与紫蓝色($\boldsymbol{F}_{N+1}'$)的合成色仍为紫色，因而信号的色彩未失真。

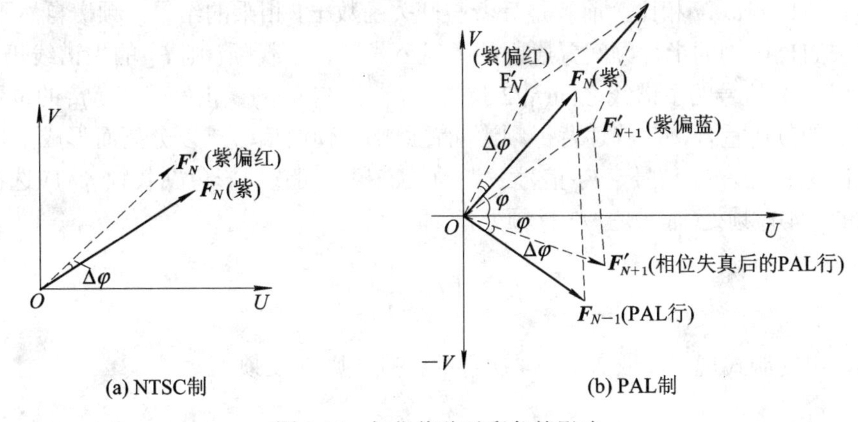

图 2.14 相位偏移对彩色的影响

由上所述，采用逐行倒相的色差信号，在传输过程中，其相邻两行信号的相位偏移正好相反(一正一负)，因而将相邻两行的色度信号作平均后(合成后)，色调(彩色)畸变可互相抵消，使人眼看不到彩色失真。因此，PAL 制对相位失真的要求较低，其允许相位偏移在 ±40° 以内；而 NTSC 制则要求较高，只允许相位偏移在±12° 以内。

5. 频谱间置及彩色副载频的选取

1) 频谱间置原理

频谱间置原理也称频谱交织原理。上面已经说明，色差信号要用调制方法，将 0～1.3 MHz 的频谱搬移到亮度信号频带中(0～6 MHz)某一个频率点的两旁(我国彩电制式规定此点频率为 4.433 618 75 MHz)，这样既能保证色差信号与亮度信号同时传送且互不干扰，又能保证彩色图像信号的总带宽限制在 6 MHz 以内，而满足与黑白电视兼容的要求。

讨论黑白电视信号时，已对亮度信号(图像信号)的频谱结构作过分析，即亮度信号的频谱不是连续的，而呈梳齿状，是离散的，有较大的空隙。

亮度信号的频谱既然有空隙，则已调色差信号(即色度信号)的频谱就有可能插在这些空隙中，这就是所谓的频谱间置原理或频谱交织原理的依据。

通常已调色差信号的频谱总是插在亮度信号频谱的高端(4.43 MHz 两侧)，避开图像信号的主体成分，而且这里的亮度信号频谱幅值较低，信号的相互窜扰更小一点。

2) 彩色副载频的选取

选择色度信号的副载频有两个原则，一是尽量选在视频信号频带的高端，以避开亮度信号(Y)的主体成分，此处亮度信号能量小，频线间的相对空隙多；二是调制后色度信号的上边带(f_{SC} + 1.3 MHz)应在 6 MHz 的视频带宽之内。

NTSC 制彩色副载频选择为半行频的倍数，即通常说的半行频间置，另外考虑到伴音载频与副载频的差拍干扰，所以还要求两者之差也等于半行频的奇数倍。为此，对于 625 行、50 场/秒的 NTSC 制(宽带型)的彩色副载频选择为

$$f_{SC}=\left(284-\frac{1}{2}\right)f_H=283.5f_H=4.4256875\ \text{MHz}\approx4.43\ \text{MHz}$$

对于 PAL 制，副载频能否也如此选择呢？答案是否定的。原因在于 PAL 制中，V 信号($R-Y$ 信号)的调制采用了逐行倒相的方式，其频谱结构与不倒相相比发生了变化(因为 $\pm V\cos\omega_{SC}t$ 与 $V\cos\omega_{SC}t$ 相比，前者是后者与开关函数±1 相乘的结果，频谱自然不同)。此时如果仍按 NTSC 制的半行频间置原则的上述公式选择副载频，则 F_U 的主谱线仍与 NTSC 制一样，置于 Y 信号的主谱线之间($f_H/2$ 位置上)，而 F_V 的频线正好落在 Nf_H 的位置，即与亮度信号 Y 的频谱重合，这就违背了频谱间置原则，使两信号难以分离而形成干扰。

为了使 Y 信号、F_V 信号、F_U 信号三者的频谱相互间置，彩色副载频 f_{SC} 应选在行的高次谐频间的 1/4 行频处(而不是 1/2 行频处)，即

$$f_{SC}=\left(N-\frac{1}{4}\right)f_H$$

我国的彩色电视制式规定，取 $N=284$ 次行的谐频，则副载频为

$$f_{SC}=\left(284-\frac{1}{4}\right)f_H=283.75f_H$$

采取了 1/4 行频间置措施后，Y、F_V、F_U 三信号的频谱能间置合理，不再重叠、干扰，但此时副载频会对亮度信号产生亮点干扰。为了消除或削弱这些干扰，PAL 制还采用了“25 Hz 偏置”技术，使副载频增加一个帧(幅)频分量 25 Hz，由此可得 PAL 制彩色副载频 f_{SC} 的最后计算式，即

$$f_{SC}=\left(284-\frac{1}{4}\right)f_H+25\ \text{Hz}=4.43361875\ \text{MHz}\approx4.43\ \text{MHz}$$

有关“25 Hz 偏置”的详细讨论，限于篇幅，不再论述，有兴趣的读者可参阅有关书籍。

3) Y、F_V、F_U 三信号的频谱结构

根据上述分析，NTSC 制和 PAL 制彩电系统中 Y、F_V、F_U 三信号的频谱结构示意图，如图 2.15 所示。其中，图 2.15(a)为 NTSC 制彩电系统中，副载频 f_{SC} 为半行频间置时，Y、F_V、F_U 三信号频谱间置的情况，其间的距离均为 $f_H/2$；图 2.15(b)为 PAL 制彩电系统中，副载频 f_{SC} 为半行频间置时，Y、F_V、F_U 三信号频谱间置的情况，Y 与 F_V 信号的频谱重合，二者难以区分，形成干扰；图 2.15(c)为 PAL 制彩电系统中，副载频 f_{SC} 为 1/4 行频间置时，Y、F_V、F_U 三信号频谱间置的情况，此时各信号频谱合理间置，互不干扰。

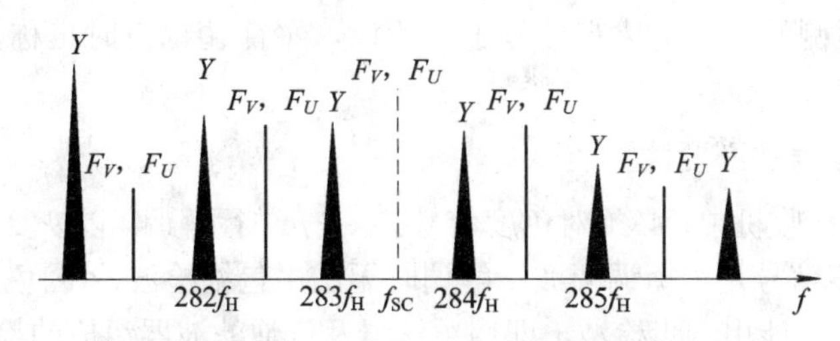

(a) NTSC制和F_V、F_U与亮度信号Y频谱间置

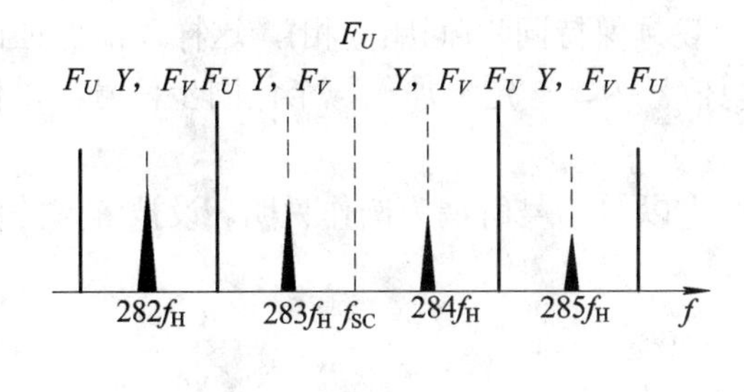

(b) PAL制，f_{SC}为半行频间置的Y、F_V、F_U频谱
(Y、F_V频谱重合相互串扰)

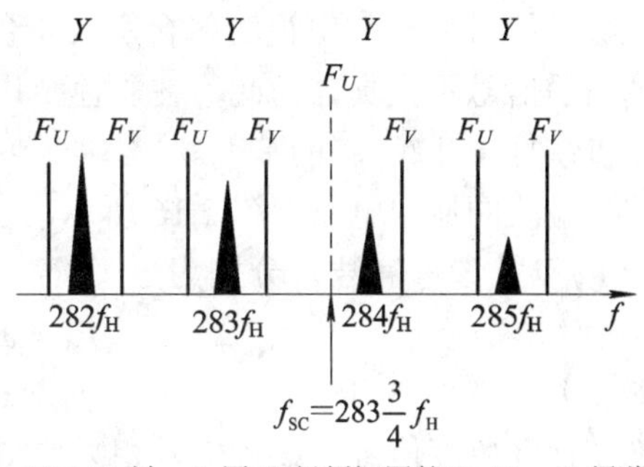

(c) PAL制，f_{SC}用1/4行频间置的Y、F_V、F_U频谱
(3种信号频谱合理间置，不串扰)

图 2.15　NTSC 制和 PAL 制 Y、F_V、F_U三信号的频谱间隔

2.2　视频信号的频谱

彩色全电视信号含有亮度信号(也称灰度信号)、色度信号、复合消隐信号(又分行、场消隐信号)、复合同步信号(又分行、场同步信号)及色同步信号等 5 类共 7 种。彩色全电视信号的外文缩写一般以 FBAS、FYAS 或 CVBS 表示。若再细分，彩色全电视信号中还含有平衡脉冲和开槽脉冲等信号，它们的作用与黑白电视信号相同。

由于彩色电视制式是与黑白电视制式兼容的，故两者的亮度信号、行场消隐信号、行场同步信号等的频带宽度、波形、幅值的相对关系、时序关系等均是相同的。

彩色全电视信号与黑白全电视信号的主要不同点有两个：第一是彩色全电视信号中需加入色同步信号，这是为了电视接收机中色差信号解调所需彩色副载频(参考信号)与发射端同步而设置的；第二是在亮度信号中需加入色度信号，色度信号与亮度信号在频谱上的关系(频谱间置)，它们在时间上均处于每一行扫描的正程位置，为两个独立信号，可作线性相加处理，亮度信号与色度信号的相加方式在国际上形成了三大标准制式：NTSC、PAL、SECAM。

2.2.1　色同步信号

无论是 NTSC 制，还是 PAL 制，都要对两色差信号 $R-Y$(即 V)和 $B-Y$(即 U)进行正交平衡调幅。我们都知道，在平衡调幅时，副载频f_{SC}分量已被完全抑制掉，剩下的只是位

于副载频 f_{SC} 两侧的上、下边带信号了。所以，平衡调幅有时也称为抑制载波的双边带调幅。

1. 色同步信号的必要性

在彩色电视接收机中，必须对色度信号 F_V、F_U 进行解调，以恢复出原色差信号 $R-Y$、$B-Y$。由于色度信号是平衡调幅波，解调时无法用包络检波器(因色度信号的包络不是色差信号的形状)，只能用同步检波，即用乘法器及低通滤波器组成的检波器来解调。为此，必定需要一个参考信号送入乘法器与被解调信号相乘，才能获得所需的解调输出。

此参考信号应该与电视发射台所发彩色副载频保持同步(同频同相)，这样才能保证同步解调出的信号不失真。为此，在彩色全电视信号中，一定要加入一个色同步信号，以作为接收机恢复副载频 f_{SC} 的基准。

同步检波的原理电路如图 2.16 所示，这里先以 V 信号解调为例作说明。设被解调的色度信号 F_V 以及参考信号 u_r 分别为

$$F_V = \pm V\cos\omega_{SC}t$$

$$u_r = \pm\cos\omega_{SC}t$$

则不倒相行红色度信号与参考信号相乘后得

$$u_1 = K_1 V\cos\omega_{SC}t\cos\omega_{SC}t$$

$$= \frac{K_1}{2}V\cos 2\omega_{SC}t + \frac{K_1}{2}V$$

式中，$\frac{K_1}{2}V\cos 2\omega_{SC}t$ 是高频项，可用低通滤波器滤除，$\frac{K_1}{2}V$ 是色差信号，即所需项。

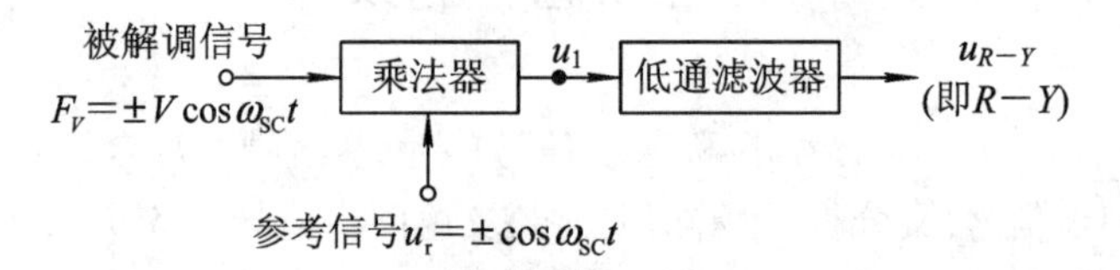

图 2.16　色差信号(U、V 信号)同步检波的组成框图

倒相行红色度信号与参考信号相乘后得

$$u_1 = K_1(-V\cos\omega_{SC}t)(-\cos\omega_{SC}t)$$

$$= \frac{K_1}{2}V\cos 2\omega_{SC}t + \frac{K_1}{2}V$$

式中，$\frac{K_1}{2}V\cos 2\omega_{SC}t$ 是高频项，可用低通滤波器滤除，$\frac{K_1}{2}V$ 是色差信号，即所需项。

经低通滤波后，即可输出所需的色差信号，而且将已倒行项的 V 信号又重新恢复到不倒相行，避免了彩色畸变，由此可得同步检波器的输出，即

$$u = \frac{K_1K_2}{2}V = KV = u_{R-Y}$$

式中，K_1、K_2 是乘法器、低通滤波器引入的电路参数，为常量。同理，可写出 U 信号同步检波器的输出，即

$$u = \frac{K_1K_2}{2}U = KU = u_{B-Y}$$

上述分析表明，若要获得不失真的解调输出，即色差信号 $R-Y(u_{R-Y})$或 $B-Y(u_{B-Y})$的输出，参考信号 u_r 必须与被解调信号的载频保持严格同步。所谓同步，即二者的频率必须相等，相位差值应尽可能得小，这一要求是十分严格、完全必要的，彩色电视接机中的彩色副载频的产生及同步电路就是按照这个原则设计的。

2. 色同步信号所处的位置及波形参数

(1) 色同步信号的频率应与副载频完全一致，对于我国的 PAL 制而言，此频率应为 4.433 618 75 MHz ≈ 4.43 MHz。

(2) 色同步信号应加在行消隐期间，位于行同步头的后侧(后肩)上，起始点距行同步脉冲前沿的时间约(5.6 ± 0.1)μs，具体情况如图 2.17 所示。

(3) 色同步信号由 9～11 个正弦波形组成，峰峰值与行同步头高度相同，每行均要加色同步信号。

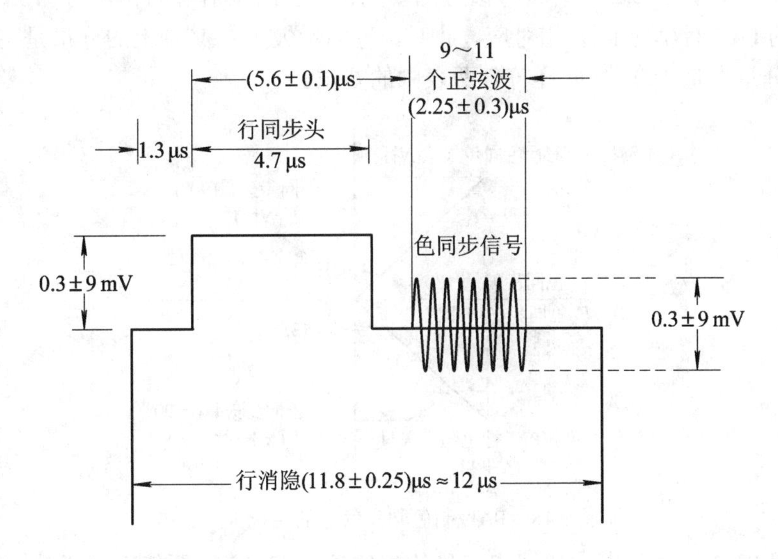

图 2.17　色同步信号的位置及波形参数

3. 色同步信号的相位

由于 PAL 制采用的是逐行倒相正交平衡调幅方式，V 信号(u_{R-Y}信号)调幅后的色度信号为$\pm V\cos\omega_{SC}t$，因而在电视接收机中作解调时，所需的参考信号也应该是逐行倒相的，这一点在讨论同步检波原理时已经证明过，下面再从表 2.2 及表 2.3 加以说明，以引起读者的注意。

表 2.2 F_V 信号解调时对参考信号的要求

行　数	F_V(R – Y 的色度信号)	要求参考信号	色同步信号的相位	解 调 输 出
N(不倒相行)	$V\cos\omega_{SC}t$	$\cos\omega_{SC}t$	90°	不失真输出 V(即 R – Y)
N + 1(倒相行)	$-V\cos\omega_{SC}t$	$-\cos\omega_{SC}t$	–90° (270°)	不失真输出 V(即 R – Y)

表 2.3 F_U 信号解调时对参考信号的要求

行　数	F_U(R – Y 的色度信号)	要求参考信号	色同步信号的相位	解 调 输 出
N(不倒相行)	$U\sin\omega_{SC}t$	$\sin\omega_{SC}t$	180°	不失真输出 U(即 B – Y)
N + 1(倒相行)	$U\sin\omega_{SC}t$	$\sin\omega_{SC}t$	180°	不失真输出 U(即 B – Y)

在彩色电视接收机中，为了在不倒相(N 行)获得参考信号$+\cos\omega_{SC}t$ 和 $\sin\omega_{SC}t$，在倒相行(N + 1 行)获得参考信号$-\cos\omega_{SC}t$ 和 $\sin\omega_{SC}t$，就需要色同步信号携带一相位信息，以控制接收机副载频的相位符合上述要求。为此，色同步信号的相位是逐行轮换的，分别为 135° 和 225°，其中的 135° 对应于不倒相的 NTSC 行(N 行)，225° (–135°)对应于倒相的 PAL 行(N + 1 行)，具体情况如图 2.18 所示。图中表明，在色同步信号的相位为 135° 时，正好与不倒相的 NTSC 行(N 行)相对应，此时，行同步矢量在 V 轴上的分量是 90°，在 U 轴上的分量是 180°，符合表 2.2 中对参考信号的要求；在色同步信号的相位为–135° (225°)时，正好与倒相的 PAL 行(N + 1 行)相对应，此时，色同步矢量在 V 轴上的分量是–90° (270°)，在 U 轴上的分量也是 180°，同样符合两表中的要求。

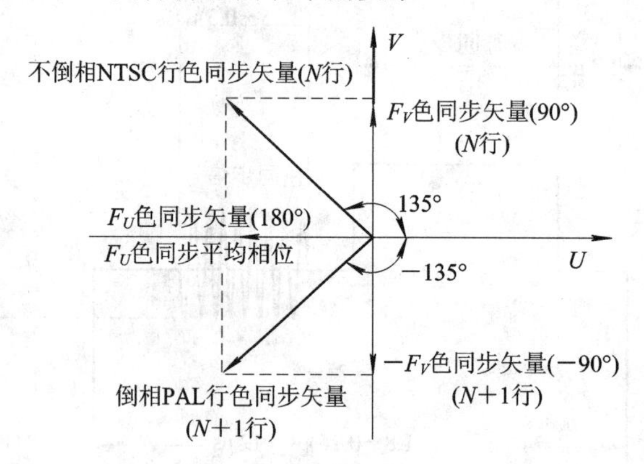

图 2.18 PAL 制色同步信号的相位矢量

从矢量图 2.18 还可看出，色同步信号的相位逐行在±135° 两值之间摆动，其平均相位为 180°，也符合两表中相位的平均值。

4. 色同步信号的形成及频带宽度

色同步信号虽然是一正弦波形，但它并不是一连续的正弦波形，仅出现在每行同步头之后的一短暂时间内，而且每行的相位也不相同。

在电视信号的编码器中，色同步信号是由频率为副载频的正弦信号与一个 K 脉冲作平衡调幅后获得的，此 K 脉冲的宽度为 2.25 μs，重复周期与行周期相等，为 64 μs。根据频谱分析可以求得此平衡调幅波的频带宽度为 888 kHz，通常以 1 MHz 计。

2.2.2　PAL 制彩色全电视信号

1．PAL 制与 NTSC 制的区别

PAL 制与 NTSC 制的主要不同是对色差信号的平衡调幅上。NTSC 制中对两色差信号采用的是正交平衡调幅，而 PAL 制是逐行倒相正交平衡调幅，两者只差一个逐行倒相的问题。因而，在 PAL 制接收机红色差信号的同步解调电路中就需一个与发射台所发信号完全同步的彩色副载频信号，以保证逐行倒相的要求。为此，彩色电视的色同步信号的相位逐行为 +135°（为 NTSC 不倒相行)和−135°（为 PAL 倒相行)，这一相位信息就是为接收端准备的。

2．标准彩条图像的彩色全电视信号

将图 2.9 中的色度信号波形与图 2.2 中呈阶梯波状的亮度(Y)信号相加，即可获得规格的每行正程期间的图像信号，其关系式为 $Y+F$。

在彩色图像信号的基础上，再加上行场消隐信号、行场同步信号、色同步信号等，即可形成彩色全电视信号。经压缩后的规格标准彩条图像全电视信号的波形如图 2.19 所示，图中只画了一完整行的情况。

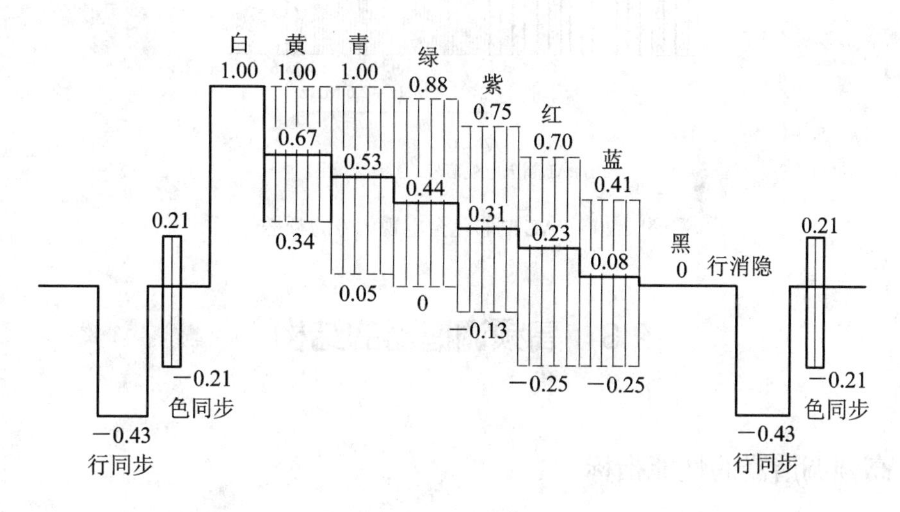

图 2.19　“100/75”标准彩条的彩色全电视信号波形

表 2.4 为 100/100 和 100/75 彩条的图像信号幅值。

表 2.4　100/100 和 100/75 彩条的图像信号幅值

规格		彩条							
		白	黄	青	绿	紫	红	蓝	黑
100/100 彩条	上端值	1.00	1.33	1.33	1.18	1.10	0.93	0.55	0
	下端值	0	0.45	0.07	0	−0.18	−0.33	−0.33	0
100/75 彩条	上端值	1.00	1.00	1.00	0.88	0.75	0.70	0.41	0
	下端值	0	0.34	0.05	0	−0.13	−0.25	−0.25	0

3. 彩色全电视信号的频谱

与黑白电视兼容，彩色全电视信号的频带宽度与黑白电视的视频信号带宽一样，也为0～6 MHz，唯一不同之处是在视频的 4.43 MHz 两侧间置了色度信号频谱。图 2.20(a)是 PAL 制彩色全电视信号的频谱结构，图 2.20(b)是通常所画的频谱示意图。

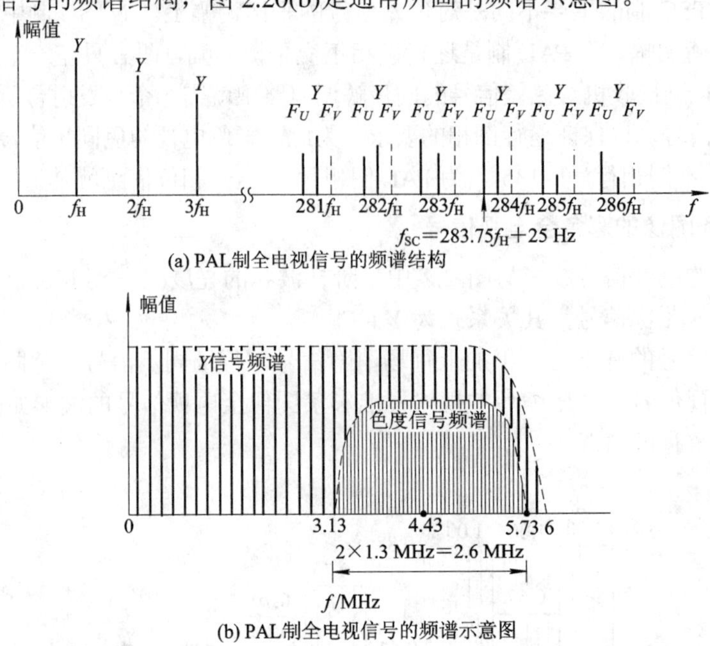

(a) PAL制全电视信号的频谱结构

(b) PAL制全电视信号的频谱示意图

图 2.20　PAL 制彩色全电视信号的频谱

2.3　高频调谐器的结构

2.3.1　高频调谐器的性能指标

高频调谐器是电视信号进入电视接收机的第一处理单元，起着选择电视频道信号并放大与混频的重要作用，其性能优劣直接影响屏幕图像与伴音的质量。

高频调谐器的工作频率范围从 40 多兆赫到近千兆赫，频率越高，频道越多，其电路目前大部分仍为分立元件形式，尚未完全集成化。由于电视的特高频段(UHF)已在 400 多兆赫以上的超高频下工作，电路元件已采用了分布参数元件，如 $\lambda/4$ 短路线及 $\lambda/2$ 开路线的应用等，已属射频电路的范畴，由专门工厂生产。因此，本节的重点放在高频调谐器的性能指标、电路组成、信号变换等方面。

高频调谐器主要由输入回路、高频放大、混频及本振四大部分组成。其主要作用有三个，即选频、放大、变频(本振与混频共同作用)。

选频是从天线馈线传输来的若干种信号中选出所需的电视频道信号，滤除不需要的频率成分与干扰，高频调谐器的通带宽度应大于 8 MHz。

放大是对被选中的电视频道信号进行不失真的放大，以提高电视接收机整机的灵敏度和信噪比，功率增益一般大于 20 dB。

变频，即频率变换，主要由本振与混频两部分电路完成。利用本振信号与被接收信号进行混频差拍，使其载频变换到一固定中频，而信号的调制规律保持不变。我国规定，图像中频为 38 MHz，伴音中频为 31.5 MHz，色度中频为 33.57 MHz，各国的电视中频也不尽相同，我国的电视中频也曾变更过多次。

高频调谐器的主要性能指标有如下几点。

1. 频率范围

高频调谐器应能接收甚高频 VHF 段中的 1～5、6～12 频道、特高频(超高频)UHF 段的 13～68 频道、电缆电视 CATV 等电视信息。所谓全频道电视是指能接收 1～68 频道中任一频道的电视节目。

2. 良好的选择性

高频调谐器能选出所需的电视频道信号，对通频带外的邻近频道干扰、镜像干扰、中频干扰等有较强的抑制能力，通频带宽度应大于或等于 8 MHz，带内波动应尽可能小，其幅频特性如图 2.21 所示。

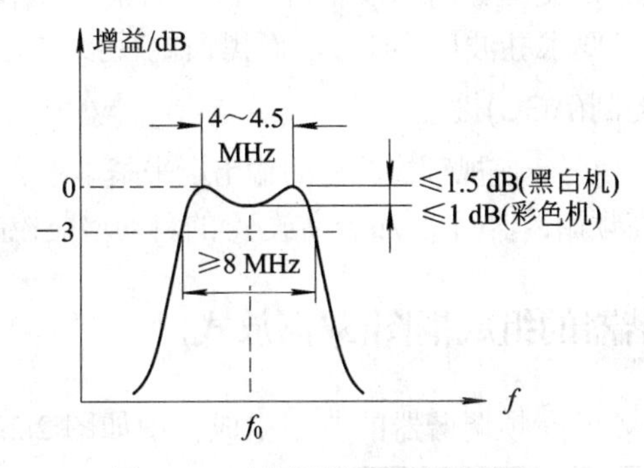

图 2.21　高频调谐器的幅频特性

幅频特性的双峰距离约为 4～4.5 MHz，−3 dB 处的带宽应不小于 8 MHz，−6 dB(幅值 50%)处的带宽应小于 11 MHz；通频带内曲线顶部的不平度，对黑白电视接收机而言要求小于 1.5 dB，对彩色电视接收机而言要求小于 1 dB；图中的 f_0 为被接收的电视频道的中心频率。

3. 功率增益

目前，彩色电视接收机的最高灵敏度约为 10～20 μV，通常要求高频调谐器的功率增益大致为 20～25 dB。其中输入回路为−6 dB，高频放大器为 16 dB，混频器大于 10 dB。功率增益大，将会提高接收机的信噪比。

4. 噪声系数

由于高频调谐器处于电视接收机的入口端，输入信号很弱，噪声影响较大，其中以高频放大级的噪声最为严重。通常选用低噪声双栅 MOS 场效应管作为高放管，并使其功率增益尽可能大。一般而言，高频调谐器的噪声系数要求 N_F≤8 dB。

另外，还要求高频调谐器的抗中频干扰、抗镜像干扰等性能要好。所谓中频干扰，是指频率等于电视接收机各中频(38 MHz，31.5 MHz，33.57 MHz)的信号所形成的干扰。为此，在输入回路中往往要加入一些滤波电路对这些干扰进行抑制。

另外，为了提高电视接收机整机的信噪比，高放级的自动增益控制 AGC 要做延迟处理，即在天线输入信号不太强时，高放的 AGC 不起作用，以保证高放级有足够的增益，满足整机信噪比的要求；只有在天线输入的信号足够强时，高放的 AGC 才能起控，使增益降低。

5．本振频率与幅度的稳定性

电视接收机要求本振信号的频率、幅度均应十分稳定，其频率漂移量应小于 0.05%～0.1%，本振频率的偏高或偏低，将会引起图像信号(亮度、色度)的失真、伴音信号的失真或消失、伴音干扰图像等一系列故障现象。在彩色电视接收机中，对本振信号频率的稳定有更高的要求，为此，要加自动频率控制(AFC)电路。

6．输入回路的阻抗匹配

高频调谐器的输入回路应与高放级(输入回路的负载)与天线的馈线(输入回路的信号源)有良好的阻抗匹配，尤其是后者影响更大，因为各种馈线均有一定的特性阻抗。在阻抗匹配时，天线送来的信号能量将完全被负载(输入回路)所吸收；在阻抗不匹配时，信号能量就有部分被反射回去，成为反射波，当反射波再次回送至输入回路时，其强度变弱、时间延后，在荧光屏上显出重影，使图像清晰度下降。为此，彩色电视接收机中，天线与高频调谐器之间的阻抗匹配一般要求驻波比小于 2，而黑白电视接收机的驻波比小于 3 即可。

7．良好的自动增益控制(AGC)性能

为适应强弱不同的输入信号，使视频检波后的输出电平基本不变，高放级和中放级均应加自动增益控制，一般要求高频调谐器(主要加于高放级)的自动增益控制范围应达 10 dB 以上。

2.3.2　全频道高频调谐器的组成框图(双高放式)

U-V 一体化双高放全频道高频调谐器的典型组成框图如图 2.22 所示。

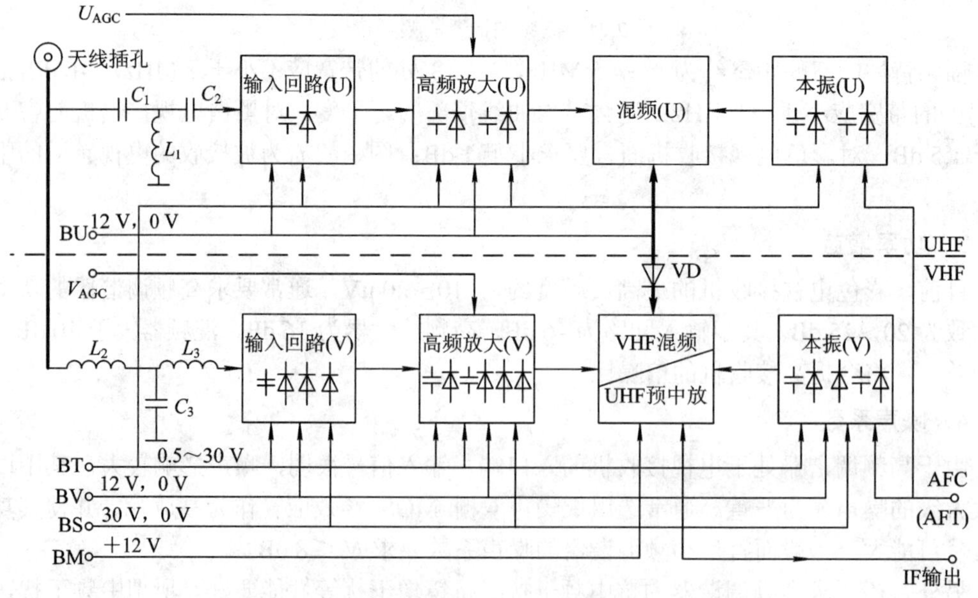

图 2.22　全频道高频调谐器组成框图(双高放式)

框图说明如下：

(1) 全频道高频电子调谐器是由甚高频(VHF)调谐器和超高频(UHF)调谐器两大部分组成的。这两部分的电路不是同时都工作的(除了 VHF 中的混频级以外)。在收看 1～12 频道的 VHF 频段的电视节目时，下半部分的 VHF 电路全部工作；在收看 13～68 频道的 UHF 频段的电视节目时，上半部分的 UHF 电路及下半部分的混频电路(用作预中放)工作。电路工作与否，是由外加各种电压的有无来决定的，其对应关系如表 2.5 所示。

表 2.5　频段转换与对应的电压关系　V

频　段		V 段工作电压		U 段工作电压	U_{BM} (V、U 段均用)
		U_{BV}	U_{BS}	U_{BU}	
VHF	L 段(1～5)	+12	+30	0	+12
	H 段(6～12)	+12	0	0	+12
UHF(13～68)		0	0	+12	+12

表 2.5 中的数据清楚表明，在接收第 1～5 频道的电视接节目时，U_{BV} = +12 V，U_{BS} = +30 V，U_{BU} = 0 V，此时 UHF 调谐器各电路均不工作；在接收 6～12 频道的电视节目时，U_{BV} = +12 V，U_{BS} = U_{BU} = 0 V；在接收 13～68 频道时，只有 U_{BU} = +12 V，U_{BV} = U_{BS} = 0 V，此时，VHF 调谐器的高放、本振电路均不工作，但 VHF 中的混频电路仍工作，以它作为 UHF 调谐器的预中放电路。

(2) VHF 混频器的电源电压由 BM 端单独提供，始终为+12 V。

(3) 二极管 VD 作开关用，在接收 VHF 频段节目时，由于 U_{BU} = 0 V，故 VD 截止，切断了 UHF 电路与 VHF 电路间的通路，防止干扰和杂波窜入正在工作的 VHF 混频电路。

(4) C_1、L_1、C_2 组成高通滤波电路，能阻止 VHF 频段的信号(1～12 频道)进入正在工作的 UHF 电路。

(5) C_3、L_2、L_3 组成低通滤波电路，能阻止或削弱 13～68 频道的信号进入正在工作的 VHF 电路。

(6) V_{AGC}、U_{AGC} 是自动增益控制电压，信号来自于公共通道的 AGC 电路，分别加至 VHF 和 UHF 的高频放大电路，使高放管的增益在强电台信号时受到控制。

(7) AFC(AFT)是自动频率控制(自动频率调整)电压，信号来自于公共通道的 AFT 电路，加至调谐器的两个本机振荡回路的变容二极管上，使本机振荡信号的频率稳定度得以提高。

(8) U_{BT}(或 U_T)是频道调节电压，也称频道调谐电压，其值通常为 0.5～30 V，它来自于频道预置电路或遥控系统中的频道选择电路。每一频道均有一固定的 BT 值相对应，通常是频道号愈高(即频率愈高)，其所对应的 BT 值就愈大。这一调谐电压加至 LC 回路变容管的两端，对变容管的电容进行控制，最终达到改变谐振频率的目的。

随着电路技术的发展，电视接收机的高频调谐器除了有双高放模式外，又出现了三高放模式，即 VHF 段的Ⅰ、Ⅲ两段信号各用一个输入回路和高放通道，加之 UHF 段的输入回路与高放通道，共有 3 个相对独立的通道分别进行选频、放大、处理所需频道信号。有关这一模式的高频调谐器下面会举例说明。

2.4 输入回路原理

输入回路的主要作用是选频与阻抗匹配。选频就是从诸多信号中选出所要收看的电视频道信号，而将不需要的信号(均称干扰信号)滤除；阻抗匹配就是要使天线馈线的阻抗与高放级输入阻抗相匹配，以满足信号能量最大传输条件。

1. 阻抗匹配问题

电视接收天线馈线的特性阻抗与电视机高频调谐器的输入阻抗不一定相等，二者的差值应愈小愈好，否则电视信号的能量必有反射，而不能最大限度地传送。衡量上述两阻抗相差多少的标准一般是采用驻波系数，其定义为

$$驻波系数=\frac{1+反射系数}{1-反射系数}=\frac{馈线终端的负载阻抗}{馈线的特性阻抗}=\frac{Z_{FZ}}{Z_C}$$

对于黑白电视接收机而言，驻波系数通常要求小于 3；而对彩色电视接收机而言，驻波系数要求更高一些，一般小于 2。

常用双孔磁芯的传输线变压器作阻抗变换器，这一点上面已经讨论过，不再赘述。

2. 电子调谐式的选频回路

电视接收机的输入回路、高频放大的负载回路、本机振荡的振荡回路都是调谐回路，均起选频作用。在近代的电视接收机中，这些选频回路都采用电子调谐方式，即通常用开关二极管的通断作频段转换，用变容二极管电容的改变作频道的选择，其原理电路如图 2.23 所示。

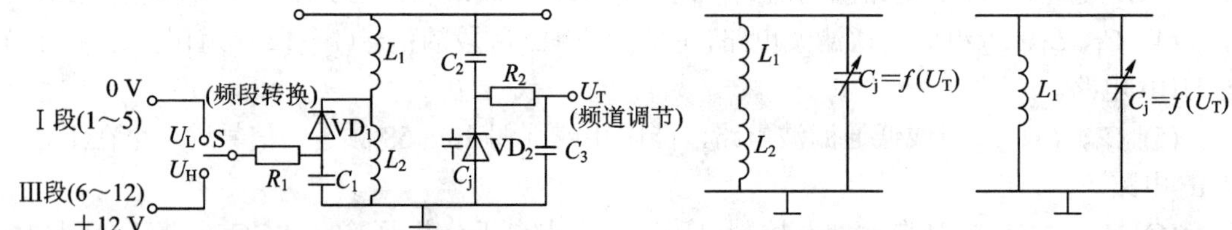

图 2.23 电子调谐的原理电路及 U_L、U_H 段的等效电路

图 2.23 清楚表明：

(1) 电路中 C_1、C_2、C_3 均为容量较大的电容器，对高频交流信号短路；VD_1 为开关二极管，VD_2 为变容二极管，其容量受调谐电压 U_T 控制。

(2) 在 VHF 频段内，由于被接收的电视频道的频率范围过宽(约为 52～218 MHz)，变容管的电容变化范围无法满足这一要求，因此需将 VHF 频段再分为高低两段，即低频段 U_L，含 1～5 频道(也称Ⅰ段)；高频段 U_H，含 6～12 频道(也称Ⅲ段)。U_L 和 U_H 段的改变是由电感的改变来实现的，即对于 U_L 段：

$$f=\frac{1}{2\pi\sqrt{(L_1+L_2)C_j}}$$

C_j的改变即可实现 1～5 频道的调谐(52～87 MHz)。对于 U_H段：

$$f = \frac{1}{2\pi\sqrt{L_1 C_j}}$$

C_j的改变即可实现 6～12 频道的调谐(170～218 MHz)。

(3) 电路中 U_L、U_H段的改变是由开关 S 的转换实现的。当开关 S 打至 U_L端时，0 V 电压经电阻 R_1接至 VD_1的正端，VD_1截止，调谐回路电感由 $L_1 + L_2$组成，电感量较大，谐振频率低；当开关 S 打至 U_H端时，+12 V 电压经 R_1加至 VD_1正端，VD_1导通，L_2被 C_1短路，调谐回路的电感为 L_1，电感量较小，谐振频率高。

(4) 调谐电压 U_T加至变容管 VD_2上，改变 U_T时，变容管的电容 C_j随之改变，由此即可调谐到所需频道的频率上。变容管 VD_2的电路符号及其特性如图 2.24 所示。很显然，如果选择一个合适的工作点(如 Q 点)，然后外加一个控制电压 U_T，使变容管的反向电压受控，则变容管的结电容 C_j将随 U_T的变化而变化，这样就达到了电调谐的目的。

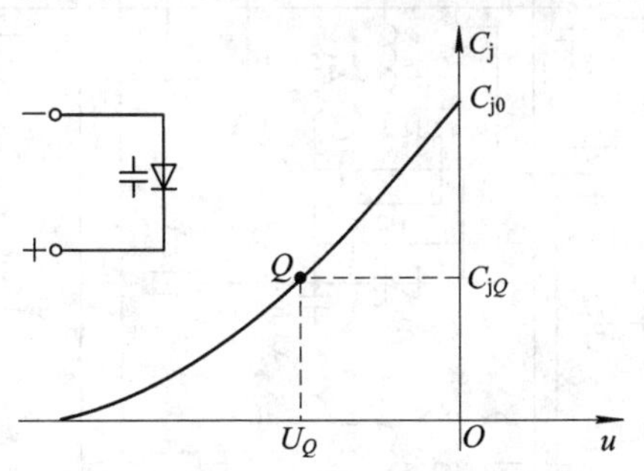

图 2.24　变容器的符号及特性曲线

2.5　放大调谐电路原理

高频调谐器有多种型号，不同牌号的电视接收机，其所采用的高频调谐器也各不相同。

彩色电视接收机中普遍采用的高频调谐器电路有双高放式和三高放式，由天线接收下来的电视信号(1～5 频道信号，6～12 频道信号，13～68 频道信号)分别经过二、三路输入回路和高频放大电路，然后送公共的混频电路作变频处理，输出所需的中频信号。

2.5.1　TECC7989VA24A 型高频调谐器(三高放式)

(1) 如图 2.25 所示，调谐器的整个电路分为四大部分，其左侧下部为 VHF-L 频段(1～5 频道)的输入回路与高放，由 BL 端口加+12 V 使二极管 V_1导通而工作；左侧中部为 VHF-H 频段(6～12 频道)的输入回路与高放，由 BH 端口加+12 V 使二极管 V_2导通而工作；左侧上部为 UHF 频段(13～68 频道)的输入回路与高放，由 BU 端口加+12 V 使二极管 V_3导通而工作；第四部分为右侧的集成电路 TDA5637T 及片外相关元器件组成的电路，调谐器的混频、本振及预中放、缓冲等均由这一电路来完成。

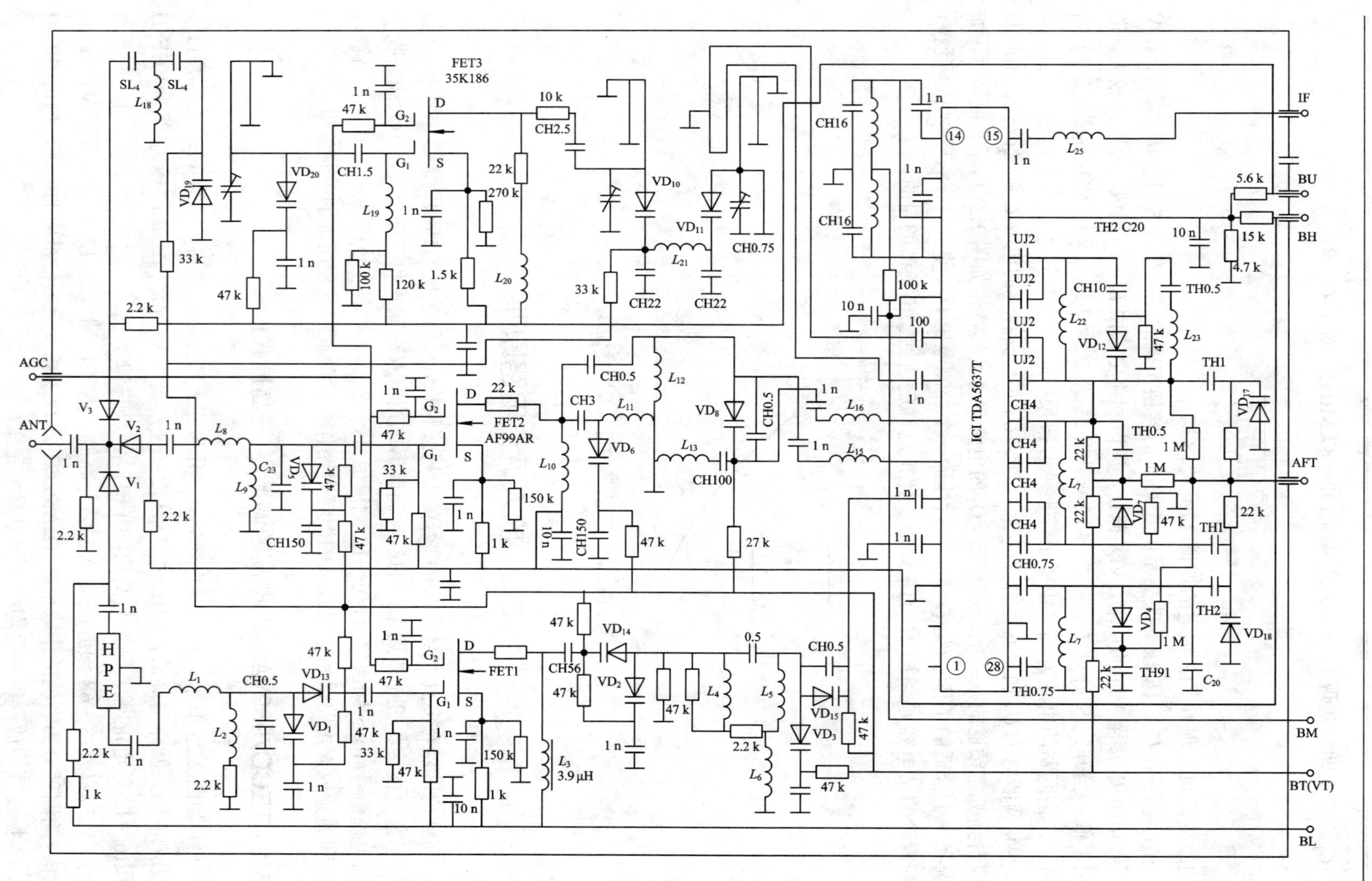

图 2.25　TECC7989VA24A 调谐器内部电路原理

(2) 各频段的混频及本振都是独立的，即 L_7 与 VD_4(串 TH91)为 VHF-L 频段的本振主调谐回路；L_{17} 与 VD_7(串 TH0.5)为 VHF-H 频段的本振主调谐回路；L_{22} 与 VD_{12}(串 CH10)为 UHF 频段的本振主调谐回路。上述 3 个调谐回路均受 BT 端口所加的调谐电压控制，此电压经 22 kΩ 隔离电阻加至变容管 VD_4 的负端(反向偏压)，再经 22 kΩ 隔离电阻，加至变容管 VD_{12} 的负端，又经 22 kΩ 隔离电阻，加至变容管 VD_{12} 的负端，分别使 3 只变容管的结电容 C_j 受调谐电压控制，达到本振频率受控，实现电子调谐(选台)的目的。

(3) 3 个频段的高放电路，均采用双栅 MOS 场效应管。信号均由第一栅极 G_1 输入，另一栅极 G_2 接高放 AGC 控制电压。RF-AGC 的直流电压最高为 8 V(7 V 即达到最大增益)，其变化范围在 2～8 V 之间。双栅场效应管的特点是输入阻抗高、跨导大、噪声低、反馈电容小、动态范围宽、AGC 特性好、交叉调制弱等优点，非常适合电视接收机高放级应用。

(4) 高放级的负载均为双调谐回路，以获得频带宽、选择性好的效果。现以 VHF-L 频段为例：高放管 FETI 的负载回路为 VD_2 的结电容 C_j 与 L_4(串 L_6)等组成初级回路，VD_3 的结电容 C_j 与 L_5(串 L_6)等组成的次级回路，二者以小电容 0.5 pF 耦合构成双调谐回路。高放级负载回路所获得的信号经 1 nF 电容，送至集成电路 TDA5637T 的第 5 脚内的混频电路。其他频段的高放负载回路，读者可自行分析。

(5) 3 个频段的输入回路大同小异，它们的输入端都接一个二极管作为输入信号的通断开关，分别由 BL、BH、U 端所加的+12 V 电压控制；它们均有一个并联调谐回路，并受调谐电压 U_{BT} 的控制，此调谐回路与高放级负载的双调谐回路形成参差调谐，以进一步增加高频调谐器的带宽及提高其选频能力。

(6) 选台的调谐电压是由 BT 端口引入的，其变化范围为 0.5～30 V。受调谐电压控制的均为变容二极管，仅以 VHF-L 频段为例，就有 VD_1(输入回路调谐)、VD_2、VD_3(高放负载的双调谐回路)；与此同时，VD_{13}、VD_{14}、VD_{15} 的反偏也受调谐电压的控制，这是为了在整个 VHF-L 频段内各频道的增益基本一致。

(7) AFT(AFC)端口引入的是自动频率微调电压，在选台过程中，AFT 不起作用，其值固定在 4.7 V 上，在正常收看电视节目时，AFT 电压可作微小变化，其动态范围在 0.5～12 V 之间。AFT 电压经过 3 个 1 MΩ 电阻，分别加至变容管 VD_4、VD_7、VD_{12} 的负端(反向偏压)，改变其结电容，达至微调本振频率的作用。另外，还有一个附加的微调电路，AFT 电压经 22 kΩ 电阻加至变容管 VD_{18}，经 27 kΩ 电阻加至变容管 VD_{17}，可同时改变 VHF-L 频段和 VHF-H 的本振频率，因为它们分别串联了 TH2 和 TH3，故频率的调整量较小。UHF 频段中的 VD_{12} 也是受 AFT 电压控制的，同样起自动频率微调的作用。

2.5.2 TDQ-3B 型高频调谐器(双高放式)

TDQ-3B 型高频调谐器与 VTS-7ZH7 型相同，常用在熊猫牌等彩色电视接收机中，此调谐器的电路如图 2.26 所示，下面对其组成作一简单说明。

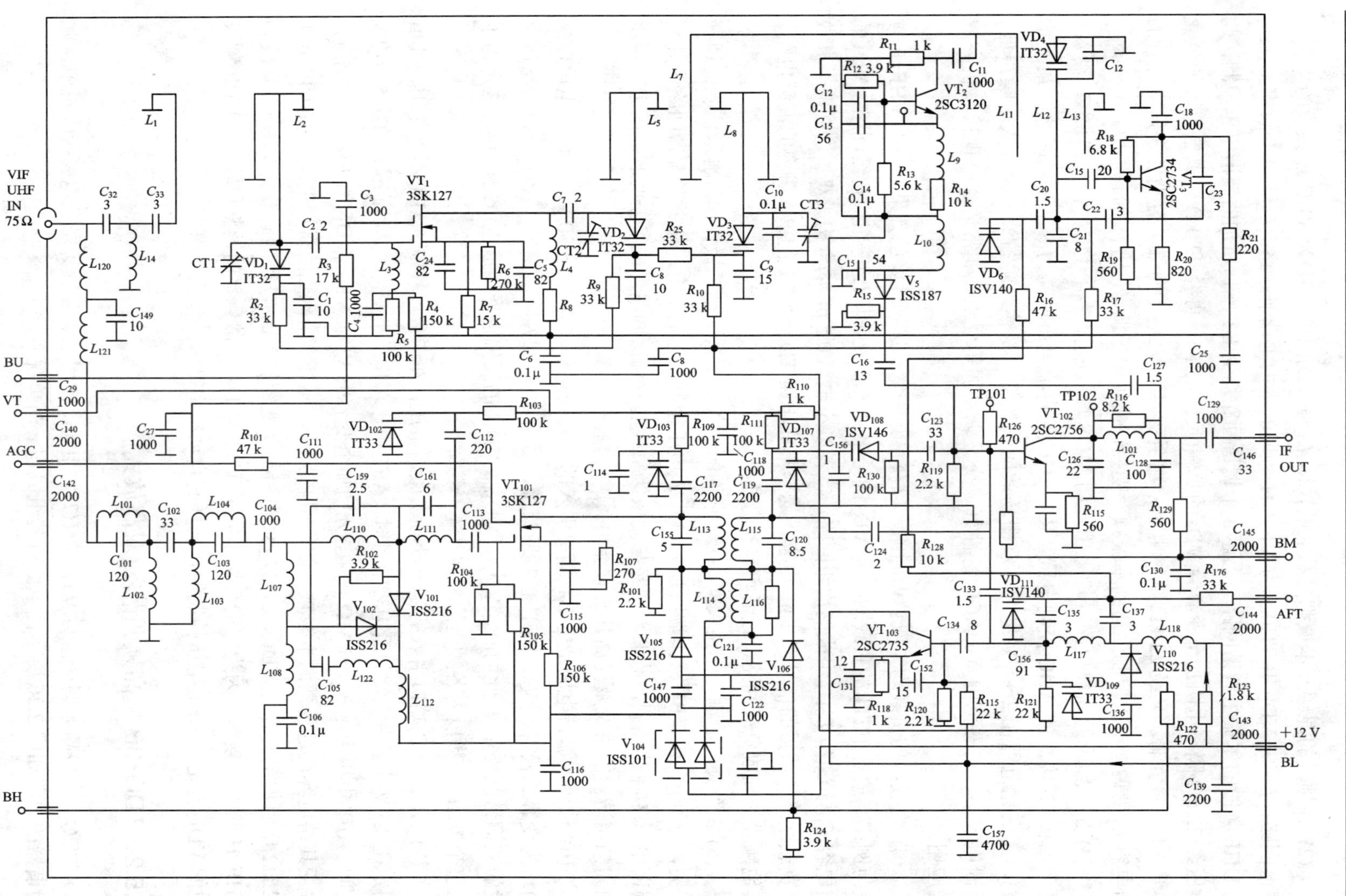

图 2.26 TDQ-3B 谐调器内部电路原理图

(1) 这一调谐器由两大部分组成，其上半部分为 UHF 电路，下半部分为 VHF 电路。VHF 的混频电路兼作 UHF 频段的第一中放。整个调谐器的组成与上述的 TECC7989VA24A 调谐器的组成有不少差别。

(2) VHF 通道的输入回路端口加入了由 L_{120}、C_{149}、L_{121} 组成的 T 型低通滤波器；由 L_{102}、C_{102}、L_{103} 组成的 π 型高通滤波器，分别滤除 12 频道以上、1 频道以下各频率信号的干扰；另外，还有 L_{101}/C_{101}、L_{104}/C_{103} 组成的 38 MHz 中频陷波器。上述 3 种滤波器联合并具有 45～230 MHz 的带通滤波特性，使 1～12 频道信号顺利通过。UHF 通道的输入回路端口加入了由 C_{32}、L_{14}、C_{33} 组成的 T 型高通滤波器，可阻止 12 频道以下的信号通过，而为 13 频道以上的各电视台信号敞开大门。

(3) VHF、UHF 频段的输入回路均为单调谐回路，高放负载均为双调谐回路，高放管均采用双栅 MOS 场效应管，电子调谐(选台)是通过调谐电压改变变容二极管的反向偏压来实现的。

(4) UHF 调谐器的输入调谐回路由 1/4 波长传输线 L_2 与变容管 VD_1 组成，其高放级负载回路由传输线 L_5、变容管 VD_2、微调电容 CT_2 组成的初级回路及传输线 L_8、变容管 VD_3、微调电容 CT_3 组成的次级回路构成(双调谐回路)。

(5) UHF 的本振电路由 Q_3、C_{12}、C_{15}、C_{20}、C_{21}、C_{22}、C_{23}、VD_4、VD_6 及传输线 L_{12} 等构成，属变形的电容三点式晶体管振荡电路，调谐电压(选台)经 R_{17}、L_{12} 加至变容器 VD_4 上，AFT 控制电压经 R_{16} 加至变容管 VD_6 上。本振信号经 L_{12}、L_{11} 耦合，加至 UHF 混频管 Q_2。

(6) UHF 的混频电路由 Q_2 等组成共基极电路，电视高频信号、本振信号分别经传输线回路 L_7、L_{11} 耦合至 Q_2 的发射极(输入回路)，Q_3 的集电极负载调谐在图像信号的中频上，选出的中频信号经 VD_5、C_{16} 加至 VHF 的混频电路作为中频放大输出。

(7) VHF 的本振电路由 Q_{103}、C_{131}、C_{134}、C_{135}、C_{152}、C_{156}、L_{117}、L_{118}、VD_{109}、VD_{111} 等构成，也属变形的电容三点式晶体管振荡电路。VD_{109} 上加调谐电压，用作选台；VD_{111} 上加 AFT 电压，用作自动频率调整，以确保混频级输出的图像中频频率为 38 MHz。本振信号通过 C_{133} 加至混频管 Q_{102} 的基极。

(8) VHF 的混频电路也兼作 UHF 的预中放，它由 Q_{102}、VD_{108}、C_{123}、L_{101}、C_{126}、C_{128} 等组成。其输出信号 IF 送至中放通道。

2.5.3 UHF 调谐器的调谐回路

UHF 调谐器是接收 13～68 频道电视节目的高频电路，其工作频率在 470～960 MHz 的超高频范围内。对于这样高的工作频率，许多分立元件已不适用，如调谐回路中电感量已小到 10^{-2} μH 量级，调谐电容也小到 0.1 pF 量级，它们必须用分布参数的元件来代替。如用 1/4 波长(λ/4)的短路线或 1/2 波长(λ/2)开路线来作为调谐回路元件等。这方面的内容涉及长线理论及谐振腔等方面的知识，已不在本教材的讨论范围内，这里仅举两个实用例子作一简单介绍。

1. 用长度小于 λ/4 的终端短路线作谐振回路的电感

长线理论表明，终端短路的两根平行导线，其长度只要小于工作信号波长的 1/4，则它的输入阻抗必为感性，即它可等效为一电感元件使用，在高频调谐器中，通常用此类“短路元件”作为调谐回路的电感，再与可变电容并联，即组成了所需的调谐回路。图 2.27 就是这种回路的示意图。按照图中所给的 2.1 cm 长线尺寸，再配接 1.8～7.6 pF 的可变电容 C，回路即可满足 13～68 频道的调谐。

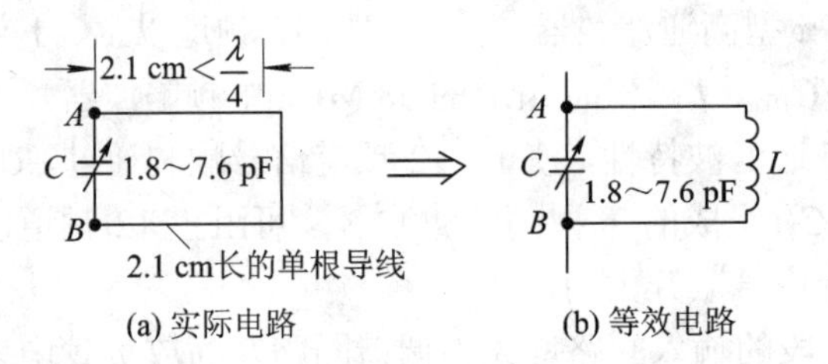

图 2.27 用小于 λ/4 终端短路线作调谐回路电感

2. 用长度 1/2 的开路线作调谐回路

长线理论表明，小于 λ/4 的终端开路线，其输入阻抗为电容性，即它可等效为一电容使用；而大于 λ/4 的终端开路线，其输入阻抗为电感性，即它可等效为一电感使用。

在实际电路中，为了使电路结构稳定，体积缩小，尺寸合理，需将长线缩短，因而常用缩短电容的方法来解决，即用缩短电容来代替小于 λ/4 的终端开路线。其原理电路如图 2.28 所示。其中图 2.28(a)中，AB 点之右为小于 λ/4 的开路线，等效为一电容，可用一缩短电容 C_1 替代；同样，CD 点之左也是小于 λ/4 的开路线，也等效为一电容，用缩短电容 C_2 代之。这样就得到了图 2.28(b)所示的实际电路，在实际电路中还保留了 AC、BD 间的一小段传输线，但它与 C_1 结合或与 C_2 结合仍等效为一电感，所以图 2.28(b)看上去是两个电容相并联的电路，实质上是一个电容与一个等效电感相并联的 LC 调谐回路。

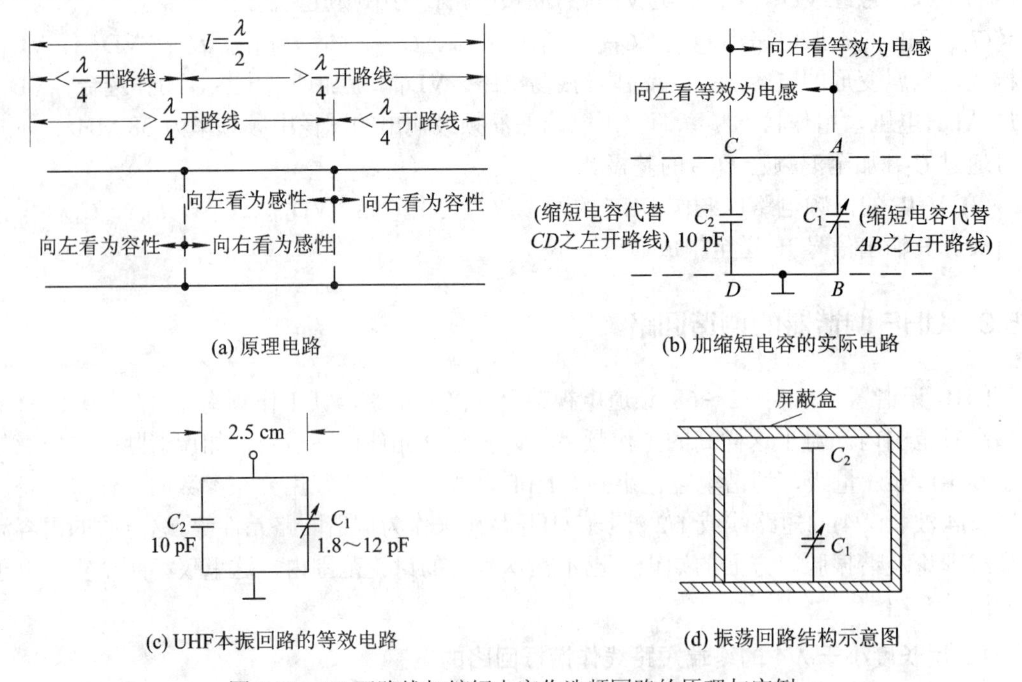

图 2.28 λ/2 开路线加缩短电容作选频回路的原理与实例

这种结构的调谐回路有两大特点，一是结构牢固，电路中的 C_1 和 C_2 分别接在开路线的两端，它们既作缩短电容之用，又兼作 AC 段传输线的固定支架；二是电容 C_1、C_2 中的任一个可以用可变电容器(例如用 C_1)，以改变等效开路线的长度，使回路的调谐频率能在所需的范围内变化，以适应多频道工作的需要。

图 2.28(c)是 UHF 本振回路的等效电路，传输线长设计时定为 2.5 cm，各频道(1～68)共用，C_1 为调谐电容，C_2(10 pF)为缩短电容，因而由 C_1 向左看(包括 C_2 在内)过去的等效阻抗为电感性，即可等效为电感，它和 C_1 组成振荡回路，改变 C_1 的容量，即可获得不同的谐振频率值。

应当指明，用平行双线作传输线 1/2 波长开路线或 1/4 波长短路线作选频回路时，会产生一定的电磁能辐射损失，辐射损失会使选频回路的品质因数 Q 值下降，致使选频特性变坏、振荡器的性能指标降低。为了减小这一损失，一般情况下可采用同轴电缆型传输线，但在电视接收机的 UHF 调谐器中，为了制作方便，常将外导体(类似于同轴线的屏蔽导体)做成矩形屏蔽盒，盒子外壳与内部的某一导体可构成所需的传输线。屏蔽盒的顶盖一般距内导体要远一点，选择在打开顶盖调整以及维修电路时，对电路的影响会减小一些。图 2.28(d)就是这种形式的示意图，图中只画出一根传输线，而另一根就是以屏蔽体代替了。

2.6　混频变换电路原理

2.6.1　混频变换的基本过程

混频变换是高频调谐器的主要作用之一，本节将主要介绍混频变换的基本原理。

高频调谐器的组成及频谱变换如图 2.29 所示，混频器前后信号的频谱情况及各主要点信号的幅值也在图中清楚地标出。

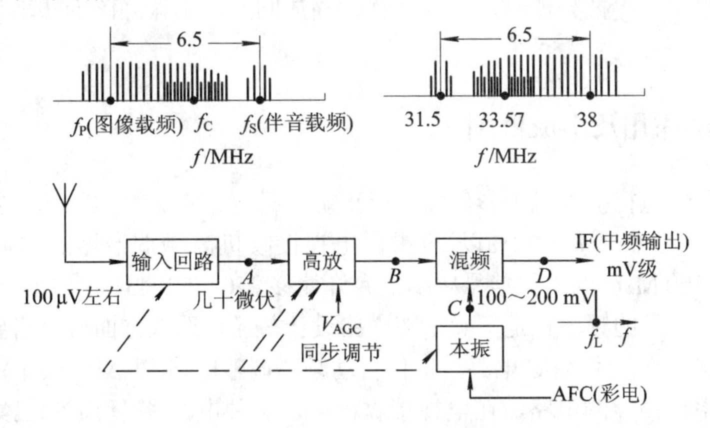

图 2.29　高频谐调器的组成及频谱变换

(1) 各主要点信号幅值。高频调谐器各主要点信号的典型幅值已在图 2.21 中示出，天线馈线送至输入回路的信号幅值约为 100 μV，经过输入回路的衰减，送至高放级的信号幅值约为几十微伏(A 点)，高放级对信号作约 10 倍的放大，输出信号的幅值约为几百微伏(B

点)，混频级也有一定增益，其输出的中频信号的幅值约为 mV 级。

本振输至混频级的信号幅值约为 100～200 mV，过大或过小均会使混频增益减小、输出中频信号幅值下降、噪声影响加大，结果使荧光屏上的图像变淡、雪花增多。

(2) 高频调谐器中信号变换情况。*A* 点信号是被选择的电视频道信号，*B* 点信号的波形、频谱均与 *A* 点相同，但幅值较大。混频器的作用是利用 *C* 点的本振信号频率与 *B* 点信号频率进行差拍，形成中频信号输出。混频器前后信号的频率关系为

图像中频：$f_{PI} = f_L - f_P = 38$ MHz

伴音中频：$f_{SI} = f_L - f_S = 31.5$ MHz

色度中频：$f_{CI} = f_L - f_C = 33.57$ MHz

很显然，经过混频，电视信号的频谱在频率轴上翻转了 180°，即图像载频由低于伴音载频 6.5 MHz 变换成高于伴音载频 6.5 MHz，而信号的带宽及调制性质没有任何变化，即信号的波形仍与 *A* 点或 *B* 点相同。

(3) 同步调节。在更换频道时，图像信号、伴音信号的载频均在改变，此时输入回路、高放等选频回路的中心频率也要同时变换，本振信号的频率同样也作相应的变化，以保证混频器输出的中频值固定不变。例如，接收第二频道电视节目时，其图像载频为 57.75 MHz，伴音载频为 64.25 MHz，则本振信号的频率应为 95.75 MHz，经混频后，可得

图像中频：95.75 MHz − 57.75 MHz = 38 MHz

伴音中频：95.75 MHz − 64.25 MHz = 31.5 MHz

色度中频：95.75 MHz − 62.18 MHz = 33.57 MHz

又如，接收第 8 频道电视节目时，其图像载频为 184.25 MHz，伴音载频为 190.75 MHz，色度载频为 188.68 MHz，则本振信号的频率应为 222.25 MHz，经混频后，可得

图像中频：222.25 MHz − 184.25 MHz = 38 MHz

伴音中频：222.25 MHz − 190.75 MHz = 31.5 MHz

色度中频：222.25 MHz − 188.68 MHz = 33.57 MHz

上述分析表明，更换频道时，输入回路、高放回路、本振回路的频率调节应该是同步调节的。

2.6.2　AFC 的作用及组成框图

为了保证彩色电视接收机中彩色图像能正确、稳定、不失真地重显，要求高频调谐器的本振频率偏移在 0.05%～0.1%以下(黑白电视接收机高频调谐器的本振频率偏移可在 0.2%左右)，即 500 MHz 的本振信号频率只允许偏移 250～500 kHz，这个指标是较苛刻的。

为了使本振信号的频率稳定，除了在电路设计与元件选取方面有严格要求外，还要设置自动频率控制电路，即 AFC 电路，也称自动频率调整电路(以 AFT 表示)。AFC(或 AFT)电路是一种频率反馈控制电路，在电视接收机中，这种电路(除低通外)已集成在芯片中，电路组成如图 2.30 所示，其稳频原理简述如下。

若由于某种因素的改变(如电源电压、温度等的变化)使本振信号频率 f_L 发生改变(请注意，并不是频道改变时 f_L 必须改变的)，AFC 电路会发生如下的控制过程，即

$f_L\uparrow \rightarrow f_i\uparrow$ $(f_i = f_L - f_0) \rightarrow U_d$ 变化 $\rightarrow U_c$ 变化 $\rightarrow C_j\uparrow \rightarrow f_L\downarrow$。

$f_L\downarrow\rightarrow f_i\downarrow\rightarrow U_d$变化$\rightarrow U_c$变化$\rightarrow C_j\downarrow\rightarrow f_L\uparrow$。

可见，这是一个频率负反馈控制过程，最终使本振信号频率的变化减小。

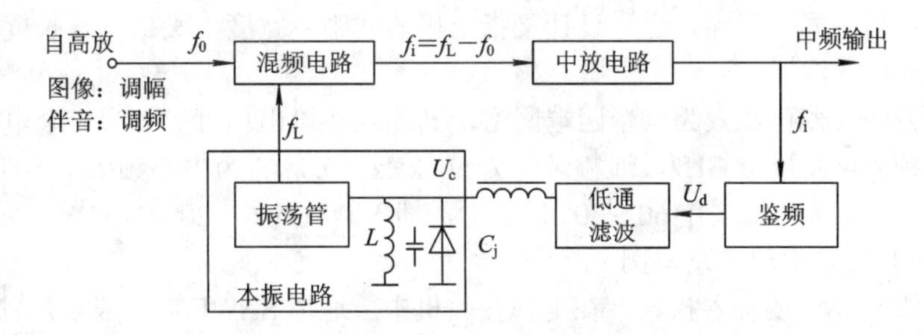

图 2.30　彩色电视接收机中 AFC 组成框图

图 2.30 中的低通滤波电路是十分必要的，它可滤除不必要的高频干扰和不需要的快变化信号。例如，伴音调频信号在鉴频后的输出必须去除，否则本振频率受其控制，伴音信号的频偏将被压缩，伴音强度将被削弱。

2.7　中频滤波电路原理

2.7.1　声表面波滤波器(SAWF)及预中放

声表面波滤波器是集成化的集总参数滤波器件，其突出优点是体积小、质量轻、性能优良、稳定可靠、不用调整；缺点是有一定损耗，需用预中放加以补偿。

1．SAWF 的电路符号与结构示意图

典型的声表面波滤波器的电路符号及其结构示意图如图 2.31 所示。

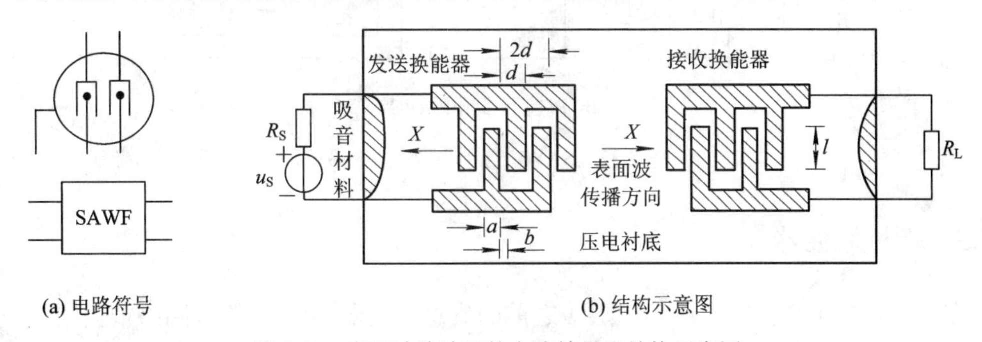

(a) 电路符号　　(b) 结构示意图

图 2.31　表面波滤波器的电路符号及结构示意图

这种滤波器的基片是压电材料(如铅酸钾或石英晶体)制成的，它的工作原理是基于正反压电效应。如图 2.31 所示，在压电基片上蒸镀两组叉指状电极，左侧接信号的一组称为发送换能器，右侧接负载的一组称为接收换能器。当交变信号加到发送换能器的两个电极上时，通过反压电效应，基片材料会产生弹性形变，形成一个振动的弹性波(此波跟随信号变化)，即“声表面波”将沿垂直于电极轴向(即图中 X 方向)向两端传播，左侧方向上的表面波被吸音材料吸收，右侧方向上的表面波则传送到接收换能器，由于正压电效应，在其

两端产生了电信号，再送至负载 R_L。

理论与实践表明，叉指换能器的形状、尺寸不同时，滤波器对不同频率信号的传送与衰减的能力也将不同。因此，通过设计叉指电极的间距、宽度、叉指重叠长度等可以实现所需频率响应的滤波器。

声表面波滤波器可等效为一个四端网络，其输入和输出均可等效为一个电阻和一个电容。其中心频率可高达 1 GHz，通频带约为 50 kHz～$0.5f_0$(f_0 为中心频率)，矩形系数(选择性)$k_{0.1}$≈1.2，最大带外抑制在 60～80 dB 之上，插入衰减约 6～20 dB。

2．SAWF 与预中放电路举例

为了补偿 SAWF 的插入损耗，在电视接收机中放通道 SAWF 前一般要加预中放电路，其常见电路如图 2.32 所示。顺便指出，无论是在黑白电视接收机中，还是在彩色电视接收机中，这一部分电路很多均为分立元件式的。其中图 2.32(a)为一单调谐放大电路，电感 L_1 与 SAWF 的输入电容等组成单调谐回路；图 2.32(b)为 *RC* 宽频带预中放电路。

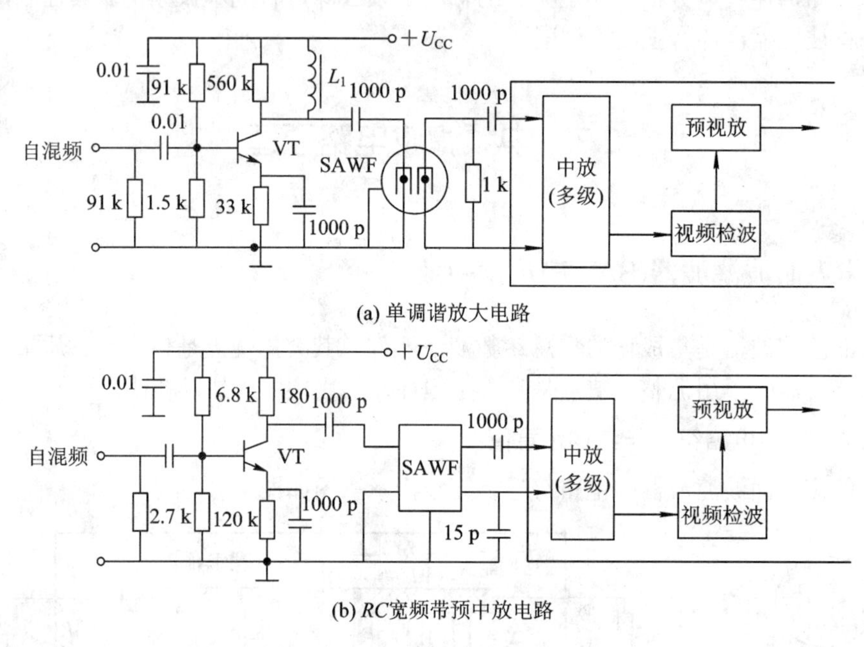

图 2.32　SAWF 与预中放电路实例

2.7.2　螺旋滤波器

在不少彩色电视接收机中，中放级之前的集总滤波器(中放的输入回路)既不采用分立元件式的 *LC* 滤波电路，也不采用集成化的声表面波滤波器(SAWF)，前者电路复杂，调整困难，体积较大，成本较高，性能不稳定，维修更麻烦；后者虽然集成化、体积小、质量轻、性能稳定可靠，但输入损耗较大，需增加一级预中放来补偿信号能量的损失。因此，不少电视接收机采用了螺旋滤波器作为中放级的输入电路。这种滤波器的主要特点是能给出良好的幅频特性和相频特性。

1．螺旋滤波器的原理示意图

图 2.33 是螺旋滤波器的原理示意图。

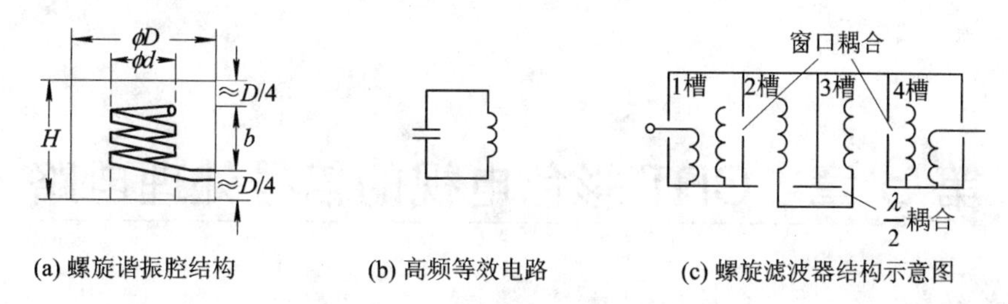

(a) 螺旋谐振腔结构　(b) 高频等效电路　(c) 螺旋滤波器结构示意图

图 2.33　螺旋滤波器原理示意图

2. 螺旋滤波器原理简述

构成螺旋滤波器的基本单元是 $\lambda/4$(λ 为信号波长)螺旋谐振器(腔)，它实质上是由 $\lambda/4$ 短路同轴线谐振器变形而成的，它可等效看成是一个 LC 谐振回路，因而可起选频作用。但它的品质因数(Q 值)要比 LC 回路高得多，因而由螺旋谐振器做成的集总滤波器的插入损耗甚小，选择性特别优良。

用在电视接收机公共通道中的螺旋滤波器是由 4 个 $\lambda/4$ 螺旋谐振器组成的，均用螺旋线单层绕在损耗极小的高频介质骨架上，其有 4 个槽路，并都置于屏蔽罩内，以减小辐射损耗，其结构示意图如图 2.33(c)所示。4 个螺旋谐振器之间的耦合有所不同，第 1、2 间和 3、4 间为窗口耦合，窗口的位置和大小对滤波器的通频带直接有关；谐振器 2 与谐振器 3 之间采用 $\lambda/2$ 耦合，这种耦合可使选频曲线的截止特性十分陡直。每个谐振器中均有一个可调磁芯，用以微调各自的谐振参数。

复 习 题

1. 写出彩色电视信号的亮度方程，并解释其含义。

2. 色度信号的频谱是多少？它为什么能够嵌入到亮度信号的频谱中而不致产生相互干扰？

3. 写出高频头的组成框图，并简要说明各部分的功能。

4. 在彩色全电视信号中，为什么要传送色同步信号？在不同制式的电视信号中，对所传送的色同步信号的相位有什么要求？

5. 在混频电路中为什么需要使用 AFC 电路？简述该模块的工作原理。应用所学高频电子线路知识设计一简单的 AFC 电路，并给出所用器件的必要参数。

6. 在高频头高放电路中所使用的放大器件是什么？它具有什么优点？

7. 如果本振频率比标准频率偏高或者偏低，则混频输出会产生什么样的变化？对电视图像和声音的实际效果有什么影响？

8. 色度信号的调制方式是什么？画出调制前后信号的波形图，并给出载波频率。

9. 电视信号经高频头接收电路输出以后，简要描述其频谱变化。

10. 声表面波滤波器在接收电路中起什么作用？在实际应用中，它经常会产生哪些故障？

第3章　CRT彩色电视的信号处理电路

电视信号经过接收单元的处理，已经变成标准的中频信号，从中分离出音频、视频信号，再分别进行解码处理，形成亮度、色度、同步、伴音信号，送到输出单元。本章主要介绍电视视频、音频的信号处理通道电路及其工作原理。

3.1　电视接收机的公共通道

电视接收机的公共通道位于高频调谐器之后，由集总滤波、多级中频放大、视频检波、预视放、自动噪声抑制(ANC)、自动增益控制(AGC)、自动频率控制(AFC或AFT)等几大部分组成。黑白电视接收机的公共通道中一般不加自动频率控制。目前在彩色电视接收机中，公共通道的电路除了集总滤波之外已全部集成。

3.1.1　公共通道的主要作用及基本要求

1．放大

对图像中频信号进行高增益放大，总增益约为 60～80 dB(对于大信号包络检波而言)或40～60 dB(对于同步检波而言)，因而中频放大总是由多级放大器组成(3～5级)的。对伴音中频信号进行低增益放大或衰减，其增益只及图像信号增益的3%～5%(视频检波与第二伴音混频公用方案)或10%(视频检波与第二伴音混频分设方案)。

2．特殊的选频要求

(1) 由于电视图像信号(视频信号)采用的是残留边带调幅方式，解调前为了恢复被滤除部分的边带能量，图像中放应对不同频段的信号作不同程度的放大：对双边带部分的信号放大50%，对残留边带(单边带)部分的信号放大100%。

(2) 对于伴音中频信号而言，在公共通道中，它要作第二混频处理，在用晶体管(二极管或三极管)作混频时，若要求混频失真小、混频增益大，则被混频信号的幅度至少要比本振信号(这里是以图像中频作为本振信号使用的)的幅度小1或2个数量级，所以加至视频检波级的伴音中频信号的幅值应在几毫伏至十几毫伏的范围，再大会引起伴音失真、伴音干扰图像、伴音干扰彩色等现象。这就是公共通道对伴音中频的放大量要比图像中频放大量小1或2个数量级的主要原因。如果第二伴音混频单独设置，则中放级的频率特性会有所不同。

(3) 在彩色电视机中，图像信号频率的高端(4.43 MHz两侧)还间置了色度信号，因而高频调谐器混频级输出信号中，除了有38 MHz的图像中频、31.5 MHz的伴音中频外，还有

33.57 MHz 的色度中频。为了减小这 3 种信号在视频检波中引起的相互干扰，对图像中放又提出了不同于黑白电视接收机的要求，这一点下面还要讨论。

(4) 对邻近频道的中频信号要尽可能大地衰减。这里面包括高一频道的图像中频 30 MHz 及低一频道的伴音中频 39.5 MHz。

3．视频检波

对图像中频信号进行解调，解出(恢复出)黑白全电视信号或彩色全电视信号。在早期的电视接收机中，视频检波均采用大信号包络检波方式，近年来均已采用同步检波方式。

4．伴音第二次混频

在公共通道中，要对伴音中频信号进行第二次混频，产生第二伴音中频调频信号输出。PAL-D 制式中，第二伴音中频的频率为 6.5 MHz，不同制式中，这一中频的频率均有差别。

5．自动增益控制 AGC

由于中放系统的增益大，对于强电台信号输入时，若不降低高、中放的增益，则末级中放的输入信号幅值过大，必定会产生饱和、截止失真，使同步头压缩或削平，导致同步不稳及图像灰度失真。因此，中放级应加自动增益控制(AGC)，以保证在强电台信号时，中放级的增益自动下降；在弱电台信号时，中放级的增益自动升高，其控制范围要求在 20～40 dB 之间，即输入信号强度变化 10～100 倍时，中放系统输出信号的幅值基本不变或变化甚微(一般允许变化±1.5 dB)。在接收特别强的电视节目时，中放增益已无下降余地，此时应启动高放 AGC，使高放级的增益下降，此称延迟高放 AGC，即表明，在电台信号较强但还不太强时，只对中放级进行自动增益控制，此时高放级增益不受控，只有在电台信号很强时，高放级才受控。这样可保证在小信号时，高放级有较大增益，使整机有较高的信噪比。高放级的 AGC 信号是由公共通道提供的。

6．性能稳定

电视接收机中的中放系统通常有 3～5 级放大器，放大量高达 60～80 dB，且工作频率又在 30 MHz 以上的高频范围，因此系统的稳定工作就显得十分重要。故应采取各种措施来保证该系统的稳定性能，如电路的布局、元器件的位置、布线、印刷电路板的合理设计、屏蔽措施等。

彩色电视的图像信号与黑白电视相比，除了 38 MHz 的图像中频信号和 31.5 MHz 的伴音中频信号(第一伴音中频)外，还有 33.57 MHz 的色度中频信号。这 3 种信号经中放后将加至视频检波级。由于检波器属非线性电路，因此必须加入抗干扰措施，滤除干扰，保证图像显示质量。

为此，彩色电视接收机的公共通道往往有两种组成方案：一种是和黑白电视机相同的单通道组成方案，也称窄频带方案，这种方案对伴音中频信号的衰减较大，一般在 50 dB 以上，以削弱 2.07 MHz 的色度干扰。另一种是中放某级(通常为末级)分两路输出的双通道组成方案，其中一路输出经第二伴音混频(也称伴音检波)电路，产生 6.5 MHz 第二伴音中频调频信号，送伴音通道；另一路输出经视频检波电路，产生彩色全电视信号，送亮度通道、色度通道等相关电路。此后一种方案称为宽频带方案，宽频带双检波方案的优点是电路的频带宽，图像的高频成分损失小，色度信号的损失也小，因而图像的清晰度高，彩色质量也好；缺点是分路检波，电路较复杂。故这种方案多在高档电视机中采用。

3.1.2　电视接收机公共通道的组成框图

根据不同的选频特性要求，电视接收机公共通道的组成有下述两种方案。

1．窄频带单检波公共通道的电路组成

窄频带单检波公共通道的电路组成框图以及输入、输出信号频谱如图 3.1 所示。

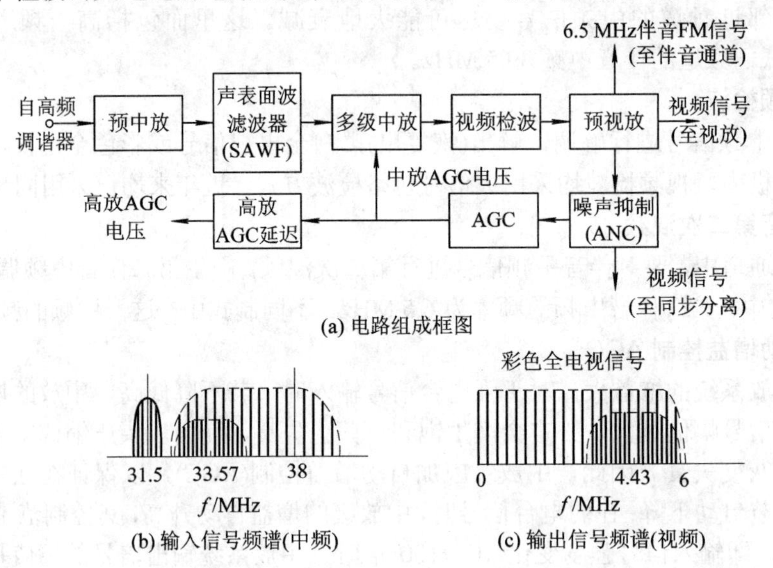

图 3.1　窄频带单检波公共通道的电路组成及输入、输出信号频谱

2．宽频带双检波公共通道的电路组成

宽频带双检波公共通道的电路组成框图以及输入、输出信号频谱如图 3.2 所示。图中由于是分路输出，在视频检波这一路，为了对伴音中频及色度中频作必要的衰减，以大大削弱 2.07 MHz 色度信号的干扰，故在视频检波电路前加了伴音衰减电路。

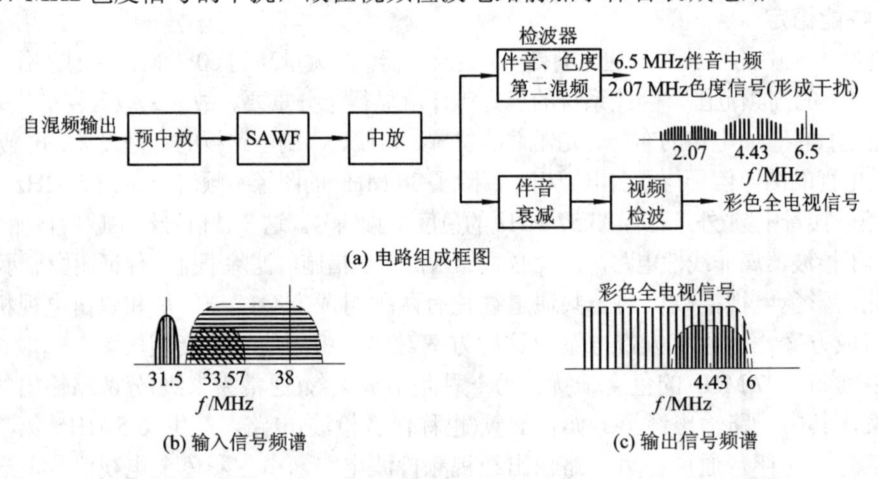

图 3.2　宽频带双检波公共通道的电路组成及输入、输出信号频谱

6.5 MHz 伴音中频信号是由另一路输出的，这一路的检波器起了伴音第二混频作用，所产生的 2.07 MHz 色度干扰信号落在伴音通带之外，很容易用滤波器滤除。

3.1.3　视频检波器的作用以及性能要求

在电视接收机中，视频检波器的位置是在中放级之后、预视放级之前，它所起的作用

十分重要。早期电视接收机的视频检波器均采用大信号包络检波电路，近年来生产的电视接收机，其检波器绝大多数都采用同步检波电路。

1．主要作用

视频检波器的主要作用有两点：

(1) 要从图像中频信号中检出(解调出或还原出)视频信号，信号的极性一般为同步头向下的正极性信号，信号的峰峰值接近 1 V。

(2) 对伴音中频信号进行第二混频，产生载频为 6.5 MHz 的第二伴音中频调频信号输出。混频时，是利用检波器件(二极管或乘法器)的非线性作用，将图像中频 38 MHz 作为本振信号，对 31.5 MHz 伴音中频调频信号进行差值(38 MHz – 31.5 MHz = 6.5 MHz)而达到目的。

视频检波器前后的信号频谱图，读者可参考图 3.1 和图 3.2。

2．性能要求

(1) 检波效率要高。检波效率一般也称为检波器的传输系数。对二极管大信号包络检波器而言，其值约为 50%，即−6 dB；而同步检波器则不同，其效率较高，一般可达 20 dB。在输出幅度相同时，同步检波器的输入信号幅度要小。

(2) 波形失真要小。要求检波器输出的视频信号波形尽可能地接近输入图像中频信号的包络。

(3) 滤波性能要好。

(4) 通频带要足够宽。视频检波器的通频带宽度应在 7 MHz 左右。

(5) 输入阻抗要大，以减轻对中放级的影响。

3．集成化同步检波电路

在集成化的电视接收机中，视频检波器绝大部分都采用同步检波方式，电路由乘法器组成，均在集成芯片之中，片外只有恢复参考信号 38 MHz(图像中频)的 *LC* 选频回路。

同步检波器一般有 20 dB 的增益，在输出幅值相同的条件下，其输入信号的峰峰值可比包络检波器的输入小一个数量级，约几十至几百毫伏，故有时也称它为低电平视频检波电路。

图 3.3 是集成化视频同步检波器的组成框图。其工作原理可参阅有关书籍，在此不赘述。

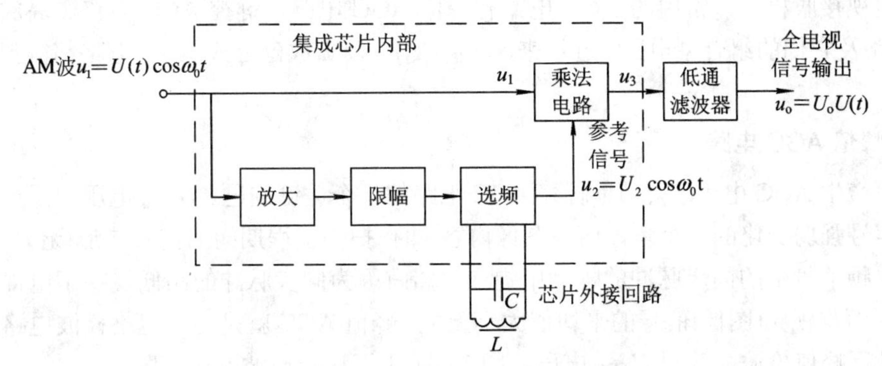

图 3.3　集成化视频同步检波器的组成框图

3.1.4 抗干扰电路与自动增益控制电路

1. 抗干扰电路

抗干扰电路也称自动噪声抑制电路(ANC)，已完全集成在芯片内部，不需调整。

对于电视信号，干扰是不可避免的。干扰可来自机外，如天电干扰、工业干扰等；也可来自机内，如电源干扰、行频幅射、电路自激、电磁耦合等。电视信号受到干扰后，可使电视机荧光屏画面出现黑点或雪花，严重时可破坏行场同步及 AGC 的正常工作，使画面紊乱或上下滚动。为此，必须在同步分离及 AGC 电路之前增设抗干扰电路，以消除或削弱干扰信号对电视接收的不良影响。

2. AGC 电路的作用、性能指标及电路形式

在接收不同频道的电视节目广播时，由于电视台发射机的功率不同、接收机与电视发射台的距离有远有近、电磁波传播的路径不一样以及接收天线的质量和安装位置有所差别等诸多因素，使电视接收机所收到的信号强弱有很大差异，其强弱可达 1000 倍以上。对于这样强弱悬殊的信号，电视接收机中必须采用自动增益控制，自动调节中放级乃至于高放级的增益，使其在强信号输入时放大量自动减小，而弱信号输入时放大量自动增大。这样就使加至视频检波级的信号不失真，且幅值变化不大。

如果电视接收机中不采用自动增益控制，则接收强信号时，末级中放由于输入信号的幅值过大必进入截止与饱和区，使调幅波(图像信号)的包络被压缩，造成同步脉冲幅值变小或同步脉冲及部分灰度信号丢失，结果引起同步不良和图像信号灰度失真。另外，信号太强时，混频级的信号失真将增大，结果也会引起图像和伴音失真；在接收弱信号时，若无自动增益控制，则会因中放级、高放级的增益不够，而使图像变淡、雪花增多，有时也会因同步信号的幅值小而导致同步不良。

AGC 系统的主要特性是控制范围要宽，一般为 40～60 dB；控制灵敏度要高；控制性能要稳定可靠；在控制过程中对放大器其他性能的影响要小。

控制放大器增益(放大倍数)的方法有多种，在电视接收机中，通常采用控制放大管直流工作点的高低(直流工作电流的大小)，即控制放大管的跨导(G 或 Y_{fe})或 β 值的大小来达到增益受控的目的。控制工作点的信号均来自公共通道中的 AGC 电路。

在电视接收机中，常用的 AGC 电路有峰值 AGC 电路、键控 AGC 电路、高放延迟式 AGC 电路及它们的组合型电路。近年来，峰值 AGC 及高放延迟式 AGC 电路都得到最广泛的应用。

3. 峰值 AGC 电路

如何产生 AGC 电压(U_{AGC})是研究 AGC 电路的一个关键问题。U_{AGC} 电压应是反映被接收电台信号强弱变化的一个量，而与图像内容(即行扫描正程期间的信号波形)无关。为此，只能由视频信号中的同步脉冲的幅度中提取 U_{AGC}(因为同步脉冲的高低反映了电视台信号的强弱)，而与视频(图像)信号的平均值大小无关。峰值 AGC 就是用一包络检波电路对行同步信号进行峰值检波，获得 U_{AGC} 电压。图 3.4 示出了这一检波的原理图。

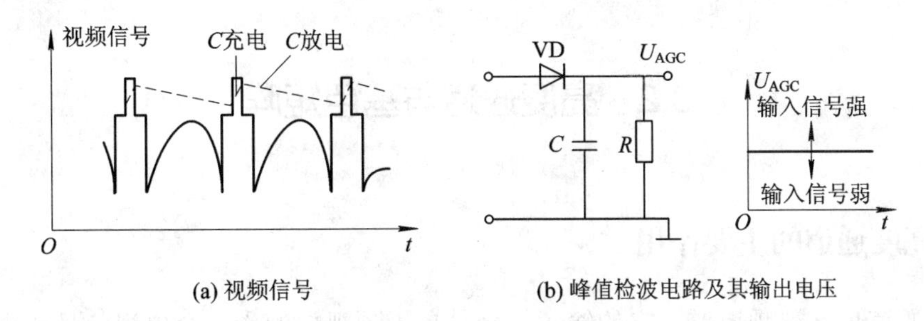

(a) 视频信号 (b) 峰值检波电路及其输出电压

图 3.4 峰值 AGC 电路产生 U_{AGC} 的原理电路图

由图可见，在视频信号的同步头到来时，使检波二极管 VD 导通，电容 C 被迅速充电至同步头之峰值；当同步头过去后，VD 管截止，电容 C 通过负载电阻 R 放电。若 R 值较大，则放电较慢，C 上的电压值就能如实反映出视频信号的幅值大小，这个电压就是所需的自动增益控制电压 U_{AGC}。很显然，当所接收的电视信号较强时，视频信号的同步头脉冲必定很高，所产生的 U_{AGC} 电压也会很大；反之，U_{AGC} 电压则很小。

峰值检波电路中的电容 C、电阻 R 决定了信号提取的有效性，选取时应慎重对待。

4. 高放 AGC 延迟电路

所谓高放 AGC 延迟，是指在天线输入信号不太强时，自动增益控制只对中放级起作用，而高放级增益保持不变，为一较高值，只有当天线输入信号很强时，中放增益已降得很多，高放级增益才受控下调。之所以采用延迟是为了提高电视接收机的信号噪声比，因为高放级是电视机的第一级放大器，由噪声理论可知，要使整机的噪声小，就应该使整机第一级的噪声尽可能得小，功率增益尽可能得大。因此，在输入信号不是太强的时候，最好不要使其增益下降；在输入信号很强时，噪声的影响相对减小，此时再降低其增益，就不会对信号噪声比产生太大的影响。

5. 电视接收机的 AGC 特性

(1) 在天线输入至高频调谐器的信号幅值小于 50 μV 时，电视接收机的中放级、高放级的 AGC 均不起控制作用，其增益均处于最大状态，预视放输出的视频信号幅值将随输入信号增强而增大。

(2) 当高频调谐器的输入信号大于 50 μV 时，预视放级输出的信号峰峰值已增至 1 V，此时中放 AGC 起控制作用，中放级增益将随输入信号的增强而下降，在输入信号由 50 μV 升至 5 mV 的范围内，中放级均能受控，保证输出信号的变化不超过±1.5 dB。可见，中放 AGC 的控制范围约为 40 dB。

(3) 当高频调谐器的输入信号大于 5 mV 时，中放增益已降低了约 40 dB，达到了下限位置，此时高放级 AGC 起控制作用；在输入信号由 5 mV 升至 50 mV 时，高放增益可随之减小约 10 倍。

(4) 上述分析表明，在输入信号由 50 μV 升至 50 mV 这个过程内，电视接收机公共通道的增益受到中放和高放的 AGC 控制，其输出的视频电压幅值基本保持不变，因而 AGC 总的控制范围为

$$\frac{50\,\text{mV}}{50\,\mu\text{V}} = 1000\text{倍}\ (60\,\text{dB})$$

3.2 亮度通道与基色矩阵

3.2.1 亮度通道的主要作用

亮度通道也称视频通道，它的输入信号来自于预视放的彩色全电视信号或来自亮/色(*Y*/*C* 或 *Y*/*F*)分离后的亮度信号 *Y*，亮度通道要对此信号进行必要处理，然后送至基色矩阵作彩色解码，以获得 *R*、*G*、*B* 三基色输出。所说的必要处理主要包括滤波、放大、延时、高频补偿、对比度控制、亮度控制、黑电平扩展、直流恢复(箝位)、噪声抑制、行场消隐等，涉及的内容较多。新技术、新电路也在不断应用，可喜的是这些功能电路绝大部分已集成化，已由分立元件转入集成芯片内部，使电路结构十分简洁。但不同牌号的机型，其所采用的集成芯片有所不同，电路形式也有所差异。作为教材，我们将重点放在通道的功能及电路的工作原理方面，掌握了这些，再阅读具体电路就不会有太大的困难。亮度通道的主要作用有以下几点：

(1) 亮色(*Y*/*C*)分离。从彩色全电视信号(FBAS)中分离出亮度信号 *Y*，并尽量避免色度信号对亮度信号的干扰，同时尽可能防止亮度信号中高频分量的丢失。传统机型中，均采用 4.43 MHz 吸收电路将色度信号滤除，而近代高画质机型则采用亮/色(*Y*/*C* 或 *Y*/*F*)梳状滤波器来分离亮度与色度。

(2) 对亮度信号进行放大。

(3) 对亮度信号进行延时，其延时量约在 0.53～0.6 μs 的范围内。延时的原因是因为亮度通道的频带宽(0～6 MHz)，信号 *Y* 通过时的延时量小，而色度通道的频带窄(0～1.3 MHz)，信号 *Y* 通过时的延时量大。为了使亮度信号 *Y* 与色差信号 $R-Y$、$B-Y$ 同时到达基色矩阵进行加(减)运算，就必须在亮度通道中设置延时电路，否则荧光屏上将出现彩色镶边(彩色溢出)现象。顺便指明，个别彩色电视接收机的亮度通道中不设亮度信号延时线，这一延时功能是由公共通道中的声表面滤波器(SAWF)额外承担的。

(4) 对亮度信号的高频成分进行必要补偿。高频补偿也称锐度控制、*Y* 信号校正、轮廓补偿等，其目的是为了使画面的轮廓得到加强，即使清晰度指标得以提高。

(5) 黑电平扩展(延伸)及直流电平恢复。在电视信号传输过程中，由于耦合电容的存在，信号的直流成分被阻断。显像前如不将丢失的直流分量恢复，将会导致图像大面积亮度失真，即背景亮度失真。为此，在亮度通道中要加入直流电平箝位电路，将图像信号的黑电平给在一固定电平上(此电平可由用户调整，以决定画面的平均亮度)。如今有不少集成电路已将黑电平扩展及直流恢复电路设计在集成芯片之中，外围元件几乎为零，其中 LA7688N 芯片即为一例。这为电路设计与生产带来极大好处。

(6) 能进行对比度控制和亮度控制。这两种控制一般均由遥控微处理机送来的控制信号进行操作。与黑白电视接收机一样，对比度的控制，实质上就是对亮度信号幅值大小的控制。亮度信号幅值大，则图像的对比度(黑白反差)强；否则，图像的对比度就弱。

(7) 行场消隐功能。

3.2.2 亮度通道及解码电路的基本组成

亮度通道及解码电路目前均已集成化，由于同类集成电路有多种型号，电路形式也有较大差别，这里只能就其基本组成作一简单介绍。图 3.5 就是其基本组成框图。

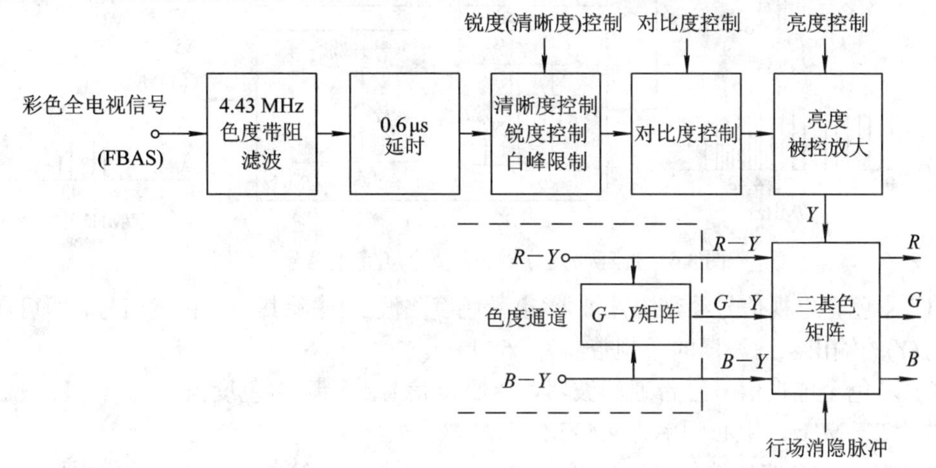

图 3.5 亮度通道及解码电路的组成框图

下面对图 3.5 作如下几点说明：

(1) 输入为彩色全电视信号，可由公共通道视频检波后的预视放级提供。在新型的电视接收机中，彩色全电视信号先用亮度/色度(Y/C)梳状分离器分离。在这种电视接收机中，图 3.5 中的 4.43 MHz 色度带阻滤波器就不必要了。

(2) 在某些电视接收机中，亮度信号的延时已在公共通道的声表面波滤波器(SAWF)中完成，故在亮度通道中就不再设 0.6 μs 的延时电路了。

(3) 控制锐度(清晰度)、对比度、亮度等的控制信号均来自遥控微处理机及其外围电路。

(4) 色差信号 $R-Y$、$B-Y$、$G-Y$ 均来自色度通道，$G-Y$ 是由 $R-Y$、$B-Y$ 经 $G-Y$ 矩阵产生的。

(5) 输出的三基色信号 R、G、B 一般送视放输出管的基极作反相放大或直接送显像管的 3 个阴极。

近年来由于电路技术飞速发展，亮度通道也出现了许多新的电路，对此下面将作一讨论。

3.2.3 亮度/色度信号的分离

视频检波后的彩色全电视信号需作亮度/色度(*Y*/*C* 或 *Y*/*F*)分离，以获得亮度信号和色度信号输出，其中亮度信号 Y 送亮度通道进行处理，色度信号送色度通道进行处理。

亮度/色度的分离通常有两种方法：一种是传统的分路带阻/带通滤波分离法；另一种是近年来出现的梳状滤波分离法。下面对这两种分离方法进行分述。

1. 亮度/色度分路带阻/带通滤波分离法

这种分离法的原理框图如图 3.6 所示，并对图中电路作如下几点说明。

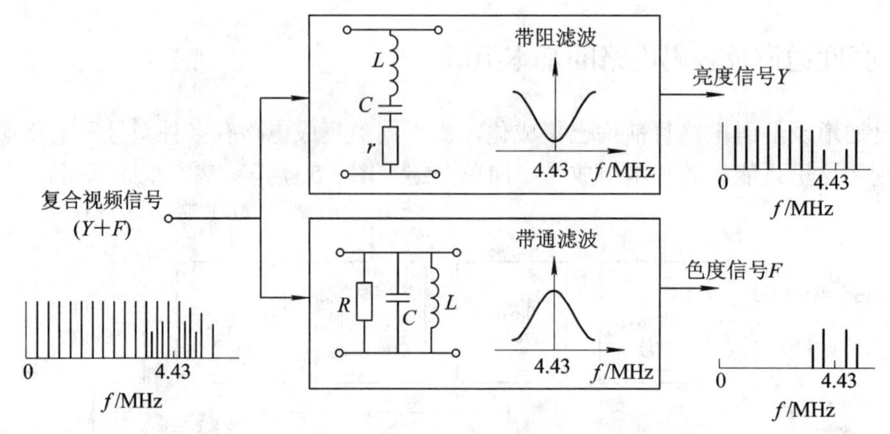

图 3.6　带阻/带通分离法分离亮度/色度信号原理图

(1) 彩色全电视信号经带阻滤波器(也称色度陷波器)滤除其中的色度信号，即可获得亮度信号(Y)的输出。滤波器的通频带约为 250 kHz。

(2) 彩色全电视信号经带通滤波器，将亮度信号滤除，将色度信号送出。滤波器的通频带约为 2.6 MHz，中心频率为 4.43 MHz。

这种传统的分路滤波作亮度/色度分离法的优点是电路简单、元件少、成本低。但由于在亮度通道中设置了色度陷波器，它在滤除(吸收)掉色度信号的同时也将该段频率范围内的亮度信号抑制掉，因而亮度信号中频率为 4.43 MHz 附近的高频分量丢失，如不作补偿，将会使图像的清晰度下降。

另外，在色度通道中色度带通滤波器在选出色度信号的同时，也将该频率范围内的亮度信号选出(亮度信号残留)，经色度解调后，亮度信号的高频分量也被解调出来，使得图像的细节部分出现闪烁的彩色干扰。

可见，上述传统的分路滤波分离法不能将亮度与色度信号彻底分离，即在亮度通道中仍残留有色度信号，而在色度通道中仍残留有亮度信号。因此，图像的质量和清晰度都不会令人满意。

2．PAL 制亮度/色度梳状滤波器分离法

用这种方法能将亮度/色度信号彻底分开，因为亮度信号与色度信号是利用频谱交织(交错)的原理相混在一起的，而梳状滤波器具有梳齿状滤波特性，能按频谱分离的方法将亮度信号与色度信号分离开来，从而能提高图像质量。

PAL 制梳状滤波器亮度/色度分离电路的框图如图 3.7 所示。这种分离电路由 2H(即 2 行)延时线、加法器、减法器等三大部分组成，类似于色度梳状分离电路，其唯一的不同是，后者的延时时间是 63.943 μs，而不是 2 行的延时时间。

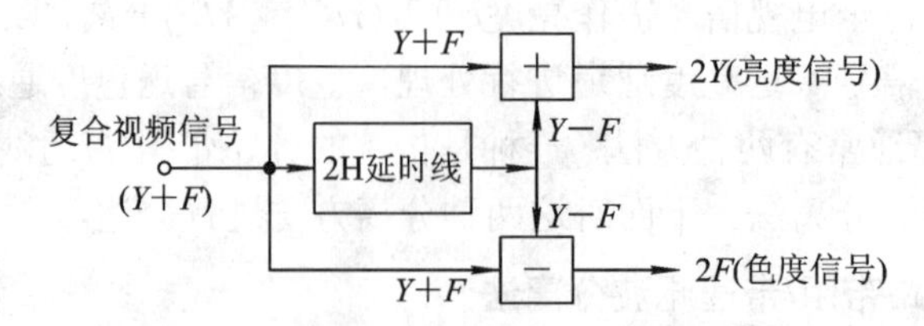

图 3.7　PAL 制梳状滤波器亮度/色度分离的原理框图

梳状滤波器法分离亮度/色度信号的原理如下：

设输入的复合视频信号表达式、色度副载频 f_{SC}、行扫描频率 f_H 等分别为

$$E_M = E_Y + E_F = E_Y + (E_U \sin\omega_{SC}t \pm E_V \cos\omega_{SC}t)$$

$$\omega_{SC} = 2\pi f_{SC}，f_{SC} = 4.433\,618\,75 \text{ MHz}，T_{SC} = 0.225\,549\,4\ \mu s$$

$$f_H = 15.625 \text{ kHz}，T_H = 64\ \mu s$$

由此可求得 1 个行扫描周期 T_H 中所包含的彩色副载周期数为

$$\frac{T_H}{T_{SC}} = \frac{64\ \mu s}{0.225\,549\,4\ \mu s} = 283.7516 \text{ 个}$$

由于相邻电视行的信号有很好的相关性，其间的差别甚小，分析时，假设相邻两行的电视信号相同，则输入信号 $Y+F$ 经 2 行时间的延时后，Y 信号基本不变，而色度副载频信号延时 2 行后，相当于延迟了 $283.7516 \times 2 = 567.5032$ 个色度副载波的周期。这些周期折合成相位角后为

$$(567 + 0.5032)\times 360^\circ \approx 567 \times 360^\circ + 180^\circ$$

式中，180° 说明了 $Y+F$ 信号延时 2 行后，其中的色度信号 F(其载频)反相了 180°，变成了 $-F$，而亮度信号 Y 则不变。由此可得，2 行延时线后的输出信号为

$$E_{md} = (E_Y - E_F) = E_Y - (E_U \sin\omega_{SC}t \pm E_V \cos\omega_{SC}t)$$

加法器的输出信号为

$$Y + F + Y - F = 2Y$$

$2Y$ 为亮度信号输出。减法器的输出信号为

$$Y + F - (Y - F) = 2F$$

$2F$ 为色度信号输出。

很显然，这种分离方法不会造成亮度信号中高频分量的丢失，图像的清晰度会大为提高，同时在亮度信号中的色度信号被分离得彻底，不会出现色度信号对亮度信号的干扰；而在色度信号中也无亮度信号对色度信号的串扰。

3.2.4　水平清晰度提高电路

为了提高图像的清晰度，在彩色电视接收机的亮度通道中往往要加入水平清晰度提高电路，以补偿(校正)视频信号中的高频分量。尤其是在利用分路滤波法分离亮度与色度的电视接收机中，设置这一补偿电路显得更重要。因为 4.43 MHz 的陷波电路在滤除色度信号的同时，也将这一高频段的亮度信号丢失掉了。

水平清晰度提高电路也称锐度校正电路，它包含有多种电路，也有多种名称，如边缘校正电路、勾边电路、轮廓补偿(校正)电路、细节校正电路、DSC 动态清晰度控制电路、动态噪声抑制电路等。其中最常见的还是勾边电路或轮廓补偿电路。

1. 水平清晰度提高的原理与方法

水平清晰度是指图像在水平方向上相邻像素黑白分辨能力高低的指标。这一指标与图像信号中的高频成分多少有直接关系，当然也与显像管中电子束的聚焦程度好坏有关。另外，图像的重影、彩色溢出(彩色镶边)等也会使图像模糊、图质下降，这类情况已不属清晰度不高的范畴，二者不可混为一谈。

清晰度与图像信号中高频成分的关系问题，在本书的前述章节中已有讨论，下面再简述一下。在图 3.8 中，如果某个电路或系统的高频特性不好(上限截止频率 f_H 不高)，会使通过信号的高频分量削弱或滤除，则输入的白-黑-白边界分明的方波图像信号经过此电路后，其前后沿会由陡变坡，成为梯形波。由此而重显的图像会在白黑之间有变灰的过渡区，造成图像边界(轮廓)模糊，清晰度下降。

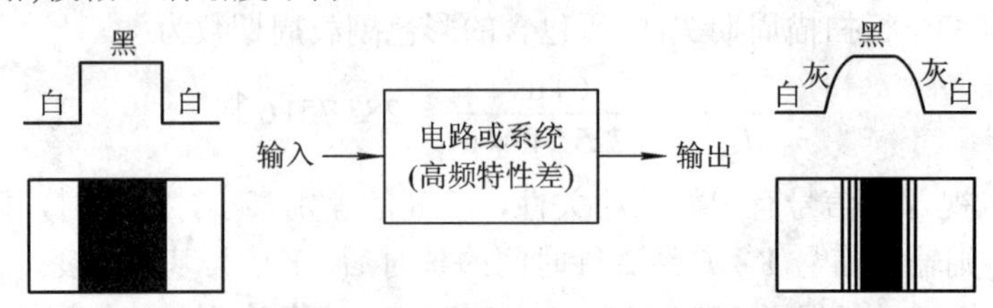

图 3.8 图像清晰度与电路高频特性的关系示意图

2. 微分型补偿(校正)

针对上述脉冲边缘由陡变坡的问题，如果能设法将变坡的脉冲边沿叠加一小尖脉冲，使变坡的边沿再变陡，则失去的高频分量将得到补偿，重显的图像将会黑白分明，清晰度增高。图 3.9 就是根据这一原理而设计的水平清晰度校正电路，也称轮廓校正电路、勾边电路或过渡特性校正电路。

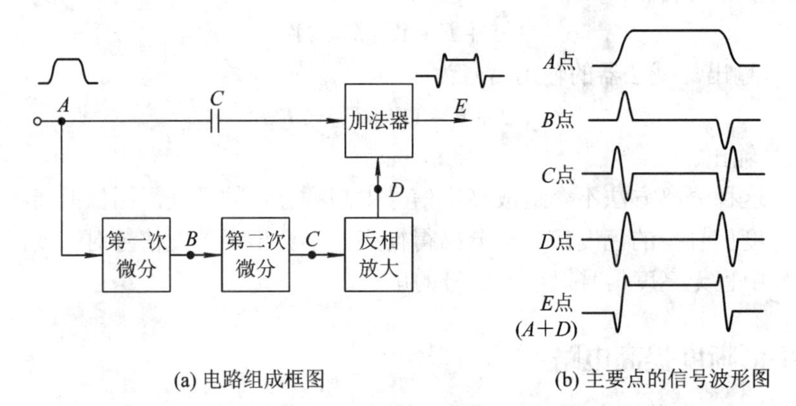

图 3.9 水平清晰度校正电路及信号波形

由图 3.9 可见，输入的图像脉冲信号的前后沿已平缓，其高频分量已有损失，需要补偿(校正)。此信号经两次微分后，在其前后沿区域形成正负向脉冲，再经反相放大(倒相放大)， 变为如 D 点所示脉冲，这一脉冲在加法电路中与原输入信号相加，即成为 E 点所示的输出信号波形。很显然，经过补偿后的输出信号，脉冲的前后沿由坡变陡了，且可有正负向过冲(尖峰)出现，使图像的轮廓变得更加清晰，好似在黑白交界处添加了一条加重线。勾边电路的“勾边”之意即由此而来。

调节微分电路参量及反相放大器的增益即可调节微分脉冲的高度和宽度，使输出脉冲前后沿的陡度及过冲量得到控制，即高频补偿的强度得到控制。

上述的二次微分型补偿(校正)电路的优点是电路简单、元器件少、成本低、易于实现；缺点是补偿稍有不当，即容易产生振铃现象及相位失真，造成图像轮廓模糊，甚至出现重影，达不到预期目的。

3．延时型补偿(校正)

这种形式的水平清晰度校正电路常用在集成芯片中，TDA9177 即含有该电路。

TDA9177 中的轮廓补偿电路采用了两组延时线产生两组不同频率特性的尖沿波(即在亮度信号突变处产生正负脉冲)，这些尖沿波再与原亮度信号相加后，即可使信号突变的脉冲沿由坡变陡，使图像轮廓得到补偿，清晰度明显提高。

这里以 2 个延时线组成的尖沿波产生电路为例，对尖沿波的产生作一简单说明。其电路组成框图及主要点信号波形如图 3.10 所示。亮度信号 Y 送至延时电路 1，经延时 Δt 后得到信号 B，B 经延时电路 2，再延时 Δt 得到信号 C。根据图中信号的关系，各相减器的输出信号为

$$D = A - B$$

$$E = B - C$$

$$F = E - D \text{(形成了具有正负脉冲的尖沿波)}$$

所得的 F 信号即为尖沿波，它就是亮度信号的轮廓补偿(校正)信号，也称勾边信号，这一信号与微分补偿电路中(图 3.9)D 点的信号波形相类似。

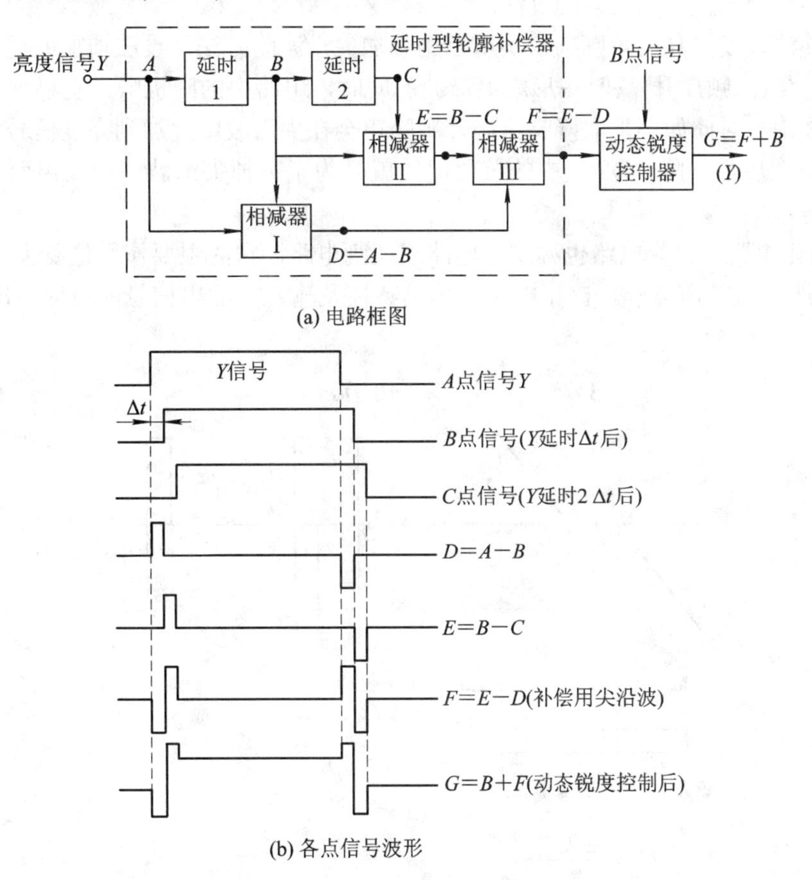

图 3.10　延时型轮廓补偿电路及信号波形

F 点的尖沿波信号送至动态锐度控制器作核化(切割)等处理后，再与经过 Δt 延时的亮度信号 Y(图中 B 点信号)相加，即形成校正后的亮度信号，如图中 G 点的波形，即 $G = F +$

B 就是补偿后的亮度信号 Y。

对比校正后 G 点与校正前 A 点亮度信号的波形，可明显看到信号的前后沿出现了正负脉冲过冲，这表明亮度信号的高频分量被提升了，图像的轮廓(边沿)被加强了。

在实际系统中，输入 Y 信号的前后沿不可能为理想矩形波，它的前后沿一定是一斜坡，经过轮廓处理后所得的尖沿波也不是理想的正负矩形脉冲，而是有一定坡度或弧度的正负小尖脉冲。

4. 动态锐度控制电路(DSC 电路)

动态锐度控制电路也称 DSC(Dynamic Sharpness Control)电路，它主要由核化(切割)电路、过渡特性检测电路、幅度调节电路(调节器)等组成。下面要对 DSC 电路的作用及主要电路作一简单讨论。

由上述图像水平清晰度提高电路的分析可见，不管是微分型，还是延时型轮廓补偿电路，它们的校正(补偿)原理都是设法在亮度信号 Y 脉冲前后沿所对应的部分产生(形成)一正负小尖脉冲(即尖沿波)，然后再将尖沿波与亮度信号相加减，最终使亮度信号脉冲的前后沿变陡，甚至出现正向或反向的过冲。

这种使清晰度提高的轮廓补偿实质是用叠加尖沿波的方法，设法增加或提高亮度信号中的高频分量(高频提升)，但在形成尖沿波的同时，电路中的随机噪声也显现出来，并叠加到尖沿波中。对此如不采取降噪措施，则噪声会在尖沿波中叠加到亮度信号上，使信噪比降低、图像质量下降。DSC 中的核化电路就是为了去掉尖沿波中的噪声而设置的一种电路。

(1) 核化电路。核化电路也称挖心电路或切割电路，它的主要作用是要去除(挖去或切割掉)尖沿波中的噪声信号。核化电路的传输特性及输入、输出信号的对应情况如图 3.11 所示。

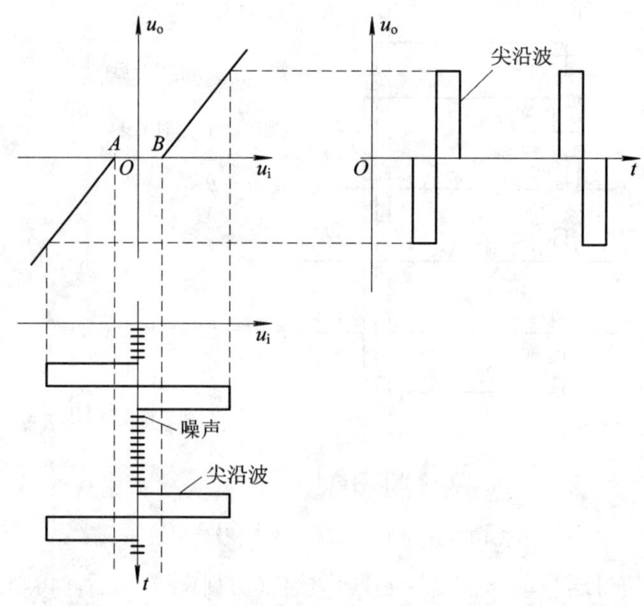

图 3.11　核化电路的传输特性及输入、输出波形

核化(切割)电路的输入信号来源于轮廓补偿电路，通常为含有低幅值的脉冲尖沿波(相

当于图 3.10 中 F 点信号)。由核化电路的传输特性可见，它对绝对值很小的输入信号(AB 之间)，其输出为零，这样就能将噪声去除了。据此，也称核化(切割)电路为细节校正电路。

(2) 幅度调节电路(调节器)。信号经核化电路处理后，尖沿波最终要与延时后的亮度信号(如图 3.10 中 B 点的 Y 信号)相加，这两信号相加时，对各自的幅度有严格的要求。若尖沿波幅值过小，则高频补偿不明显；若尖沿波幅值过大，则补偿过头，使亮度脉冲前后沿的正负向过冲过大(上冲使图像更白，下冲使图像更黑或相反)。白电平峰值过大时，将会使电子束散焦(电子过多)，反而造成图像轮廓模糊。幅度调节器对尖沿波的幅值进行调节，以满足补偿要求。

(3) 过渡特性检测电路。它的任务是检测亮度信号的幅值大小及脉冲前后沿的陡度(即过渡性的陡度)；然后，据此输出控制信号去控制亮度信号的陡度及尖沿波的幅度。

(4) 微处理机的控制。当用户要对图像清晰度进行控制时，可按遥控器的“图像”键，进入图像菜单，选择“清晰度”项，可在“柔和、高、中、低”四种状态中选择。其实质就是对亮度信号脉冲前后沿陡度及尖沿波的幅值大小进行调节。

5. 行扫描速度调制电路(VM 电路)

VM(Velocity Modulation)电路的作用能使行扫描的电子速率按视频信号的振幅大小而加速或减速，达到图像亮度变化迅速、黑白界线分明、图像轮廓清楚、显像管束电流变化的目的。VM 电路组成的原理框图如图 3.12(a)所示，有关的信号波形如图 3.12(b)所示。下面对图 3.12 电路作几点说明。

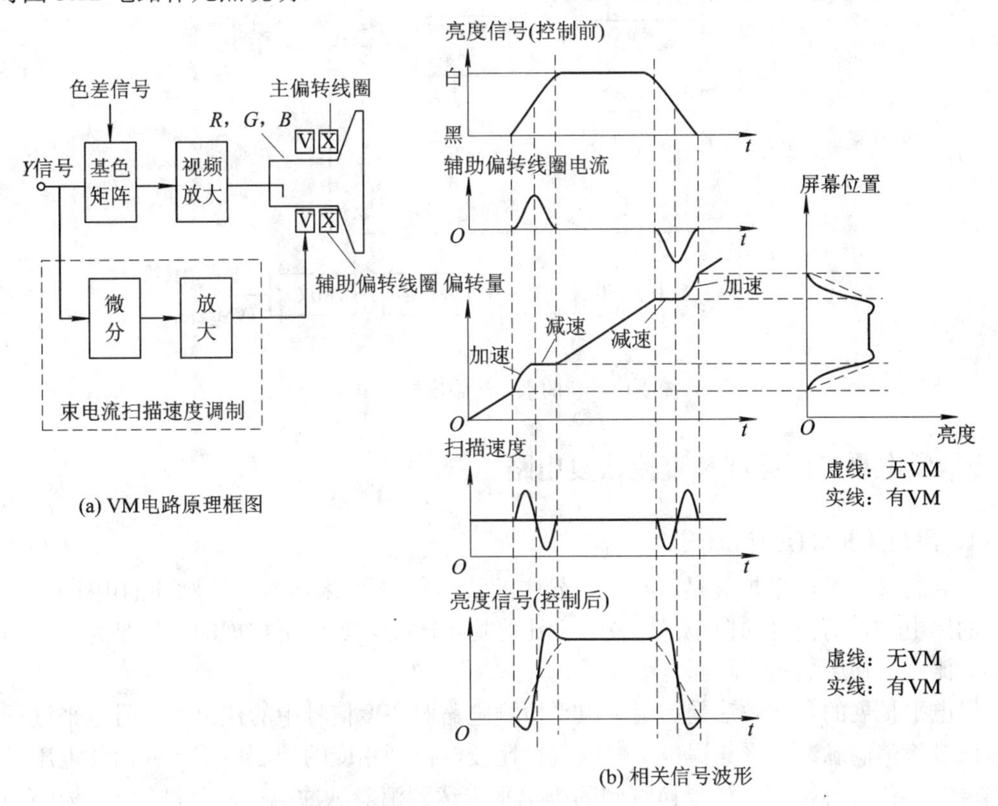

图 3.12　VM 电路组成电路原理框图及相关波形

(1) 输入亮度信号 Y 中的高频分量已丢失，黑白边沿已平缓，应设法使其边沿变陡。

(2) 亮度信号 Y 经微分后，在黑至白的脉冲前沿产生一正向微分脉冲，在白至黑的脉冲后沿产生一负向微分脉冲。此脉冲经放大后给辅助偏转线圈提供一附加偏转电流。

(3) 在图像由黑至白变化的前半部分，附加的偏转电流快速上升，电子束扫描的速率增大，屏幕图像的亮度即由亮加速变暗(黑)；在图像由黑至白变化的后半部分，附加的偏转电流快速下降，电子束扫描速率降低，屏幕图像的亮度即由暗加速变亮。图像亮度由白至黑变化的边缘情况正与此相反，这一点已在图 3.12(b)中清楚地表示出来，读者理解起来不会有什么困难。

(4) 附加偏转的结果使原来黑白边沿不陡的亮度信号变成了边缘非常陡峭的脉冲，并有过冲出现，这表明亮度信号中的高频分量增加了，图像的清晰度大大提高了。它和边沿校正的不同在于：它不是通过改变电子束电流大小实现清晰度控制，而是通过附加扫描电流、控制电子束扫描速度的快慢来达到预期目的。

6．新的水平清晰度校正(补偿)实例

上面介绍了多种对图像水平清晰度进行校正(补偿)的方法，下面通过一实例作为小结。

图 3.13 是某电视机芯中所应用的新的水平清晰度校正电路。由图可见，新的水平清晰度校正包括已经论述过的边沿校正、细节校正、动态锐度控制电路(DSC 电路)，以及行扫描速度调制电路(VM 电路)。其校正效果良好，图像清晰度有很大提高。

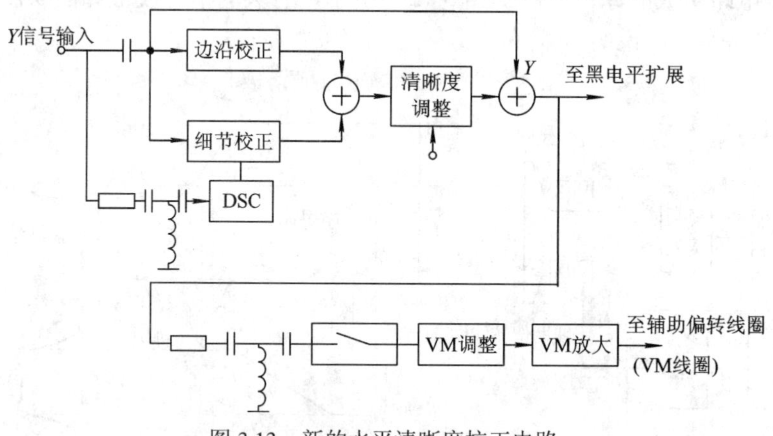

图 3.13 新的水平清晰度校正电路

3.2.5 黑电平扩展原理及直流恢复电路

1．黑电平扩展(延伸)原理

顾名思义，黑电平扩展是将亮度信号中的浅黑色电平(未达到消隐脉冲的电平)扩展到预定的黑电平，而信号的白电平、Y/C 之比等均不改变。黑电平扩展的目的是为了提高图像的对比度，使所显示的画面有纵深感。

黑电平扩展的具体做法是：用黑电平检测电路对亮度信号中的浅黑色信号电平进行检测，同时将消隐脉冲电平与黑电平峰值进行比较，得到相应的控制电压，并用此电压对黑色信号的幅值进行控制。如果检测到的黑电平未达到消隐脉冲电平，可进行黑(浅黑色)电平扩展；如果检测到的黑电平已达到消隐脉冲电平，可停止黑电平扩展。如此扩展，会使图像中的浅黑色部分变得更黑，但又不会超过消隐电平的范围，使画面的对比度加强。

近年来，彩色电视机中的黑电平扩展电路已集成在芯片之内，片外元件已减至零。黑电平扩展原理可用图 3.14 来说明。其中图 3.14(a)是黑电平扩展电路的输入、输出传输特性，且扩展区的特性是非线性的，这一区域正好与输入、输出视频信号的黑色或浅黑色电平相对应，与线性特性(虚线部分)相比，根据图 3.14(b)、(c)可明显看出，输出视频信号中的浅黑色电平得到扩展(由 P 点扩展到 Q 点)。

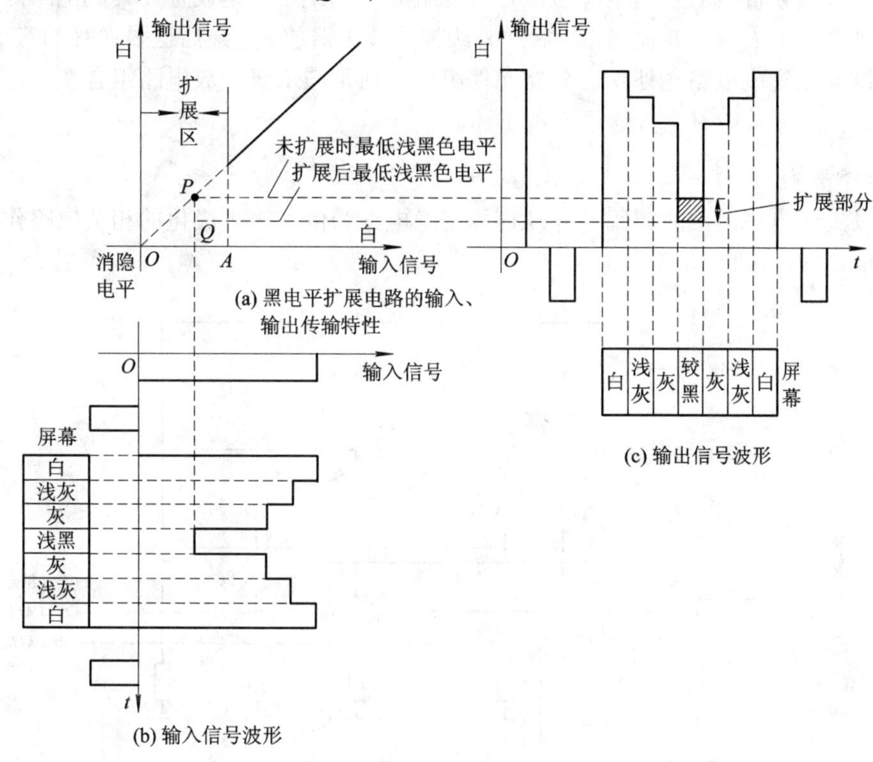

图 3.14　黑电平扩展电路的输入、输出特性及相关波形

2. 直流恢复电路

前已说明，图像的直流成分代表着图像的背景亮度，如果直流成分丢失，图像将会产生大面积亮度失真，即亮场不亮，暗场不暗，整个图像将有灰蒙蒙之感。

在图像信号传输过程中，电路之间常采用电容耦合，信号中的直流均被隔断，即图像信号中的黑电平(最高为消隐电平)不能固定，同步头、消隐电平均不在同一水平位置上。因此，在亮度通道中必需恢复信号的直流电平，以保证重显后的图像质量。通常，都用箝位电路来恢复图像信号中的直流成分，即设法将其消隐电平箝制在一设定的电平之上。很显然，调节所设置的箝位电平阈值，即可调节重显图像的亮度。

近年来，彩色电视机中的亮度信号直流电平恢复电路已集成在芯片之中，片外元器件已极少，限于篇幅，这里就不详述了。

3.2.6　基色矩阵及消隐电路

1. 基色矩阵

基色矩阵也称解码矩阵，其主要作用是要对输入的亮度信号 Y 及三色差信号 $R-Y$、

$B-Y$、$G-Y$ 分别进行下列运算，以获得三基色信号 R、G、B 输出，即

$$\left.\begin{aligned} R-Y-(-Y)&=R\\ G-Y-(-Y)&=G\\ B-Y-(-Y)&=B \end{aligned}\right\}\text{或}\left\{\begin{aligned} -(R-Y)-Y&=-R\\ -(G-Y)-Y&=-G\\ -(B-Y)-Y&=-B \end{aligned}\right.$$

彩色电视接收机中的解码矩阵通常有两种组成形式：一种是设置在集成电路内部，由片内电路直接产生 R、G、B 输出，然后送末级视频放大器放大，最后送显像管的三个阴极；另一种是设置在集成电路之外，由分立元件组成，通常与末级视放电路组合在一起，这一点将在末级视放一节中讨论，这里不再重述。

2．电路举例

下面以集成电路内部的解码矩阵及行场消隐电路为例，对集成化的相关电路作一简单分析，其电路如图 3.15 所示。

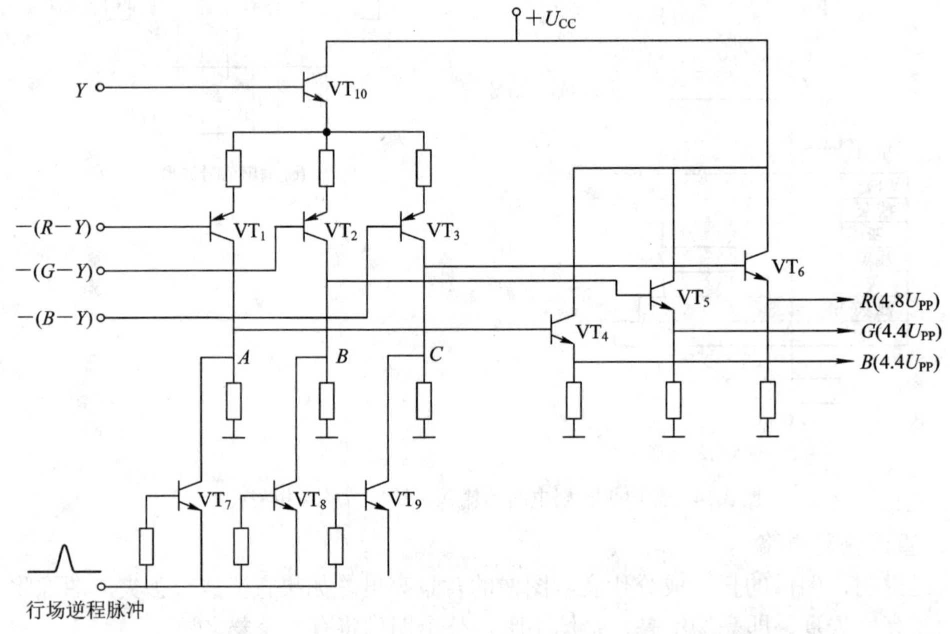

图 3.15　集成化解码矩阵与消隐电路

下面对图 3.15 所示电路作几点说明。

(1) 晶体管 VT_1、VT_2、VT_3 及相关电阻组成了解码矩阵电路。亮度信号 Y 经 VT_{10} 管射极跟随输出，加至三个晶体管的发射极，负向的三色差信号 $-(R-Y)$、$-(G-Y)$、$-(B-Y)$ 分别加至 VT_1、VT_2、VT_3 的基极，因而这三个管 b-e 结间所加的信号电压分别为

$$\begin{aligned} u_{\text{be1}}&=u_{\text{b1}}-u_{\text{e1}}=-(R-Y)-Y=-R\\ u_{\text{be2}}&=u_{\text{b2}}-u_{\text{e2}}=-(G-Y)-Y=-G\\ u_{\text{be3}}&=u_{\text{b3}}-u_{\text{e3}}=-(B-Y)-Y=-B \end{aligned}$$

经反相放大后，送给 VT_4、VT_5、VT_6 管基极的信号即为 R、G、B 基色信号，至此，解码任务即告完成。

(2) VT_4、VT_5、VT_6 为射极跟随电路，起缓冲隔离作用，以防止片外电路对片内电路的影响。

(3) VT_7、VT_8、VT_9 组成消隐电路。当行场回扫(逆程)脉冲输入时，这三个晶体管均导通饱和，使 A、B、C 各点的电位降低，迫使 VT_1、VT_2、VT_3 管的输出电压减小，即 R、G、B 信号减小或消失，最终使视放输出级的 3 个三极管全部截止，使显像管 3 个阴极的电位最高，荧光屏因无电子束而不发光，以达到消隐目的。

3.2.7　亮度通道组成实例

不同彩色电视接收机，所用的集成电路也各不相同，其亮度通道的组成有所差异，下面以 LA7688N 集成电路为例，对亮度通道的组成作一简单说明。

1．电路组成框图

LA7688N 的亮度通道及输入、输出外围电路组成框图如图 3.16 所示。

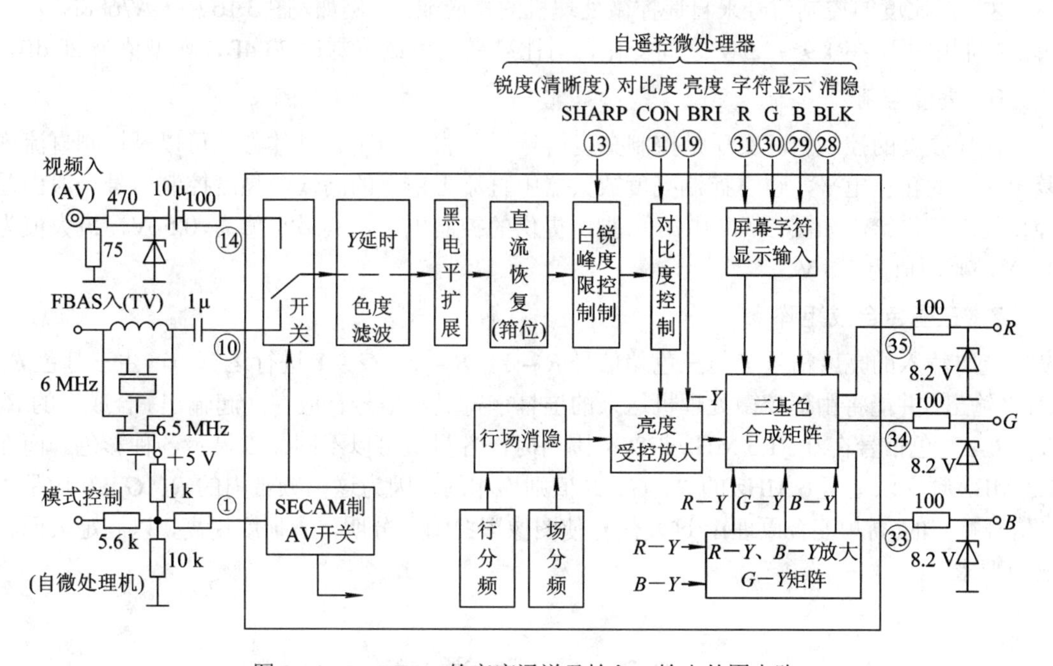

图 3.16　LA7688N 的亮度通道及输入、输出外围电路

2．AV 开关

AV 开关也称视频开关或模式开关，它受第①脚上所加电位的高低控制，此片脚又受遥控微处理机信号的控制。以康佳某电视机为例，其相互关系如表 3.1 所示。

表 3.1　康佳某电视机 AV 开关相互关系表

模式控制信号	LA7688N 第①脚电位	AV 开关	模　式
0 V(低电平)	1.7～2.6 V(典型 2.2 V)	AV 信号断开	内部 PAL/NTSC 制(TV)
3.3 V(高电平)	2.9～3.8 V(典型 3.2 V)	AV 信号接通	外部 PAL/NTSC 制(AV)

3．亮度信号的延时

由第⑭脚输入的视频信号，其峰峰值约为 1 V(典型值)。LA7688N 亮度信号的延时采用内藏式，延时时间随制式不同而不同，并可自行调整，即

NTSC 制时，Y 信号延时 540 ns。

PAL 制时，Y 信号延时 530 ns。

SECAM 制时，Y 信号延时 640 ns。

由于内藏式 Y 延时线能自动调节 Y 信号的延时量，满足各种制式 Y 的延时量，使彩色图像的质量更加完美，而且外围电路简单且无需调整。

4．水平清晰度控制

图 3.16 中的白峰限制、锐度控制等均为水平清晰度控制。

5．对比度控制

控制亮度信号放大器的增益，即可控制 Y 信号幅值的大小，达到控制图像的黑白对比度。这一对比度的控制信号来自遥控微处理机的相应端口。例如，图 3.16 中 LA7688N 第⑪脚的控制电平可在 1.9～4.5 V 之间变化，对比度最大可调范围达 23 dB，典型值为 20 dB。

6．亮度控制

图像亮度的控制，其实质是控制亮度信号 Y 的直流电平。具体方法可以是控制直流恢复电路中的箝位电平，也可控制亮度放大器中直流工作点的高低。亮度控制信号一般由遥控微处理机供给，如图 3-16 中第⑲脚所提供的控制电压，其最小值为 0.5 V，最大值为 4.5 V，典型值为 2.5 V。

7．三基色合成矩阵

能将输入的亮度信号 Y 与三色差信号 $R-Y$、$B-Y$、$G-Y$ 进行运算，产生三基色 R、G、B 输出，并能将由遥控微处理机送来的屏幕字符显示信号合成在一起输出。合成后的 R、G、B 三基色信号在 0～1.3 MHz 带宽范围内时，各量值可以不同，以显示各种彩色。而在 1.3 MHz 频率以上至 6 MHz 的 R、G、B 值则均相同，因为这一频带内的 R、G、B 均是由 Y 信号补充的(高频混合原理)，这段信号使图像黑白细节分明，清晰度提高，以满足大面积着色要求。

3.3 色 度 通 道

色度通道是彩色电视接收机的核心电路，主要包括色度选通(带通)放大器、色度信号分离器、U 和 V 信号同步解调器及 $G-Y$ 矩阵等主要电路。

色度通道的主要任务是要从输入的彩色全电视信号(FBAS)中选出色度信号(滤除亮度信号)，并用梳状滤波器将其分离成红色差的平衡调幅波 F_V 及蓝色差的平衡调幅波 F_U，再用同步解调器分别对 F_V、F_U 进行解调，以获得红色差信号 $R-Y$ 及蓝色差信号 $B-Y$ 的输出，$R-Y$ 与 $B-Y$ 再由 $G-Y$ 矩阵作用，形成 $G-Y$ 输出。简而言之，色度通道的主要作用是要将输入的 FBAS 信号经过处理与变换，形成 $R-Y$、$B-Y$、$G-Y$ 三色差信号输出，最后送亮度通道的基色矩阵与 Y 信号作用，产生 R、G、B 输出。

3.3.1　色度通道的组成框图

色度通道的基本组成框图如图 3.17 所示。它主要包括色度选通放大器(亮/色分离)、梳状滤波器(也称延时解调器，进行色度分离)、色差信号的解调(也称 U、V 信号的同步检波或 $R-Y$、$B-Y$ 信号的同步检波)、$G-Y$ 矩阵(产生 $G-Y$ 信号)等几大部分。

在色度选通放大器中还包含自动色度控制(ACC)电路、色同步消隐电路、消色电路及色饱和度调整等功能电路。

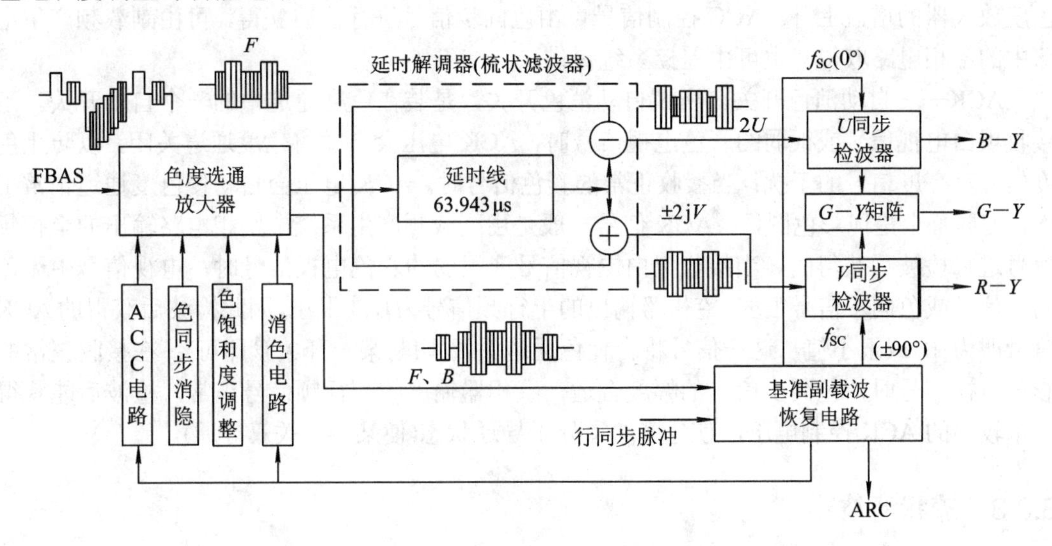

图 3.17　色度通道基本组成框图

3.3.2　色度信号的选通与放大

1. 色度信号的选通

在集成电路的彩色电视机中，色度信号往往都是由片外的 LC 带通滤波器从彩色全电视信号中选出，其放大与其他处理则在芯片之内进行。

图 3.18 是某集成电路片外的 4.43 MHz 色度信号选通的典型电路。电路的工作原理十分简单，输入的彩色全电视信号经电容 C_1 的耦合加至 L、C、R 组成的并联调谐回路上，回路的谐振频率为 4.43 MHz，通频带较宽(约为 2.6 MHz)，故回路上并接的电阻较小，约为几百欧姆至 1 kΩ。C_1 容量较小，为弱耦合。选频回路输出的是色度信号及色同步信号。

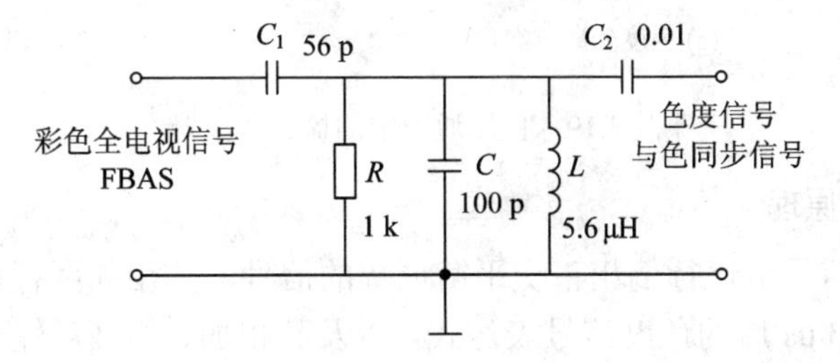

图 3.18　色度信号的选通

2. ACC 和 ACK

经过选通后的色度信号及色同步信号一般送往集成电路内部的放大电路放大、处理。色度放大电路要受到自动色度控制(ACC)和自动消色开关(ACK)的控制。

ACC——自动色度控制。其目的是要使色度信号的幅度与亮度信号的幅度保持一定的比例，以防止和减弱色饱和度的失控。自动色度控制实际上是对色度放大器的增益进行自动控制，其控制原理与图像中放的自动增益控制(AGC)相似。当色度信号的幅值增高时，ACC 控制信号应使色度放大器的增益下降；当色度信号的幅值减低时，ACC 控制信号应使色度放大器的增益上升。ACC 控制信号可由色同步信号进行检波获得，可由副载频产生电路中的鉴相电路取得，也可由遥控系统提供。

ACK——自动消色开关。所谓自动消色开关，是装在色度通道中的一个自动开关。当接收黑白电视信号或很弱的彩色电视信号时，ACK 电压会自动将色度通道关闭，以防止色度信号对亮度信号的干扰；当接收正常的彩色信号时，ACK 电压会自动使色度通道正常工作，使屏幕上呈现彩色图像。ACK 信号一般是由副载频产生系统中鉴相电路输出的半行频信号进行检波后获得的。当接收黑白电视信号或很弱的彩色电视信号时，电视信号中无色同步信号或色同步信号很弱，鉴相器输出的半行频信号为 0 或很小，因此检波后获得的 ACK 信号即为 0 或很小值，这一信号将会使色通道关闭(切断某一开关管即可)；在接收正常的彩色电视信号时，色同步信号的幅度合适，鉴相器输出的半行频信号正常，检波后能获得一个较强的 ACK 控制电压，使色度通道处于导通状态(使某一开关管导通)。

3.3.3 梳状滤波器

色度通道中的梳状滤波器也称延时解调器或色度分离器，它的任务是将色度信号分解成红色差的平衡调幅信号 F_V 和蓝色差的平衡调幅信号 F_U。

1. 梳状滤波器组成框图

色度通道中梳状滤波器的组成框图如图 3.19 所示，其输入为色度信号 F(或标为 C)，输出分别为红色差、蓝色差的平衡调幅信号，二者的相位差为 90°。

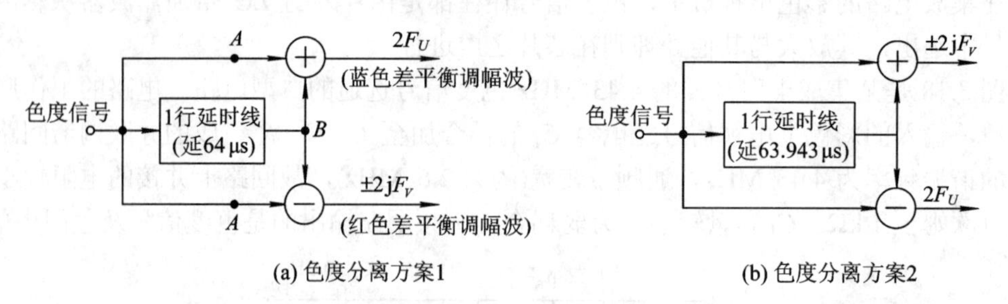

图 3.19　色度通道中的梳状滤波器

2. 色度分离的原理

PAL 制的色度信号是逐行倒相正交平衡调幅的信号，其相邻两行色度信号的表达式、延时 64 μs 和 63.943 μs 后的色度信号表达式，以及其相加、相减后输出信号表达式分别列于表 3.2 中。

表 3.2　梳状滤波器色度分离原理

扫描行号	直通行信号	延时 64 μs(图 3.19(a))			延时 63.943 μs(图 3.19(b))		
		延时后输出	相加输出	相减输出	延时后输出	相加输出	相减输出
$N-1$	F_U-jF_V	F_U+jF_V	$2F_U$	$-2jF_V$	$-F_U-jF_V$	$-2jF_V$	$2F_U$
N	F_U+jF_V	F_U-jF_V	$2F_U$	$+2jF_V$	$-F_U+jF_V$	$+2jF_V$	$2F_U$
$N+1$	F_U-jF_V	F_U+jF_V	$2F_U$	$-2jF_V$	$-F_U-jF_V$	$-2jF_V$	$2F_U$
$N+2$	F_U+jF_V	F_U-jF_V	$2F_U$	$+2jF_V$	$-F_U+jF_V$	$+2jF_V$	$2F_U$
$N+3$	F_U-jF_V	F_U+jF_V	$2F_U$	$-2jF_V$	$-F_U-jF_V$	$-2jF_V$	$2F_U$

由表 3.2 可见，图 3.19(a)与图 3.19(b)的区别关键在延时时间的不同，即延时 64 μs 时，每行信号不倒相；延时 63.943 μs 时，延时行的色度信号倒相 180°，其结果造成相加、相减后输出信号的不同。我国的彩色电视系统采用的是图 3.19(b)所示的方案。

3. 1H(1 行)延时集成电路

传统的 1H 延时线均采用超声有机玻璃延时线，在 PAL 制中，其延时时间设计为 63.943 μs。延时后的信号与延时前的信号在相位上正好反相。这种延时线均用在 PAL 制色度信号分离电路中。

近年来，许多新型的彩色电视接收机，开始采用宽频带电荷耦合器件(CCD)或开关电容技术制成的集成基带延时线，它所分离的已不再是已调制的色度信号，而是解调后的色差信号 $R-Y$ 和 $B-Y$。LA89950 就是处理 PAL/SECAM 两制式色差信号的 1H 延时集成电路，它是内含两个独立的色差信号 $R-Y$、$B-Y$ 的 CCD，并使用集成电路内部所产生的 4 MHz 时钟脉冲来驱动 CCD，其输入时钟脉冲是行频为周期(64 μs)的沙堡脉冲，还有一种是利用 2H 延时线的梳状滤波器作亮/色分离方案。

4. 梳状滤波器电路举例

梳状滤波器要对色度信号作良好的分离，必须满足幅度条件和相位条件。

第一是幅度条件，即要求加至相加器或相减器的直通信号与延时信号的幅度必须相等，否则色度信号不会彻底分离，而产生相互串扰。为此，要在直通信号的支路中设置分压电路，以调节直通行的信号幅度。

第二是相位条件，即要求延时线的延时量必须准确，如在 63.943 μs 的精确值上。这样才能保证延时后信号的相位与延时前信号的相位反相。为此，在延时支路中要加入相位调节元件。

(1) 图 3.20(a)所示的梳状滤波器电路常用在两片集成电路的彩色电视接收机中，全部电路均设置在集成电路片外，由分立元器件组成。图中集成电路输出的色度信号 F，分两路加至梳状滤波器，一路经电位器 RP 的调节，送至变压器次级的中心抽头；另一路经电阻 R_2、L_1 加至 1H 延时线的输入端，经 63.943 μs 延时后的色度信号经变压器的耦合，送至次级的相加、相减电路，完成色度信号的分离，输出 F_V 和 F_U 信号；通过耦合电容 C_3、C_4，将 F_V、F_U 信号回送至集成电路内的两个同步检波电路。电路中的 RP 电位器作直通信号幅度调节，使送至加、减法电路上的直通信号幅度与延时后的信号幅度相等。电感 L_1 是作延时相位调节的，用来保证通过延时通路的信号的延时量精确在 63.943 μs 值上，这一调节也称延时平衡调节。在有的电视接收机中，在延时通路中的 R_2 位置上还接有射极跟随放大电路，以避免延时电路与直通电路等的相互影响。

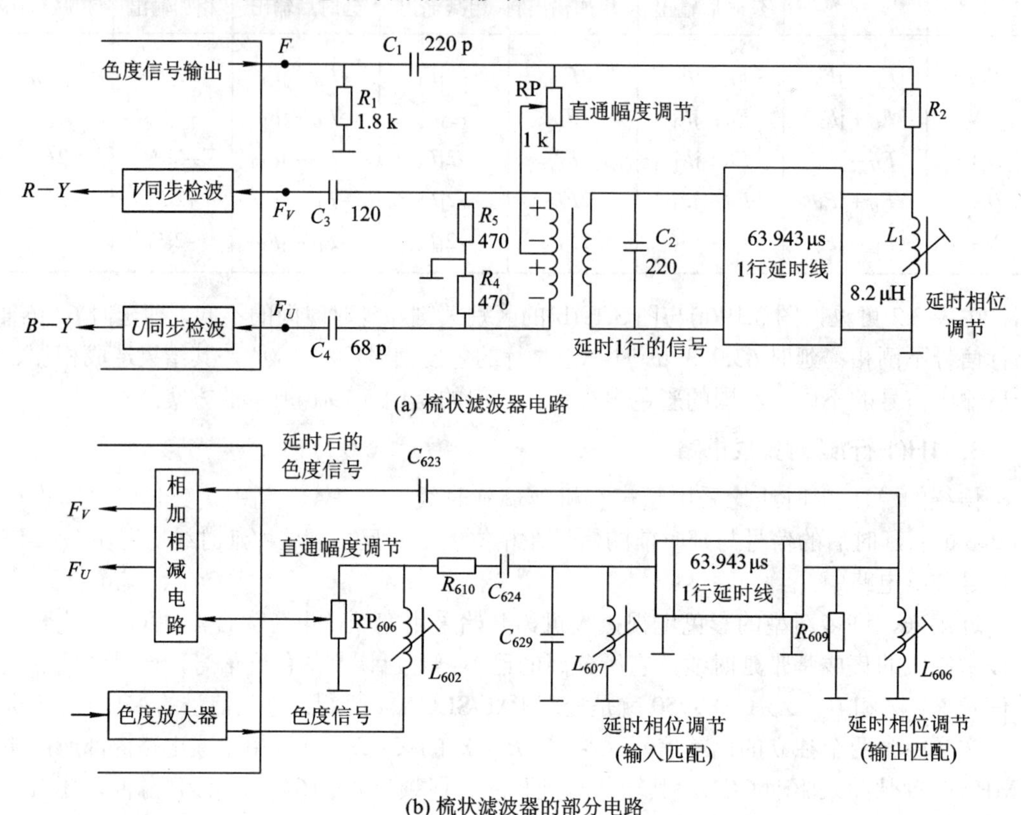

图 3.20　集成电路彩色电视接收机的梳状滤波器电路

(2) 图 3.20(b)是梳状滤波器的部分电路。这一电路的特点是相加、相减电路已经集成化，做在集成电路的芯片之中，减小了片外的元器件数量。图中，集成电路送出的色度信号分两个通路输出，一路经电位器 RP_{606} 的调节，直接回送片内的加、减法电路，作为直通色度信号；另一路经 R_{610}、C_{624}、C_{629}、L_{607}、延时线、R_{609}、L_{606} 等元件，延时 63.943 μs，再经 C_{623} 耦合，作为延时 1H 的色度信号馈至片内的相加、相减电路，经过片内加、减运算，最后产生 F_V、F_U 信号，完成色度信号分离的任务。图中的 C_{629} 和 L_{607} 是延时线的输入匹配电路，谐振在 4.43 MHz 的频率上，L_{606} 是延时线输出端的匹配电感。调整 L_{607}、L_{606} 可调节延时信号的相位，即调节其延时的时间值；调整 RP_{606}，可调节直通信号的幅度。上述两种量的调节，可保证色度信号 F 的完全分离(由 F 分解成为 F_V 和 F_U)。

3.3.4　同步检波电路及 $G-Y$ 矩阵

同步检波电路的主要任务是，要从 F_V 信号(红色差信号的平衡调幅度)中解出(检出、还原出)红色差信号 $R-Y$，要从 F_U 信号(蓝色差信号的平衡调幅波)中解出蓝色差信号 $B-Y$。

由于 F_V、F_U 信号均为平衡调幅度，其包络并不代表原调制信号(即色差信号)的特征，因此它不能用普通的包络检波器解调，必须用同步检波器才能不失真地解出原调制信号。

1. 组成框图及检波原理

同步检波电路是由乘法电路和低通滤波电路组成的，F_V、F_U信号的同步检波电路组成框图及输入、输出信号状态如图 3.21 所示。

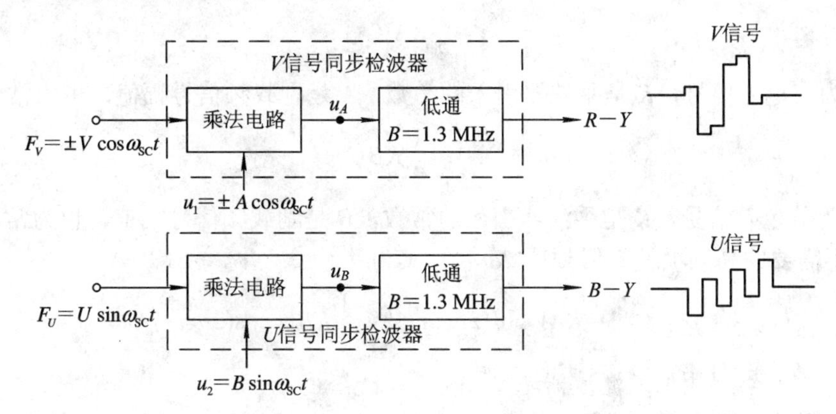

图 3.21　F_V、F_U同步检波电路的组成框图及输入、输出信号状态

同步检波(解调)器有一个关键问题就是要加入一个参考信号，才能和被解调信号相乘。该参考信号必须与被解调信号的载频同步(同频同相)。由于色度信号是一逐行倒相的正交平衡调幅波，即在 NTSC 行时，F_V和 F_U分别为$+V\cos\omega_{SC}t$、$U\sin\omega_{SC}t$；在 PAL 行时，F_V和 F_U分别为$-V\cos\omega_{SC}t$、$U\sin\omega_{SC}t$，故而求得的参考信号也是逐行倒相的，其对应情况如表 3.3 所示。

表 3.3　V、U 信号的同步信号

	输入、输出信号		NTSC 行(不倒相行)	PAL 行(倒相行)
V 信号同步检波($R-Y$信号同步解调)	输入被解调信号	$\pm 2jF_V$	$V\cos\omega_{SC}t$	$-V\cos\omega_{SC}t$
	参考信号(副载频)	u_1	$A\cos\omega_{SC}t$(A 为常数)	$-A\cos\omega_{SC}t$(A 为常数)
	乘法器输出信号	u_A	$KAV\cos^2\omega_{SC}t=\frac{1}{2}KAV+\frac{1}{2}KAV\cos 2\omega_{SC}t$($K$、$A$均为常数)	
	低通滤波输出	u_{R-Y}	红色差信号：$R-Y$ 或 u_{R-Y}	
U 信号同步检波($B-Y$信号同步解调)	输入被解调信号	$2F_U$	$U\sin\omega_{SC}t$	$U\sin\omega_{SC}t$
	参考信号(副载频)	u_2	$B\sin\omega_{SC}t$(B 为常数)	$B\sin\omega_{SC}t$(B 为常数)
	乘法器输出信号	u_B	$KBU\sin^2\omega_{SC}t=\frac{1}{2}KBU-\frac{1}{2}KBU\cos 2\omega_{SC}t$($K$、$B$均为常数)	
	低通滤波器输出	u_{B-Y}	蓝色差信号：$B-Y$ 或 u_{B-Y}	

表 3.3 中所列各项清楚表明，只要同步检波器的两个输入信号同步(同频同相)，即同为 $\cos\omega_{SC}t$、同为 $-\cos\omega_{SC}t$ 或同为 $\sin\omega_{SC}t$，则其乘法器的输出必定存在所需的解调项和不需要的高频项。具体情况归纳如下：

(1) 所需的解调项，即所需的色差信号为

$$\frac{1}{2}KAV$$

式中，V 为红色差信号，K 是乘法器引入的常数，A 是副载频信号幅值，也为常数。

$$\frac{1}{2}KBU$$

式中，U 为蓝色差信号，K 是乘法器引入的常数，B 是副载频信号幅值，也为常数。

(2) 不需要的高频项是 2 倍频项($2\omega_{SC}$)，其为

$$\frac{1}{2}KAV\cos(2\omega_{SC}t)\text{及}-\frac{1}{2}KBU\cos(2\omega_{SC}t)$$

这一高频信号很容易用低通滤波器滤除。

(3) 低通滤波器输出的信号，也是同步检波器输出的信号，即为不含高频分量的色差信号 $R-Y$(或用 u_{R-Y} 表示)或 $B-Y$(或用 u_{B-Y} 表示)。至于它们的幅度各电视接收机中都有一定的规定。

(4) 同步检波器输出的色差信号需经去压缩电路才能按比例还原出色差信号 $R-Y$(或 u_{R-Y})和 $B-Y$(或 u_{B-Y})，去压缩电路均已做在集成电路之中，无需作进一步分析。

2．同步检波器的电路分析

在集成电路的彩色电视接收机中，同步检波器中的乘法电路都是由双差动电路组成的，有关这种乘法电路的工作原理已在前修课程中讨论过。另外，这种电路已全部集成化，与片外元器件联系甚少，故不作重点分析。

3．$G-Y$ 矩阵

$G-Y$ 矩阵的主要作用是由色差信号 $R-Y$、$B-Y$ 经过电路运算，产生 $G-Y$ 信号。其计算公式为

$$G-Y=-0.51(R-Y)-0.186(B-Y)$$

或

$$-(G-Y)=0.51(R-Y)+0.186(B-Y)$$

集成电路中的 $G-Y$ 矩阵，其电路均比较简单，与片外电路没有联系，这给使用、维修带来很大方便。由 $G-Y$ 矩阵送出的 $G-Y$ 信号或 $-(G-Y)$信号与 $R-Y$、$B-Y$ 或 $-(R-Y)$、$-(B-Y)$信号一起送基色矩阵解码。

3.4 同步分离、放大电路

电视图像的正常显示依赖于标准的行列定位，而在扫描显示方式下，控制扫描电子束位置的控制信号就是行场同步信号，同步信号从图像信号中的分离与标准化是正确显示的条件保证。

3.4.1　同步分离的作用及组成框图

1．同步分离的作用

(1) 幅度分离，即从全电视信号(视频信号)中分离出复合同步信号(即行场同步信号)。由于复合同步信号位于行、场消隐电平之上，其幅值占视频信号总幅值的25%(由75%～100%的位置)，利用这一特点，即可用幅度分离电路将行场同步信号从全电视信号中分离出来。

(2) 行场同步信号的再分离即脉冲宽度的分离。根据电视信号的规定，行同步脉冲的宽度为4.7 μs，场同步脉冲的宽度为160 μs，两者相差达30多倍，利用这一特点，即可用电路将它们分离。

在行场公用一振荡器(振荡频率为 500 kHz)的集成系统中，同步分离一般只有幅度分离，取得一行频同步信号去同步500 kHz(503 kHz)振荡器即可，无须再有脉冲宽度分离。

2．同步分离、放大电路的组成框图

同步分离与放大电路位于抗干扰电路之后、行场扫描电路之前，其组成的典型框图如图3.22所示。其中图(a)是行场振荡独立式机型所采用的行场同步分离系统。电路组成包括幅度分离和行场同步脉冲宽度分离。根据行场同步脉冲宽度的不同，用积分电路获得一控制信号，送至场振荡器，使场振荡信号收发同步；另一路经鉴相电路及低通滤波电路，产生一控制信号，送至行振荡器，使行振荡信号收发同步。图(b)是行场振荡公用式机型所采用的同步分离系统。电路组成中，只含有幅度分离，而无同步脉冲宽度分离。图中，鉴相电路能对电视台发来的行同步脉冲与行扫描电路送来的、反映电视接收机行振荡信号进行频率与相位比较，并将其差值转换成输出信号，再经低通滤波，形成一控制信号，送至行场公用振荡器，使行、场振荡信号收发同步。行场公用振荡器的振荡频率通常为500 kHz。

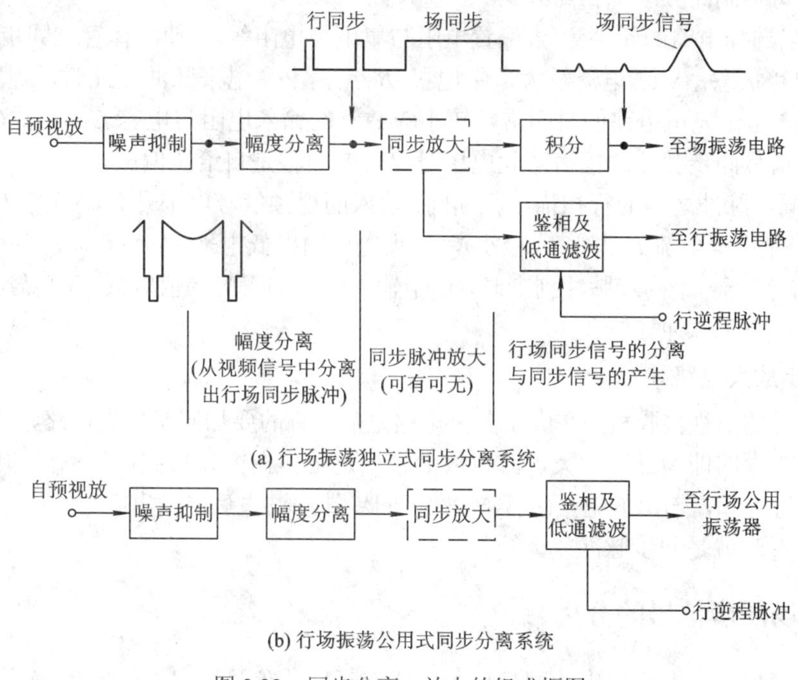

(a) 行场振荡独立式同步分离系统

(b) 行场振荡公用式同步分离系统

图 3.22　同步分离、放大的组成框图

3.4.2　幅度分离电路及同步放大电路

幅度分离电路的任务是要从视频信号中分离出行场同步脉冲，然后再用同步放大电路将分离后的脉冲进行放大。

1．幅度分离电路

幅度分离的原理电路有多种，图 3.23 是常用的一种，它具有箝位、幅度分离、脉冲放大等作用。在集成化的电视接收机中，人们虽然看不到实际分离电路，但其分离原理是相通的。

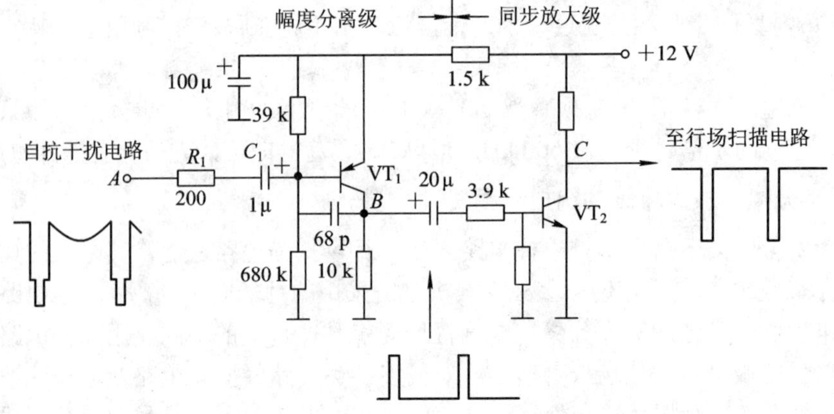

图 3.23　幅度分离与同步放大电路

现对图 3.23 电路做如下几点说明：

(1) 静态时，VT_1 管的基极电压略低于其发射极电压，使管子处于微导通状态。R_1 起隔离作用，以减小本电路对预视放级的影响，并对噪声有一定抑制作用；68 pF 电容起高频负反馈作用，可抑制高频干扰和高频噪声。

(2) 适当选择电路的元件参数(偏置电阻与集电极电阻等)，使晶体管在同步头到来时，处于导通饱和状态，VT_1 电流较大，集电极 B 点输出高电平脉冲。此时，电容已被充电(左–，右+)。由于充电电路的时间常数较小(VT_1 管的输入电阻与电容 C_1)，故 C_1 充得的电压接近视频信号同步脉冲的幅值，此电压对 VT_1 管而言是自给负偏压。

(3) 在同步脉冲之外的行扫描正程期间，输入的视频信号电平升高，VT_1 管处于截止(微导通)状态，集电极电流 I_C 为零(或极小)，其集电极输出低电平($U_C \approx 0$)。

(4) 只有当下一个同步脉冲到来时，由于输入信号的瞬时幅值较低，VT_2 管才能再次导通饱和输出高电平脉冲。

2．同步放大电路

不同牌号的电视接收机，在同步分离电路之后，有的要加同步放大电路，有的则不加。

同步放大电路即为脉冲放大电路，放大管一定工作在饱和与截止状态，即同步脉冲到来时，放大管饱和，输出低电平(或高电平)；同步脉冲过去后，输出高电平(或低电平)。图 3.23 中的 VT_2 管就是同步脉冲放大管。

3.4.3　行场同步信号的分离

上述的同步分离电路输出的同步信号中既有行同步信号，又有场同步信号。为了能对行、场振荡电路进行同步，系统还要求对它们继续分离，分别输出行、场同步的控制信号，再送至各自的行、场振荡电路。

行场同步脉冲的分离，是利用行场同步脉冲的宽度不同(行同步脉冲宽为 4.7 μs，场同步脉冲宽为 160 μs)、频率也不同(行频为 15.625 kHz，场频为 50 Hz)的差别分别进行的，故又称为脉宽分离或频率分离。在脉宽分离中，场同步脉冲常常用积分电路来分离，行同步脉冲都用鉴相电路来分离。本节只对积分电路的分离作一讨论。

1. 积分电路

积分电路是由 R、C 元件组成的，如图 3.24(a)所示。在电工学中已经说明，电容上的电压不能突变，只能随充电电荷的增加而升高。电容愈大，其电压的上升速度愈慢；电阻值愈大，电容上的电压上升也愈慢；反之，若电容 C 小，电阻 R 也小，则 C 上的电压上升就愈快。电容上的电压变化可用公式表示为

$$u_C = E(1 - e^{-\frac{t}{RC}}) = E(1 - e^{-\frac{t}{\tau}})$$

式中，$\tau = RC$ 称为积分电路的时间常数。由图 3.24(b)可以看出：

当时间 $t = RC = \tau$ 时，C 上电压 $u_C = 0.63E$(E 为输入脉冲幅值)。

当时间 $t = 3RC = 3\tau$ 时，$u_C = 0.95E$。

当时间 $t = 5RC = 5\tau$ 时，$u_C = 0.99E$。

可见，当时间 t 增至(3～5)RC 时，电容 C 上的电压已升至输入电压幅值的 95%～99%，电路也进入稳定状态。

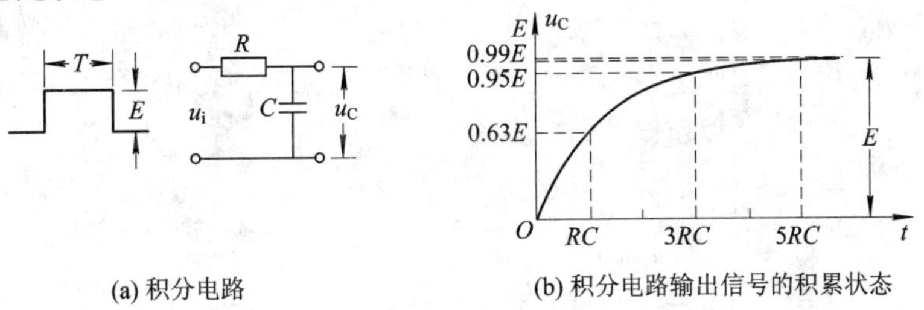

(a) 积分电路　　(b) 积分电路输出信号的积累状态

图 3.24　积分电路及其输出信号的变化

对于同一脉冲宽度(设宽度为 T)的输入信号，在不同的电路时间常数 RC 值时，电容 C 上电压的变化情况是不同的，如图 3.25 所示。图中表明，$RC \ll T$ 时，C 上的电压在很短的时间内便升至输入电压的幅值，这种 RC 电路不能作积分用；$RC \gg T$ 时，C 上的电压上升较慢，这时的 RC 电路称为积分电路。时间愈短，u_C 值愈小；时间愈长，u_C 值愈大。

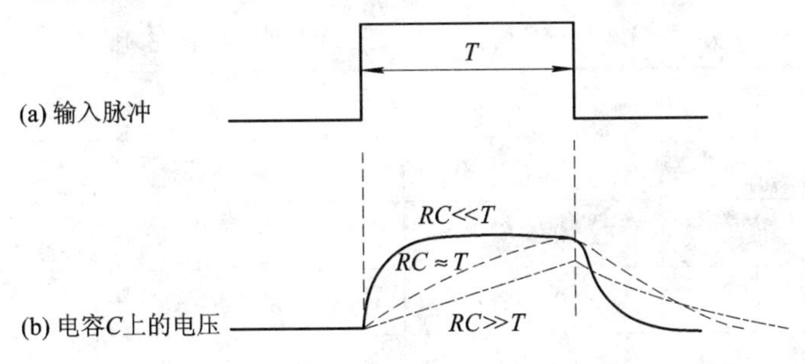

图 3.25　不同 RC 值时电容 C 上的电压波形

2．分离场同步脉冲的积分电路

上述表明，积分电路对不同宽度的脉冲，其输出信号的幅值是不同的，利用这一特点，即可从行场同步脉冲中分离出场同步控制信号，如图 3.26 所示。

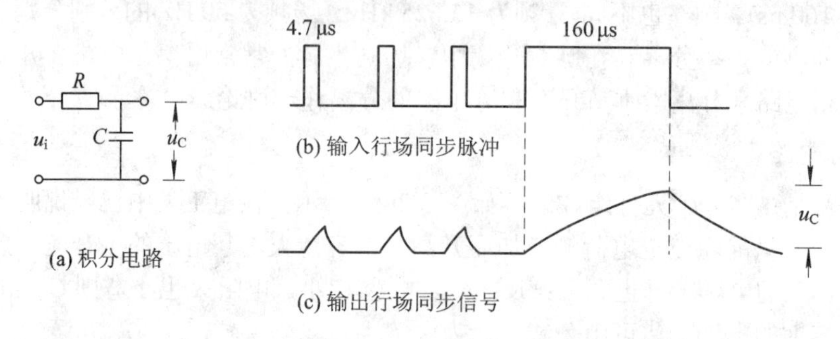

图 3.26　行场同步脉冲的积分分离

很显然，在积分电路的输出信号中，场同步信号所对应的输出值远远大于行同步脉冲所对应的输出值。现在的问题是积分电路 RC 的取值以多少为宜。从衰减行同步输出幅值来考虑，RC 应越大越好，但 RC 值过大，场同步输出幅值也要降低，且锯齿上升沿不陡，这对场同步将大大不利，综合考虑，RC 的取值范围为

$$4.7\ \mu s \ll RC \ll 160\ \mu s$$

一般取 $RC = 30\sim100$ μs。如果取 30 μs，则输出端行同步锯齿幅度约等于场输出锯齿的 1/5，这样会使场振荡管受到行同步信号的误触发。为了消除这一不良影响，一般要求行脉冲的抑制系数在 20 倍以上，这就要求使用二节或三节 RC 积分电路，典型电路如图 3.27 所示。大多数电视接收机均用二节积分电路，时间常数在 33～82 μs 之间。表 3.4 分别是一、二、三节积分电路的主要性能比较表。

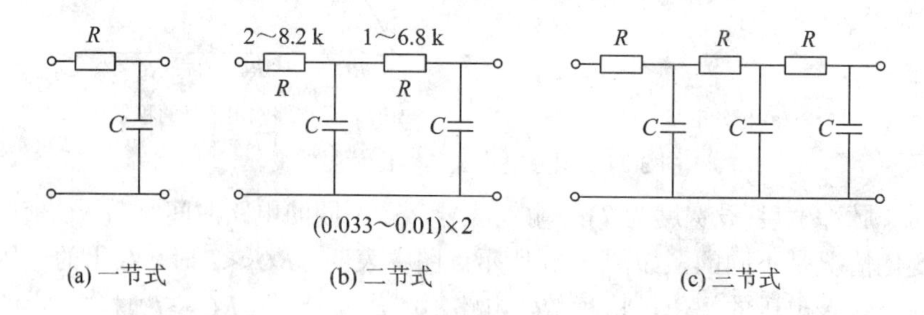

图 3.27　一节、二节、三节积分电路

表 3.4　一节、二节、三节积分电路性能

比较项目	*RC* 节　数		
	一节 *RC* 电路	二节 *RC* 电路	三节 *RC* 电路
场同步输出辐度	0.94*E*	0.75*E*	0.58*E*
行同步输出幅度	0.19*E*	0.034*E*	0.011*E*
场、行同步输出幅度之比	4.95	22	52.7

3.5　副载波产生电路

副载波产生电路也称副载波恢复电路，它的主要任务是要为 V、U 同步检波电路提供 $\pm\cos\omega_{SC}t$ 和 $\sin\omega_{SC}t$ 副载波信号，而且这一信号必须与被解调的色度信号 F_V、F_U 同步。因而，副载波产生电路要解决如下三个问题：

第一，怎样产生一个稳定可靠、频率为 4.43 MHz 的正弦信号和余弦信号。

第二，怎样使产生的信号与被解调的色度信号同步，即怎样与色同步信号同步。

第三，怎样获得逐行倒相的 $\pm\cos\omega_{SC}t$，以满足在 NTSC 行时为 V 同步检波器提供 $\pm\cos\omega_{SC}t$ 副载波信号，在 PAL 行时提供 $-\cos\omega_{SC}t$ 副载波信号。

在彩色电视接收机中，副载波产生电路均已集成化。本节仍以集成电路的片外电路为主，结合片内电路的框图，来对这部分电路进行简单分析。

3.5.1　副载波产生电路的组成

副载波产生电路主要包括以下三大部分：

(1) 锁相环路，内含副载波石英晶体振荡电路、低通滤波电路和鉴相电路，能产生频率为 4.43 MHz(对于 PAL 制)或 3.58 MHz(对于 NTSC 制)并受控于色同步信号(跟踪色同步信号)的正弦波副载波信号。

(2) 色同步选通电路也称色同步检测电路，目的是要从色度信号与色同步信号中选出色同步信号，并用此信号对锁相环中的鉴相电路进行控制，使石英晶体振荡器的频率与相位受控，从而收发同步。

(3) 逐行倒相 $\pm\cos\omega_{SC}t$ 副载波信号的形成电路主要包括 90° 移相电路、PAL 开关信号的形成电路及 PAL 开关电路。典型的副载波产生电路的组成框图如图 3.28 所示。

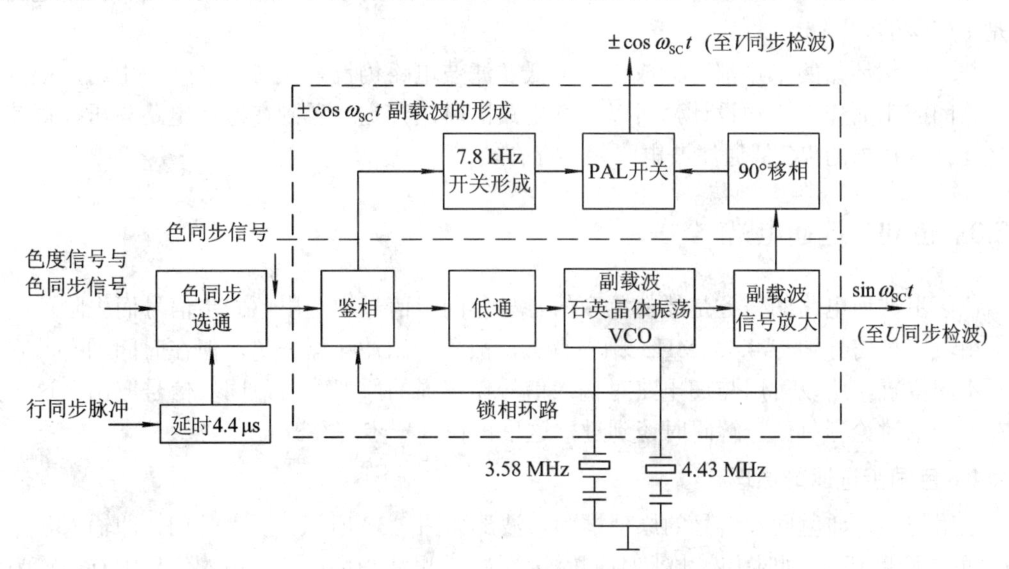

图 3.28　副载波产生电路的组成框图

3.5.2 锁相环路

锁相环路也称锁相电路，常以英文字头缩写 PLL 表示。锁相环路实为一自动相位控制系统，其基本组成包括鉴相电路、低通滤波电路(也称环路滤波电路)、压控振荡电路。有时也在环路中加入线性放大器、分频器之类的电路，那是为了提高某种性能或实现某种用途而设立的，并不是锁相环路的基本单元。

锁相环路是非常有用的一个电路反馈控制系统，黑白电视接收机中的行同步电路，某些遥控系统中的频率合成电路等均采用了这一系统。所以，对这一系统的工作过程有一个概略了解是十分必要的。

为分析方便起见，现将图 3.28 所示系统中的锁相环路摘出并画于图 3.29 中。图中，鉴相器有两路输入，一路作为参考信号或标准信号，另一路是来自于压控振荡器的输出信号。鉴相器对这两路信号进行相位比较，并将比较的差值转换成误差电压输出，此电压经过低通电路滤波后，获得一控制电压去控制压控振荡器，使其频率和相位向参考信号靠拢。由于整个环路是一负反馈系统，因此经过若干个周期的控制、调整后，压控振荡器输出信号的频率与相位必定与参考信号同步，且能跟随参考信号的变化而变化。

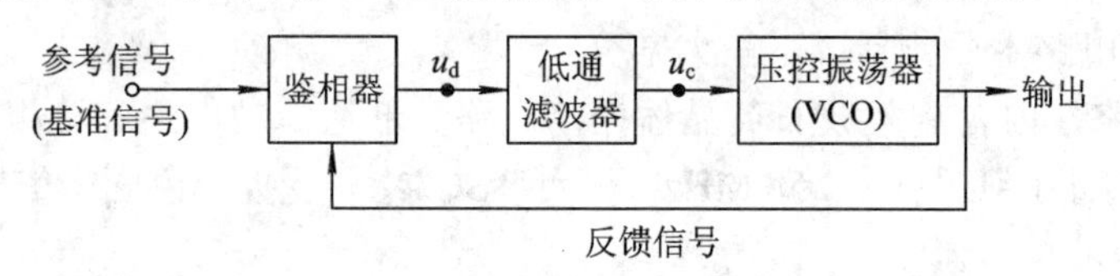

图 3.29　锁相环路的组成

低通滤波器是为了滤除鉴相器输出信号中不需要的高频信号及其他信号分量，以提高锁相环路的性能、指标。低通滤波电路性能的好坏对锁相环路的质量有极大的影响。可以这样说，如果没有低通滤波器，或低通滤波器的指标不满足要求(如频带宽度过宽或过窄)，则锁相环路就无法应用到某一领域。在画电视接收机中的锁相环路框图时，将低通电路省略是不应该的。

整个锁相环路的电路都可集成化，但低通滤波电路仍设置在芯片之外，由用户根据锁相环路的应用而作不同的设计，所以在读电路图时，一定会看到在鉴相电路与压控振荡电路之间会有片外的 *RC* 低通滤波电路元件存在。

3.5.3 色同步选通电路

色同步选通电路的任务是要从色度信号与色同步信号中选出色同步信号而去除色度信号。由于这种信号均与 4.43 MHz 频率有关，故不能用滤波器分离，但在时间轴上，它们处于不同位置，所以可用与门电路对输入信号作选择的原理，将色同步信号取出。这一点已在上一章讨论彩色信号解码时谈到过，这里再作进一步解释。

1. 色同步选通的原理

采用与门选通色同步信号的原理框图与波形如图 3.30 所示。所谓与门，即输入各路信号(这里是两路)只有同时为高电平时(同时达到)，输出才为高电平；输入信号中有一路为低

电平时，输出即为低电平。图 3.30 中输出信号与输入信号的关系为

$$D=A\cdot C$$

这样就将 A 端输入中待选的窄脉冲(色同步信号)选出了，而 A 中的宽脉冲(色度信号)则被阻断。图 3.30 中的选通脉冲(B 点)在时间上比 A 点被选窄脉冲超前，不在同一位置上，故需用延时电路将它往后延迟适当时间，使它正好对正被选脉冲的位置，这样才能将与门打开，使被选脉冲通过。此选通脉冲是由同步分离电路后所得的行同步脉冲担任。

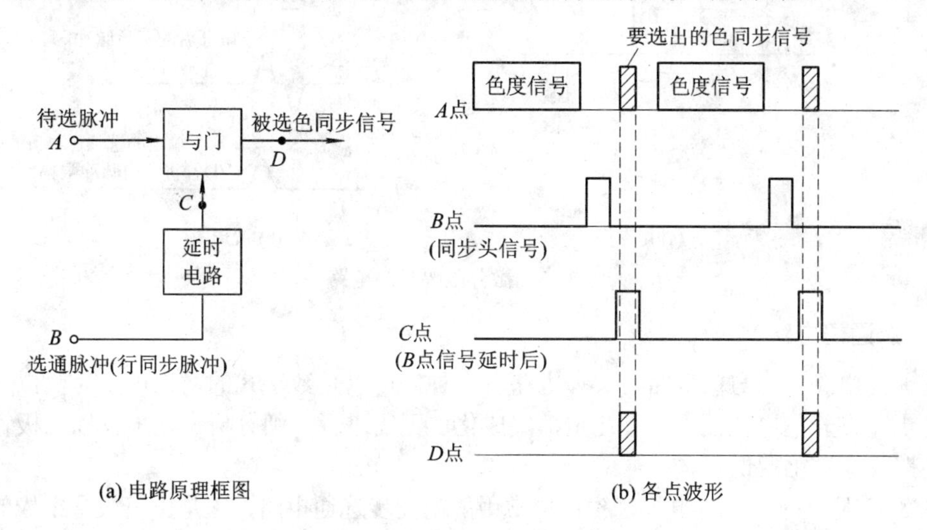

(a) 电路原理框图　　(b) 各点波形

图 3.30　与门选通电路的工作原理

2. 延时电路

在彩色电视接收机色同步选通电路中常用的延时电路有低通电路和微分电路两种，它们基本上都设置在集成电路片外，由分立元件组成。

(1) 低通延时电路，其典型电路如图 3.31 所示。电路由 LC 元件组成，输入为脉冲方波，由于电容 C 上的电压不能突变，故输出脉冲的前沿只能缓慢上升，后沿缓慢下降，使脉冲顶部产生一定的时延，调节 L 值即可调节延时量。

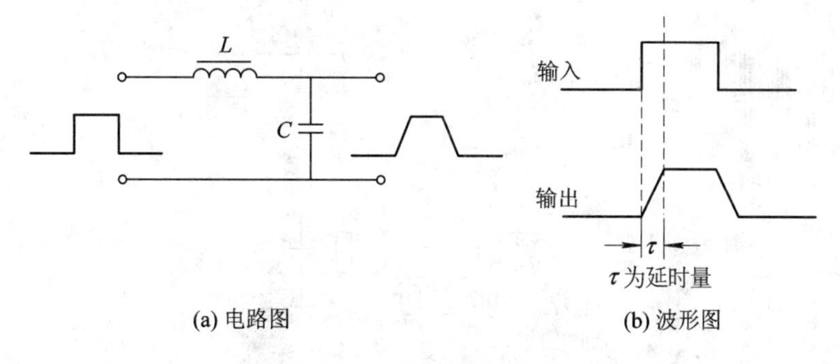

(a) 电路图　　(b) 波形图

图 3.31　LC 低通延时电路

(2) 微分限幅延时电路。常用的微分限幅延时电路如图 3.32 所示，其电路由 C、L、VD 组成。由于电路的时间常数很小(比选通脉冲的宽度小得多)，电容上的电压不能突变，输入脉冲的突变量均加在电感上，形成了正负小尖脉冲，此脉冲经过二极管的负向限幅(削波)，留下了正向脉冲，此脉冲至少比原脉冲延时了一个脉冲宽度。由于电感 L 旁并联了一个电容

C_1，而 C_1 上的电压又不能突变，这样就将电感上突变的脉冲前后沿变缓，使正负小尖脉冲变成了正负圆形脉冲，其目的是为了加宽输出脉冲的宽度，能将色同步信号选择出来。

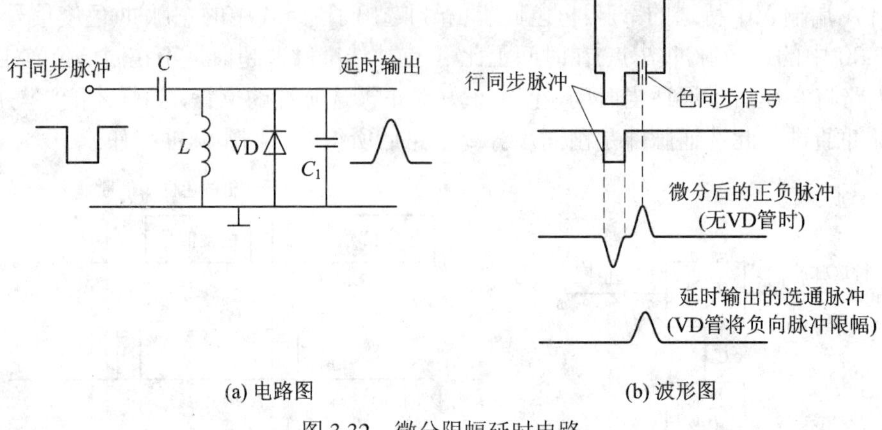

(a) 电路图　(b) 波形图

图 3.32　微分限幅延时电路

3. 选通门电路

选通门电路实为与门电路，具体电路有多种，可以是数字式的，也可以为模拟式的，这部分电路在彩色电视接收机中已全部集成化，无需进行详细分析，这里仅以三极管的选通门电路作原理上的说明。

图 3.33 是早中期彩色电视接收机中常用的色同步选通电路，它是由三极管组成的。其基极有两路信号输入，一路是复合的色度信号与色同步信号；另一路为行同步信号，这一信号经过 LC 低通电路延时 4.4 μs，在时间轴上正好与色同步脉冲的位置对应。当延时行同步脉冲到来时，使三极管处于正向导通状态(类似于开门信号)，色同步信号得以通过。在延时行同步脉冲离去后，三极管由于基极电位低，始终处于截止状态(关门状态)，使色度信号无法通过。按图中所给的元件值，可算得 LC 延时电路的延时时间为

$$\tau = 2.2\sqrt{LC} = 2.2\sqrt{4.7\times10^{-3}\,\text{H}\times1000\times10^{-12}\,\text{F}} \approx 4.8\,\mu\text{s}$$

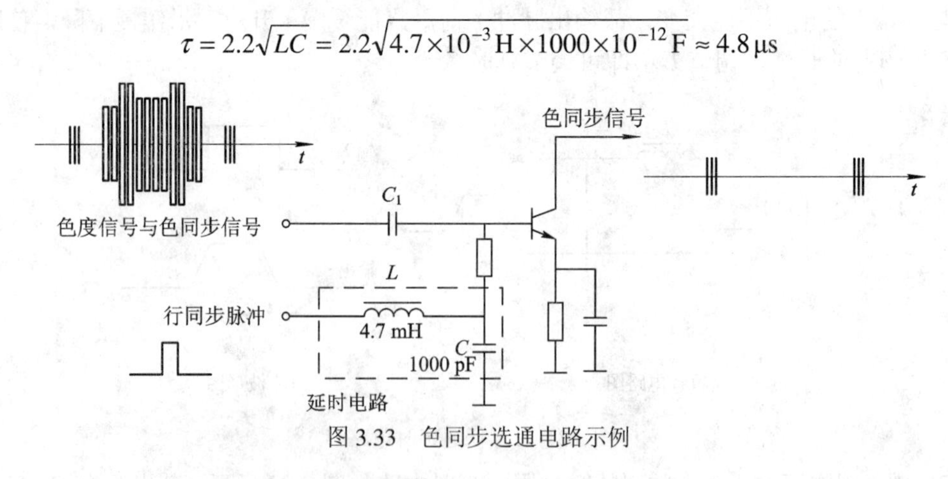

图 3.33　色同步选通电路示例

3.5.4　$\pm\cos\omega_{SC}t$ 副载波形成电路

上面已多次谈到，色度信号 F_U(有时也称 2U 信号)的同步解调需要有副载波 $\sin\omega_{SC}t$ 作参考信号(有时也用相位角 0° 信号表示)；色度信号 F_V(也称±2jV 信号)的同步解调需要有副

载波$\pm\cos\omega_{SC}t$作参考信号(有时也用相位角±90° 信号表示)，而且要求在解调 NTSC 行(不倒相行)时，用$\cos\omega_{SC}t$信号；在解调 PAL 行(倒相行)时，用$-\cos\omega_{SC}t$。

锁相环路中的 4.43 MHz 压控振荡器已经产生了$\sin\omega_{SC}t$信号，且与色同步信号同步。现在的问题是怎样由$\sin\omega_{SC}t$信号形成$\cos\omega_{SC}t$信号，且能符合 NTSC 行和 PAL 行的要求。

在集成电路彩色电视接收机中，副载波产生电路，特别是$\pm\cos\omega_{SC}t$信号形成电路几乎全都集成化，所需的片外元件极少，因此我们仅用框图对这部分电路的工作原理作一简单说明。

1．$\pm\cos\omega_{SC}t$副载波形成电路框图

集成电路中$\pm\cos\omega_{SC}t$副载波形成电路的组成框图，如图 3.34 所示。

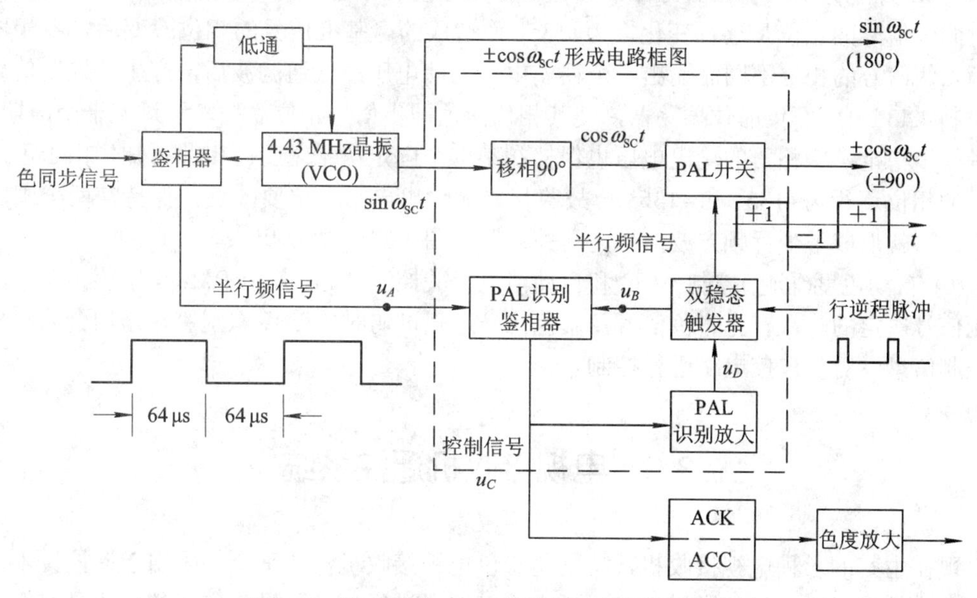

图 3.34　集成电路$\pm\cos\omega_{SC}t$信号形成的电路框图

2．电路框图的说明

图 3.34 中，$\pm\cos\omega_{SC}t$信号形成电路由 PAL 识别鉴相器，ACC、ACK 控制电压形成电路，90° 移相电路，PAL 开关及双稳态触发器等组成。

(1) $\sin\omega_{SC}t$副载波信号经 90° 移相电路后，变成了$\cos\omega_{SC}t$信号。

(2) PAL 开关可看成是$\pm1\times\cos\omega_{SC}t$的相乘电路。在 NTSC 行时，用+1 乘$\cos\omega_{SC}t$，得到$\pm\cos\omega_{SC}t$输出；在 PAL 行时，用−1 乘$\cos\omega_{SC}t$，得到$-\cos\omega_{SC}t$输出。这里的±1 实际上是由双稳态触发器送来的半行频方波信号。

(3) 双稳态触发电路能产生双极性的半行频方波输出，它受两路输入信号控制。其中一路是行逆程脉冲作为触发信号，使双稳态电路能按行频信号翻转；另一路是由 PAL 识别放大电路送来的控制信号，使双稳态输出的半行频方波与色同步信号相位同步，满足 NTSC 行和 PAL 行的要求。

(4) PAL 识别鉴相器的主要作用是要对双稳态触发电路送来的半行频信号与由锁相环鉴相电路送来的标准半行频信号进行相位比较，输出一个与二者相位差有关的控制信号(误差信号)，分别送 PAL 识别放大电路和 ACK、ACC 控制电压形成电路，以便对双稳态触发电路和色度放大电路进行控制。对双稳态触发电路的控制情况如表 3.5 所示。

表 3.5 双稳态触发器的受控情况

双稳态电路输出情况	参考信号 u_A 与双稳态输出信号 u_B 的关系	控制电压 u_D	双稳态电路受控情况
输出半行频方波正确	二者相位相同	没有作用	不受控
输出半行频方波不正确	二者相位不同	起控制作用	受控，电路提前或延后翻转

(5) 锁相环路的鉴相器能对 4.43 MHz 石英晶体振荡器送来的副载波与色同步选通电路送来的色同步信号进行相位比较，产生半行频方波信号输出，这一信号可作为识别 NTSC 行和 PAL 行的标识。鉴相器为什么会有半行频方波信号输出呢？这是由于作为基准(参考)的色同步信号的相位是逐行变化，为±135°而造成的。基准信号的相位改变后，鉴相器就因输入两信号的相位不同而输出一个误差电压，此电压经低通滤波后，产生一控制信号，去控制 4.43 MHz 石英晶体振荡器，使其相位向色同步信号相位靠拢，经过若干个周期后，二者同步稳定，鉴相器的输出电压也保持在某一个固定电平之上。由此可知，由于色同步信号的相位逐行为+135°和−135°，故鉴相器的输出电平必定要改变，保持在两个固定的值上，这就形成了半行频方波信号，其关系已在图 3.34 中表示出来。

(6) 自动色度(彩色)控制 ACC 和自动消色开关控制 ACK 是由 PAL 识别鉴相器输出的控制信号决定的。在有无彩色信号及彩色信号过强过弱时，PAL 识别鉴相器均会输出相应的控制信息，对各被控电路进行控制。

3.6 电视接收机遥控系统

现在生产的各种电视接收机，特别是彩色电视接收机，几乎全部采用了遥控技术，以遥控方式替代了原来只能通过整机面板上的键钮所进行的各种操作。遥控方式具有调节方便、功能齐全、自动化程度高、安全可靠等多种优点。

电视接收机的遥控操作可完成开关机、频道预置、频道选择(选台)、模拟量控制(音量、亮度、彩色、对比度等)、TV/AV 转换、定时、消噪、屏幕显示等各种操作，并且在电源关断后，还具有存储记忆功能。

红外线遥控方式是目前普遍采用的有效的遥控方式，主要分为以下三种：

脉冲编码的红外线遥控方式，电压合成的红外线遥控方式，频率合成的红外线遥控方式。

红外线电压合成遥控方式的主要特点是：电路比较简单，工作稳定可靠，控制操作方法统一，功能齐全且扩展余地较大。另外，红外线不会穿透墙壁向外辐射，故不会造成用户间电视接收机遥控信号的相互干扰，其响应速度也快，对人体无任何伤害。

电视接收机红外遥控系统(电压合成式)主要由红外遥控发射器、红外遥控接收器、遥控微处理机、存储器、字符显示器、接口电路等组成，其核心为一单片微处理机。因此，电视遥控系统是一涉及单片微型计算机的数字系统。

3.6.1 红外遥控彩色电视接收机的组成框图

红外遥控彩色电视接收机的组成与普通不带遥控的彩色电视接收机相比，仅仅在于前者多了一个遥控系统，其他部分没有什么差别。因此，学习红外遥控彩色电视接收机的关键之处是弄清遥控系统的结构与工作原理，以及遥控系统与各被控电路之间的关系。图 3.35 是红外遥控彩色电视接收机的原理框图。虚线框内为遥控的控制中心，它主要包含微处理机(CPU)、存储器(RAM 与 EAPROM)、D/A 转换器、频段选择、遥控发射器、遥控接收器及接口电路等各个部分。它的输出信号可以控制主电源的开与关；可以控制频道的选择(选台)；可以对音量、亮度、色饱和度、对比度等模拟量进行控制，使其大小、高低、深浅等发生变化；也可以控制显像管屏幕的字符显示等。

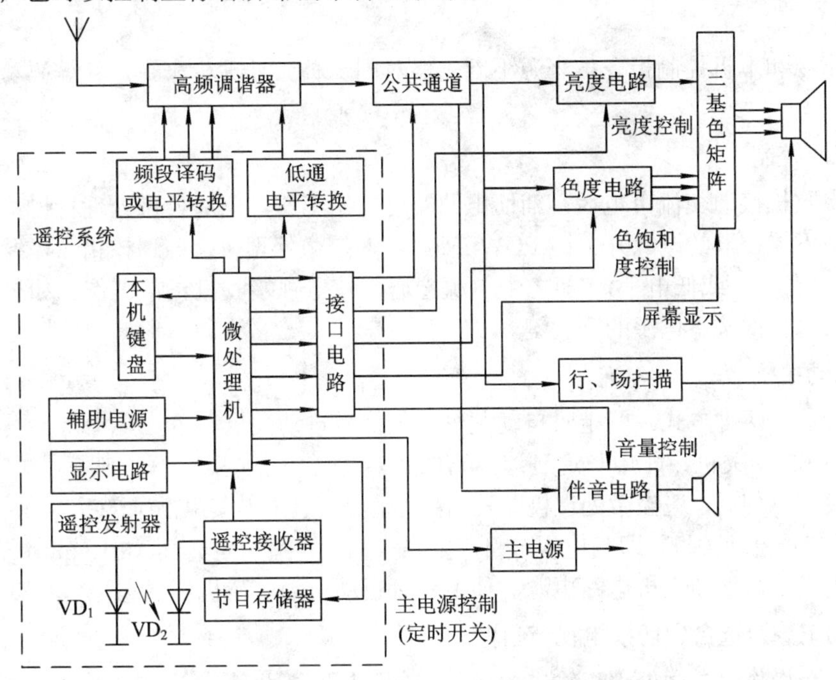

图 3.35　红外遥控彩色电视接收机的组成框图

控制系统(中心)的控制可来自红外遥控发射器，也可来自电视接收机本机键盘(也称机侧键盘或面板键盘)，二者对微处理机的控制功能是相同的。

辅助电源是专门为遥控微处理机提供能量的直流电源，它开机后即工作，不受主电源控制，这样可保证微处理机开机后即能正常工作，以便接收本机键盘或遥控发射器发来的指令，然后发出各种控制信息，如打开主机电源，使整机电路工作，然后进行选台操作，再作音量、亮度、色饱和度等的控制与调整等。下面对红外遥控系统的工作情况作一简单叙述。

3.6.2　控制过程及功能

1．控制过程

按下遥控发射器上的某一按键后，控制电路就将控制信息送给遥控器内的专用微处理器(机)或相关电路，其编码器就输出一组按特定格式编辑而成的二进制代码(称为遥控编码脉冲)，然后再将此代码脉冲调制到一频率约为 38 kHz 的载波上，形成已调遥控信号，此信号经驱动电路放大后，激励红外发光二极管，发出红外光信号，此即红外遥控信号。

红外遥控信号辐射到安装在电视接收机面板上的红外光电二极管，由它转变成电信号，此信号经遥控接收器内的放大、限幅、检波、整形等处理后，获得了遥控编码脉冲，送至微处理机(也称微处理器)。在微处理机的程序控制下，从编码脉冲中取出功能码(即遥控指令)并进行译码、识别出控制内容等信息，并据此在相应的端口输出控制信号，这些控制信号分别经过相应的接口电路处理与转换，即可对被控电路进行控制。

本机的键盘控制是由电视接收机面板上的键盘操作进行的。按下某键后，根据键位扫描信号得到相应的本机控制指令，送微处理机直接进行译码，其后的工作过程与上述的遥控完全相同。

遥控指令和本机控制指令虽来源不同，但对同一种微处理机来讲，其编码和控制功能是相同的。

2. 电源控制

电视接收机接通交流市电后，辅助电源即可开始工作，向遥控微处理机提供所需直流电压。在按下遥控器的电源开关键(POWER)后，遥控微处理机按照遥控指令，发出打开主电源的信号(高电平或低电平)，随之主电源接通，使电视接收机正常工作。如果要关断电视机，则可再一次按下电源的开关键。

3. 自动关机

自动关机有两种方式，即定时自动关机和无信号自动关机。

(1) 定时自动关机，即用户通过遥控器的“定时”键，设定一关机时间，电视机在工作到达该设定时刻后，遥控微处理机即发出指令，切断主机电路电源而转入“待机”状态。

(2) 无信号自动关机，即当电视节目广播结束后，再过一定时间(如 10 min)，遥控微处理机会发出指令，切断主机电路电源，使电视机自动转为“待机”状态。

4. 频道选择(选台、切换电视节目)

在作选台操作时，微处理机输出的选台信号包括以下两部分：

(1) 频段选择信号。大多数电视遥控系统中，这一信号通常是两位二进制数码，经过2-4 译码器后，输出 4 中选 1 的高电平信号(即 U_L、U_H、U、CATV)中始终有一路为高电平+12 V)，以确定所接收的频段(1～5，6～12，13～68，CATV)；还有一种是由微处理机直接送出 3 中选 1(或 4 中选 1)频段选择码，经片外电路作电平变换，再送高频调谐器作频段选择之用。

(2) 频道调谐信号。通常是 13 位或 14 位脉冲调宽码(PWM)，经过低通滤波器和电平变换后，形成了 0～30 V 左右的可调电压，对高频调谐器中的变容二极管进行控制，达到频道选择的目的。

选台方式有多种，如任意选台和顺序选台等。选台过程中，控制电路送给高频调谐器的频段切换电压和频道调谐电压，是随各节目号中预置的电视节目(频道)的不同而不同，它是受微处理机自动控制的。

5. 对音量、亮度、色饱和度、对比度等模拟量的控制

遥控系统的键盘上都设有模拟量增(“+”)、模拟量减(“-”)两个键。按下此键后，微处理机可在相应的片脚(位置)输出 6 位或 7 位脉冲调宽码(PWM)，经低通滤波器及相应电路处理、变换后，可得 64 级或 128 级控制电平，分别选伴音通道、亮度通道、色度通道、中放通道等放大电路，以实现对各模拟量的控制。

6. 静音控制(静噪控制)

按下“静音(MUTE)”键后，微处理机送出一控制音量的脉冲调宽码，经低通滤波与变换后，获得一控制电平，使伴音的音量减至最小，实现静音(静噪)功能；再按该键后，静音功能解除，音量恢复到静音前的状态。

静音键的设置是为了防止选台过程中伴音对人的干扰及电视用户的特殊需求。每次选台时，静音功能将自动起作用。

7. 屏幕显示控制

有些彩色电视接收机有屏幕显示功能，即可控制某些字符和文字在屏幕上显示，显示时间约为几秒，然后自行隐去。其显示内容有节目的预置号码、频道号及调谐电压、音量、亮度、对比度、色饱和度的控制等，不同的电视接收机，其屏幕显示内容会有所不同。

在要求屏幕显示字符时，控制系统中的显示控制电路根据指令，从ROM存储器中依次取出所需显示的字符代码，送至视放输出级(视放或基色矩阵电路)，经放大后，将显示信号送至显像管的相关阴极，如果行、场扫描有正确的同步，即可在屏幕规定的位置上显示出所需字符或特定图形。

8. 恢复标准状态

标准状态也称正常调节状态，按下“标准状态恢复”键后，遥控微处理机输出标准信号，使伴音处在30%、对比度处在80%、色饱和度处在50%的状态。这种状态可帮助用户从调乱的状态迅速恢复到标准状态。

3.6.3　红外遥控电视接收机的工作模式

接通电视接收机主电源开关后，电视机可能工作在下列四种模式(状态)中的一种：

(1) 电视模式(TV 状态)。这是正常收看电视广播节目的模式。在此模式下，所有的音量、亮度、色饱和度等模拟量及自动频率调整(AFT)等均处于正常调控状态。

(2) 视频模式(AV状态)，即VIDEO模式。在此模式下，通过AV端子接收视盘机或其他音频、视频设备输入的音频、视频信号。

(3) 预置模式(PRESET状态)。电视接收机进入PRESET模式后，荧光屏上将显示出频段、频道、AFT 及调谐电压等多种信息(一直显示)。只有在这种情况下，才可改变频段和频道(包括手动搜索和自动搜索选台)。

(4) 待机模式(STAND BY状态)。这种模式又称等待、预备或备用模式。

3.6.4　电压合成式数字调谐的工作原理

电压合成方式是由微处理机根据控制信号(由遥控发射器发出的或由本机面板键盘形成的)产生不同的二进制脉冲数码。例如，在作频道选择时，选择频道的数码经过数/模(D/A)转换，变为脉冲宽度调制码(PWM)，再由集成芯片外的低通滤波器滤波和电平转换，形成0～30 V直流调谐电压，送至高频调谐器进行频道选择；进行模拟量控制时，相应的脉冲数码经过 D/A 转换成不同的脉冲调宽码，这些调宽码经片外各自的低通滤波器及相关电路，形成所需的控制电压，分别对音量、亮度、色饱和度、对比度等指标进行自动控制。

在频道选择方式上普遍采用两位二进制码频段选择方案和 3 中选 1 高电平频段选择方案，其组成框图如图 3.36 所示。前一种采用译码方式，后一种采用直接电平变换方式，这种方案比较简单，片外无频段译码电路，遥控微处理机根据遥控指令或本机键盘的按键(BAND)指令，即使 *A*、*B*、*C* 三个输出端中的一个为高电平，其余两个为低电平，由此对高频调谐器的频段选择进行控制。其相应关系如表 3.6 所示。

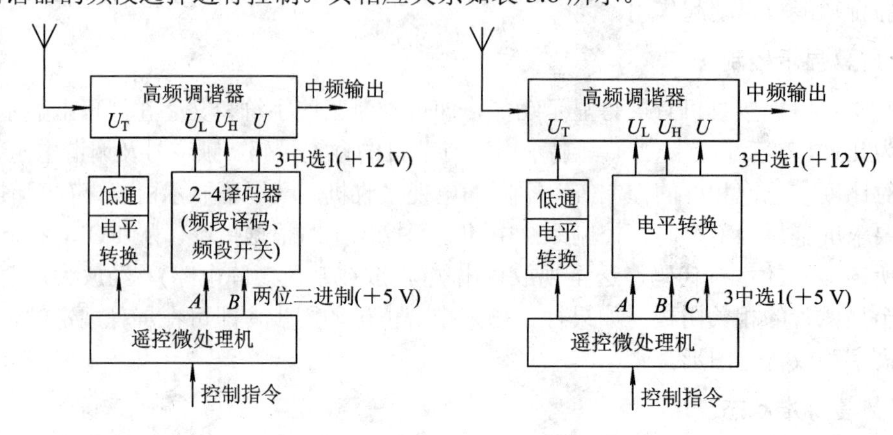

(a) 两位二进制码频段选择方案　　(b) 3中选1高电平频段选择方案

图 3.36　微处理机频段选择方案示意图

表 3.6　频 段 选 择

频 段 选 择	输 出 端		
	A	*B*	*C*
U_L	1(+5 V)	0	0
U_H	0	1(+5 V)	0
U	0	0	1(+5 V)

由于微处理机的电源供电电压为 +5 V，故其最高输出电平也只能低于 +5 V。为了达到高频调谐器所需的 +12 V 电压，必须对微处理机输出的控制信号进行电平变换。

3.6.5　脉冲宽度调制码调频

在频道调谐过程中，加给高频调谐器的调谐电压 U_T 不同时，其选择的频道也不同，即在同一频段中，不同的调谐电压 U_T 值对应着不同的频道。

在遥控系统中，改变频道(选台)的信号不是由各预置电位器取得的，而是由微处理机输出的脉冲调宽码(PWM)，经过片外的低通滤波及电平转换后提供的。当 PWM 码的脉冲宽度或个数(在一固定周期内)发生改变时，为高频调谐器提供的调谐电压也即改变，所选的频道也随之改变。

电压合成式频道调谐系统的微处理机中，通常是根据键盘或遥控器发来的频道选择指令，采用 D/A(数/模)转换方法，将二进制数码转换成脉冲宽度调制码，由集成芯片的某个端口(片脚)输出，此端口(片脚)常以 $\overline{\text{DA}}$ 或 $\overline{\text{PWM}}$ 表示，字母上的“横线”表示输出的脉冲为负极性(有关脉冲的正、负极性以后将要讨论)。微处理机输出的脉冲调宽码(PWM)经片外的电平转换电路及低通滤波电路的处理，变成了相应的调谐电压，加至高频调谐器，即可选择所需的电视频道。

1．脉冲调宽码(PWM)的组成

在电压合成式电视遥控系统中，微处理机输出并用作频道选择的 PWM 码通常有 3 种组成方式，其中一种是脉冲调频方式，另一种是脉冲调宽方式，还有一种是脉冲调宽方式的变形。

(1) 在脉冲调频方式中，一定时间内(如 16.4 ms 的母周期)，PWM 脉冲的宽度不变，而脉冲个数却随按键动作的变化而变化，这些脉冲经过低通滤波后，其平均分量(直流电平)将随脉冲个数的增多而线性增加(或减小)。

(2) 在脉冲调宽方式中，一定时间内(如 256 μs)，PWM 脉冲的个数不变，而脉冲宽度随按键动作的变化而变化，经低通滤波后，所得的平均分量将随脉冲宽度的增宽而线性增加(或减小)。

(3) 在脉冲调均方式中，一定时间内 PWM 脉冲的个数不变(如 64 个)，而指定的某些位置上脉冲的宽度将随按键动作的变化而增宽，其平均分量也将随之增高。

经低通取出上述 PWM 脉冲的平均分量(直流电平)，再经电平变换电路，获得 0.5～30 V 的调谐电压，送至高频调谐器频道控制电压的输入端(U_T 端子)，再加至变容管的两端，即可实现频道的调谐(选择)。

2．频道调谐 PWM 码的位数、分辨率及粗调与细调

用作频道调谐的二进制数码一般为 14 位(也有用 13 位的)，如 M50436-560SP、TMP47C433AN、M34300N4-0125P、MN15245SAY 等微处理机均如此。因而由 $\overline{\text{PWM}_0}$ 端口(或 $\overline{\text{DA}}$ 、U_T 端口)串行输出的频道调谐 PWM 码的分辨率为

$$2^{14} = 16\,384 \text{ (电平等级)}$$

通常，高频调谐器的调谐电压为 30 V，则每级调谐电平的变化值(分辨率)为

$$30 \text{ V} \div 2^{14} \approx 1.83 \text{ mV}$$

可见，每级调谐电平的差值是很小的，这样可使电视的频道调谐非常准确，而不会出现跳台现象。

在很多遥控系统中，又将 14 位调谐二进制数码分成粗调和细调两部分，以便控制。例如，M50436-560SP、TMP47C433AN 等微处理机，其高 8 位(DTH)为粗调，低 6 位(DTL)为细调；又如 MN15245SAY 微处理机，其粗调与细调的二进制位数相等，各为 7 位。粗调与细调相结合，形成了所需的 PWM 脉冲调宽码。

复　习　题

1. AGC 电路的主要功能是什么？实际应用中对它有什么特殊要求？
2. 视频检波器的主要作用是什么？简要画出其框图。

3. 在PAL制彩色电视接收机中，用什么电路能将色度信号分离？简述其工作原理，并画出其分解电路的框图。

4. 彩色副载波恢复电路主要由几部分组成？它们各具有什么作用？

5. 怎样能使副载波产生电路输出的副载波信号与电视信号的色度副载波同步？

6. 简述行场同步分离电路的原理。

7. V、U信号的同步解调器对副载波信号有什么不同的要求？

8. 三基色矩阵的输入、输出信号是什么？

第 4 章　CRT 彩色电视的显示输出电路

信号的显示输出电路是电视的重要单元，起着恢复重现图像、色彩和伴音的作用。显示输出电路主要由用于形成整幅图像的行、场定位信号输出电路，形成色彩的基色放大、变换信号输出电路，形成特定显示格式的信号转换电路，稳定高效的开关电源电路，伴音放大输出电路和电视遥控单元电路组成。本章将对这些电路模块逐一介绍。

4.1　行输出级电路

行输出级电路是电视接收机中最重要的电路之一，也是故障率较高或最高的一种电路，其故障率通常占到整机故障的 50%～60%。行输出级的主要任务有如下几点：

首先，要为行偏转线圈提供一幅度足够、正逆程时间符合要求、线性良好、频率为 15.625 kHz 的锯齿波电流，使显像管的电子束能做自左至右又自右至左的行扫描。

其次，行扫描输出级还要为高、中、低压形成电路提供一高幅值的行逆程脉冲，经变压、整流、滤波等处理，为显像管各电极、视放输出极以及有关电路提供符合要求的直流电压。高、中、低压形成电路的能源就是行输出级(输出管)通过输出变压器(俗称高压包)提供的。

另外，行输出级还要为消隐电路提供消隐脉冲，为行同步系统中的鉴相电路(相位控制电路)提供比较信号，为遥控微处理机提供一个行回扫脉冲等。

由于行输出级工作在大功率、高反压、较高频率的脉冲状态，因而还是分立元件的电路形式，仍未见集成电路出现，即便是新型彩色电视接收机也同样如此。

4.1.1　行扫描电路的组成

行扫描电路主要由鉴相、低通滤波、行振荡、行推动(行激励)、行输出级等电路组成，在有些资料中，也将高、中、低压形成电路包含其中。从电路实质上来说，行扫描电路实际上是一个大的锁相环路，实现行扫描信号与所接收的电视台信号严格同步。

近年来，在集成电路电视接收机中，行振荡器已和场振荡器合二为一，以一个 500 kHz (32 倍行频)的石英晶体振荡器代替，然后做 32 次分频，获得 15.625 kHz 行频脉冲，500 kHz 做 1 万次分频，可获得 50 Hz 场频信号。为了弄清行输出级的电路结构和工作原理，首先应对行扫描电路的整体有个清晰的认识。

1. 独立行振荡式行扫描电路

传统的独立行振荡式行扫描电路的组成框图及有关波形如图 4.1 所示。

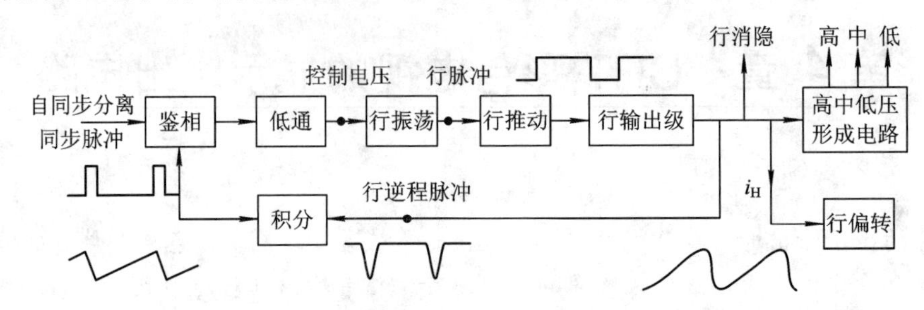

图 4.1　独立行振荡式行扫描电路的组成框图及有关波形

2. 行场公用振荡式行扫描电路

这种方案的行、场频公用一个振荡器，振荡频率约为 32 行频，即 500 kHz(503 kHz)，振荡电路一般由石英晶体谐振器或陶瓷振子构成，然后由分频器获得所需的行频、场频信号输出。这种方案的电路组成框图实例如图 4.2 所示，其特点如下。

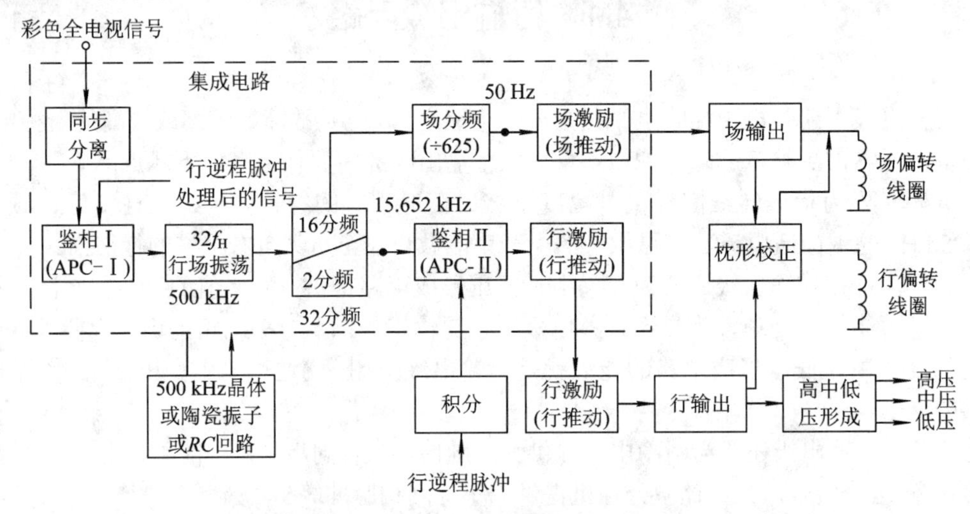

图 4.2　32 倍行频(500 kHz)的行场公用振荡式行扫描电路组成框图实例

首先，行、场公用一个振荡器，振荡频率为 500 kHz(略高于 500 kHz，通常为 503 kHz，以利于同步)，正好是行频的 32 倍。500 kHz 振荡信号经 32 分频(16 × 2)后，可得 15.625 kHz 行频信号，经 1 万次分频(16 × 625)后，可得 50 Hz 场频信号。32 倍行频振荡器常选用石英晶体振荡器、陶瓷振子振荡器、*RC* 振荡器等电路，集成芯片片外电路均十分简单。由于行场同步采用了锁相环路跟踪方式，振荡信号能严格保持与发射台的信号同步，因而省去了传统的行、场同步调节旋钮。

其次，扫描电路中采用了双锁相环路结构，可大大提高行扫描电路的鉴相灵敏度、图像的稳定度及电路的抗干扰能力。

APC-Ⅰ是扫描电路中第一锁相环路的鉴相器。这一锁相环路是任何一个电视接收机的行扫描电路中都有的，它能对外来的行同步信号与行逆程脉冲经变换(处理)后的信号(实际上是代表环内压控振荡器 VCO 的行频信号)进行相位比较，产生一误差控制电压输出，经过片外低通电路滤波后，获得一控制信号去对 VCO($32f_H$ 振荡器)进行控制，使其频率与相位和电视发射台发来的行、场同步信号同步，并能将其锁定。

APC-Ⅱ是扫描电路中第二锁相环路的鉴相器。它能对行输出级反馈回来的行逆程脉冲(经积分后为锯齿波电压输入)与分频后行振荡信号之间的相位进行比较，获得的误差电压经片外的低通滤波器滤波后，可得一校正电压，此电压可对行激励信号进行校正，它能改变行激励脉冲的上升沿时间，从而使行逆程脉冲与行同步脉冲保持正确的相位对应关系。

4.1.2　行输出级的工作原理

上面已经指出，行输出级因工作在大电流、高电压及高频开关状态，目前均为分立元件电路，它的主要作用是要给显像管的行偏转线圈提供符合要求的锯齿波电流，并为高、中、低压形成电路提供高压脉冲串。下面即围绕这一问题对行输出级展开讨论。

1. 行扫描输出级的原理电路

图 4.3 画出了有关行输出级电路与波形，其中图(a)是接近实际的原理电路，图中 VT 为行输出管，工作在脉冲开关状态，输入为矩形脉冲波。高电平时，VT 管导通饱和；低电平时，VT 管截止；VD 为阻尼二极管，在近代的电视接收机中，二极管 VD 已复合在三极管之中，成为一体化集成器件。有些电视机中，除复合管外还要再并联一只阻尼二极管；C 为行逆程电容，也称反峰电容，有时它由多只电容器并联而成，容量与耐压均有严格的要求(耐压在千伏以上)；L_H 为行偏转线圈，位于显像管管颈的上下两侧；C_S 为水平校正电容，与 L_H 串联，能校正显像管光栅水平延伸性失真，并起辅助电源作用。$+U_{CC}$ 电源经行输出变压器 B 及偏转线圈 L_H 为 C_S 提供能量，使其上电压维持在$+U_{CC}$值，在实际电路中，C_S 是一无极性的高质量电容器，其容量在 0.5～2 μF 上下；B 为行输出变压器，俗称高压包，其初级是一高压脉冲串，此脉冲经升压后，形成数万伏的高压脉冲，经整流、滤波，即可获得高、中、低压，为显像管、视放末级及相关电路提供所需的直流电压。

图 4.3(b)是图(a)的原理等效电路，是分析行输出级工作原理的常用电路，图中电源 $+U_{CC}$ 由电容 C_S 所提供(辅助电源)；图(c)是行输出管的激励电压 u_b 及行偏转线圈中电流 i_H 的波形图。

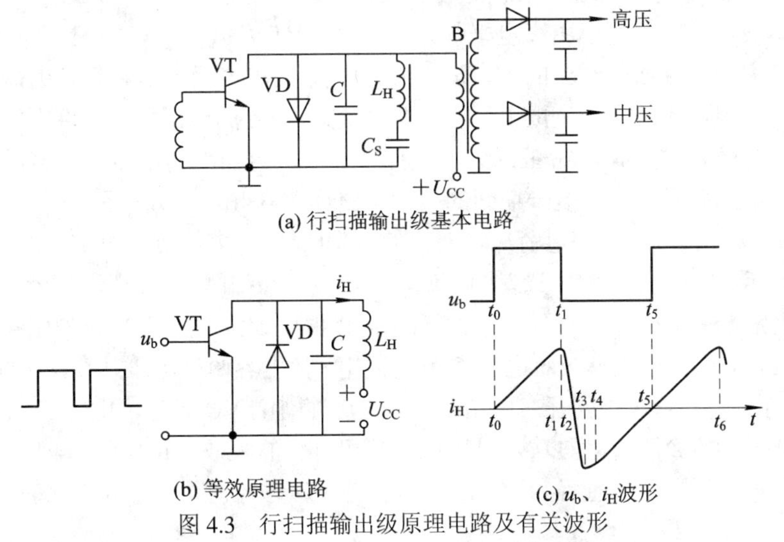

图 4.3　行扫描输出级原理电路及有关波形

2. 行偏转锯齿波电流 i_H 的形成

行扫描锯齿波电流的形成过程比较复杂，下面分段作一说明。

(1) t_0—t_1 段，输入信号为正向脉冲、高电平，VT管导通饱和，其饱和压降很小，理想时为0(即为短路的理想开关)；阻尼管VD截止，不起作用；C 也被VT短路；电源+U_{CC} 经 L_H 和VT对 L_H 充磁，电流由0线性上升(电感上的电流不能突变)，形成锯齿波正程的后半段。这一期间的等效电路如图4.4(a)所示。i_H 的值按下式计算(近似计算，详细公式以后还要介绍)：

$$i_H \approx \frac{U_{CC}}{L_H} t$$

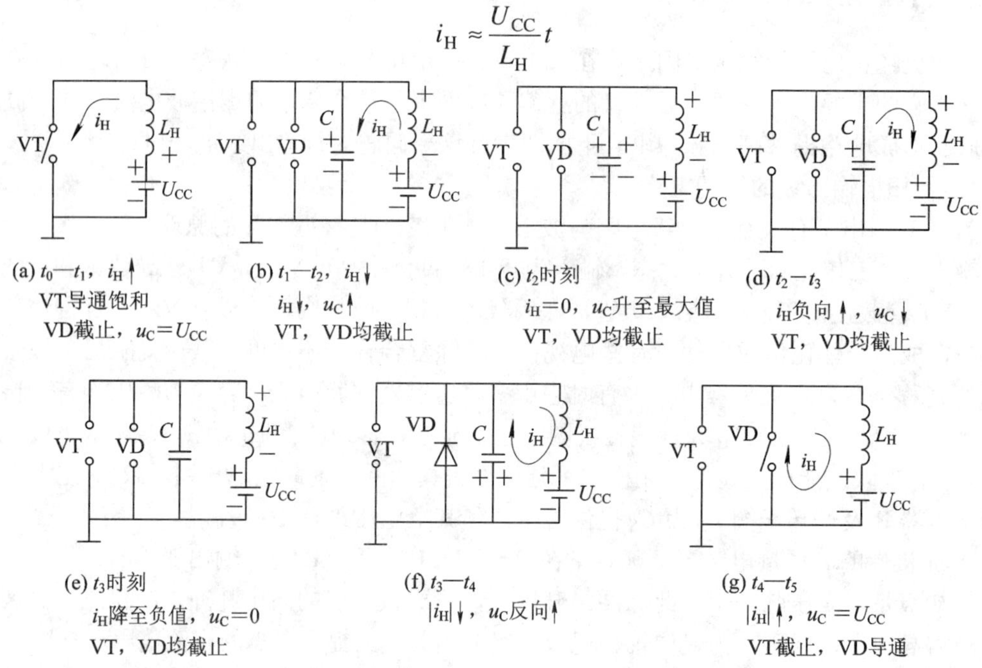

图4.4　行扫描电流各区间所对应的等效电路

此值随时间 t 的增加而升高。对于黑白电视接收机而言，i_H 值约为0.6～0.7 A；而彩色电视接收机 i_H 的峰峰值可达数安培，且屏幕尺寸愈大 i_H 值也愈大。

(2) t_1—t_2 段，输入信号已由高电平降为低电平，VT管截止，VD管也截止。由于电感上的电流不能突变，故前一时刻的大电流 i_H 必改道流向电容器 C，对其充电，电感上的感应电压的极性也因电流减小而变成上+下−，随着电容 C 上的电压增高(上+下−)，充电电流随之减小，当充至 t_2 时刻时，L_H 上的磁能全部转变成电容器上的电能，电容器上的电压升至最高，充电电流 i_H 降为0，这一期间的等效电路如图4.4(b)、(c)所示。

(3) t_2—t_3 段，电容 C 充满电荷后，要开始放电(反向充电)，放电电流 i_H 由0向负向增长，对电感 L_H 反向充磁，并将能量返回电源，其等效电路如图4.4(d)所示。至 t_3 时刻，电容 C 上的电荷放完，$u_C = 0$，i_H 降至反向最大值(负向极值)，此刻的等效电路如图4.4(e)所示。

(4) t_3—t_4 段，反向电流继续对电容 C 反向充电，使电容两端电压升高，方向是下+上−，当此电压 u_C 升至阻尼管VD的开启电压时(在 $t = t_4$ 时刻)，VD导通，电容 C 失去作用，此时电流 i_H 改道流过VD，其值向0方向变化，其相对应的等效电路如图4.4(f)所示。

(5) t_4—t_5 段，二极管导通后，电流 i_H 经阻尼管VD(理想时为一短路开关)对电源形成一通路，L_H将磁能返回电源，这一时间内所产生的i_H电流是行扫描锯齿正程的前半部分，其相对应的等效电路如图 4.4(g)所示。对比图(g)和图(a)两个等效电路基本上是一样的，其形成的锯齿波电流正程前半段的斜率必与后半段的斜率相一致，以便连接成一条线性良好的锯齿波正程。

(6) t_5—t_6段，输入又升高为正脉冲信号，VT管又导通饱和，电路开始重复前一周期的工作过程，如此周而复始。

4.1.3　行逆程脉冲电压

在行扫描的逆程期间，即上述图 4.4 中电流波形的t_1—t_3期间，电流i_H先对电容C充电，使其上的电压上升；当电流降至 0 值时($t = t_2$时刻)，电容上的电压u_C升至最高值，然后C对L_H放电，u_C下降，i_H反向升高，至t_3时，电容C放电完毕，u_C降至电源电压U_{CC}值，有关的电流、电压波形如图 4.5 所示。

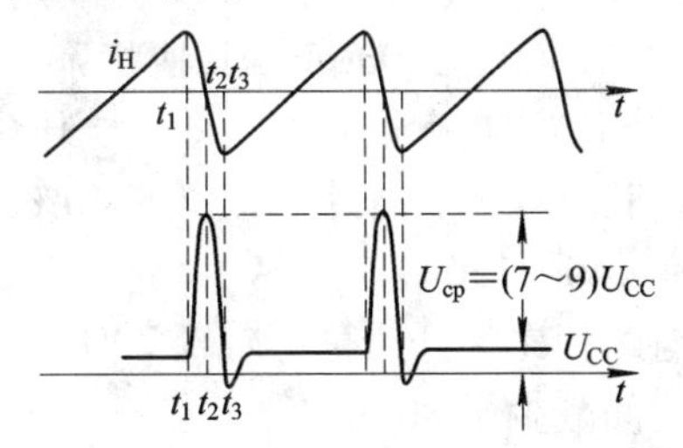

图 4.5　行扫描电流与行逆程脉冲的波形对应关系

由于电感L_H(行偏转线圈)和电容C的值均较小，故C的充放电时间常数均很小，因此在较短的时间内，C上的电压可充至很高，电容值愈小，在相同时间内其电压值升得愈高，这个电压就称为行逆程电压，它直接加在行输出管的集电极与发射极之间，也直接加在行扫描的阻尼管上。计算这个电压的公式为

$$U_{CP} = \left[\frac{\pi}{2}\left(\frac{T_H}{T_r} - 1\right) + 1\right] U_{CC}$$

式中，$T_H = 64\ \mu s$，为行扫描的周期；T_r为行逆程时间，即回扫时间，此时间若等于行消隐的时间 12 μs 时，$U_{CP} \approx 7.8U_{CC}$；U_{CC}为行输出级的直流供电电压。

实际上行回扫时间应小于行消隐的时间。原因如下：如果行回扫时间过长，则电子束到达荧光屏左侧边沿之前，行消隐脉冲已经结束，结果会使一部分跟在消隐脉冲之后的图像信号(即下一行刚开始的信号)被回扫线扫描出来，且从右边向左边展开，这一部分图像将与本行正程扫描的、从左至右的图像重合，造成左侧图像的卷边现象，但由于行扫描速度较快，这一现象有时不很明显。

为了彻底克服上述不良现象，不少电视接机中，均将行回扫(即行逆程)时间设计得比行消隐时间短，一般为 9 μs 左右，这样行逆程脉冲电压的幅值可达到

$$U_{CP} = \left[\frac{\pi}{2}\left(\frac{64}{9} - 1\right) + 1\right] U_{CC} \approx 10.6U_{CC}$$

通常，行逆程脉冲的峰值与逆程电容 C 值有关，取值范围大致由下式估算：

$$U_{CP}=(8\sim10)U_{CC}$$

顺便指明，行扫描电流的正程为线性良好的锯齿形，而逆程则为半个周期的正弦波形，此周期可由行偏转线圈的电感 L_H 及行逆程电容 C (还应包括分布电容及行输出管的电容等)组成的自由振荡回路决定，故行逆程回扫时间的计算公式为(为正弦波振荡周期的一半)

$$T_r=\frac{T}{2}=\pi\sqrt{L_H C}$$

行输出电路的另外一大功能是对行输出形成过程中出现的非线性与失真进行补偿和校正，主要包括：行扫描电流的线性补偿；显像管光栅的枕形失真与校正。

行扫描输出经高、中、低压形成电路的变换，驱动相应的单元。

显像管各电极所需电压基本上都是行输出级所产生的行逆程脉冲经行输出变压器(俗称高压包)的升压，然后经整流、滤波而形成的。其原理电路如图 4.6 所示。图中，高压整流、滤波电路中的电容 C_1 耐压很高，不是分立元件，而是利用了显像管锥体玻璃壳内外石墨层之间的分布电容，其容量约在 500～1000 pF。其他整流、滤波电路十分简单，目前普遍采用一体化行输出变压器(高压包)，具有很好的功效。一体化行输出变压器的特点如下：

(1) 整流二极管的功耗小，其功耗只有普通二极管的 40%。

(2) 热稳定性好，可工作在 140～150℃。

(3) 质量轻，与倍压整流电路相比，其质量可减轻 70%。

(4) 体积小，即所占用的空间减少了 80%。

(5) 元器件少，即元器件数量减少近一半。

(6) 绝缘性能好，电气性能稳定，可靠性高。

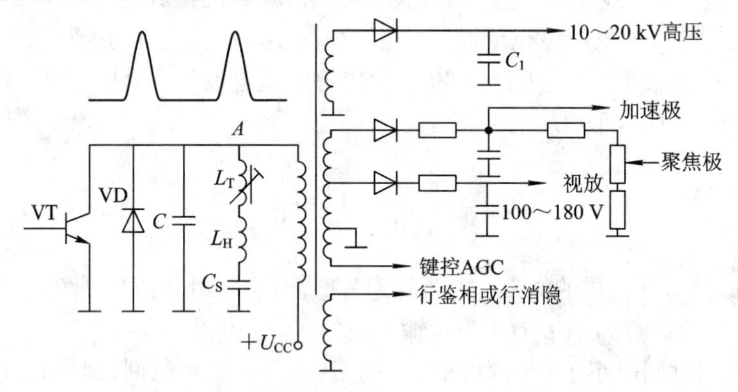

图 4.6 电视接收机高、中、低压形成的原理电路

4.2 场输出级电路

场输出级电路是场扫描电路的输出级，它的主要任务是要向场偏转线圈提供一幅度足够、线性良好、正逆程时间符合要求的 50 Hz 场扫描锯齿波电流，使显像管的电子束能做自上而下又自下而上的场扫描。另外，它还要为有关电路(如视放电路或亮度通道、遥控微处理机等)提供一个场回扫脉冲。

4.2.1　场扫描电路的组成

传统的场扫描电路一般由积分电路、场振荡电路、场推动电路(或场激励电路)、场输出级电路等组成，其组成框图如图 4.7 所示。

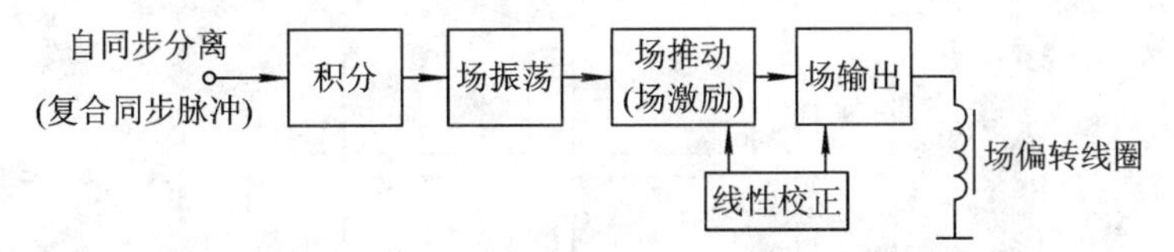

图 4.7　传统式(独立场振荡)场扫描电路组成框图

场扫描电路的输入信号来自同步分离，为复合行场同步信号。积分电路通常是 3 级 *RC* 电路，它能对脉宽不同的信号识别(脉宽分离)，将较宽的场同步脉冲(宽 160 μs)积分输出，而将较窄的行同步脉冲(宽 4.7 μs)滤除，如此即获得场同步信号输出，去控制场振荡电路，使收发的场扫描同步。场推动、场输出电路是为保证场偏线圈能获得线性良好、幅度足够的锯齿波电流，为此常要在电路中加入场线性校正网络。

传统的场扫描电路，其场振荡器是独立的 50 Hz 振荡电路。目前整个扫描电路都已集成化，只有个别电视接收机的场扫描输出级仍采用分立元件电路。

在近代的一些电视接收机中，行场振荡均采用同一振荡电路方案，振荡频率取 500 kHz(32 倍行频)，经 32 次分频后成为 15.625 kHz 行频信号，经 1 万次分频成为 50 Hz 场频信号。其电路组成的原理框图如图 4.8 所示。

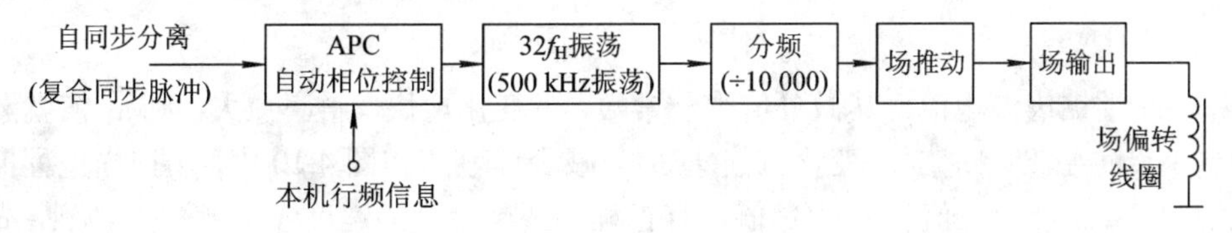

图 4.8　行场振荡合一式场扫描电路组成框图

4.2.2　场偏转电流、电压的波形

显像管要求场偏转电流 i_Y 应为线性良好的锯齿波形。为此，加至场偏转线圈两端的电压绝不可为锯齿波，而应为脉冲锯齿波，在分析场偏转电流、电压时，要先画出场偏转线圈的等效电路，其电路图如图 4.9 所示，相关信号的波形如图 4.10 所示。由于电流 i_Y 是锯齿波形，故此电流在电阻 R_Y 上的电压降 $u_R = i_Y R_Y$ 也应该是锯齿波形。

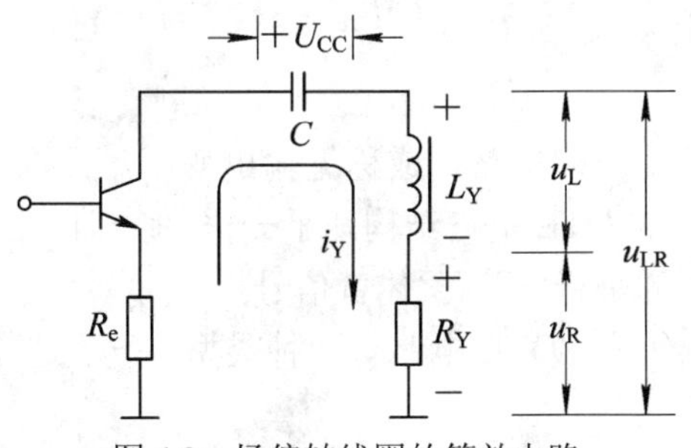

图 4.9　场偏转线圈的等效电路

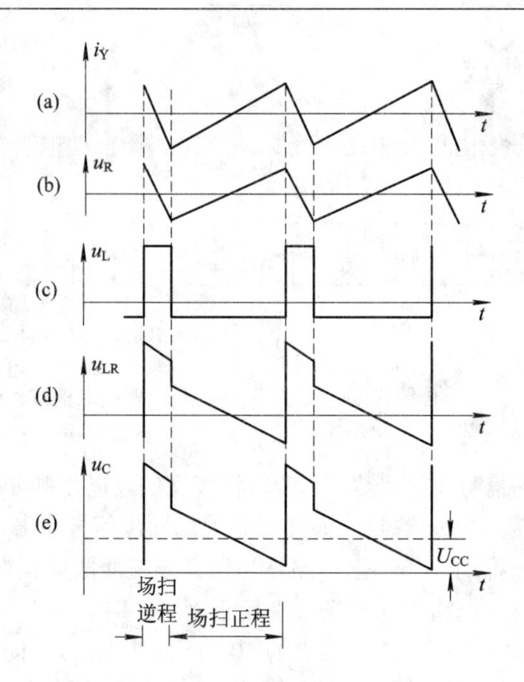

图 4.10　场偏转线圈中的电路与两端电压波形

要在电感 L_Y 上产生锯齿波电流，其两端电压必定为矩形方波(因为电感中的电流不能突变，只能缓慢地上升或下降)，此电压与电流的数学关系为

$$u_L = -L_Y \frac{di_Y}{dt}$$

式中，i_Y 为线性锯齿波电流，其微分值为一常数，i_Y 变化愈快，斜率愈大，则 u_L 值就愈大，反之则愈小；负号表明 u_L 与 i_Y 变化方向(增加与减少)有关。在图 4.10 中，场扫描正程期间，i_Y 电流增加，di_Y/dt 为正值，u_L 为负值，且正程期，i_Y 上升的速度慢，变化不剧烈，故 u_L 值较小；在场扫描逆程期，i_Y 减小，di_Y/dt 为负值，u_L 为正值，且逆程期，i_Y 下降的速度快，变化剧烈，故 u_L 值很大。

电感 L_Y 两端的电压是 u_R 和 u_L 的矢量和，u_R 和 u_L 相加后的电压为一脉冲锯齿波，如图 4.10(d)所示。

场输出管集电极电压 u_C 应为电容 C_1 上的直流电压($+U_{CC}$)与偏转线圈两端的脉冲锯齿波电压(u_{LR})叠加而成，波形如图 4.10(e)所示，其最大值约为

$$u_{C\max} \approx (4\sim6)U_{CC}$$

4.2.3　OTL 场输出级电路

这是一种互补对称型功率放大电路，或称无输出变压器推挽功放电路，其中的互补型 OTL 电路与音频放大电路中的 OTL 电路结构几乎一样，原理也相同，不同之处是前者放大的是锯齿波信号，后者放大的是音频信号(伴音信号)。

在电视接收机的场输出级中，OTL 电路有两种类型：一种是互补型 OTL 电路；另一种是分流调整型 OTL 电路。

1. 互补型 OTL 场输出级电路

图 4.11 是一种典型的 OTL 场输出级电路。这种 OTL 电路的工作原理在有关课程中讨论过，这里仅作简单说明。

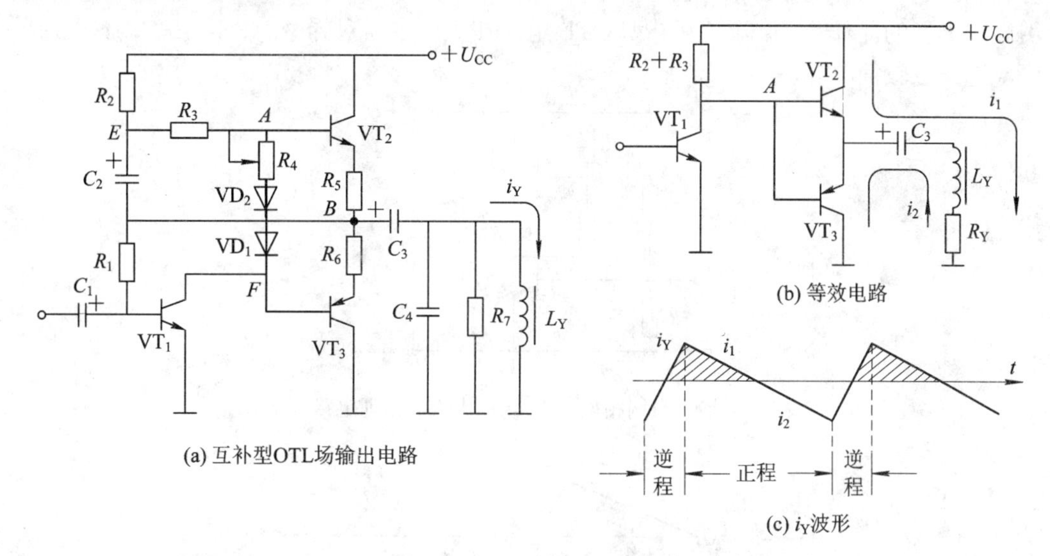

图 4.11　互补型 OTL 场输出电路及等效电路

(1) VT_1 是锯齿波放大管，为了增大它的动态范围，防止大信号输入时产生非线性失真，电路中采取了两种措施：一是由输出端 B 经 R_1 到 VT_1 管的基极，引入了电压并联负反馈；二是采用自举电容 C_2，使 E 点和 A 点的电位能随 B 点变化。

(2) VT_2、VT_3 是互补对称管，工作于甲乙类状态，其偏置电压由 VD_1、VD_2 及 R_4 上的压降提供，R_5、R_6 是 VT_2、VT_3 射极的负反馈电阻，它对电路稳定的工作及过载保护均能起到较大作用。

(3) C_3 是耦合电容，通交流，隔直流，并作为 VT_3 的辅助电源，使 B 点的直流电压等于 $U_{CC}/2$。C_3 的容量很大，一般在 1000 μF 以上，均为电解电容器。

(4) C_4 起高频滤波作用，用来旁路可能窜入的行脉冲信号，并能与电阻 R_7 一起削弱或消除因电感 L_Y 两端瞬间电压突然变化可能产生的高频寄生振荡。

(5) OTL 电路的等效电路如图 4.11(b)所示。由于 VD_1、VD_2 上的交流电压十分小(约十几至几十毫伏)，R_4 的阻值也不大，因此 VT_2、VT_3 两管基极的直流电位相差在 1 V 上下，而交流电位相差甚小，分析时可看成短路，因而流过场偏转线圈 L_Y 中的电流 i_Y，其正半周(阴影部分)i_1 是由 VT_2 提供的，负半周 i_2 是由 VT_3 提供的，二者叠加，成为一锯齿波电流。

(6) B 点对地的交流信号(或场偏转线圈两端的电压)是脉冲锯齿波形，而不是锯齿波形，其原理与图 4.9 场输出电路相同。这是由于流经场偏转的锯齿波，在回扫逆程时产生了较高的正向脉冲，这一脉冲经自举电容 C_2 加至 A 点，使 A 点的逆程波形产生了跃升，形成了脉冲锯齿波。

(7) 互补型 OTL 场输出级电路的特点是静态电流小，效率高，体积、质量、成本都大大下降；场扫描逆程所产生的感应电压较低，一般只有 $1.5U_{CC}$，故 VT_1、VT_2 管子的耐压可小一些，应用十分广泛。

2. 自倒相型 OTL 场输出级原理电路

自倒相型 OTL 电路也称分流调整型 OTL 电路，图 4.12 是这种电路的原理电路，图 4.13 是有关电压、电流的波形图。与互补型 OTL 电路相比，这种电路的最大特点是两只功放管可用同一类型的晶体管，免除了互补型 OTL 电路在生产中需对异型(NPN 与 PNP)管配对的工序，电路也较简单。

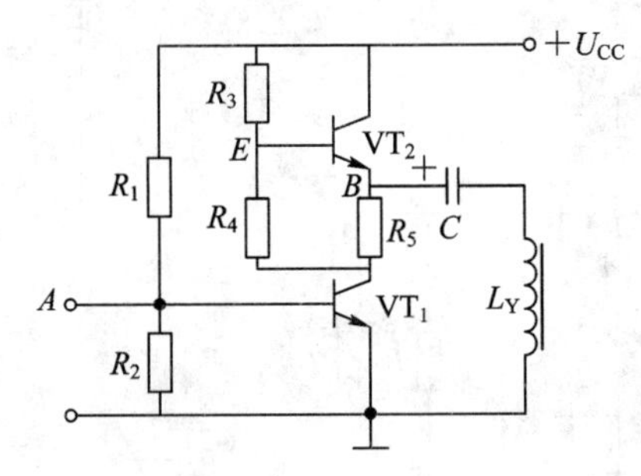

图 4.12　自倒相型 OTL 场输出级的原理电路

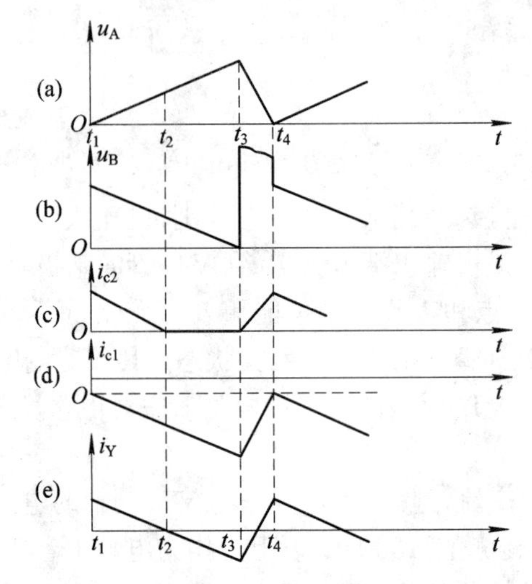

图 4.13　自倒相型 OTL 场输出相关电压、电流的波形图

下面对电路的工作原理作一简单说明。

(1) R_1、R_2 为 VT_1 管提供正向偏压，使 VT_1 管始终处于导通放大状态，R_3、R_4 可看成是 VT_1 的负载，输入信号 u_A 经倒相放大后由 E 点送至 VT_2 管的基极。VT_2 管将这一信号再进行放大，由射极经电容 C 向负载 L_Y 输出。在输入信号电平较低时，VT_1 管的 i_{c1} 较小，E 点电位较高，VT_2 管处于导通放大状态，故这部分输入信号经 VT_1 管倒相放大，再经 VT_2 管射极跟随输出，电容 C 被充电；在输入信号电平较高时，VT_1 管的 i_{c1} 较大，E 点电位较低，VT_2 管截止，故这部分输入信号经 VT_1 放大直接向负载 L_Y 输出，此时，电容 C 放电，起辅助电源作用。

(2) 若输入如图 4.13(a)的锯齿波信号，则在 t_1—t_2 段电平较低时期，VT_1 管的 i_{c1} 较小，E 点电位较高，VT_2 管导通，i_{c1}(i_{e1})经电容 C 流向 L_Y(R_5 虽有分流，但此支路的阻抗很大，分流很小，可忽略)，形成了场扫描锯齿正程的前半部分，如图 4.13(c)、(e)所示；在输入信号 u_A 的 t_2—t_3 时段，信号较强，i_{c1} 较大，E 点电位下降越过一定值，VT_2 管截止，VT_1 管直

接向负载 L_Y 提供电流(也可认为是电容 C 的放电)，成为场扫描正程后半段的电流，如图 4.13(d)、(e)所示。

(3) 上述分析表明，在输入信号幅值较小时，VT_1、VT_2 管均导通，主要由 VT_2 管放大，向负载输出信号；在输入信号幅值较大时，VT_1 管导通，VT_2 管截止，由 VT_1 管放大向负载输出信号。这种情况类似于两管轮流向负载提供信号的推挽状态。但需指明，两管的工作状态是不同的，VT_1 管始终导通，处于甲类工作状态；VT_2 管只在信号较小时导通，处于乙类工作状态。

(4) 由图 4.13(e)可见，t_1—t_2 场扫描电流 i_Y 正程前半段的斜率与后半段是不一样的，前半段变化快，后半段变化慢，结果造成了信号的失真(线性差)。其原因是因为前半段的 t_1—t_2 段，输入信号是经过 VT_1、VT_2 管的两级放大，而 t_2—t_3 段的输入信号只经过 VT_1 管放大。为了克服所造成的信号失真，通常对输入的锯齿波电压作预失真处理，使输入的锯齿电压在 t_1—t_2 期间斜率低些(变化慢些)，在 t_2—t_3 期间斜率高些(变化快些)，这样经过 VT_1、VT_2 管放大后，在 L_Y 中流过的电流就为线性良好的锯齿波电流了。

4.2.4　场扫描的非线性失真及其补偿

场扫描锯齿波电流正程线性的好坏，将决定图像质量的优劣。当通过场偏转线圈的锯齿波正程电流为线性变化时，荧光屏上重显的图像在垂直方向就无失真；当场扫描电流是下凹形锯齿波时，则荧光屏上重显的图像，其上半部(对应于锯齿波正程的前半段)受到压缩，下半部(对应于锯齿波正程的后半段)受到拉伸，这种失真称为上线性失真；当场扫描电流是向上凸起的锯齿波时，则荧光屏上重显的图像，其上半部(对应于锯齿波正程前半段电流变化率较快的部分)被拉伸，下半部(对应于锯齿波正程的后半段电流变化率较慢的部分)被压缩，这种失真称为下线性失真。

场扫描电流非线性失真原因有下述几点：

(1) 在以 RC 充放电为基础的场振荡电路中，由于充放电电流是按指数规律变化的，这就不可避免地要产生非线性失真。减小这一失真的措施大致有两种，一是加大 RC 电路的时间常数，使充放电指数曲线起始部分的线性范围加大；二是提高电源电压，使电容充电的终值提高，减小指数曲线起始段的非线性，且幅值又不致降低。

(2) 场输出放大管的非线性会引起场扫描锯齿波电流正程的非线性失真。减小这种失真的办法是：合理选择放大管的静态工作点，使其工作在线性中点；在放大管的发射极串接几欧姆的电阻，用电流串联负反馈的办法来扩展管子的动态范围；在偏置电路中接入负温度系数的热敏电阻，进行温度补偿，使放大管工作稳定、失真减小；选择性能良好的场输出管。

(3) 耦合电容容量不足会引起非线性失真。减小这种失真的常用方法是：加大耦合电容容量，或采用直接耦合方式去消耦合电容。

对于场扫描电流的非线性失真的补偿，还有其他许多方法，如用积分电路进行补偿，或用负反馈环路进行补偿等。

在集成电路的场扫描系统中，主要电路已集成在芯片中，片外只是一些必要的元件及可调部件，与分立元件电路相比，扫描电流非线性失真的补偿要简单得多。

4.2.5 场输出级泵电源供电电路

场输出级泵电源供电也称双倍电源供电。其作用是：在场扫描正程期间，能给场输出级提供较低的电压(如 57 V 直流电压)，而在场扫描逆程期间，能给场输出级提供较高的电压，即 2 倍于 57 V 电压。其目的是为了提高场输出级的工作效率，降低场输出管的功耗。

4.2.6 场中心位置调节电路

场中心位置调节，实质上就是调节场偏转的中心位置，即能使扫描光栅做向上向下移动的调节。很显然，只要在场偏转线圈中附加一可调直流分量，就能实现这一要求。

4.2.7 集成化场输出电路实例

LA7837/LA7838 是三洋公司为彩电、监视器、显示器，尤其是高画质、大屏幕彩色电视接收机而开发的场扫描输出级集成电路。它常与集成电路 LA7680/LA7681 等配合，构成 A3 机芯，组成单片集成电路彩色电视接收机，特别适用于 54 cm 的单声道。多制式、低成本的机种，常为国内许多电视机生产厂商所采用。

LA7837/LA7838 的主要特点是其内部电路采用了新的程式与结构，提高了电视隔行扫描的性能，减小了帧抖动问题。例如，它与前端小信号处理集成电路(LA7680/LA7681)之间不存在交、直流反馈，具有单独处理场扫描的功能。其引入信号已由线性锯齿改为脉冲输入，这样的触发输入对可能混入的噪声，尤其是行噪声有很好的抗击能力，使场扫描不受行扫描的影响。另外，LA7837/LA7838 内部还有锯齿波电压产生电路、50 Hz/60 Hz 场频转换时的场幅稳定电路、热保护电路、泵电源电路等，这些电路在一般场输出集成电路中是没有的。LA7837/LA7838 的内部组成及其典型应用电路如图 4.14 所示。

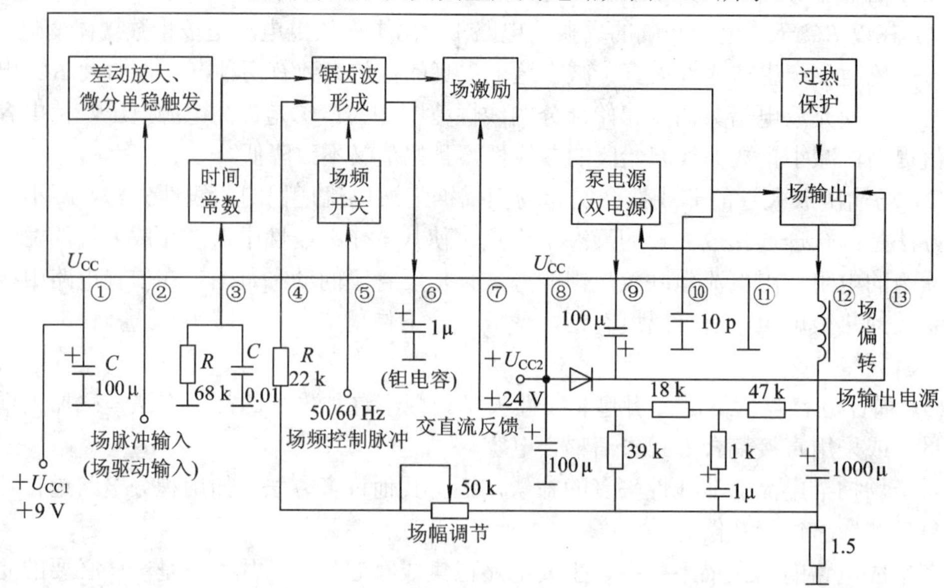

图 4.14 LA7837/LA7838 内部框图及典型应用电路

4.3　末级视频放大电路

在黑白电视接收机中，末级视频放大级是预视放与显像管阴极之间的一种视频信号放大电路，它要为显像管提供符合要求的视频信号和行、场消隐信号。由于视放输出级的工作电压较高(大于 100 V)、信号的频带较宽(0～6 MHz)、输出功率较大(几百毫瓦)，放大管均工作在甲类工作状态。

彩色电视接收机的末级视频放大电路是处于亮度通道及色度通道之后、彩色显像管三个阴极之前的一组电路，根据不同的电视机机型，这组电路主要有两种工作情况：一种是用作三基色 R、G、B 信号的线性放大，其功能与黑白电视机的末级视放相类同；另一种是用作基色矩阵兼末级视频放大，完成下列运算：

$$R-Y-(-Y)=R(\text{反相放大后为}-R)$$
$$G-Y-(-Y)=G(\text{反相放大后为}-G)$$
$$B-Y-(-Y)=B(\text{反相放大后为}-B)$$

4.3.1　视放输出级的性能指标

电视接收机视放输出级的主要性能指标有如下几点。

1．电压增益高

对黑白电视接收机而言，其电压增益一般要求 35 dB 左右，使输入不足 1 V 峰峰值的视频信号放大至 50～70 V 峰峰值，以供显像管阴极之需。如果视放输出级增益偏小，则输出信号幅度不足，图像的对比度会变差；如果视放输出级增益偏大，则图像的灰度等级会减少。

对彩色电视接收机而言，彩色显像管 3 个阴极要求的视频信号幅度更大，一般在 100～140 V 峰峰值之间，因而要求视放输出级的增益更大或其输入的视频信号更大(比黑白电视大)。

由于视放输出级输出的交流信号幅值大，故其直流供电电压高，黑白电视机一般在 100～130 V 之间、彩色电视机一般在 180～200 V 之间。由于这个原因，视放输出管的耐压要求更高。

2．通频带宽

我国电视图像信号的频带宽度规定为 0～6 MHz，视放输出级应保证这样的带宽。如果视放级的上限截止频率低，则信号的高频分量会损失，图像的清晰度也会下降；如果视放级的下限截止频率高，则图像信号的低频分量会损失，图像会产生大面积亮度失真(即背景亮度失真)。为了满足这样的带宽，视放管的特征频率 f_T 应在 80 MHz 以上。

近年来，在某些数字化的电视接收机中，由于对视频信号采用了数字处理、信号存储、微机控制等现代电路技术，因而出现了倍场频技术、逐行扫描技术、行频增加技术等，使视频信号带宽大大增加(如增至 12 MHz)，视放输出级必须保证这样的带宽，高清晰度电视画面才能得以实现。

3．线性好，灰度失真小

引起视放级灰度失真的主要原因是放大管的工作点没有选择好。如果工作点过高，放大管易产生饱和失真，白电平附近的灰度等级可能被压缩；如果工作点过低，易产生截止失真，黑电平附近的灰度等级可能被压缩，这一点在第1章中已有分析。

4．相位失真要小

相位失真会引起图像失真，为了减小信号的相位失真，要求放大器对视频信号所含各种频率成分的放大量应尽可能一致，且不产生相移。通常只要视放级的通频带足够宽、带内幅频特性比较平坦，则其相位失真就会很小，通常这项指标能满足要求。

5．输出信号的极性要符合要求

就目前的显像管而言，视频信号均加至它的阴极，为了正确显像，要求视放输出级送来的视频信号应为负极性的，即同步头向上的信号。若信号的极性相反，会显示出黑白颠倒的负像。

由此可知，若加于彩色显像管3个阴极上蓝色信号 U_B 为低电平，而红色、绿色信号 U_R、U_G 为高电平，则蓝阴极发出电子，而红、绿阴极截止，不发出电子，此时屏幕会呈现一幅全蓝图像；反之，则会显示出一幅黄色图像(红、绿相混成黄色)。

6．应设白电平调节

彩色电视的视放输出级均设有白电平调节电路，通常是分别调节三组视放输出级的激励多少、增益大小或放大管直流工作点的高低来实现的。

4.3.2 视放输出级的高频补偿

为了使视放输出级的工作带宽达到0～6 MHz或更宽的要求，往往要采取多种措施来展宽频带。一种最简单的方法是在放大管的发射极电阻旁并接一小电容来提升某一频段的高频分量；另一种最常用的方法是在负载电阻 R_c 的支路中串接一电感，利用此电感与负载电容并联谐振来展宽频带。其高频补偿原理可用等效电路及幅频特性来说明，具体情况如图4.15所示。

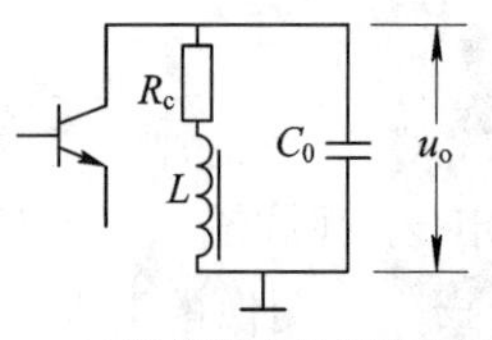

(a) 视放输出级的输出回路

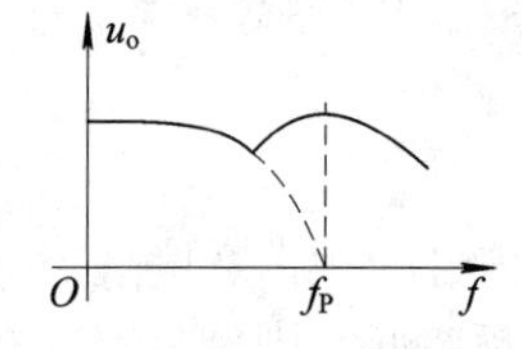

(b) 视放输出级的幅频特性

图4.15 视放输出级电感并联高频补偿原理

图4.15中，电容 C_0 是视放输出级的总的负载电容，其中包含显像管阴极与栅极间的等效电容、视放级输出端与地之间的分布电容及视放管的输出电容等，C_0 的值在15 pF上下，此电容会使放大器的高频特性变坏，使放大器的上限截止频率 f_H 降低。由图中可见，

串接电感 L 后，L 与 C_0 形成并联谐振回路。设计时，使其谐振频率 f_P 位于放大级幅频特性下降的区域，则由于 LC 回路的谐振，使输出电压 u_o 上升，从而提升了这段频率的放大倍数，达到展宽频带的目的。这种方法也用在彩色电视接收机的视放输出级电路。

4.3.3　彩色电视接收机视放输出级电路分析

这种类型的视放输出级主要功能是对三路输入的 R、G、B 三基色信号分别作不失真的放大，给显像管、三极管送出幅度、带宽、电压极性等均满足要求的视频信号。下面举例说明。

1．实际电路(一)

图 4.16 是某牌号 21 英寸(54 cm)彩色电视接收机视频放大输出级实际电路。电路由三组共发射极甲类放大器组成，分别对 R、G、B 三基色信号进行不失真的放大。由于三组电路基本相同，分析时只取其一即可。

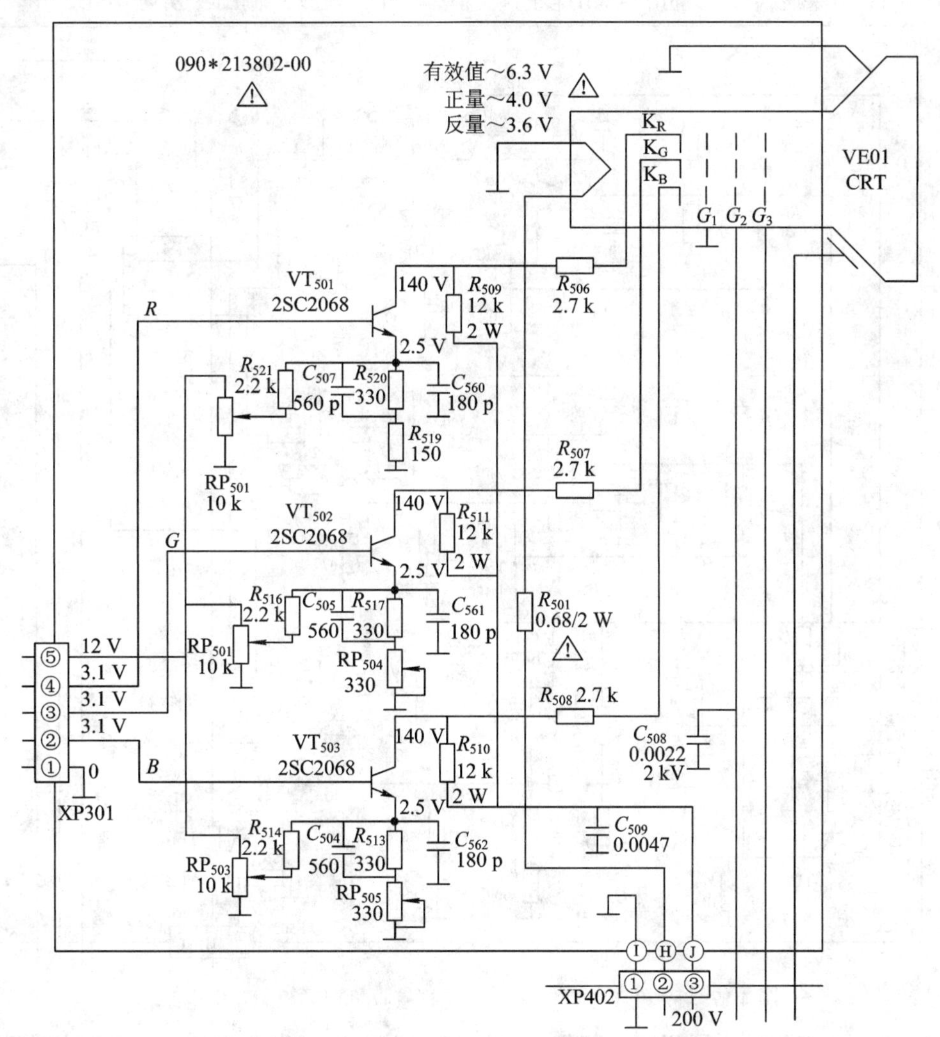

图 4.16　某 21 英寸(54 cm)彩色电视机视频输出电路

下面对图 4.16 所示的电路作如下几点说明：

(1) 直流供电电压为 200 V，输出交流信号的动态范围约为 90 V 峰峰值。放大器的放大倍数在 20～30 之间，其带宽为 5 MHz(3 dB)。R、G、B 信号分别由视放管基极输入，由集电极输出，经隔离电阻(2.7 kΩ)送显像管的 3 个阴极，放大器的负载电阻均为 12 kΩ。

(2) 电位器 $RP_{501\sim503}$ 分别调节放大管 b-e 间的直流电位，即调节视放管的集电极静态电流，从而改变各自输出的直流电位，达到暗白平衡调节的目的。

(3) 在 G、B 两个基色放大管的射极分别接有电位器 RP_{504}、RP_{505}，它们是为亮白平衡调节设置的，调整这两个电位器可改变绿(G)和蓝(B)视放管的负反馈深度，从而改变放大器的增益，达到亮白平衡调节的目的。红(R)色视放级的增益作为基准，故不作调节。

(4) 各视放管的射极均接有电容，且容量不大，它们的作用是对视频高端的信号进行补偿，以扩展带宽，提高图像的清晰度。

2. 实际电路(二)

图 4.17 是某牌号 29 英寸(74 cm)彩色电视接收机视频放大输出级实际电路。

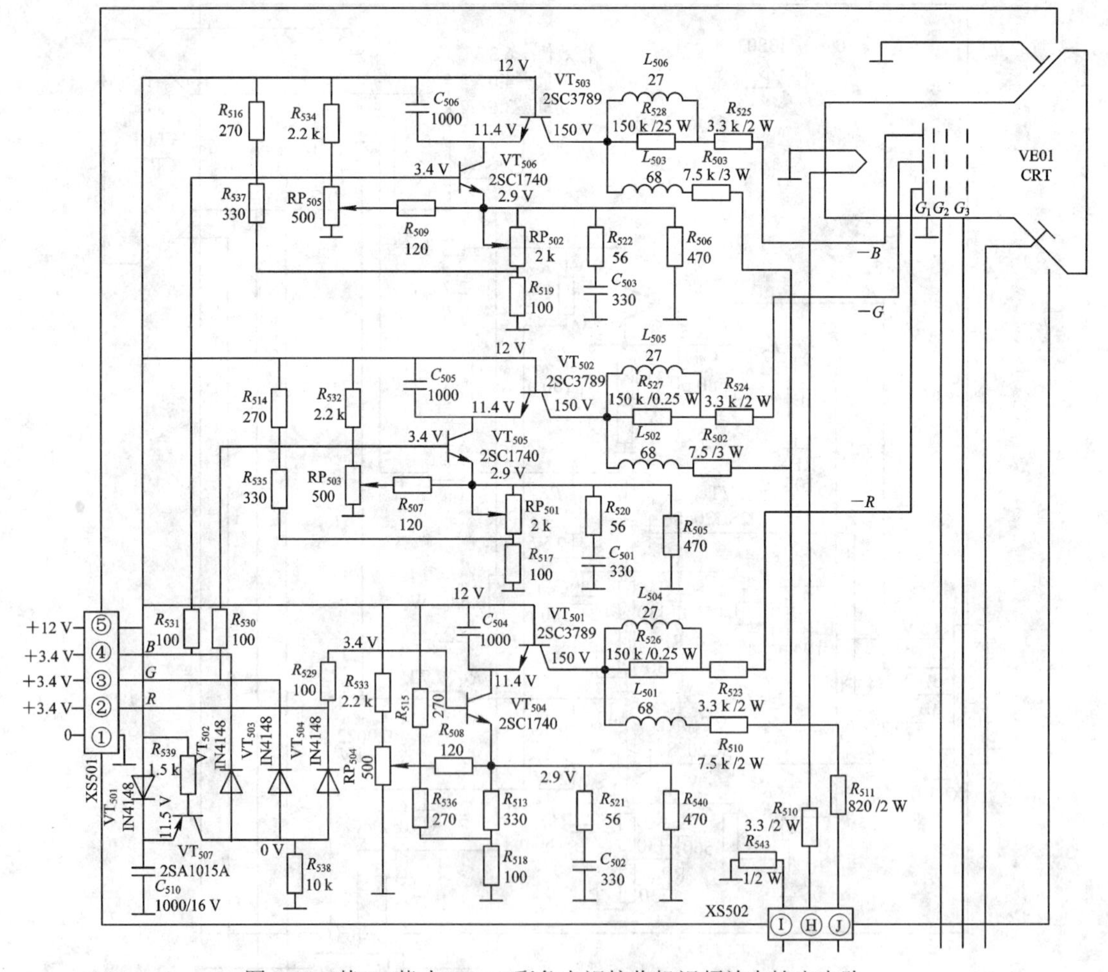

图 4.17　某 29 英寸(74 cm)彩色电视接收机视频放大输出电路

(1) 电路由三组放大器组成，每组放大器均为共发射-共基级联电路，这种放大电路的特点是增益高、频带宽、工作较稳定、性能大大优于共发射极放大电路。放大管集电极的直流供电电压为 200 V，此电压来自行输出变压器次级的直流供电电路。

(2) 为了扩展放大电路的频带宽度，分别采用了放大管发射极小电容高频补偿及集电极电路中电感的串、并联谐振补偿。电感 $L_{504\sim506}$ 分别与负载电容形成串联谐振电路，使某一高频段的 R、G、B 信号得以增强；电感 $L_{501\sim503}$ 分别与负载电容(等效电容)形成并联谐振电路，又使另一高频段的 R、G、B 信号得以增强。设计时，两个谐振频率应错开，以使放大器总的幅频特性进一步加宽。

现以红(R)色信号的视频放大电路为例对补偿原理进行说明。设电感 L_{504} 与负载电容 C_0 的串联谐振频率为 f_S，则 L_{501} 与等效负载电容 C_0' 的并联谐振频率 f_P 必然小于 f_S，因为这时 L_{504} 与 C_0 的串联谐振支路才能等效为电容性(以 C_0' 表示)，其有关等效电路与幅频特性如图 4.18 所示。图中，与 L_{504} 等并联的 150 kΩ 电阻是为了增大回路损耗，使谐振曲线趋于平坦。在主机板电路采用梳状滤波器 Y/C 分离电路或采用基带滤波器的彩色电视接收机中，L_{504}、L_{505}、L_{506} 可用短路线取代，电感的串联补偿即被取消。由此可见，大屏幕彩色电视中为了提高图像的清晰度，常用多种方法对信号的高频分量进行补偿。

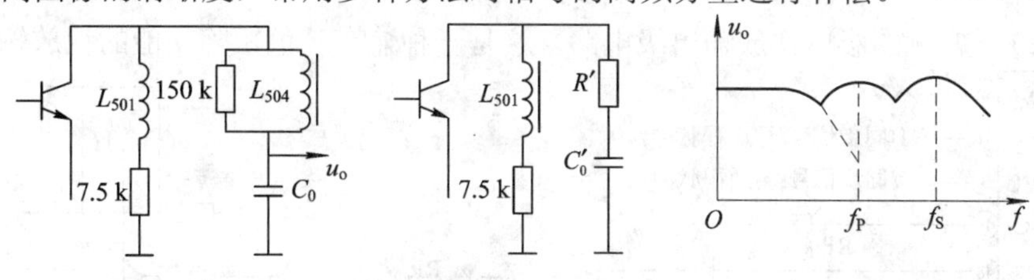

(a) L_{504}与C_0串联谐振　(b) L_{501}与C_0'并联谐振　(c) 视放输出级的幅频特性

图 4.18　视放输出级电感串/并联补偿原理示意图

(3) 各视放管发射极的电位器 $RP_{503\sim505}$ 是为了调节暗白平衡而设置的，它是通过调整视放管的直流工作点，以改变输出信号的直流电平，实现暗白平衡的调节。

(4) 电位器 $RP_{501\sim503}$ 是为亮白平衡的调节而设置的，它通过调节视放管发射极电阻的大小，来改变放大器负反馈的深度，以改变放大器增益，实现亮白平衡的调节。

(5) 图 4.17 中三极管 VT_{507}、二极管 $VD_{501\sim504}$、电容 C_{510}、电阻 R_{538}、R_{539} 组成关机亮点消除电路，下面对其工作原理作一简单说明。图 4.19 画出了关机亮点消除电路(以红色视放电路为例)。图中，+12 V 电压经过 1.5 kΩ 电阻及 VD_{501} 分别加至 VT_{507} 管的基极与发射极。

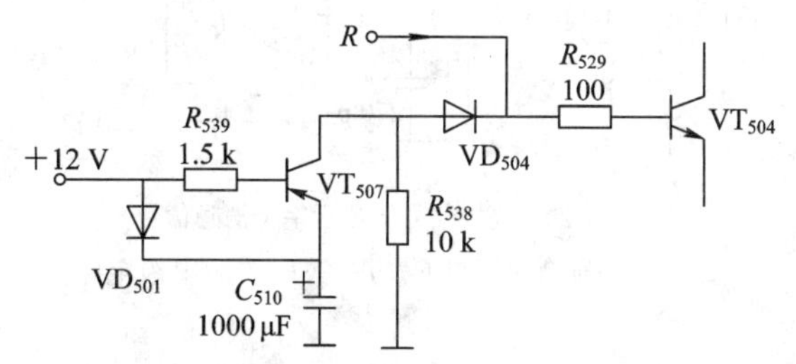

图 4.19　关机亮点消除电路

电视机正常收看时，+12 V 通过 VD_{501} 对 C_{510} 充电，故 VT_{507} 发射极的直流电位略低于基极的 12 V，三极管 VT_{507}(PNP)截止，其集电极电位接近地电位 0 V(R_{538} 接地)，二极管

VD_{504}也截止，此时关机亮点消除电路对视放输出电路不起作用。

在关机后的瞬间，+12 V电压迅速降低，因而VT_{507}管基极电位也迅速降低，但其发射极由于C_{510}的容量大，其电位下降较慢，结果使VT_{507}迅速导通饱和，使二极管VD_{504}导通，使视放管 VT_{504}因基极电位迅速升高而饱和，迫使其输出电平降低，这样就造成显像管因阴极电位迅速降低而发射出较大的束电流，将显像管玻壳内外壁等效电容中所储存的高压电荷迅速释放掉，避免电子束长时间轰击荧光屏的中心点。

4.3.4　彩色电视接收机视放输出兼基色矩阵的电路分析

在不少牌号的彩色电视接收机中，其视放输出级有两个作用：一是作基色矩阵，对输入的Y、$R-Y$、$G-Y$、$B-Y$四种信号分别进行运算，产生R、G、B三基色信号；二是对所获得的R、G、B进行不失真的反相放大，向显像管的三个阴极分别输出负极性的红(R)、绿(G)、蓝(B)三基色信号。下面以实际电路为例进行说明。

1．实际电路

图4.20是常见的彩电视放输出级电路，这是一种兼有基色矩阵功能的视放输出电路。

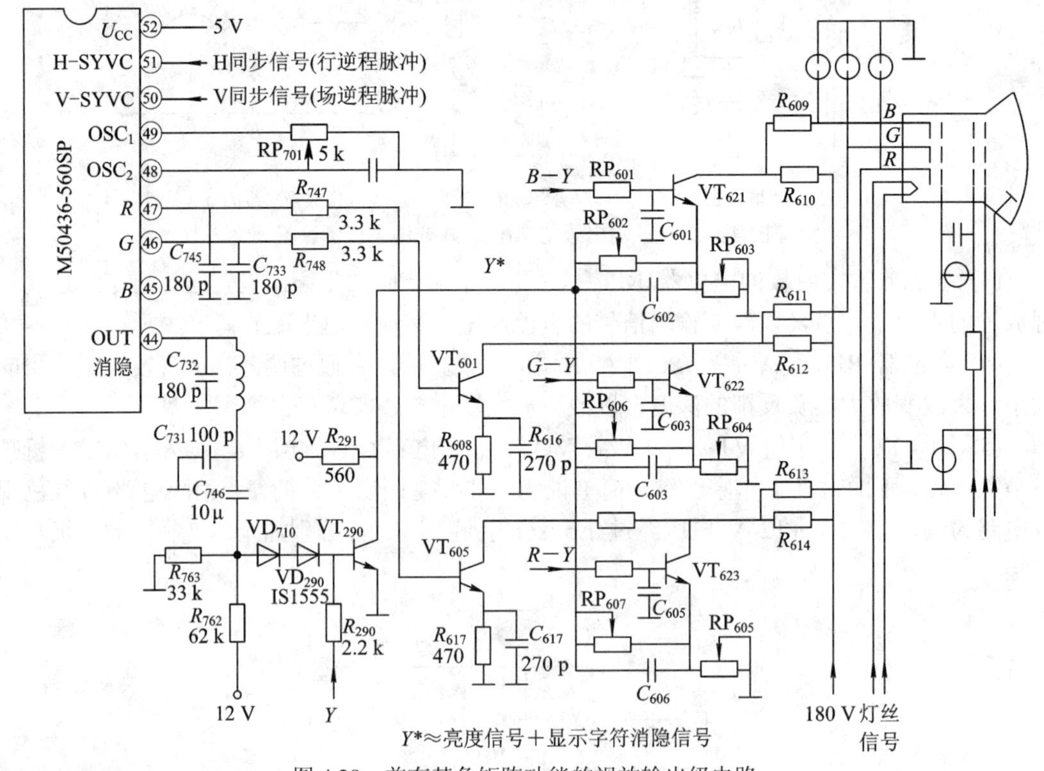

图4.20　兼有基色矩阵功能的视放输出级电路

2．简单说明

(1) 基色矩阵功能。三色差信号$R-Y$、$G-Y$、$B-Y$分别加至三个晶体管的基极，亮度信号Y经VT_{605}射极跟随放大后，由电位器RP_{607}、RP_{606}、RP_{602}调节，加至VT_{623}、VT_{622}、VT_{621}的发射极，极性为负，即为$-Y$，由此可求得上述三个晶体管基极与发射极间所加的

信号，即

$$u_{be623}=R-Y-(-Y)=R$$
$$u_{be622}=G-Y-(-Y)=G$$
$$u_{be621}=B-Y-(-Y)=B$$

如此即实现了矩阵电路的运算功能，获得了所需的三基色信号 R、G、B。

(2) 三基色信号的反相放大。三个视放管分别对各自输入的 u_{be} 信号进行反相放大，由集电极输出负极性的红、绿、蓝三基色信号(即 $-R$、$-G$、$-B$ 信号)，并将此信号送至显像管的三个阴极。图 4.20 中视放管的直流供电电压为 180 V，R_{614}、R_{612}、R_{610} 为负载电阻，R_{613}、R_{611}、R_{609} 为隔离电阻。

(3) 白平衡调节。图 4.20 中 RP_{607}、RP_{606}、RP_{602} 为亮白平衡调节电位器，可调节送至三个晶体管阴极的亮度信号($-Y$)的大小，以保证彩色电视接收机在收看黑白电视节目时，视放管送至显像管三个阴极的 R、G、B 信号电压符合要求，使屏幕显示不带彩色的黑白图像。很显然，在接收黑白电视图像时，接收机的色度通道关闭，三色差信号 $R-Y$、$G-Y$、$B-Y$ 不再存在，故三个视放管 b-e 结所加的电压为

$$u_{be}=u_{Y}$$

经反相放大后，给显像管三个阴极送入的应为负极性的亮度信号($-Y$)。因显像管三个阴极的特性有所差异，故所加的亮度信号值应有所差异。

图 4.20 中，电位器 RP_{605}、RP_{604}、RP_{603} 是用作暗白平衡调节的。其实质是调节各放大器的增益及直流电平(工作点)。调暗白平衡时，应将色饱和度旋钮关至最小，使 $R-Y$、$G-Y$、$B-Y$ 信号调至最小值(或为 0)，因而此时 RP_{605}、RP_{604}、RP_{603} 的调节主要是对放大管射极直流电平的控制，故为暗白平衡的调节。

(4) 图 4.20 中左侧的 M50436-560SP 是接收机的遥控微处理机，它输出的 R、G 信号是作为屏幕字符显示用的，它经 VT_{601}、VT_{605} 反相放大后，直接加至显像管的 R、G 两个阴极，其所显示的字符颜色有红、绿、黄三种彩色。M50436-560SP 第㊹脚送出的是字符窗口背景的消隐信号。有关字符显示的工作原理下一章将要讨论，这里就不多说了。

4.4 彩色显像管

彩色显像管是彩色电视接收机的重要部件，它是根据三基色空间混色原理重现彩色图像的电真空器件。

彩色显像管由电子枪与荧光屏两大部分组成。电子枪发出红、绿、蓝三注电子束，在行场偏转线圈所产生的偏转磁场作用下，三注电子束按同一规律做自左至右又自右至左、自上而下又自下而上的行、场扫描，分别轰击荧光屏上各自对应的红、绿、蓝三色荧光粉，从而产生彩色图像。由于各电子束的强弱不同(各电子束受控于各自的图像信号，故电子数量有多有少)，使三种荧光粉发出的彩色光强度(亮度)也有所差别，按照空间相加混色原理，就可重显各种不同的彩色图像。

较早使用的彩色显像管是三枪三束管，其特点是重现的图像清晰度高，但会聚电路十分复杂，调整也非常麻烦，到了 20 世纪 60 年代，开始使用单枪三束管，其会聚调节的复

杂程度有所改进，70年代出现了自会聚彩色显像管，成功地应用到彩色电视接收机中。这种显像管和特别的偏转线圈相配合，使动会聚调整自动完成，不再需要调节，为生产、维修带来极大方便。本节将对自会聚彩色显像管作一简单介绍。

4.4.1 单枪三束彩色显像管

1. 单枪三束彩色显像管的结构

单枪三束彩色显像管的结构示意图如图4.21所示。下面结合图4.21对这种显像管的工作原理作一简单说明。

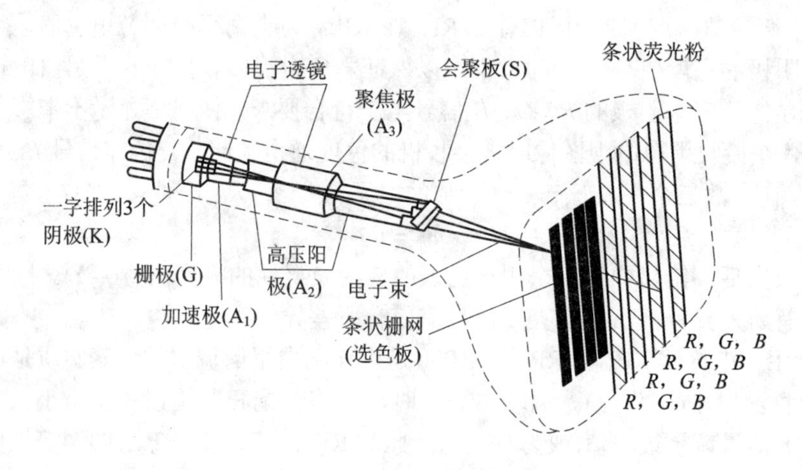

图4.21 单枪三束彩色显像管的结构

2. 电子枪

单枪三束管的电子枪由3个独立的阴极(K_R、K_G、K_B)、栅极(G)及一个加速极(A_1)、聚焦极(A_3)、高压阳极(前、后阳极A_2、A_4)、会聚板等组成。

(1) 阴极为3个独立的红、绿、蓝阴极，3个阴极作水平一字形排列，绿在中间，红、蓝位于两侧。3个阴极分别加入红(R)、绿(G)、蓝(B)基色信号电压，使其发出三注强弱不同的电子束电流。每个电子束的工作原理与黑白电视显像管并无两样。

(2) 栅极，也称调制极。它的作用是控制阴极发出电子的多少。当加给栅-阴极之间的电位发生变化时，阴极发出的电子数量也就不同。

(3) 加速极、聚焦极、高压阳极，均只有一个，为各电子束所公用。它们的作用与黑白显像管中的相关电极相同，即加速极能给电子束以能量，使其高速前进；聚焦极能以电子透镜的方法，使电子束中散离的电子聚集在一起，以提高图像的清晰度；加速极加有15 000～25 000 V高压，给电子束以巨大能量，使其能以高速轰击荧光屏的荧光粉，从而发光。

(4) 会聚板的位置在显像管的锥颈附近，一般为两对(4块)极板，主要用于两侧红、蓝电子束的水平会聚，但对中间的绿电子束影响不大。其结果使三注电子束能在荧光屏前会聚于一点。

3．荧光屏

单枪三束管的荧光屏涂敷了红、绿、蓝三基色荧光粉，作垂直条状排列，按红、绿、蓝顺序循环重复。每条荧光粉带宽约 0.25 mm，共有 3×500 = 1500 条(共 500 组，每组有红、绿、蓝 3 条)。

4．选色板(栅网)

选色板位于荧光屏的后面，为垂直条状缝隙的栅网，缝隙的条数与荧光粉的组数相等，共为 500 条。

选色板的主要作用是提高电子束轰击各自荧光粉条的命中率，即起选色作用。只要三注电子束能在此栅网缝隙处聚成一点，则红、绿、蓝三电子束必能准确地轰击各自的荧光粉条。

5．单枪三束彩色显像管的优缺点

单枪三束彩色显像管的主要优点如下：

(1) 由于采用了单电子枪，故管子的结构较为简单，成本低；管颈也可缩小，从而降低了扫描功率。

(2) 聚焦质量较好。

(3) 栅网的电子透射率比荫罩要高 30%，在相同强度的电子束流的情况下，单枪三束管的光栅亮度要比三枪三束管的高。

(4) 由于三注电子束处于同一水平面上，且荧光屏的荧光粉又是垂直排列的条状带，故消除了三注电子束在垂直方向上的会聚误差，所以无需进行垂直会聚调整。

(5) 由于荧光粉是垂直条状排列，所以电子束在垂直方向上的偏移不会造成混色，这样会使色纯调整简单。另外，条状栅网受地磁和杂散磁场的影响也小。

单枪三束彩色显像管的主要缺点是：水平分辨力较低；条状栅网的机械强度稍差，抗震性不好，受电子束冲击后易变形。

在彩色电视接收机中，单枪三束管已很少被采用。

4.4.2　自会聚彩色显像管

自会聚彩色显像管(下面简称为自会聚管)是在单枪三束管的基础上发展起来的，其性能更为优越，应用更为广泛，为各牌号彩色电视机所采用。

自会聚管利用特殊的偏转线圈配合及管内电极的改进，不用动会聚电路就能使红、绿、蓝三注电子束准确地在整个荧光屏上实现动会聚。自会聚的名称即由此而来。自会聚管是由一体化的电子枪和荧光屏组成的，其结构示意图如图 4.22(a)所示。

1．一体化电子枪

自会聚管的电子枪为一体化结构。它除了有 3 个独立阴极外，其他各个电极都是公用的。3 个阴极分别输入 3 个基色信号，以控制各自阴极发出电子的多少。图 4.22(b)为自会聚管一体化电子枪结构的示意图，图中表明，3 个独立阴极作水平一字排列，彼此间的距离很小，因而会聚误差小，栅极为单片 3 孔结构，由 3 个阴极发出的电子束只能由各自所对应的栅孔通过，在制造栅极时，由于采用了高精度模具，因而保证了各电子束的间距准确性，从而提高了聚焦的精度。

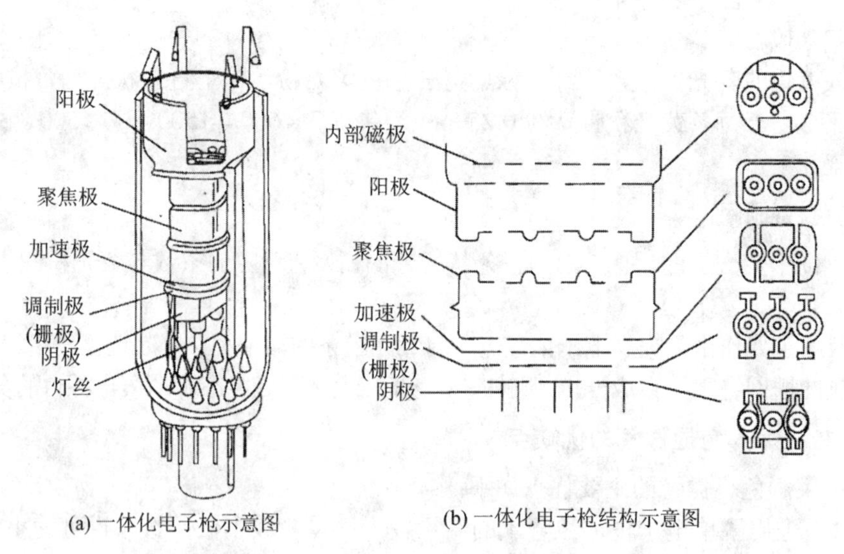

(a) 一体化电子枪示意图　　(b) 一体化电子枪结构示意图

图 4.22　自会聚管一体化电子枪结构示意图

有的显像管是红、蓝电子束在两侧，绿电子束居中；但也有些显像管是绿、蓝电子束在两侧，红电子束居中。这样做有一定好处，因为红光的失聚易被人眼所觉察，令其居中后，便不易失聚(与两侧相比)。

电子枪中的其他电极，如加速极、聚焦极、高压阳极等的功能与单枪三束管相同，不再赘述。在电子枪的顶部，靠近偏转线圈的后端位置上，装有 4 个磁环，其总的作用是使红、绿、蓝三基色光栅重合。

2．荧光屏与荫罩板(选色板)

(1) 条状式的荧光屏。自会聚管荧光屏上的荧光粉也呈条状垂直排列，但不像单枪三束管那样，每条荧光粉条均由上而下一条到底，而是间断式的条状排列，如图 4.23(a)所示。条状式的荧光屏可以采用黑底管技术，即在荧光粉条以外部分(未涂荧光粉的部分)涂上石墨层，以吸收管内或管外射入的杂散波，提高图像的清晰度。采用黑底管技术后，显像管可选用高透光率的玻璃屏，并可应用较大的荫槽孔，这样能使图像的亮度显著提高(约 30%)，其示意图如图 4.23(b)所示。

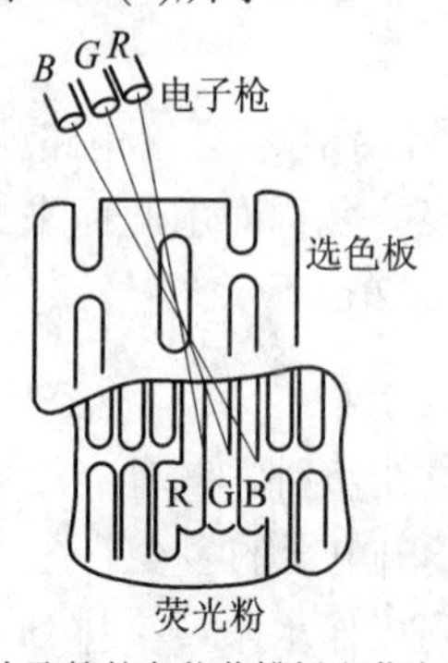

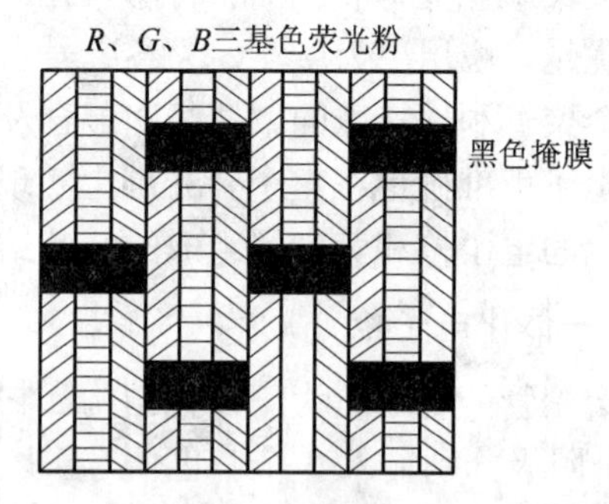

(a) 自会聚管的条状荫槽板和荧光粉排列　　(b) 黑底管的荧光粉与石墨掩膜涂敷情况

图 4.23　自会聚管的荫槽板、荧光粉条及黑底管示意图

(2) 开槽式荫罩也称荫槽板(选色板)，其荫槽板上开成一条条长方形小槽，并按品字形

错开排列，与荧光屏上的三基色荧光粉条相平行。这种结构的荫罩，改善了单枪三束管栅状式荫罩板的机械强度和抗震、抗热、抗电子束冲击的能力。

3. 动会聚校正型偏线圈

自会聚管采用的是特制的环形精密偏转线圈。其行、场偏转线圈均绕在磁环骨架的沟槽中，绕制工艺十分讲究，数据非常精确，这种线圈在结构上能保证产生使三注电子束偏转所需的特殊非均匀磁场，能自动校正动会聚误差，使三注电子束在整个荧光屏上自动会聚，从而免去了动会聚的调整装置。

自会聚管行、场偏转线圈一般是低阻抗的，圈数少，体积小，线圈绕成后已固定在显像管的管颈上，与管子组成一个有机的整体，出厂前已通过专用设备进行过精密调整，使用这类管子时，不可随意调整，否则会降低彩色图像的质量。

4.4.3　自会聚彩色显像管的色纯与静会聚调节

自会聚彩色显像管的动会聚采用了两种方法实现：第一种是在显像管内设置了磁增强器和磁分路器，可校正各电子束所引起的光栅失聚，使绿色光栅与红、蓝光栅在屏幕各处都能重合起来；第二种是采用了动会聚自校正特殊偏转线圈，在管内产生特殊的非均匀磁场，从而能自动校正动会聚误差。

虽然自会聚管免去了动会聚的调节，但静会聚和色纯度调节还是必要的，其调节装置一般由静会聚磁铁和色纯度磁铁组合而成。

1. 色纯度的调节

色纯度是指彩色显像管显示单色(红、绿或蓝)光栅的纯净程度。若色纯不好，在接收彩色信号时，会在屏幕的某些部分出现色斑。造成色不纯的主要原因有两个：一是由于显像管电子枪制造与装配的误差；二是外界磁场的干扰。色纯的调节用两片两极磁环来实现，它位于加速极与第二阳极之间，利用外加磁环形成的附加磁场(大小、方向均可调整)使电子束向所需的方向偏转，而满足色纯的要求。

2. 静会聚的调节

所谓静会聚，是指使散聚的红、绿、蓝三注电子束能在荫罩槽处会聚(重合)在一起，以保证三注电子束在荧光屏的中心位置处获得良好的会聚，并各自击中所对应的荧光粉条上。这一过程即称为静会聚。静会聚调节装置是由两片四极磁环和两片六极磁环叠装在一起组成的，磁环可使两侧红、蓝电子束在上下、左右两个方向上做等量的反向移动，使红、蓝两电子束重合在荫罩槽处，再调节两片六极磁环，可使两侧红、蓝电子束在上下、左右方向做等量的同向位移，使已重合的两侧红、蓝电子束与绿色中束重合在一起，使三电子束能在荧光屏的中心位置得到良好的静会聚。

4.4.4　白平衡的调节

所谓白平衡，是指彩色电视接收机在接收黑白图像信号或彩色图像中的黑白部分时，显像管上显出的是否是纯净的黑白电视图像。这表明，在接收黑白色电视信号时，尽管彩色荧光屏上的三种荧光粉都在发光，但其合成的光在任何对比度的情况下都应无彩色。在实际显像管中，由于红、绿、蓝三个电子束的截止点和调制特性有所差异，此时，即使在红、绿、蓝三个阴极上加上同等幅值的信号电压(黑白图像时，三基色信号的幅值应相等)，显像管屏幕显出的画面也不会是纯净的黑白图像，而是有一定色彩的画面。白平衡调节就为了解决这一问题而提出的。

白平衡调节一般分两个步骤进行，即暗(白)平衡(静态平衡)调节和亮(白)平衡(动态平衡)调节。

所谓暗(白)平衡的调节，是指在黑白电视图像信号较弱(即图像较暗)、显像管各电子束电流较小时对白平衡的调节。暗(白)平衡调节就是要设法使三注电子束的截止点(起点)趋于一点，通常的方法是分别调节加于显像管三个阴极上的直流电平，即调节栅-阴极间的直流偏置电压来解决。这样，可使三注电子束电流在同一时刻出现，且由于这低电流区域的调制特性曲线斜率相差不多，故能保证在这一区域中显示出暗灰色光栅或图像。

经过暗(白)平衡的调整，三条电子束调制特性曲线的截止点(起点)基本一致了，但曲线的斜率仍各不相同，这就使得三注电子束即使在同一幅值的三基色信号激励下，所产生的电流大小也不一样，再加之荧光屏上三种荧光粉的发光效率各不相同，所以在高亮度(大电流)情况下，屏幕上呈现的光栅或图像仍带有某种彩色，而不是纯净的白色，因此还需要进行高亮度时的白平衡调整，也就是亮(白)平衡调整。

亮(白)平衡调整的实质就是调整加至显像管各三个阴极上的 R、G、B 激励信号幅度的大小比例，使得显像管在高亮度区获得白平衡，通常，加至显像管三个阴极的信号要求红色激励最大，绿色次之，蓝色略小。但在显像管经过一段时间使用后，由于红色荧光粉的发光效率会相对提高(或绿、蓝荧光粉的发光效率相对降低)，会使白平衡遭破坏，此时需重新调整白平衡。

4.4.5　消磁电路

磁力可以使电子束改变运动方向，发生偏转。因此，除了使行、场偏转线圈产生所需的磁力外，其他任何磁力都会对显像管中电子束的运动产生不良影响，使聚焦变坏、色纯变差。下面要对这一问题进行讨论。

1．为什么要进行消磁

有两种不需要的磁力会对电子束聚焦产生不良影响：其中一种是地磁，地磁是永久存在的磁场，它会对显像管中电子束的运动产生附加作用；另一种是彩色电视接收机在使用过程中，彩色显像管的磁屏蔽罩、防爆环、选色板(荫罩板)及其框架等铁制零部件，受地球磁场和机内外杂散磁场的作用(如显像管内电子束运动所产生的磁场等)，产生剩磁并逐渐积累增大。上述的这两种磁力会影响电子束的偏转，使色纯度和会聚受到破坏。为此，在彩色电视接收机开机工作时，首先要对显像管及其周围的铁制部件进行消磁。自动消磁电路(ADC)就是为此目的而设置的。

2．消磁原理

消磁的基本原理是利用一个相当强的、周期性的、逐渐衰减的交变磁场，加至带有剩磁的物件，使已磁化的铁制部件逐步退磁。我们可以依据磁滞回线对铁磁物体进行磁化或消磁进行解释。

3. 消磁电路

在彩色电视接收机中，有两种消磁方式，其中一种是自动消磁，另一种是人工消磁。前者是任何彩电中都必须有的功能，后者常在维修中使用。

典型的自动消磁电路如图 4.24(a)所示。图中，R 为正温度系数电阻，常温下 R 的阻值约为十几欧姆至几十欧姆。在刚接通 220 V 交流电源时，温度低、电阻小，故电流很大，一般可达 1.25 A。由于电流大，电阻上的温度升高，其阻值也随之增大，电流也逐步减小。在消磁结束后(电视机正常工作时)，消磁线圈中的电流应不大于 0.75 mA。L 为消磁线圈，由漆包线绕成，约 400～500 匝，刚接通电源时的起始磁场较大，应在 500 安匝以上，消磁结束后，磁场应衰减至 0.3 安匝以下，以保证消磁线圈的剩余磁场不会影响电子束的运动轨迹。电容 C 是为了防止消磁线圈中产生寄生振荡。

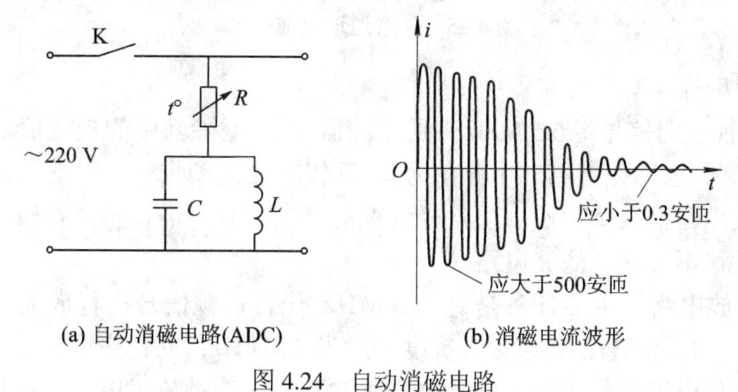

(a) 自动消磁电路(ADC)　　(b) 消磁电流波形

图 4.24　自动消磁电路

4.5 伴音通道

电视接收机伴音通道的主要作用是要对来自公共通道的伴音中频调频信号进行放大、限幅、鉴频、解调出音频信号，然后通过低频放大、音量调节、音调调节、功率放大、输出到扬声器发出声音。

由于电视伴音信号在传输过程中采用调频方式实现，因此经过高频头的中频转换后，再经过公共通道的视频与音频分离，得到的中频伴音信号是标准形式的调频信号，这样使得伴音信号的处理电路标准化，可以采用集成芯片的形式来实现。电路分析的重点放在系统的组成框图、信号的流程与变换、主要电路的特点等方面。

在大屏幕电视接收机中，普遍采用全制式处理电路，适应不同制式信号源的信号输入，在伴音通道需要不同制式信号的转换，另外，还有音调控制、调频立体声接收等功能电路。本节的重点是常规彩色电视接收机伴音通道的组成及电路工作原理。

4.5.1　伴音通道的组成框图

1. 组成框图

伴音通道是由带通滤波、伴音中放、限幅、鉴频、低放、功放等电路组成的，其典型框图如图 4.25 所示。图中，预视放一般兼作第二伴音的第一中放，为伴音通道提供第二中频伴音调频信号。

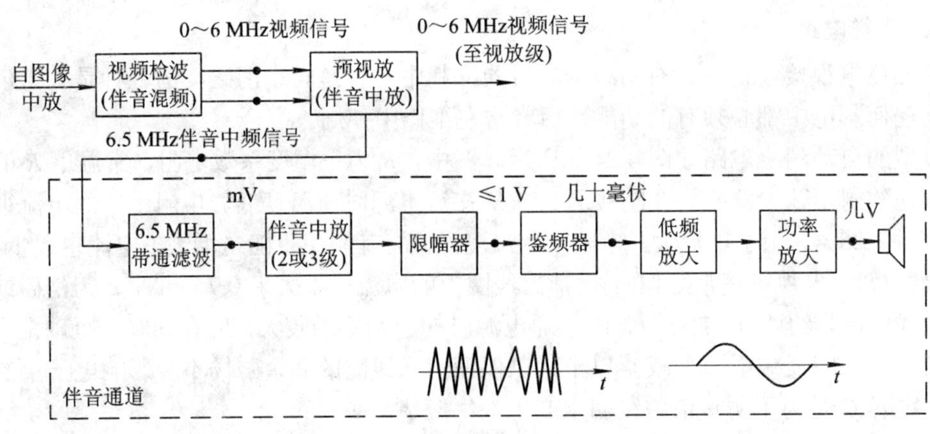

图 4.25　伴音通道组成框图

2．框图说明

(1) 来自预视放的信号经6.5 MHz带通滤波器选频，滤除其中的视频信号，选出6.5 MHz伴音调频中频信号(也称伴音第二中频信号)。近代的电视接收机中，这一滤波器都选用集成化的陶瓷滤波电路，其体积小、质量轻、性能稳定，且不需调整。在较早的分立元件电视接收机中，往往不设这一滤波电路。

(2) 伴音中放电路的主要任务是对 6.5 MHz 伴音调频信号进行放大，其放大量约为50～60 dB(即可达1000倍)。其通频带宽度一般为250 kHz；立体声调频时，电路通频带需更宽。在分立元件电视接收机中，伴音中放通常为 *LC* 选频放大电路；在集成化的电视接收机中，伴音中放都为宽频带放大电路，以尽量减少集成芯片的片外调谐回路。

(3) 限幅电路的主要作用是要对调频波的幅度进行限制，使其为一等幅调频信号，而消除振幅的瞬时不规则的变化，以保证鉴频后输出的音频信号不失真。常用的限幅电路有二极管限幅电路、三极管限幅电路及差动限幅电路。

(4) 鉴频器的主要作用是要从6.5 MHz伴音调频信号中解出(恢复出)原调制信号，即音频信号。在分立元件里的电视接收机中，几乎都采用比例鉴频电路，而近代的集成化电视接收机中，绝大多数都选用差动峰值鉴频电路或移相乘法鉴频电路，这两类鉴频电路的波形变换电路都十分简单，调节也非常方便，有关它们的工作原理已在其他课程中论述过，这里就不作重复了。

(5) 音频放大器包括电压放大和功率放大两部分。它们的任务是要对鉴频器输出的伴音信号进行放大，然后再送至扬声器发声。音频放大器的输入信号的幅值约为几十毫伏，输出电压的幅值约为几伏，其电压放大倍数为几十倍至近百倍(≤40 dB)。近代的电视接收机中，音频放大器大都为集成化电路，当然也有不少机型仍是将功率放大电路分立于集成电路之外。

4.5.2　鉴频电路

鉴频器的作用是要将伴音调频信号变换成伴音(音频)信号输出，因此鉴频器是一频率-电压变换电路，其变换特性如图4.26的曲线所示，通常也称为鉴频曲线或S形曲线。由于鉴频电路的结构与连接的差别，S 形曲线有正反两种，即一种是输出电压随调频波信号频率的增高而加大，随频率降低而减小；另一种正好相反。鉴频电路是伴音通道的关键电路，对它应有足够的了解。

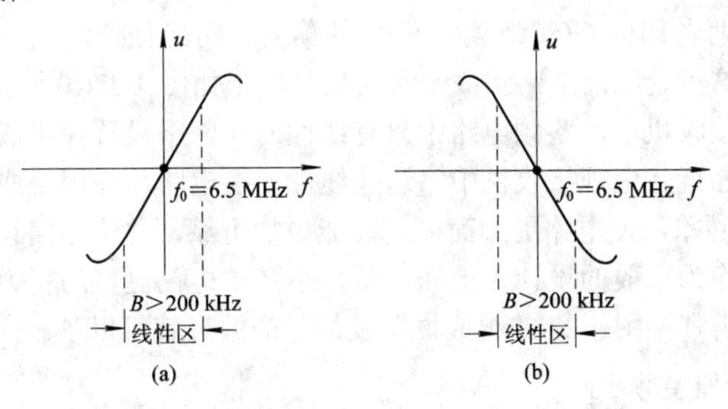

图 4.26　鉴频特性曲线(S 形曲线)

1．鉴频器的种类及简单工作原理

在电视接收机中，鉴频电路有多种形式，就电路工作原理区分主要有如下几种：

(1) 相位鉴频与比例鉴频。早期的分立元件电视接收机及部分集成电路电视接收机，几乎均采用这种鉴频电路，这类鉴频器也称振幅鉴频。电路中先用线性变换电路将调频波转换成调幅-调频波，使其包络随着调频波的频率变化而变化，然后用差动包络检波(即差动峰值检波)电路解调出(还原出)原调制信号，即音频信号。在新型电视机中，这种形式的电路已所见甚少，故不多述。

(2) 差动峰值鉴频，也称失谐回路鉴频。这种鉴频器的工作原理与相位鉴频、比例鉴频基本一致，也是将调频波用线性变换网络转换成调幅-调频(AM-FM)波，再用差动包络检波器检波，即调解出调频波中的原调制信号。它们唯一的不同之处在于线性变换网络，差动峰值鉴频器的线性变换网络十分简单，甚至可用石英晶体或陶瓷振子代替，便于设计、调整与维护，故得到广泛应用。这种鉴频的电路组成及有关信号波形如图 4.27(a)所示。

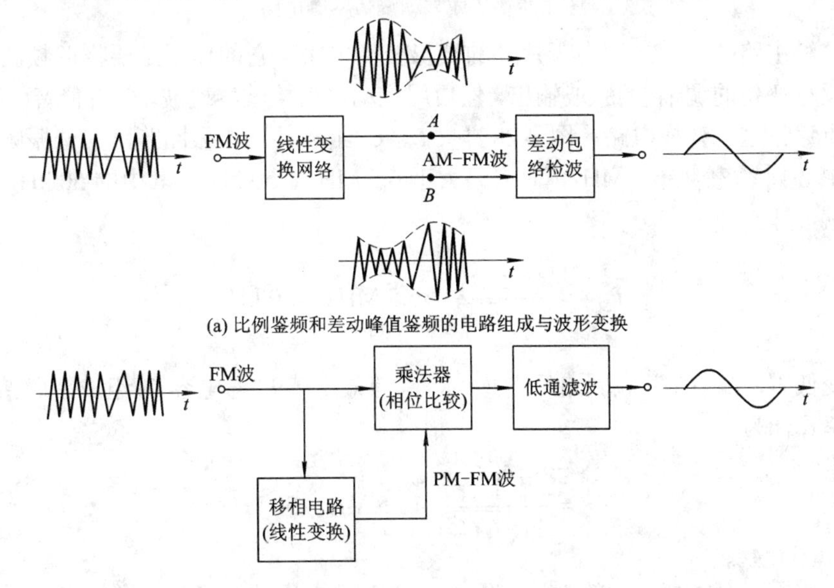

图 4.27　两类鉴频的电路组成及信号波形变换

(3) 移相乘法鉴频是先用移相电路将调频波转换成调相-调频(PM-FM)波，使其瞬时相位随着调频波的瞬时频率变化而变化，再用相位比较器(如乘法电路)对变化前后的信号进行鉴相，输出反映两者相位差(实为频率变化)的信号，再经低通滤波，即可获得原调制信号，即音频信号。这种鉴频的电路组成及有关信号波形如图 4.27(b)所示。

在集成式电视接收机中，鉴频电路中只有线性变换网络设置在集成芯片之外，其他电路均在芯片之内。在近代电视接收机中，这些线性变换电路往往用集成化的陶瓷带通滤波元件代替 *LC* 选频回路，使电路更加简单，性能更加可靠，并给电路设计、整机维修带来极大方便。因此，作为一般的设计、维修人员，不必要再花更多的精力去深入了解鉴频电路的工作原理，只需掌握图 4.27 的组成框图及信号的波形就可以了。

2. 集成差动峰值鉴频电路

这种鉴频电路也称失谐回路鉴频器，常用于黑白电视接收机或彩色电视接收机的伴音通道。其电路组成(主要是片外的波形变换电路)如图 4.28 所示。该电路的特点是片外电路十分简单，元件少，易设计、调整和维修。

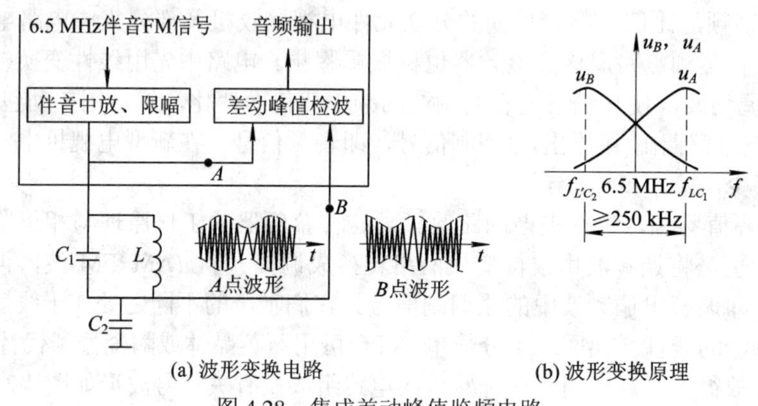

(a) 波形变换电路　　(b) 波形变换原理

图 4.28　集成差动峰值鉴频电路

分析这种电路的关键之点在于片外的波形变换电路，它的作用是要将调频波变换成两个包络作反相变化的调幅-调频波输出，然后用差动峰值检波器检波，获得伴音(音频)信号。下面将重点讨论这一变换电路。图 4.28 中，L、C_1 组成并联谐振回路，其谐振频率不应是调频波的中心频率(载频)6.5 MHz，而应略大于 6.5 MHz＋50 kHz，其中的 50 kHz 是调频波的最大频偏，即

$$f_{LC_1}=\frac{1}{2\pi\sqrt{LC_1}}>6.5\ \text{MHz}+50\ \text{kHz}$$

而在频率变低时，L、C_1 并联回路呈电感性，其等效电感 L' 与电容 C_2 组成串联谐振回路，其谐振频率设计为

$$f_{LC_2}=\frac{1}{2\pi\sqrt{L'C_2}}<6.5\ \text{MHz}+50\ \text{kHz}$$

上述谐波振频率一高一低的设计，使 A 点和 B 点电压的波形变成了包络随频率而变化的调幅-调频波。因为在输入频率上升或下降时，会有下述情况发生，即

调频波$f\uparrow$→L、C_1回路趋于并联谐振→回路阻抗$\uparrow$ ↗ $u_A\uparrow$(A对地电压) ↘ $u_B\downarrow$(C_2上的电压)

调频波$f\downarrow$→L、C_1回路感性失谐→ L'、C_2趋于串联谐振 ↗ $u_A\downarrow$ ↘ $u_B\uparrow$

差动峰值检波电路一般为常见的包络检波电路，工作原理简单，不再多述。

3．集成相移乘法鉴频电路

这种鉴频电路常被各类电视接收机采用，其特点是片外电路简单，易设计、调整与维修。它的典型电路如图 4.29 所示。

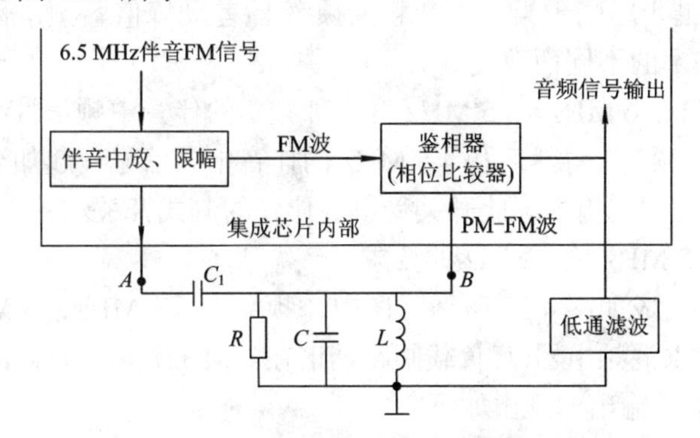

图 4.29　集成相移乘法鉴频电路

分析这一电路的重点应放在集成芯片外的线性变换电路上。这一电路由小电容 C_1(很小，常为 4.7～5.1 pF)与 RCL 调谐回路组成，RCL 回路应调谐在略高于调频波的中心频率 6.5 MHz 上。电路输入(A 点)的是调频波，输出(B 点)的是调相-调频波，其相位变化与 FM 波频率的变化成线性关系。在 6.5 MHz 时，B 点信号与 A 点信号的相位差为 90° (互为正交)；在高于 6.5 MHz 或低于 6.5 MHz 时，B 点信号与 A 点信号的相位差将小于 90° 或大于 90° 。有关变换电路的工作原理，读者可参阅相关书籍。

鉴相器也称相位比较器，图中所用的是正交型相位比较器，能对输入两信号的相位进行比较，并将相位差转换成电压输出，此输出经低通滤波，即可获得所需的解调信号输出。就实质而言，相位比较器是一乘法电路，若其两输入信号为正交关系，即

$$u_1 = U_{1m}\cos\omega_0 t$$
$$u_2 = U_{2m}\sin(\omega_0 t+\varphi)$$

相乘后的输出为

$$u_3 = KU_{1m}U_{2m}\cos\omega_0 t \cdot \sin(\omega_0 t+\varphi) = \frac{1}{2}KU_{1m}U_{2m}\sin(2\omega_0 t+\varphi)+\frac{1}{2}KU_{1m}U_{2m}\sin\varphi$$

很显然，u_3 中的第一项为高频项，可用低通滤波器滤除，而第二项为低频项，可直接输出。在相位差 φ 值较小时，$\sin\varphi\approx\varphi$。

如果将 u_2 看成是经变换网络送出的 PM-FM 波，其相位中与 FM 波的频率变化成线性关系，则鉴相器输出的信号定与调频波的频率变化成线性关系，这就实现了调频波的解调。

在不少电视接收机的伴音通道中，常用陶瓷滤波器代替图 4.29 中的 C_1、C、R、L 移相电路，利用该滤波器的相频特性实现所需的移相要求，将调频波转换成调频-调相波。

4.5.3　大屏幕彩电伴音中放及伴音制式转换电路实例

由于彩色电视分 NTSC、PAL、SECAM 三大制式，各种制式又分几种类型，这些制式、类型间的主要不同除了行频、场频、扫描行数、色差信号调制方式有所区别外，另一个重要的不同之处在于它们第二伴音调频信号载波的不同(即它们的伴音载频与图像载频的差值不同)，如 NTSC 制为 4.5 MHz、5.5 MHz，PAL 制为 6.5 MHz、6 MHz、5.5 MHz 等。第二伴音载频的不同，将给鉴频器的线性变换网络(将调频波转换成调幅-调频波或调相-调频波的网络)的设计、调测带来困难，因为鉴频器片外调谐回路应调谐于第二伴音载频频率上(移相乘法鉴频)或调谐于略高于第二伴音载频频率上(差动峰值鉴频)，因而调谐回路的元件参数应随上述载频频率的不同而改变。

本例是将 6.5 MHz、6 MHz、5.5 MHz 这三种频率的伴音中频信号经混频变成统一的频率为 6 MHz 的伴音中频信号，然后和 4.5 MHz 的伴音中频信号一起加至伴音中放及鉴频电路，鉴频器的片外回路设一开关，此开关受第二伴音的制式开关和鉴别电路输出电平控制，使其谐振频率满足 4.5 MHz 或 6 MHz 的要求。

上述设想的电路组成如图 4.30 所示。图中，频率为 6.5 MHz、6 MHz、5.5 MHz 第二伴音中频调频信号加入混频电器(其负载回路调谐在 6 MHz)，以 500 kHz 为本振信号混频后得到统一的 6 MHz 中频输出，理由如下：

$$6.5\ \text{MHz} - 0.5\ \text{MHz} = 6\ \text{MHz}(\text{取差频})$$

$$5.5\ \text{MHz} + 0.5\ \text{MHz} = 6\ \text{MHz}(\text{取和频})$$

若输入为 6 MHz 的信号，则混频电路对其放大，输出也为 6 MHz。

混频后的输出信号和 4.5 MHz 信号一起加至伴音中频制式开关，然后送伴音中放，再送鉴频器解调，鉴频器的外接调谐回路的工作频率受开关 S 的控制，以决定 C_2 是否接入回路，此开关受 4.5 MHz 及其他频率伴音中频鉴别电路控制，其控制关系如下：

4.5 MHz 伴音中频时 A 点为低电平信号，使 S 开关接通，C_1 与 C_2 并联，回路总电容容量加大，工作频率降低，这是接收 NTSC-M 制式的情况。在接收 PAL-D/K/I/G/B 等制式时，其第二伴音中频分别为 6.5 MHz、6 MHz、5.5 MHz，经混频后，统一变成 6 MHz，此时频率鉴别器输出高电平信号，使 S 开关打开，回路只有电容 C_1，因而总电容小，工作频率高。

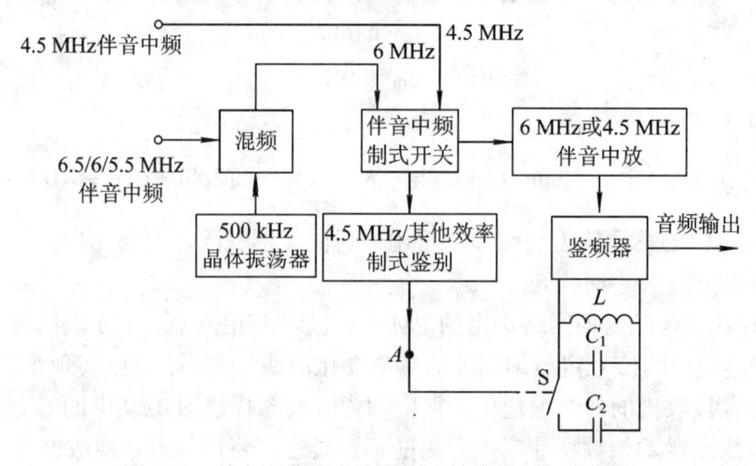

图 4.30　某大屏幕彩电伴音制式转换控制原理框图

4.6 电源电路

电视接收机电源是保证整机电路正常工作的必备条件。对电视机电源的要求是输出稳定、效率高、体积小，在黑白电视接收机中普遍采用晶体管串联调整式稳压电源，其特点是电路简单，性能稳定可靠，调整维修均很方便；缺点是效率低，耗费电能多，电压调整范围也不够宽。

在彩色电视接收机中，各工作单元对供电的要求更加严格，兼顾输出功率和电源体积，采用开关电源作为直流供电电路。开关式稳压电源(以下简称为开关电源)是 20 世纪 70 年代发展起来的新型电源，它与常用的串联调整式稳压电源相比，具有十分明显的优点。

(1) 效率高，节约能源。串联调整式稳压电源的调整管工作在放大状态，它是通过改变调整管的管压降(即调整管的内阻)的方法来实现稳压的，故效率低，通常只有 50%～75%。开关式稳压电源的调整管工作在开关状态，是通过控制调整管(称开关管)的开关时间的长短来实现稳压的，因而效率高，一般在 70%～95%之间。一台 20 英寸(51 cm)的彩色电视接收机，若用串联调整式稳压电源，需耗电 100～120 W，而使用开关稳压电源时，只需耗电 75～90 W，节电效果十分明显。

(2) 电网调整范围宽。一般串联调整式稳压电源，它稳定电网电压的范围约为 190～240 V，而开关稳压电源的电压稳定范围可宽达 160～250 V，有的甚至达 98～270 V。因此，开关电源的彩色电视接收机更能适应电网电压波动大的地区，尤其是广大农村地区，并能适用于 100 V、110 V、127 V、220 V 等各种电网供电。

(3) 体积小，质量轻，能省去功率较大的电源变压器。

开关稳压电源的主要缺点是：由于电路中省去了电源变压器，故部分电路可能带有高压(电源电压)，对调测、维修人员有一定威胁。另外，开关电源的脉冲干扰较大，会对整机电路或邻近的电子设备产生不良影响，因此，电路中需设计抗脉冲干扰电路。

电视接收机的开关电源电路随品牌、型号的不同而有很大差异，作为教材，又限于篇幅，不能一一介绍，本节只对其工作原理作一简单说明，并举例分析。

4.6.1 开关电源的组成框图及原理

1．组成框图

开关电源的原理框图如图 4.31 所示。从电路原理上分析，它实质上是 AC—DC—AC—DC 变换电路，主要由下列几部分组成：

(1) 整流滤波电路。其作用是将 220 V 交流电压转换成直流电压输出，其值约为 280～300 V，完成 AC—DC 变换。

(2) 开关调整管，简称为开关管。开关管通常由晶体管担任，它工作在开关状态，其导通与截止的时间由基极控制电路所提供的控制脉冲决定，由此控制交直流能量的转换，控制输出电压的稳定。当有某种原因使输出电压升高时，开关调整管的导通时间将自动变短，使送至储能电路的能量变少，迫使输出电压降低；反之，若输出电压降低，则开关调整管的导通时间会自动变长，使送至储能电路的能量增多，迫使输出电压升高。

(3) 储能及转换电路。该电路通常由电感线圈(或变压器)、二极管(续流管)、大电容等组成，作用是存储能量，以及将交流脉冲转换成直流输出，完成 AC—DC 变换。

(4) 取样反馈电路。从本系统输出电压的一部分作为控制电路的反馈控制信息，去控制开关脉冲形成电路，由于其输出的控制脉冲能反映电源输出电压的稳定情况，从而控制开关调整管的导通截止时间比，以达到输出电压稳定的目的。

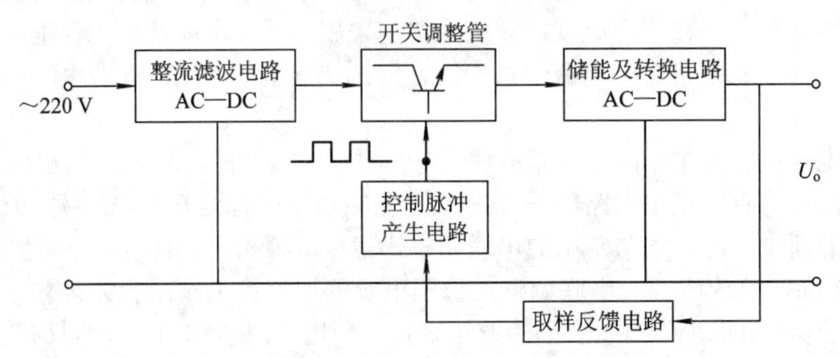

图 4.31　开关电源原理框图

2. 开关电源的几种稳压控制方式

开关电源有 3 种稳压控制方式：第一种是脉冲调宽式，又称脉宽调制控制方式；第二种是脉冲调频式，又称脉冲频率控制方式；第三种是脉冲调宽、调频混合控制方式，即为第一、第二两种方式的混合式，下面简述之。

(1) 脉宽调制控制方式，其示意图如图 4.32 所示。当有某种因素使电源输出电压增高时，加至开关管基极的控制脉冲的宽度会自动变窄(由 $\tau_2 \to \tau_1$)，使开关管导通时间变短，输出电能减少，最终使输出电压下降；反之，若输出电压下降，则控制脉冲将自动变宽(由 $\tau_1 \to \tau_2$)，开关管的导通时间变长，输出电能增多，使输出电压增高。

这种控制方式中，控制脉冲的周期不变，控制电路常受电视接收机行频控制，即开关管的开关频率与行频同步，避免了开关电路所产生的某些脉冲干扰。它的控制方式比较简单，故使用较多。

(2) 调频脉冲控制方式。这种控制方式的示意图如图 4.33 所示。在电源输出电压变化时(不稳)，开关管的控制脉冲周期(即控制脉冲频率)也将随之变化，图中 T_1 周期时，开关管的平均导通时间要比 T_2 周期的导通时间长，其输出电能前者要比后者多。

(3) 脉冲调宽、调频的混合控制方式。这种控制方式为控制开关管的脉冲，它既是调宽的，又是调频的，故为上述两种方式的混合控制。

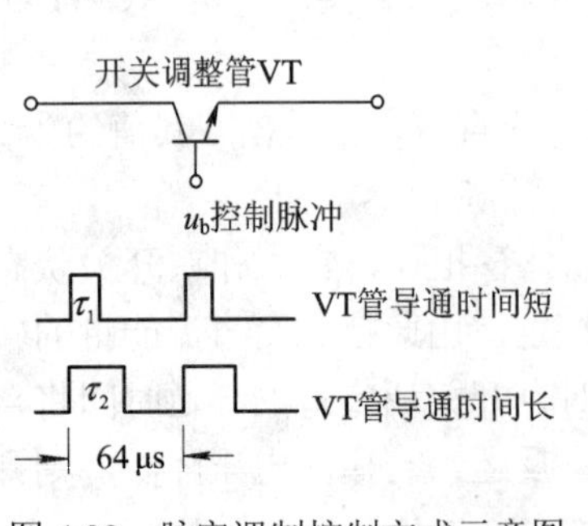

图 4.32　脉宽调制控制方式示意图

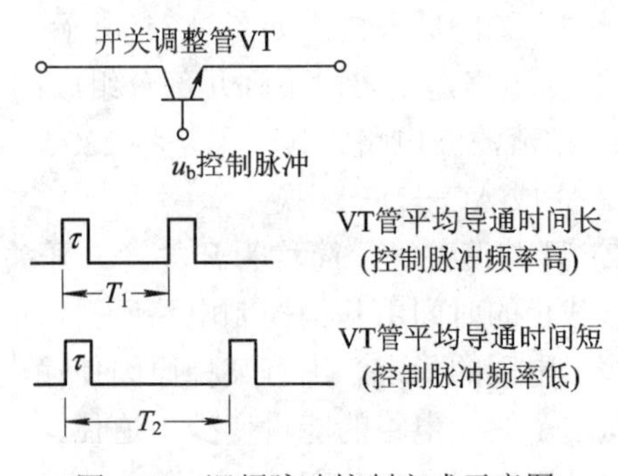

图 4.33　调频脉冲控制方式示意图

3. 开关电源的电路组成形式

开关电源的电路组成形式有多种，在彩色电视接收机中所使用的开关电源主要有 3 种类型，即串联式开关电源、并联式开关电源及变压器式开关电源。就实质而言，变压器式开关电源是并联式开关电源的一种变形电路。彩色电视接收机的电源大多数均采用这种电路。下面对这 3 种电路作一简单说明。

(1) 串联式开关电源电路。这种电源的原理电路如图 4.34 所示。图中，VT 为开关调整管，VD 为续流管，L 为储能电感，C 为滤波电容。其工作过程如下：当控制脉冲 u_b 为高电平时，开关管 VT 导通饱和，电流 $i_{通}$ 对电感 L 充磁，其上的感应电势为左+右-，使 VD 管截止，并对电容 C 充电；当控制脉冲 u_b 为低电平时，开关管 VT 截止，电流 $i_{通}\to 0$，电感 L 上感应电压瞬时变为左-右+，使 VD 管导通，产生续电流 $i_{续}$，将 L 中所存的能量释放出来，将继续对电容 C 充电，使负载电阻 R 获得一直流电压 U_o。

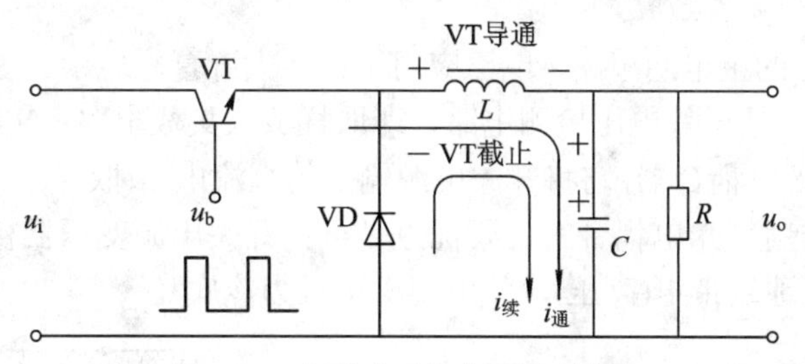

图 4.34　串联式开关电源原理电路

(2) 并联式开关电源电路。这种电源的原理电路如图 4.35 所示。与串联式电路相比，这里的 VD 与 L 换了一个位置，电容极性也变了一个方向。电路的工作情况如下：当 VT 管基极控制脉冲 u_b 为高电平时，VT 管导通饱和，电流 $i_{通}$ 对 L 充磁，产生上+下-的感应电动势，此时二极管 VD 因左端电压为+而截止；当 VT 管基极控制脉冲 u_b 为低电平时，VT 管截止，电流 $i_{通}\to 0$，故 L 上的感应电动势瞬时改变了方向，变为上-下+，使 VD 管导通，产生了续电流 $i_{续}$，将 L 中所存的磁能释放出来，对电容 C 充电，使负载获得直流电压。

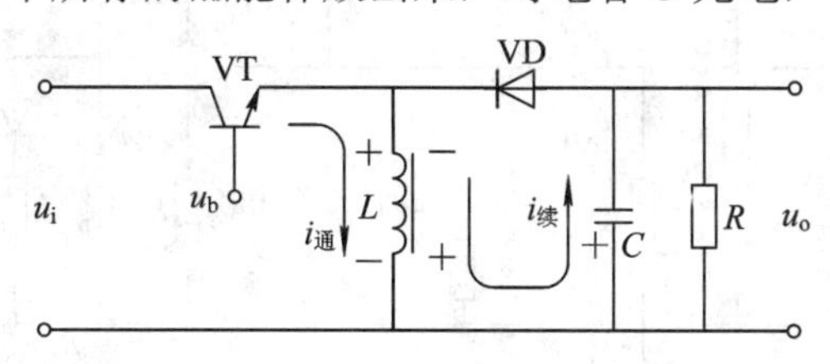

图 4.35　并联式开关电源原理电路

可以认为，由于 VT 管的截止与导通，故在电感 L 两端产生了变化的脉冲电压(矩形脉冲)，这一交变的脉冲电压经 VD 的半波整流、电容 C 的滤波，即获得了直流输出电压。

(3) 变压器式开关电源电路。这种电源的原理电路如图 4.36 所示。与并联式电路相比，其唯一的差别是变压器 B 代替了储能电感 L。由于在开关管 VT 导通与截止时，电感 L 上存在变化的脉冲电压，故可用变压器将其变至所需的极性与幅度，再经整流(续流)管 VD 的整流和滤波电容 C 的滤波，即可获得所需的直流电压 U_o 输出。

这种开关电源的最大优点有两点：

第一，变压器的初、次级没有电的直接联系，可隔断初级交流市电对次级的影响，保证整机电路的安全。

第二，变压器的次级可用多个绕组，获得数值不同的电压输出，以满足不同负载的要求，这一点在彩色电视接收机中是很有用的。

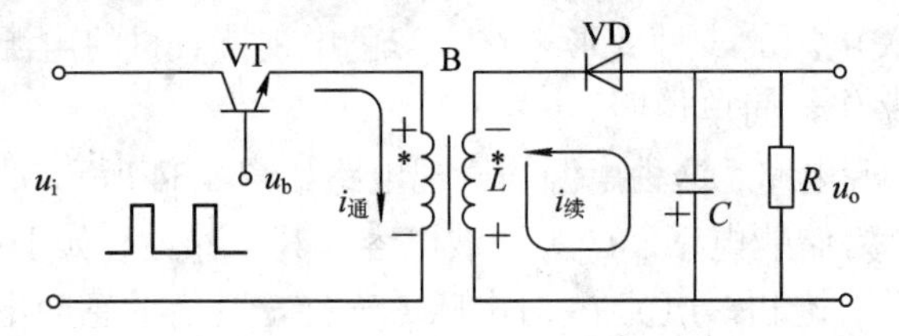

图 4.36　变压器式开关电源原理电路

4.6.2　大屏幕彩电开关电源实例

图 4.37 是某机芯的主电源电路，现已应用于许多大屏幕彩电中。图中，VT_1 是开关管；B_1 是开关变压器；IC_1 是误差电压检测电路，即取样放大集成电路；VT_2、VT_3 组成开关管的调整电路；VD_5 是光电耦合器，它将开关电源输出的直流电压(取样电压)耦合至调整电路，起电源稳压的控制作用。光电耦合的主要优点是可使开关电源变压器初级与整机主板隔断绝缘，避免整机主板地线带电(高压)，使电视机主板为冷底盘。

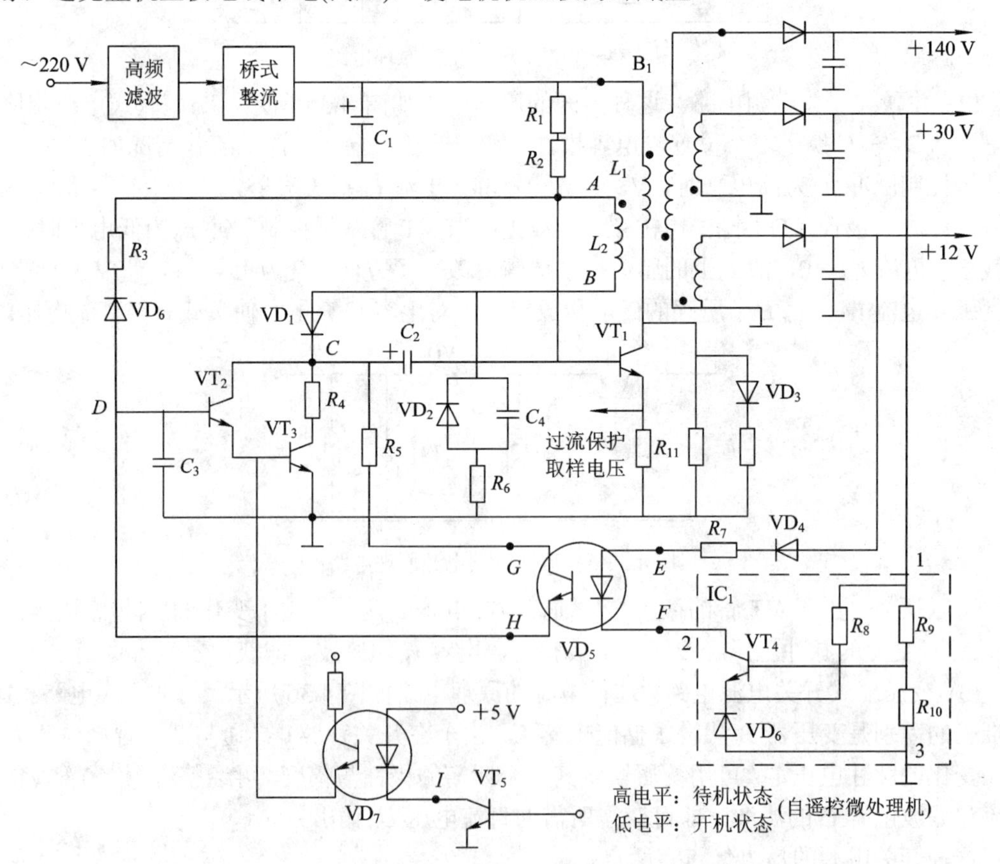

图 4.37　某彩色机芯主电源(开关电源)部分电路

1. 开关电源的工作过程

开关电源电路首先要使开关管 VT_1 工作在通断的开关状态，能在开关变压器的初级 L_1 上产生矩形脉冲，并耦合至次级各绕组，再经整流滤波，形成所需的直流电压输出。

(1) 脉冲上升沿(前沿)的形成。在图 4.37 中，220 V 交流电压经 LC 高频滤波、桥式整流、电容 C_1 滤波，变成 300 V 左右的直流电压。此电压一路经 R_1、R_2(也称启动电阻)加至开关管 VT_1 的基极，为其提供正向偏压；另一路经变压器初级 L_1 加至 VT_1 的集电极。开机后，VT_1 因正向偏置而导通，电流 i_C↑，L_1 上产生上+下−的反电动势，经 L_2 的耦合，在 L_2 上产生上+下−的感应电动势，使 VT_1 基极电位迅速升高，i_C 进一步加大，形成了强烈的正反馈环路，使 VT_1 管很快进入导通饱和状态，使变压器初级 L_1 上产生脉冲前沿(上升沿)，由于同名端的关系，次级各绕组上出现脉冲的下降沿。

(2) 脉冲高电平(平顶)的形成。VT_1 导通并趋向饱和后，VT_1 管 i_C 的增长速度变慢或不增长，L_2 上的感应电压也随之变小或为零。A 点的电压除了加至 VT_1 的基极外，还通过 VD_1 对 C_2 充电(左+右−)，使 VT_1 管基极电位降低，由于 C_2 容量较大(电解电容)，充电较慢，因此 VT_1 管不会迅速退出饱和。VT_1 导通饱和期间，变压器存储磁能。应特别指出，在 VT_1 刚导通的瞬间，即脉冲的上升沿期间，正反馈强烈，A 点电位很高，B 点电位很低，故 VD_1 截止，C_2 的充电支路不通，只有在 VT_1 临近饱和时，i_C 变化慢，正反馈减弱，A 点电位下降，B 点电位上升，VD_1 才导通，C_2 的充电支路才起作用。

(3) 脉冲下降沿(后沿)的形成。随着 C_2 充电时间的增长，C_2 上的电压(左+右−)也随之增高，VT_1 基极电位也同步降低，当此电压降至一定值后，VT_1 管即由饱和退至放大区，VT_1 一旦进入放大，i_C 也即↓，使 L_1 产生上−下+的反电动势，经耦合 L_2 感应上−下+的电势，使 VT_1 管基极电位下降，i_C 进一步↓，形成了另一个强烈的正反馈，使 VT_1 管迅速截止，形成了脉冲的后沿(即下降沿)。

(4) 脉冲低电平(平顶)的形成。在对 C_2 充电的同时，电压通过 VD_1、R_5、VD_5 后对 C_3 充电，使 VT_2 管基极电位升高，在此电压升至一定值后，VT_2、VT_3 导通饱和，C_2 即通过 R_4、VT_2、VT_3 放电，使 VT_1 管基极电位↑，由于 C_2 容量较大，放电需要一定时间，这就是脉冲低电平能保持的主要原因。当 C_2 放电较多，使 VT_1 管基极电位升至导通阈值时，VT_1 即导通，i_C↑，电路随即进入下一个振荡周期。

上述(1)～(4)的工作过程，说明图 4.37 开关电源为自激式振荡电路，在变压器的初级绕组 L_1 上产生一近似矩形脉冲波，并耦合至次级各绕组。根据图中所标同名端可知，当 VT_1 导通时，变压器储能，次级各整流管因所加脉冲波为负值而截止；当 VT_1 截止时，次级各整流管因所加脉冲波为正值而导通，矩形脉冲经整流滤波后，即可获得所需的直流电压。

2. 自动电压调节(稳压调节)

在任何类型的电视接收机中，都需采用稳压电源供电，以保证在电网电压波动或负载变化时能保证电源电路所提供的直流电压是稳定可靠的。图 4.37 中的 VD_5、IC_1、VD_4 等元器件就是起自动调节电压作用的电路，其电压调节过程如下：

由于某种原因，使电源输出电压增高时，+30 V 电压经 R_9、R_{10} 分压后，VT_4 管基极电位也升高，经放大，其集电极(E 点)电位降低。另外，+12 V 电压升高后，E 点的电位也升高。这一升一降，使 E、F 两点间的电位差增大，流过发光二极管的电流加大，光强增强，经光电耦合，使 VT_2 管基极电位升高，集电极 C 点的电位降低。最终导致开关管 VT_1 基极电位下降，截止时间加长，导通时间缩短，使变压器储能减少，迫使输出电压下降。

同理，若某种原因使电源输出电压降低时，经 IC_1、VD_5 反馈回来的信号将使开关管的截止时间缩短，导通时间加长，变压器存储能量增加，使输出电压自动增高，调回至设定值。

3. 待机状态控制电路

待机状态也称待命状态。在此状态下，电视接收机只有为遥控系统提供电源的辅助电源为遥控电路工作外，主电源及主机电路均停止工作，等待开机命令。M16M 机芯的“待机状态”控制电路已在图 4.37 中画出，其工作过程如下：

(1) 待机状态，即 VT_5 管基极受到遥控微处理机发来的高电平信号，使 VT_5 管饱合导通，光电管输出信号强，使 VT_3 管基极电位↑，C 点电位↓，最终导致 VT_1 管基极电位↓，VT_1 管截止，开关管停振。

(2) 开机状态，即遥控微处理机接收用户开机指令，向 VT_5 管基极发出低电平信号，使 VT_5 管截止，VD_7 也无输出，使待机状态控制电路对 VT_3 管无影响，主电源恢复振荡，进入正常工作状态。

4. VT_1 管的过流保护

过流保护电路虽未在图 4.37 中画出，但其工作原理却十分简单。

由于某种电路故障，使开关管 VT_1 的电流 $i_c(i_e)$过大时，其发射极对地的电压将加大，通常将这一取样电压加至一三极管放大，然后送至图 4.37 中 VT_3 管的基极，VT_3 将立即导通饱和，迫使开关管 VT_1 因基极电位降低而截止，从而保护了开关管，不致因过流而损坏，这一点是十分重要的。图 4.37 的开关电源中还有其他许多保护电路，限于篇幅，就不一一叙述了。

复习题

1. 画出行输出级电路原理图，并简述其工作过程。
2. 独立电路中，场扫描输出电流非线性失真的产生原因是什么？
3. 视频放大输出级的主要作用是什么？
4. 显像管屏幕上的图像在垂直方向上的移动可以采用什么方法来实现？
5. 简述伴音通道的主要作用，并绘出各节点信号的大致波形。

第 5 章　数字电视的国际国内标准

数字电视的应用与普及，将人们带入了一个全新的视听境界，也带动了一个新的技术领域的诞生。为了使数字电视得到规范有序的发展，国际标准化委员会分别根据不同地区、不同方式的技术需求制定了相应国际标准，我国针对数字电视的发展也相应推出了国家标准，适应了数字电视的发展需求。

数字电视技术是一个全新的领域，涉及卫星数字电视、有线数字电视和地面广播数字电视，它们在信号传输通道上有很大的不同，因此，采用的信号传输方式有很大区别，分别对应着各自的标准，并形成了三大数字电视国际标准，即针对地面广播传输的 ATSC 标准和 DVB-T 标准、针对有线传输的 DVB-C 标准以及针对卫星广播的 DVB-S 标准。

了解掌握国际标准，对于分析、设计、开发数字电视产品具有重要的意义，特别是对于数字电视的信号处理流程、方法、算法的理解具有指导作用。

5.1　数字电视的架构

数字电视系统在结构上、信号处理方式上、信号传输方式上以及信号显示方式上都已形成一套完整的标准与体系，分别按照各自的特点执行与展开应用。

首先，我们从宏观上了解数字电视信号的主要处理过程，整体把握数字电视技术的脉搏；其次，归纳数字电视的标准体系；最后，总结出数字电视的结构特点。

5.1.1　数字电视信号的处理过程

数字电视与模拟电视一样，仍基于三基色原理传送视频图像序列。自然图像经过彩色电视摄像机的光学系统，将光图像成像于 CCD 器件，并由 CCD 器件完成光电转换，经行场扫描，转换成电视图像信号。无论电视信号的中间处理过程如何，彩色电视系统信源端需将彩色图像像元分解为 R(红)、G(绿)、B(蓝)三种基色信号，各种形式的三个信号成分到达终端后，最终仍需恢复成由 R、G 和 B 三者相加混色而得到的彩色图像。

为节省信号传输带宽，根据视觉对色信号细节不如对亮度信号细节敏感的特点，将均占用整个视频带宽的 R、G 和 B 信号，根据含三个变量且彼此独立的线性方程组，变换为一个亮度信号 Y 和两个色差信号。其一为蓝色差信号($B-Y$)，另一个为红色差信号($R-Y$)。在数字电视系统中，Y 信号含整个视频带宽的亮度信息，而 $B-Y$ 和 $R-Y$ 信号只含一半视频带宽的色度信息。这里的 R、G 和 B 以及 Y、$B-Y$ 和 $R-Y$ 均为模拟信号。

模拟电视信号的数字化包括取样、量化和编码三个过程，如图 5.1 所示。取样是按规定的取样频率，将时间上连续变化的模拟信号变换成离散的 PAM(脉冲幅度调制)信号的过程。两个窄带色差信号的取样频率均为 Y 信号的一半。量化是将幅度连续变化的 PAM 信号幅度变换成离散量化值的过程。编码是把量化后的取样值表示成若干位 PCM(脉冲编码调制)码的过程。由于 Y 是单极性信号，而 $B-Y$ 和 $R-Y$ 为双极性信号，为了使三个信号有相同的量化动态范围，$B-Y$ 和 $R-Y$ 信号在量化前还要将幅度压缩。Y、$B-Y$ 和 $R-Y$ 数字化后，称为数字分量信号 Y、C_R 和 C_B。由于 $B-Y$ 和 $R-Y$ 较 Y 的取样频率低 1/2，这表现为在图像水平方向，$B-Y$ 和 $R-Y$ 为 Y 的样点数的一半，所以称这种信号为 4∶2∶2 格式，是数字电视演播室常用的视频图像格式。

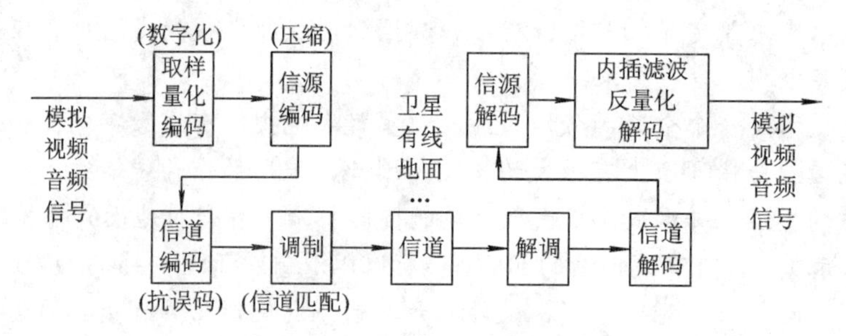

图 5.1 数字电视系统构成示意图

与视频信号类似，拾取的模拟声音信号也要经过取样、量化和编码这种数字化处理过程，得到的也是 PCM 码。当然数字化参数与视频信号有很大差别，不过音视频信号的取样频率都来自同一系统时钟，二者时基相同，可保持同步关系。

为压缩音频和视频信号 PCM 数据流的码率，来降低传输带宽，需分别进行信源编码，在保证必要的音视频质量前提下，把码率尽可能压缩下来。

视觉在垂直方向上，对色信号细节也不如对亮度信号细节敏感。为此，可把演播室 4∶2∶2 格式的数字分量信号处理成 4∶2∶0 格式传输信号，使 C_R 和 C_B 与 Y 相比，在垂直方向上的样点数也减至一半。这种 4∶2∶0 格式与每个像素位置都有三个信号分量的 4∶4∶4 格式相比，C_R 和 C_B 的数据量均减至 Y 的 1/4。目前绝大多数数字电视系统视频压缩均遵循 MPEG−2 标准的第 2 部分，传输的就是这种 4∶2∶0 格式的信号，再经过压缩编码处理，最大限度地减少码流的冗余度。编码后的码流称为视频基本流(ES)。

数字音频信号执行 MPEG−1 第 2 层或杜比 AC−3 或 MPEG−2 AAC 标准，编码后的码流称为音频基本流(ES)。音频 ES、视频 ES、数据流以及控制和系统信息等，按 MPEG−2 第 1 部分的系统层规范，复用为同一码流，称之为传送流(TS)。

为抵御信道误码，TS 要经信道编码，才能送去调制。由于卫星、有线和地面传输条件不同，所以信道编码和调制方式也不一样。信道编码可设内码和外码两层，有的系统只有一层。为抵御突发的连续误码，一般都还要把数据流再进行交织处理。在调制前的适当位置，还要将数据流进行随机化处理，避免数据流出现连 0 和连 1 位。数字调制信号经频谱搬移和功率放大后，得到传输用的射频信号(RF)。

终端进行相反的信号处理过程，包括射频数字电视信号接收、解调制、信道解码、解复用、信源解码和数模转换(内插滤波、反量化和解码)，最后得到模拟音频和视频信号。

为与各种音视频设备相接，数字电视终端一般设置多种接口。例如，射频、音频、视频和同步信号接口：传送流(TS)的异步串行接口(ASI)、传送流(TS)的同步并行接口(SPI)、数字分量信号($Y/C_B/C_R$)接口、数字分量信号的串行数字接口(SDI)、数字分量信号的高清晰度串行数字接口(HD-SDI)、数字未压缩基色信号的纯数字视频接口(DVI-D)、模拟和数字未压缩基色信号的组合数字视频接口(DVI-I)、传送数字音视频信号的高清晰度多媒体接口(HDMI)；支持同步异步混合传送的宽带数字信号 IEEE1394 接口：模拟分量信号 $Y/P_B/P_R$ 接口、模拟基色信号 $R/G/B$ 接口、模拟亮色信号(Y/C)分离接口(S-Video 或 S 端子)、模拟全电视信号的复合视频信号(CVBS)接口、模拟磁带录像机(VCR)接口；模拟音频信号输入/输出接口、含有模拟基色信号和同步信号的计算机 VGA 接口(D-Suber 15 针接口)、数字音/视频信号的通用串行总线(USB)接口等。

5.1.2　数字电视的标准体系

数字电视标准体系中的关键技术是信道编码(传输)和信源编码(音视频压缩编码)。除了各种传输标准外，在信源编码部分，各国基本上均采用 MPEG-2 作为视频压缩的标准，在音频压缩上三大体系则采用了不同的音频压缩方式。

美国开展地面数字电视广播时，以 HDTV 视频业务为主，图像质量的提高需要有相应的高质量声音与之相配，所以美国 ATSC 选择了 5.1 声道的环绕声压缩杜比 AC-3 作为音频压缩标准。

日本地面广播也以 HDTV 为主要的播出业务，音频方面则采用了 MPEG-2 AAC(Advanced Audio Coding)标准，它是适应高质量电视广播的音频压缩标准，支持多声道的环绕声。

欧洲在早期以 SDTV 为主开展数字电视广播，对音频质量没有提出更高的要求，所以选择了 MPEG-1 第 1 层和第 2 层，在此处简称为 MPEG-1 音频。

近年来随着视频压缩技术的发展和压缩效率更高的 MPEG-4 以及 MPEG-4 AVC 标准的制定与发布、相应的产品成熟，使一个 HDTV 节目的数据率从 MPEG-2 的 15 Mb/s 下降到 6～7 Mb/s，为此，欧洲广播联盟正采用新的视频压缩标准来实施 HDTV 广播。

表 5.1 列出了三大数字电视传输体系的情况。

表 5.1　美国、欧洲和日本的数字电视标准传输体系

	美国标准			欧洲标准			日本标准		
	地面 ATSC	卫星	有线	地面 DVB-T	卫星 DVB-S	有线 DVB-C	地面 ISDB-T	卫星	有线
调制方式	8VSB	QPSK	QAM	COFDM	QPSK	QAM	BST-OFDM	8PSK	QAM
视频编码	MPEG-2			MPEG-2			MPEG-2		
音频编码	AC-3			MPEG-1			MPEG-AAC		

可以看出：国际上数字电视的视频编解码标准是统一的，这就为信息的传播和共享奠

定了坚实的基础；在有线和卫星传输上的标准，国际上也是统一的，这就为信息的远距离传输构筑了一个通用的平台；在地面广播传输上的标准，各国各地区针对各自的传输特性需求，考虑传播效果和适应性，以及国家信息发布的途径，采取了各有特点的地面传输标准。这就是以北美地区为代表的 ATSC 标准、以欧洲地区为代表的 DVB-T 标准和以日本为代表的 ISDB-T 标准。

美国 ATSC 标准以数字高清晰度电视为基础，采用单载波残留边带 8-VSB(Vestigial SideBand Modulation)调制方式，在 6 MHz 地面数字电视广播频道上可实现 19.39 Mb/s 的传输速率，可以用一个 6 MHz 电视频道传送一路 MPEG-2 编码的 HDTV 信号。ATSC 标准已被美国、加拿大等北美国家和韩国等亚洲国家采用，能较好地支持固定接收，接收信号灵敏度高，发射机数字化改造比较容易实施，地面接收机实现成本相对较低。

欧洲 DVB-T 标准为多载波调制方式，具有抗回波反射能力，能较好地支持固定接收和移动接收，既能用于多频网(MSN)也能用于单频网(SFN)。一种采用 64QAM 的 DVB-T 典型应用可以在一个 8 MHz 带宽的地面电视频道中传输 24 Mb/s 的数字信息流量。

日本 ISDB-T 标准采用频带分段传输正交频分复用(BST-OFDM)，是一种在欧洲 DVB-T 多载波调制技术上的改进方案。在采用 COFDM 基础技术的同时，ISDB-T 把 6 MHz 传输带宽划分为 13 段，每段 423 kHz，以此来解决窄带和宽带业务的同时接收问题。并且，针对不同的分段，可分层设定不同段的纠错和调制方式，以适应不同播出业务对传输环境的要求，为此，日本在地面移动和便携应用上，直接采用 ISDB-T。

同时传送多种级别的图像(HDTV、SDTV)，传送多套节目，并同时进行图像、声音和数据业务，这些是数字电视的共同特点，美国、欧洲、日本三种制式均是如此；而多载波调制、抗多径、可移动接收、可组成单频网是 DVB-T 标准的特点，也是欧洲、日本制式的共同特点。单载波调制、接收灵敏度高是美国 ATSC 标准的特点。依靠分层和窄带接收同时实现固定接收、移动接收和便携接收，则是日本 ISDB-T 标准的特点。

了解掌握国际标准，对于分析、设计、开发数字电视产品，具有重要的意义，特别是对于数字电视的信号处理流程、方法、算法的理解具有重要的指导作用。

5.1.3 数字电视的结构特点

数字电视接收从结构上可以分成三大部分，即数字电视信号接收转换单元、数字视频音频信号解码处理单元、数字图像声音信号显示输出单元。其中信号接收转换单元针对三种不同的传输信道(卫星传输、有线传输、地面广播传输)分别采取三种相应的转换电路，根据标准方式进行信号解调、信道解码处理；信号的解码处理单元采用统一的 MPEG-2 解码电路，根据标准算法进行视频音频信号的信源解码处理，得到视频输出，信号显示输出单元根据显示尺寸、清晰度、效果和显示方式有所不同，但信号接口标准已基本统一。

数字电视显示器是具有处理输入视频信号并予以重现的数字电视显示单元。数字电视显示器除能输入数字电视视频信号外，对不同视频源输出的视频信号及其接口类型一般有较强的适应能力。家用数字电视显示器应具备音频处理与放大功能，有的还能驱动外接放音系统。

按显示器件或显示屏的类型，数字电视显示器主要有阴极射线管(CRT)、液晶(LCD)、等离子体(PDP)、数字光学处理器(DLP)、薄膜有机发光二极管(OLED)和表面传导型电子发射显示器(SED)等。目前进入家庭的主要有 CRT、LCD、PDP 等。

按输入和处理数字电视信号的能力以及重现图像的级别，数字电视显示器可分为标准清晰度电视(SDTV)显示器和高清晰度电视(HDTV)显示器。高级别的数字电视显示器应能向下兼容低级别数字电视信号格式。数字电视显示器可具有显示计算机图像格式信号的能力。我国 SDTV 和 HDTV 系统的图像分辨率分别为 720×576 和 1920×1080，相应级别显示器显示的图像须至少能达到表 5.2 列出的图像清晰度。

表 5.2　对 SDTV 和 HDTV 图像清晰度的要求　(单位：电视线)

数字电视图像		固有分辨率显示器件	CRT	
			中　心	边　角
SDTV	水平	≥450	≥450	≥400
	垂直	≥450	≥450	≥400
HDTV	水平	≥720	≥620	≥450
	垂直	≥720	≥620	≥450

数字电视显示器根据图像显示输出的等级标准需要进行相应的视频信号格式转换，才能够适应各种显示需求。这是由于数字电视传输格式与显示格式不同，数字电视传输信号的场频与显示器的刷新频率不同；另外，新型显示格式大多数为逐行、宽屏显示方式。SDTV 显示器和 HDTV 显示器应能满足信号输入/输出格式变换的标准。表 5.3 和表 5.4 分别为通用的标准清晰度和高清晰度电视系统数字输入/输出格式变换。

表 5.3　通用的标准清晰度电视系统数字输入/输出格式变换

信号输入格式：720×576i/50 Hz 亮度信号取样频率：13.5 MHz 864 像素/每行 场频：50 Hz	输出信号格式	720×480p，60 Hz	720×576i，100 Hz	720×576p，50 Hz	720×576p，60 Hz	1920×1080i 60 Hz	1920×1080p 60 Hz
	格式变换	有	有	有	有	有	有
	去隔行效应	有	有	有	有	有	有
	垂直方向格式变换	不变换	无	无	无	上变换	上变换
	水平方向格式变换	无	无	无	无	上变换	上变换
	O/P 像素/每行	858	864	864	864	2200	2200
	有效 O/P 像素/每行	720	720	720	720	1920	1920
	总行数/每帧	525	625	625	625	1125	1125
	行频/kHz	31.5	31.25	31.25	37.5	33.75	67.5
	显示时钟频率/MHz	27	27	27	32.4	74.25	148.5

注：(1) 行频 = 每帧总行数 × 帧频。

(2) 显示时钟频率 = 每行总像素数 × 每帧总行数 × 帧频。

(3) 对 LCD、PDP、DLP、LCoS 等数字寻址、数字激励方式的显示器，仅支持逐行寻址显示格式。

(4) O/P 表示输出像素数。

表 5.4　通用的高清晰度电视系统数字输入/输出格式变换

	输出信号格式	1280×720p，60 Hz	1920×1080i，50 Hz	1920×1080p，50 Hz	1920×1080i，60 Hz	1920×1080p 60 Hz
信号输入格式：1080i/50 Hz 亮度信号取样频率：74.25 MHz 2200 像素/每行 场频：50 Hz	格式变换	有	有	有	有	有
	去隔行效应	有	无	有	有	有
	垂直方向格式变换	有	无	有	无	有
	水平方向格式变换	有	无	无	无	有
	O/P 像素/每行	1650	2200	2200	2200	2200
	有效 O/P 像素/每行	1280	1920	1920	1920	1920
	总行数/每帧	750	1125	1125	1125	1125
	行频/kHz	45	28.125	56.25	33.75	67.5
	显示时钟频率/MHz	74.25	61.875	123.75	74.25	148.5

注：(1) 行频 = 每帧总行数 × 帧频。

(2) 显示时钟频率 = 每行总像素数 × 每帧总行数 × 帧频。

(3) 对 LCD、PDP、DLP、LCoS 等数字寻址、数字激励方式的显示器，仅支持逐行寻址显示格式。

(4) O/P 表示输出像素数。

数字电视为了适应发展的需求，在制定标准时就预先定义了分级编码原则，视频可按某种精细程度分级编码，将编码码流分级，重建视频图像序列所需最基本的信息置于底层码流，并增强其优越性，那些从不同方面改善重建视频图像序列质量的信息，则编码成上层码流。视信道带宽或网络拥挤情况，发送端优先传送底层码流，再尽可能地传送较上层的码流。视接收点信号质量、终端处理能力或需求，基于底层码流，逐级接收、处理和重建相应级别的视频图像序列。

视频可分级编码码流可在一定程度上适应不同带宽网络和难以预测的用户可用带宽变化，面向解码设备差异，降低对其要求，对不同码流可赋予不同差错控制能力，减少服务器所需的实时处理和码率控制成本。在码率范围内，总能得到最好的服务质量(QoS)。

MPEG-2 视频编码标准已包括分级编码技术。如表 5.5 所示，MPEG-2 视频编码标准定义了多种档次(类别或类，Profile)和级别(级，Level)。其中的档次除体现了彩色空间分辨率外，还划分了数据流的可分级性：信噪比可分级、空间分辨率可分级和时间分辨率可分级。

表 5.5　MPEG-2 视频编码的档次和级别

档次 / 级别	简单 (Simple Profile)	主要 (Main Profile)	信噪比可分级 (SNR Scalable Profile)	空域可分极 (Spatial Scalable Profile)	高 (High Profile)
高级 (High Level, HL)		4∶2∶0 1920 × 1152 80 Mb/s (MP@ML)			4∶2∶0；4∶2∶2 1920 × 1152 100 Mb/s (HP@HL)
高级 1440 (High 1440 Level, H14L)		4∶2∶0 1440 × 1152 60 Mb/s (MP@H14L)		4∶2∶0 1440 × 1152 60 Mb/s (SSP@H14L)	4∶2∶0；4∶2∶2 1440 × 1152 80 Mb/s (HP@H14L)
主级 (Mail Level, ML)	4∶2∶0 720 × 576 15 Mb/s (SP@ML)	4∶2∶0 720 × 576 15 Mb/s (MP@ML)	4∶2∶0 720 × 576 15 Mb/s (SNRP@ML)		4∶2∶0；4∶2∶2 720 × 576 20 Mb/s (HP@ML)
低级 (Low Level, LL)		4∶2∶0 352 × 288 4 Mb/s (MP@LL)	4∶2∶0 352 × 288 4 Mb/s (SNRP@LL)		

5.2　数字图像的格式与表示方法

图像格式是一个广义的概念，一般指电视水平方向和垂直方向的有效像素个数，但有时将图像宽高比、扫描方式、色彩表示也列入图像格式。

有效像素是电视图像行和场扫描正程包含的像素。图像格式描述了组成一幅图像的像素点阵数。一般水平和垂直方向像素数越多，图像可以越精细，但系统也越复杂。数字电视系统所能传送和重现的像素点阵数，是衡量数字电视系统性能最本质的参数。

我国 SDTV 图像格式为 720 × 576，一帧 SDTV 图像在水平和垂直方向上的有效像素数分别为 720 和 576。HDTV 图像格式为 1920 × 1080，一帧 HDTV 图像在水平和垂直方向上的有效像素数分别为 1920 和 1080。

数字电视系统仍然以扫描方式传送图像信息。在发送端，一般仍然以隔行扫描方式发送 SDTV 和 HDTV 电视信号。隔行扫描方式以 i 表示，见图 5.2(a)。一帧隔行扫描的电视图像由两场图像合成，组成两场图像的各行在垂直方向交错分布，靠上边的称为顶场，靠下边的称为底场。我国 SDTV 和 HDTV 信号的场频标称值为 50 Hz，帧频标称值为 25 Hz。

尽管相关标准规范了数字电视系统播出信号的图像格式和扫描方式，但终端显示图像的格式和扫描方式却可多种多样。例如一帧图像的有效像素数经上变换或下变换，显示图像可较发送的源图像像素数增加或减少。隔行扫描电视信号也可变换成逐行扫描方式显示。逐行扫描方式以 p 表示，见图 5.2(b)。隔行-逐行扫描变换可有多种方式。例如：把隔行扫描的两场图像组合成顺序扫描的一帧，帧频不变；通过行内插，把每场都变换成顺序扫描的一帧，帧频加倍；通过多场内插处理，把帧频提高为其他频率。

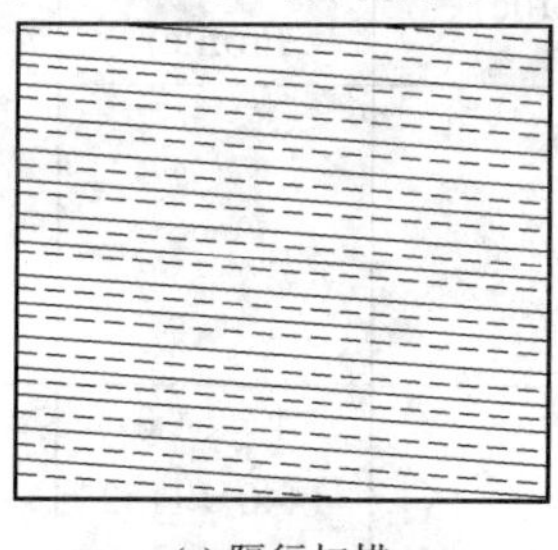
(a) 隔行扫描

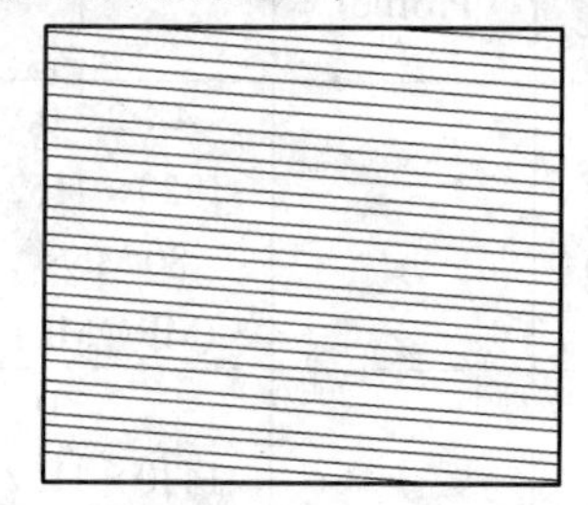
(b) 逐行扫描

图 5.2　隔行扫描和逐行扫描示意图

国际上不同国家或地区的数字电视系统还有多种图像格式和扫描方式。例如有的国家或地区，HDTV 采用 1280 × 720 图像格式，扫描方式为顺序扫描，这种电视系统或显示方式，通常用 1280 × 720p 表示。其中，p 表示逐行扫描，帧频标称值为 30 Hz、24 Hz 或 60 Hz。

表 5.6 列出了美国 ATSC 数字电视广播系统可选的 18 种电视图像格式。其中 HDTV 有 6 种不同的分辨率和扫描方式，4 种 16∶9 的 SDTV 格式，4 种 4∶3 的 SDTV 格式，4 种计算机的 VGA 格式。理论上这 18 种格式均可广播，但需对接收设备规范播出格式数目，真正可行的 HDTV 格式只有 1080i 和 720p，后者分辨率稍低，但对带宽要求较窄。至于显示，则可灵活选择。

表 5.6　美国 ATSC DTV 广播系统可选的 18 种电视图像格式

序号	格　式	图像宽高比	扫描方式	帧频/Hz
1	1920 × 1080p	16∶9	逐行	30
2	1920 × 1080p	16∶9	逐行	24
3	1920 × 1080i	16∶9	隔行	30
4	1280 × 720p	16∶9	逐行	30
5	1280 × 720p	16∶9	逐行	24
6	1280 × 720p	16∶9	逐行	60
7	704 × 480p	16∶9	逐行	30
8	704 × 480p	16∶9	逐行	60
9	704 × 480p	16∶9	逐行	24
10	704 × 480p	4∶3	逐行	30
11	704 × 480p	4∶3	逐行	60
12	704 × 480p	4∶3	逐行	24
13	704 × 480i	16∶9	隔行	30
14	704 × 480i	4∶3	隔行	30
15	640 × 480p	4∶3	逐行	30
16	640 × 480p	4∶3	逐行	60
17	640 × 480p	4∶3	逐行	24
18	640 × 480i	4∶3	隔行	30

5.2.1　数字图像色彩的表示格式

数字电视系统在发送端是将 Y、C_R、C_B 三个信号分量分别进行采样，再经过数据压缩编码后送出，接收端经解压缩后，再重建 R、G、B 信号，并根据相加混色原理，重显彩色图像，见图 5.3。

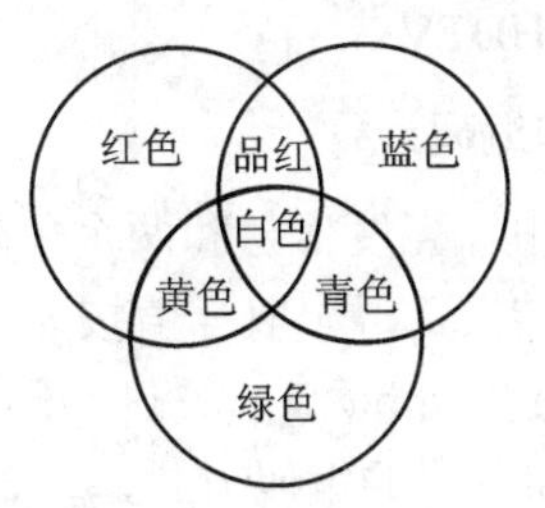

图 5.3　红、绿、蓝三基色相加混合示意图

数字电视系统依然按扫描方式传送一行行、一场场电视图像信息，顶场和底场构成一帧图像，运动图像则由一帧帧图像序列组成。实际上，扫描过程就是对运动图像序列在空间上和时间上的取样过程。对数字电视系统，每行还要进行像素取样，其结果是数字电视图像由一系列样点组成，样点与数字图像的像素对应。像素是组成数字图像的最小单位。这样，数字电视图像帧由二维空间排列的像素点阵组成，运动图像序列则由时间上一系列数字图像帧组成。按三基色原理，每个像素都对应 R、G 和 B 三个基色分量信号，它们的频谱分布于整个视频信号带宽。

图 5.4 给出了 4∶4∶4、4∶2∶2 和 4∶2∶0 格式数字分量信号亮度信号和两个色差信号取样点与图像在二维空间上的对应关系。

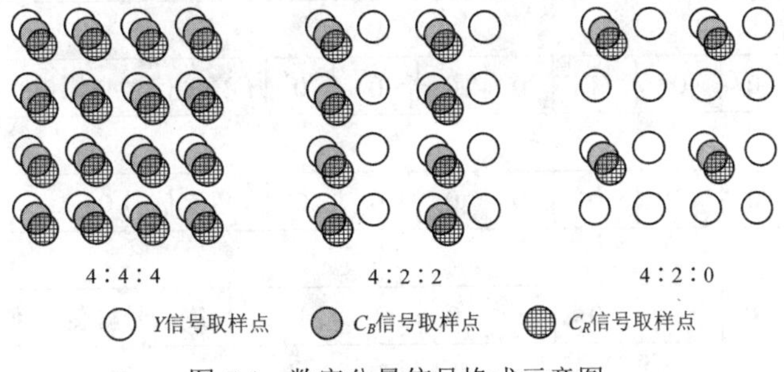

图 5.4　数字分量信号格式示意图

基于三基色原理的彩色电视源图像和重显图像，每个像素都与 4∶4∶4 信号格式相对应。为在节目制作过程中较好地保留彩色细节，数字电视演播室通常采用 4∶2∶2 信号格式。为节省传输带宽，数字电视传输的彩色电视信号为 4∶2∶0 格式。终端需先恢复 4∶2∶0 格式信号，再转换成 4∶4∶4 格式显示。

5.2.2　数字视频图像的表示方法

1．图像的取样

SDTV 和 HDTV 系统的图像信号取样频率分别为 13.5 MHz 和 74.25 MHz。按取样定理，理论上，可以传送的图像信号最高频率成分分别为 6.75 MHz 和 37.25 MHz。

实际数字电视系统难以达到取样定理允许的理论值。对 SDTV 和 HDTV 系统，实际可以传送的图像信号最高频率成分分别限定为 6.0 MHz 和 30.0 MHz。这样，对 SDTV 和 HDTV 系统，传送模拟图像信号的通道的带宽范围分别为 0～6 MHz 和 0～30 MHz，并称之为标称带宽，而数字图像信号调制后在 6 MHz 带宽中可以传送 4～6 套 SDTV 节目，在 30 MHz 带宽中可以传送 4 套 HDTV 节目。

2. 图像的量化和编码

在数字电视系统中，亮度信号和两个色差信号都采用线性量化。依据对视觉特性所做大量测试数据的统计结果，每个取样值按 8 bit 量化，量化噪声即可不被视觉明显感知，于是每个量化值需对应 1 个 8 bit 自然二进制码字。为提高电视节目制作质量，电视演播室可采用 10 bit 线性量化和编码的编码方式，但最后播出的电视节目都是 8 bit 精度。

8 bit 二进制码共有 256 个彼此不同的 8 bit 二进制码字，可分别分配给 8 bit 精度的 256 个量化值。但考虑到可能有幅度超过正常范围的信号，以及有些码字还要留作它用等原因，标准规定，这 256 个码字并不都分给编码图像信号使用，它们与十进制表示的量化级及模拟图像信号电平的对应关系如表 5.7 所示。

表 5.7　数字电视系统图像信号量化—编码关系对照表

十进制量化级值	自然二进制码								对应的模拟信号电平
0	0	0	0	0	0	0	0	0	(用于同步)
1	0	0	0	0	0	0	0	1	
2	0	0	0	0	0	0	1	0	
					⋮				
16	0	0	0	1	0	0	0	0	亮度信号 0(黑电平)；色差信号负峰值
					⋮				
128	1	0	0	0	0	0	0	0	色差信号 0
					⋮				
235	1	1	1	0	1	0	1	1	亮度信号峰值(峰值白电平)
					⋮				
240	1	1	1	1	0	0	0	0	色差信号正峰值
					⋮				
253	1	1	1	1	1	1	0	1	
254	1	1	1	1	1	1	1	0	
255	1	1	1	1	1	1	1	1	(用于同步)

3. 数字视频图像信号的基本参数

表 5.8 中列出了详细的数字视频图像信号的基本参数和数字电视图像信号在各环节上的具体形式与转换关系。

表 5.8　数字电视节目制作及交换用部分视频参数

DTV 系统	576i	1080i	480i	720p
帧频/Hz	25	25	29.97	59.94
每帧总行数	625	1125	525	750
行频/kHz	15.625	28.125	15.734	44.955
隔行比	2∶1	2∶1	2∶1	1∶1
场频/Hz	50	50	59.94	59.94
图像宽高比	4∶3(16∶9)	16∶9	4∶3	16∶9
模拟编码亮度信号(E_Y')	$0.299E_R' + 0.587E_G' + 0.114E_B'$	$0.2126E_R' + 0.7152E_G' + 0.0722E_B'$	$0.299E_R' + 0.587E_G' + 0.114E_B'$	$0.2126E_R' + 0.7152E_G' + 0.0722E_B'$
模拟编码色差信号(E_{CB}')	$0.564(E_B' - E_Y') = -0.169E_R' - 0.331E_G' + 0.500E_B'$	$0.5389(E_B' - E_Y') = -0.1146E_R' - 0.3854E_G' + 0.5000E_B'$	$0.564(E_B' - E_Y') = -0.169E_R' - 0.331E_G' + 0.500E_B'$	$0.5389(E_B' - E_Y') = -0.1146E_R' - 0.3854E_G' + 0.5000E_B'$
模拟编码色差信号(E_{CR}')	$0.713(E_R' - E_Y') = 0.500E_R' - 0.419E_G' - 0.081E_B'$	$0.6350(E_R' - E_Y') = 0.5000E_R' - 0.4542E_G' - 0.0459E_B'$	$0.713(E_R' - E_Y') = 0.500E_R' - 0.419E_G' - 0.081E_B'$	$0.6350(E_R' - E_Y') = 0.5000E_R' - 0.4542E_G' - 0.0459E_B'$
E_R'、E_G'、E_B'、E_Y' 标称电平(75 Ω 终接)/mV	0(黑)～700(白)			
E_{CB}'、E_{CR}' 标称电平(75 Ω 终接)/mV	±350			
同步信号形式和标称电平(75 Ω 终接)/mV	单极性二电平 −300	双极性三电平 ±300	单极性二电平 −300	双极性三电平 ±300
R、*G*、*B*、*Y* 取样频率/MHz	13.50	74.25	13.5	74.176
R、*G*、*B*、*Y* 取样周期/ns	74.074	13.468	74.074	13.482
模拟基色及亮度信号标称带宽/取样定理理论带宽/MHz	6/6.75	30/37.125	4.2/6.75	30/37.088
系统时钟频率/MHz	27	27	27	26.973
C_B、C_R 取样频率/MHz	6.75	37.125	6.75	37.088
C_B、C_R 取样周期/ns	148.148	26.936	148.148	26.963
R、*G*、*B*、*Y* 每行总取样数/像素	864	2640	858	1650
R、*G*、*B*、*Y* 每行有效取样数/像素	720	1920	720	1280
数字行消隐宽度/像素	144	720	138	370
行同步前肩宽度/像素	11	483	18	69
行同步宽度/像素	63	88	62	80

续表

DTV 系统		576i	1080i	480i	720p
数字行正程与行同步基准间距/像素		101	149	89	261
取样定理限定的图像水平清晰度理论值/电视线		540(4∶3) 405(16∶9)	1080	540(4∶3) 405(16∶9)	720
视频标称带宽限定的图像水平清晰度理论值/电视线		480(4∶3) 360(16∶9)	872.73	336(4∶3) 252(16∶9)	528.4
R、G、B、Y 每帧有效行数		576	1080	480	720
C_B、C_R 每行总取样数/像素		432	1320	429	825
C_B、C_R 每行有效取样数/像素		360	960	360	360
C_B、C_R 每帧有效行数(4∶2∶2)		576	1080	480	720
取样结构		固定、正交：C_B、C_R 取样点彼此重合且从 Y 的第一个取样点开始隔点重合			
像素宽高比		1.07(4∶3) 1.42(16∶9)	1.00	0.889(4∶3) 1.185(16∶9)	1.00
R、G、B、Y、C_B、C_R 量化、编码	精度 n/bit	8 或 10			
	特性	线性量化、PCM			
数字编码方程		$D_Y=\mathrm{INT}[(219E_Y+16)\times2^{n-8}]$ $D_{CB}=\mathrm{INT}[(224E_{CB}+128)\times2^{n-8}]$ $D_{CR}=\mathrm{INT}[(224E_{CR}+128)\times2^{n-8}]$	$D_Y=\mathrm{INT}[(219E_Y+16)\times2^{n-8}]$ $D_{CB}=\mathrm{INT}[(224E_{CB}+128)\times2^{n-8}]$ $D_{CR}=\mathrm{INT}[(224E_{CR}+128)\times2^{n-8}]$	$D_Y=\mathrm{INT}[(219E_Y+16)\times2^{n-8}]$ $D_{CB}=\mathrm{INT}[(224E_{CB}+128)\times2^{n-8}]$ $D_{CR}=\mathrm{INT}[(224E_{CR}+128)\times2^{n-8}]$	$D_Y=\mathrm{INT}[(219E_Y+16)\times2^{n-8}]$ $D_{CB}=\mathrm{INT}[(224E_{CB}+128)\times2^{n-8}]$ $D_{CR}=\mathrm{INT}[(224E_{CR}+128)\times2^{n-8}]$
R、G、B、Y 峰值量化电平	$N=8$	16(黑)/235(白)			
	$N=10$	64(黑)/940(白)			
C_B、C_R 峰值量化电平	$N=8$	16(黑)/128/240(白)			
	$N=10$	64(黑)/512/960(白)			
每帧数据文件大小($n=8$)/Byte	R、G、B、Y	414 720	2 073 600	345 600	921 600
	4∶2∶2C_B/C_R	207 360	1 036 800	172 800	460 800
	4∶2∶0C_B/C_R	103 680	518 400	86 400	230 400
图像文件格式及大小/Byte	TIFF($n=8$)	1 244 420	6 221 060	1 037 060	2 765 060
	BMP($n=8$)	1 244 214	6 220 854	1 036 854	2 764 854

数字电视与模拟电视一样，仍基于隔行扫描方式传送图像信号。其中，SDTV 的扫描参数与现行模拟电视一样。HDTV 与 SDTV 信号的帧频都是 25 Hz，都采用隔行扫描，1 帧图像的奇数行和偶数行分两次扫描和传送，各成 1 场，所以场频都是 50 Hz。包括场逆程在内，SDTV 和 HDTV 每帧总行数分别是 625 行和 1125 行。由于 HDTV 扫描行数增多，行频就由 SDTV 的 15.625 kHz 提高到 HDTV 的 28.125 kHz。需要说明的是，为改善重显图像的某些效果，数字电视终端可有多种扫描方式显示图像，但发端信号扫描方式和参数是表中所列规范值。

在视频参数上 SDTV 和 HDTV 有很大差别。其中，最主要的是图像分辨率不同，即每帧图像的有效扫描行数和每一扫描行的有效像素数不同。我国 SDTV 和 HDTV 每行有效像素数分别是 720 和 1920 个，每帧有效扫描行数分别是 576 和 1080 行。这样，每帧有效像素数分别是 41.472×10^4 个和 201.6×10^4 个。HDTV 与 SDTV 相比，每帧有效像素数约增至 5 倍，所以图像分辨率得以显著提高。

为利于获得临场感，除屏幕尺寸应足够大以外，采用 16∶9 显示更加有利。标准中已明确规定 HDTV 图像信号采用 16∶9 的图像宽高比，SDTV 图像信号的宽高比是 4∶3 还是 16∶9 虽未重新明确，但原模拟电视图像的宽高比为 4∶3。因为 SDTV 与 HDTV 节目将长期共存，16∶9 宽高比的节目源将日益增多，并会成为主流，16∶9 宽高比的显示器件(屏)也逐步成为主流，所以 SDTV 与 HDTV 信号图像宽高比的不同，除不符合视觉宽视野要求外，共享节目资源也存在问题，对 16∶9 的平板显示器更加不利。

SDTV 和 HDTV 图像信号宽高比的不同，使得 4∶3 的显示器显示 16∶9 图像，或 16∶9 的显示器显示 4∶3 图像，都产生很多问题。尽管有几种显示方式，但难以同时做到图像不变形、图像完整。图像清晰度不下降和满屏显示。不满屏显示对 LCD、PDP 显示屏来说还会带来屏幕老化不均匀的弊端。

表 5.8 列出了如何将三基色信号转换成一个亮度信号和两个色差信号。其中，E'_R、E'_G、E'_B 为 γ 校正后的模拟编码基色信号，由它们转换而来的亮度信号和两个色差信号分别标记为 E'_γ、E'_{PB} 和 E'_{PR}。γ 校正是为校正显示器件(屏)发光特性非线性，在发送端引入的预校正。目前发送端针对 CRT 校正，使用其他类型显示器件的显示终端，需加补偿。

表 5.8 中所列基色信号到亮度和色差信号的转换公式表明，对 SDTV 而言，其两个色差信号的压缩系数与现行模拟电视不同，而 HDTV 的公式表明，各基色信号对亮度的贡献比例关系发生了变化，两个色差信号的压缩系数不仅与模拟电视不同，而且与 SDTV 也不同。如果忽略这些问题，将会引起重显图像的色度畸变。

造成这些不同主要有下列一些原因：一是模拟电视需要把亮度信号与已对彩色副载波调制的色度信号波形叠加，为避免非线性失真和发射机过调制等，需压缩色差信号幅度。数字电视已不存在此问题，但仍需调整双极性色差信号的幅度，使之与单极性亮度信号有相同的量化范围。另一原因是红、绿和蓝色荧光粉的发光效率已经有了改变，采用的基准白也不一样。

表 5.8 中有多项与取样、量化和编码有关的参数，这些参数与数字电视演播室节目制作和交换对应，除特别说明外，指的都是 4∶2∶2 信号格式。其中，每行有效取样数为行正程样点数，每帧有效行数为两场场正程扫描行数之和，二者共同决定一帧图像的像素点阵构成。固定、正交取样结构指每帧图像的样点位置不变，而且在行和列两个方向上分别

对齐。在允许码率较高的应用中，这种取样结构利于提高重显图像质量，也便于数字信号处理。为此，取样频率须为行频的整数倍。

表 5.8 中的像素宽高比由图像宽高比和每幅图像水平及垂直方向有效像素数决定。我国 1920×1080/16∶9 的 HDTV 图像信号，像素宽高比是 1.00。终端可以正确地引入显示格式变换，使显示的不同分辨率 16∶9 图像的像素宽高比保持 1.00，图像仍完整且无几何畸变，而只是清晰度可能下降。这样的 HDTV 信号显示于 4∶3 显示屏，则无法同时使图像内容完整、无几何畸变、清晰度不下降和满屏。

我国 720×576/4∶3 的 SDTV 图像信号，像素宽高比是 1.07，呈略扁平状。终端也可以正确地引入显示格式变换，显示成不同像素点阵数的 4∶3 图像，像素宽高比仍是 1.07，尽管稍扁，但由于收发两端匹配，图像并不变形。但若以全屏模式显示为 16∶9 图像，像素宽高比为 1.42，收发两端不再匹配，图像被明显拉扁，水平清晰度下降。如果只在 16∶9 屏的中部显示 4∶3 图像，由于屏幕利用不充分，对 LCD 和 PDP 一类显示器，会造成屏幕老化不均匀。另一方面，常用的计算机显示格式的像素均为正方形，SDTV 像素不是正方形，将造成 SDTV 图像在计算机上变形，而计算机不加预校正生成的图形若在计算机上形状正确，但到电视屏幕上显示则产生畸变。由于数字电视与计算机结合得越来越紧密，这对计算机处理和显示 SDTV 图像很不方便。

5.3 数字电视信源编码解码标准

目前国际上绝大多数数字电视广播系统中，视频编码都采用 MPEG-2 标准的第 2 部分(ISO/IEC 13818-2)。MPEG-2 标准由国际标准化组织(ISO)和国际电工委员会(IEC)的运动图像专家组(MPEG)制定，1994 年公布草案，1995 年成为正式视频音频编码国际标准。

5.3.1 MPEG-2 标准概述

MPEG-2 标准即 ISO/IEC 13818，是运动图像及其伴音的通用编码标准。第 1 部分的系统部分说明了 MPEG-2 的系统编码层，定义了视频和音频数据的复接结构以及实现实时同步的方法；第 2 部分的视频部分说明了视频数据的编码表示和重建图像所需要的解码处理过程；第 3 部分的音频部分说明了音频数据的编码表示。

MPEG-2 标准所能提供的传输率在 3～10 Mb/s 之间，在 NTSC 制式下的分辨率可达 720×486，并能提供广播级视像和 CD 级音质。MPEG-2 的音频编码可提供左、中、右及 2 个环绕声道，以及 1 个加重低音声道和多达 7 个伴音声道。MPEG-2 的另一特点是，它可提供一个较广范围的可变压缩比，以适应不同的画面质量、存储容量以及带宽的要求。

兼容性分为上/下兼容(表示不同格式尺寸之间的兼容)和前/后兼容(表示不同版本标准之间的兼容)两方面内容：如果高分辨率接收机能够解码低分辨率编码器传输的信号，系统是上兼容；如果低分辨率接收机能够解码高分辨率统编码器传输的全部信号或部分信号，则系统是下兼容；如果新标准解码器能够解码现存标准编码器的信号或部分信号，则系统是前兼容；如果现存标准解码器能够解码新标准编码器的信号或部分信号，则系统是后兼容。

MPEG-2 的编码图像分为 I 帧、P 帧和 B 帧三类。I 帧图像使用帧内压缩，不使用运动补偿，其压缩倍数较低。P 帧和 B 帧图像采用帧间编码方式，可以提高压缩效率和图像质量，其中 P 帧图像只采用前向预测，B 帧图像则采用双向预测，可大大提高压缩倍数。

MPEG-2 标准也规定了视频码流的层次化结构，以便更好地表示编码数据。MPEG-2 的视频码流共分为 6 层，其层次从高至低依次为图像序列(Video Sequence)、图像组(Group of Pictures)、图像(Picture)、宏块条(Slice)、宏块(Macroblock)、块(Block)。

(1) 图像序列(Video Sequence)。图像序列是指一个被处理的完整的连续图像，在 MPEG-2 中，图像序列既可以是隔行扫描，也可以是逐行扫描，而在 MPEG-1 中，图像序列只能采用逐行扫描。一个编码的图像序列由一个序列头(Sequence Header)开始，后面紧跟一个图像组的头，然后是一个或几个图像，最后用一个图像终止码(Sequence End Code)来结束。

(2) 图像组(Group of Pictures)。图像组是将一个图像序列中连续的几个图像组成一个小组，它是为了方便随机存取和编辑。在 MPEG-2 中，图像组是可选部分，即图像序列在 MPEG-2 中不一定要分组，而在 MPEG-1 中图像总要被分组。

(3) 图像(Picture)。图像是一个独立的显示单位，它可以作为一个整体被显示设备显示。在 MPEG-1 中，图像采用逐行扫描，因而图像总是基于帧格式。而在 MPEG-2 中，当图像序列采用逐行扫描时，图像格式为帧格式，当图像序列采用隔行扫描时，图像格式既可以基于帧格式，也可以基于场格式，从而能够更大程度地压缩空间冗余度。

一个图像包含亮度阵列和色度阵列，在 MPEG-1 标准中，亮度与色度之间的格式只能采用 4∶2∶0，而在 MPEG-2 标准中，除可采用 4∶2∶0 格式外，还允许采用 4∶2∶2 及 4∶4∶4 格式。

(4) 宏块条(Slice)。在图像中，数据被分成包括若干个连续宏块的宏块条，其处理目的在于防止错误扩散，即当一个宏块条发现误码又不可纠正时，下一个宏块条并不受其影响，仍能准确地找到并正常解码。

(5) 宏块(Macroblock)。图像以亮度数据阵列为基准被分为若干个 16 × 16 像素的单位，这称做宏块，它是进行运动补偿的基本单位，运动矢量的确定以宏块在参考图像上匹配作为依据。宏块不仅包括一个亮度阵列，还包括两个色度阵列，色度阵列的大小取决于色度格式，当 4∶2∶0 时色度阵列为 8 × 8，当 4∶2∶2 时色度阵列为 8 × 16，当 4∶4∶4 时色度阵列为 16 × 16。

一个宏块可分成 8 × 8 的小块，块的个数和序号与色度格式有关。当色度格式为 4∶2∶0 时，宏块包括 6 块；当色度格式为 4∶2∶2 时，宏块包括 8 块；当色度格式为 4∶2∶4 时，宏块包括 12 块。宏块结构分别如图 5.5～图 5.7 所示。为使读者能够直观清晰地理解亮度阵列与色度阵列的格式，特画出 4∶2∶0 时亮度和色度值的几何位置，如图 5.8 所示。

(6) 块(Block)。块是一个 8 × 8 像素的数据阵列，与宏块不一样，块只包含一种信号元素，它或者是亮度数据阵列，或者是某种色度数据阵列。块是进行 DCT 变换的基本单位，宏块在进行 DCT 变换之前被分成若干块。

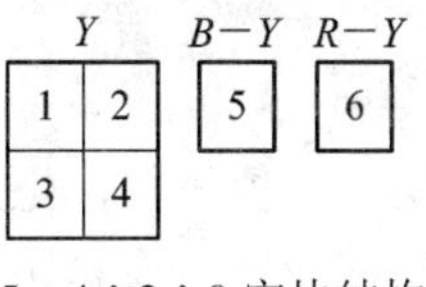

图 5.5　4∶2∶0 宏块结构

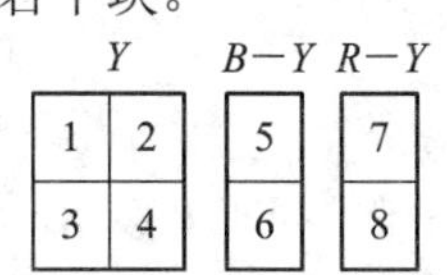

图 5.6　4∶2∶2 宏块结构

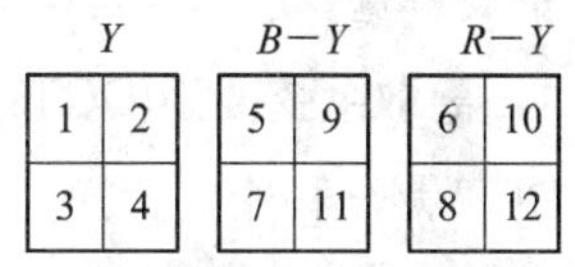

图 5.7　4∶4∶4 宏块结构

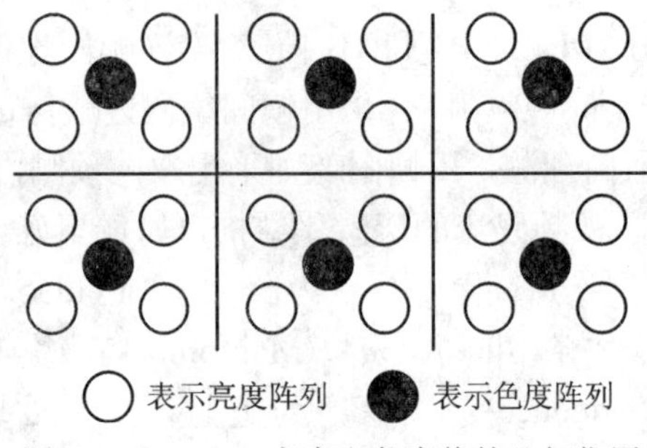

图 5.8　4∶2∶0 亮度和色度值的几何位置

5.3.2　MPEG-2 的特点

MPEG-2 是 MPEG-1 的扩充、丰富、改进与完善，MPEG-2 标准的视频数据位速率为 4～15 Mb/s，能提供 720 × 480(NTSC)或 720 × 576(PAL)分辨率的广播级质量的图像，可用于包括宽屏幕和 HDTV 在内的高质量电视广播，其主要特点如下：

(1) MPEG-2 解码器通常支持 MPEG-1 和 MPEG-2 两种标准。

(2) MPEG-2 的基本分辨率为 720 × 480，传输率为 30 帧/秒，并具有 CD 级音质。

(3) MPEG-2 有“按帧编码”和“按场编码”两种模式，在 MPEG-1 中没有定义电视帧，只支持逐行扫描，不支持隔行扫描。在 MPEG-2 中，针对隔行扫描的常规电视图像专门设置了“按帧编码”模式，与之相对应，运动补偿算法也进行了相应扩充，分为“按帧运动补偿”和“按场运动补偿”，因而编码效率显著提高。

(4) MPEG-2 允许在一定的范围内改变压缩比，以便在画面质量、存储容量和带宽之间作出权衡，它可在 30∶1 或更低的压缩比时提供广播级质量。

(5) MPEG-2 的压缩比高达 200∶1，能够实现以 30 帧/秒的速度播放全屏幕影像，实际压缩比依赖于节目内容及重放质量，运动及背景变化越多，压缩比就越低。

(6) MPEG-2 可对分辨率可变的视频信号进行压缩编码，平均传输速率将为 10 Mb/s。

5.3.3　MPEG-2 视频编码关键技术

MPEG-2 同时采用预测编码、变换编码和统计编码技术，它采用多种编码手段消除系统冗余信息，归纳如下：

(1) 利用二维 DCT 去除图像空间冗余度。

(2) 利用运动补偿预测去除图像时间冗余度。

(3) 利用视觉加权量化去除图像灰度冗余度。

(4) 利用熵编码去除图像统计冗余度。

(5) 在 MPEG-1 基础之上增加了可伸缩性、可分级性功能，以适应不同画面质量、存储容量及带宽要求。

1. 离散余弦变换(DCT)

DCT 是一种空间变换，在 MPEG-2 中 DCT 以 8 × 8 的像素块为单位进行，生成的是 8 × 8 的 DCT 系数数据块。DCT 变换的最大特点是对于一般的图像都能够将像素块的能量集中于少数的低频 DCT 系数上，即生成的 8 × 8 DCT 系数块中，仅左上角的少量低频系数数值较大，其余系数的数值很小，这样就可能只编码和传输少数系数而不严重影响图像质量。DCT 不能直接对图像产生压缩作用，但对图像的能量具有很好的集中效果，从而为压缩打下了基础。

2. 量化器

量化是针对 DCT 变换系数进行的，量化过程就是以某个量化步长去除 DCT 系数。量化步长的大小称为量化精度，量化步长越小，量化精度就越细，包含的信息就越多，但所需的传输频带也越高。不同的 DCT 变换系数对人类视觉感应的重要性是不同的，因此，编码器根据视觉感应准则，对一个 8 × 8 的 DCT 变换块中的 64 个 DCT 变换系数采用不同的量化精度，以保证尽可能多地包含特定的 DCT 空间频率信息，又使量化精度不超过需要。DCT 变换系数中，低频系数对视觉感应的重要性较高，分配的量化精度较细；高频系数对视觉感应的重要性较低，分配的量化精度较粗。通常情况下，一个 DCT 变换块中的大多数高频系数量化后都变为零。

3. 之形扫描与游程编码

DCT 变换产生的是一个 8 × 8 的二维数组，为进行传输，还需将其转换为一维排列方式。有两种二维到一维的转换方式，也称扫描方式，即之形(ZigZag)扫描和交替扫描，其中之形扫描是最常用的一种。由于经量化后，大多数非零 DCT 系数集中于 8 × 8 二维矩阵的左上角，即低频分量区，所以，之形扫描后，这些非零 DCT 系数就集中在一个一维排列数组的前部，后面跟着长串的量化为零的 DCT 系数，这就为游程编码创造了条件。之形扫描示意图如图 5.9 所示。

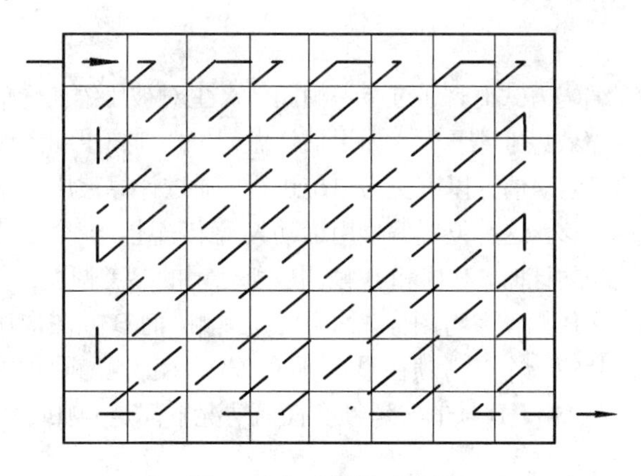

图 5.9 之形扫描示意图

游程编码中，只有非零系数被编码。一个非零系数的编码由两部分组成：前一部分表示非零系数前的连零系数的数量(称为游程)，后一部分是非零系数，这种编码方式使之形扫描的优势得以体现，因为之形扫描在大多数情况一行出现连零的机会较多，游程编码的效率就较高。当一维序列中的后部剩余的 DCT 系数都为零时，只要用一个“块结束”(End Of Block，EOB)标志来指示，就可以结束这一 8 × 8 变换块的编码，由此可见，压缩效果非常明显。

4．熵编码

量化仅生成了 DCT 系数的一种有效的离散表示，实际传输前还需对其进行比特流编码，产生用于传输的数字比特流。简单的编码方法是采用定长码，即每个量化值以同样数目的比特流表示，但这种方法的效率较低。采用熵编码可以提高编码效率，熵编码是基于编码信号的统计特性进行编码，使平均比特率得以下降。游程和非零系数既可独立也可联合地作熵编码。熵编码中使用较多的一种是霍夫曼编码(Huffman Coding)，MPEG-2 视频压缩系统中采用的就是霍夫曼编码。霍夫曼编码中，当确定了所有编码符号的概率后即产生一个码表，对经常发生的大概率符号分配较少的比特表示，对不常发生的小概率符号分配较多的比特表示，使整个码流的平均长度趋于最短。

5．信道缓存

采用熵编码产生的比特流的速率随视频图像的统计特性变化，但大多数情况下传输系统的分配频带都是恒定的，因此，在编码比特流进入信道前需设置信道缓存。信道缓存是一缓存器，以变比特率从熵编码器向内写入数据，以传输系统标称的恒定比特率向外读出，送入信道。缓存器的大小(或称缓存容量)是预先设定好的，但编码器的瞬时输出比特率常明显高于或低于传输系统的频带，这就有可能造成缓存器的上溢或下溢。因此，缓存器须带有控制机制，通过反馈控制压缩算法，调整编码器的比特率，使缓存器的写入数据速率与读出数据速率趋于平衡。缓存器对压缩算法的控制通过控制量化器的量化步长来实现，当编码器的瞬时输出速率过高，缓存器将要上溢时，就使量化步长增大，以降低编码数据速率，当然也相应增大了图像损失；当编码器的瞬时输出速率过低，缓存器将要下溢时，就使量化步长减小，以提高编码数据速率。

6．运动估计

运动估计用于帧间编码方式时，通过参考帧图像产生对被压缩图像的估计。运动估计的准确程度对帧间编码的压缩效果非常重要，如果估计做得好，则被压缩图像与估计图像相减后只留下很小的值用于传输。运动估计以宏块为单位进行，通过计算被压缩图像与参考图像的对应位置上的宏块间的位置偏移，这种位置偏移用运动矢量来描述，一个运动矢量代表水平和垂直两个方向上的位移。运动估计时，P 帧和 B 帧图像所使用的参考帧图像是不同的，P 帧图像使用前面最近解码的 I 帧或 B 帧作参考图像，称为前向预测，而 B 帧图像使用两帧图像作为预测参考，称为双向预测，其中一个参考帧在显示顺序上先于编码帧(前向预测)，另一帧在显示顺序上落后于编码帧(后向预测)，B 帧的参考帧在任何情况下都是 I 帧或 P 帧。

7．运动补偿

利用运动估计计算出的运动矢量，将参考帧图像中的宏块移至水平和垂直方向上的相应位置，即可生成对被压缩图像的预测。在绝大多数的自然场景中，运动都是有序的，因此，这种运动补偿生成的预测图像与被压缩图像的差分值很小。

MPEG-2 标准用于常规数字电视和高清晰度电视(HDTV，High Definition Television)，其支持的带宽范围为 2～20 Mb/s，它后向兼容 MPEG-1，并支持隔行扫描，具有更大的伸缩性和灵活性。DVD 就是 MPEG-2 的典型应用，此外 MPEG-2 还可为广播、有线电视网、电缆网络以及卫星直播提供广播级的数字视频。

5.4 数字电视系统的信道传输标准

传统模拟电视系统经过长期的发展形成了三大电视信号传输制式，也就是三大国际标准：PAL制式、NTSC制式、SECAM制式。数字电视系统作为一种全新的系统，也必须制定并遵循国际通行的标准，才能够普及应用。

目前，已经成为国际标准的数字电视信号传输制式有三种：美国的ATSC制式、欧洲的DVB制式和日本的ISDB制式。每一种制式针对地面广播、卫星广播和有线广播的特点，分别形成了相应的传输方案和传输标准。每一种传输标准又根据构成整个传输过程的信源、信道和传播方式，形成了信源编码标准、信道编码标准和标准调制方法。

在全部的标准制式中，对于信源编码标准中的视频编码都采用了国际标准MPEG-2，而音频编码标准主要以杜比AC-3标准和MPEG标准为主。

5.4.1 美国ATSC标准

ATSC是美国先进电视制式委员会(Advanced Television Systems Committee)的英文缩写，该组织制定的美国地面数字电视标准也称ATSC标准，该标准是目前世界上采用较广泛的三种地面数字电视标准之一。普遍认为ATSC系统能较好地支持固定接收，发射机数字化改造和接收机成本较低。

ATSC系统既包括HDTV，也包括SDTV。视频编码采用MPEG-2标准的第2部分。ATSC数字电视系统理论上可多达18种图像格式，其中HDTV有6种不同的分辨率和扫描方式，4种16∶9的SDTV格式，4种4∶3的SDTV格式，4种计算机的VGA格式。但对接收设备，需规范播出格式数目，真正可行的HDTV格式只有1080i和720p，后者分辨率稍低，但对带宽要求较窄。至于数字电视显示方式，则可灵活选择。

ATSC数字电视音频编码采用5.1声道杜比AC-3。音频取样频率为48 kHz。主音频业务码率小于等于384 kb/s。单声道音频业务码率小于等于192 kb/s。主音频业务与另一个同时解码的相关音频业务总码率小于等于512 kb/s。音视频编码码流和附加数据码流以及控制信息等的复用采用MPEG-2标准的第1部分。

ATSC数据流的随机化通过16 bit伪随机二进制序列(PRBS)进行。信道编码采用RS(207，187，$t = 10$)编码、交织和TCM(网格编码)级联方式。数据流复用数据段同步和数据场同步信号后，在频带低端加入310 kHz导频。电视频道射频带宽6 MHz，采用单载波8电平残留边带(8-VSB)调制方式。8-VSB是一种8电平映射方式，它将3 bit数据映射为载波的8个幅度电平，相位不变。传送的传送流(TS)码率为19.39 Mb/s，可满足传送一路HDTV节目或多路SDTV节目的需要。ATSC发送端功能框图如图5.10所示。

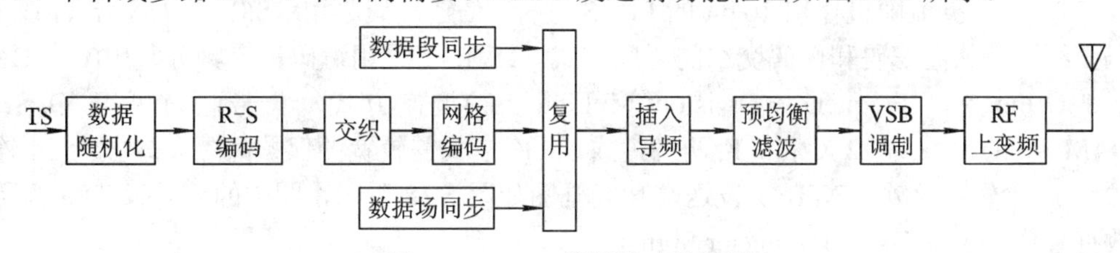

图5.10 ATSC发送端功能框图

ATSC 接收端对信号进行与发射端相反的处理，用室外天线接收效果较好。载波用中频频率锁相环(IFFPLL)由导频恢复，符号时钟经同步检波、A/D 及 PLL 重建，继而恢复段同步和数据场同步信号。ATSC 接收端功能框图如图 5.11 所示。

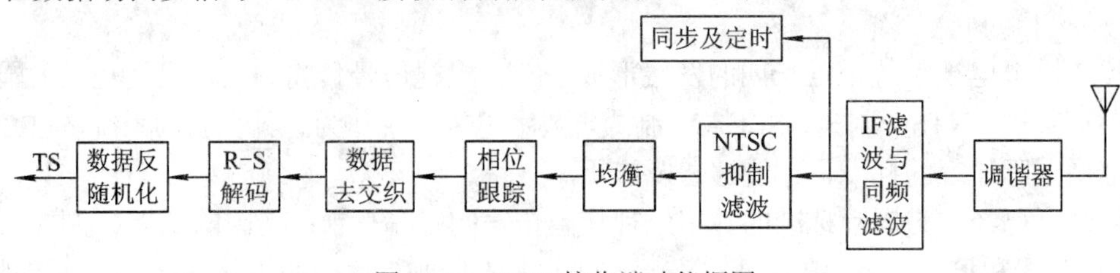

图 5.11　ATSC 接收端功能框图

5.4.2　欧洲 DVB 标准

DVB(Digital Video Broadcast)是由欧洲广播联盟(EBU)组织进行的一个数字视频广播项目，后来由欧洲标准化组织(ETSI)将其研究成果形成欧洲国家统一采用的数字电视标准。DVB 的主要目标是寻求一种能对所有信道都适用的通用数字电视技术，其设计原则是使系统能灵活地传输 MPEG-2 视频、音频和其他数据流，并要求兼容 MPEG-2 标准，且使用统一的业务信息(SI)，采用统一的条件接收(CA)接口和统一的 R-S(里德-索罗门)前向纠错码，以及得以进行数据广播等，形成通用的数字电视标准和系统。DVB 系统面向不同信道，采用不同的信道编码方法和调制方式，形成 DVB 标准和系统的系列。其中，DVB-S、DVB-C 和 DVB-T 为分别对应通过卫星、有线电视系统和地面发射进行的数字电视广播。

DVB-S(卫星数字电视)采用四相相移键控(QPSK，Quadrature Phase-shift Keying)调制方式，其调制效率较高，对传送途径的信噪比要求较低，适合卫星广播。卫星数字电视是数字电视得到最早应用的技术和系统，目前全球的卫星数字电视几乎均采用 DVB-S 技术。卫星传播方式覆盖广，接收设备成本也不是很高，卫星数字电视广播和卫星直接到户的接收方式已经相当普遍。

DVB-C(有线数字电视)采用多电平正交幅度调制(QAM，Quadrature Amplitude Modulation)，其调制效率可更高，要求传送途径的信噪比也较高，适合在传输环境较好的光纤和有线电缆中传输。利用有线网相对好的传输条件，数字电视在有线网中传输可以得到更高的效率。以 64QAM 方式为例，它可在一个 8 MHz 带宽有线电视频道中传输高达 38 Mb/s 的数字信息流量；在具备双向传输的有线电视网里，还可开展多种数字电视交互业务。目前世界各国普遍基于 DVB-C 作为有线数字电视传输体制，其中北美地区采用与 DVB-C 标准类似的 QAM 技术，其某些参数设置不同，但性能相当。

DVB-T(地面数字电视)视频编码采用 MPEG-2 标准的第 2 部分，音频编码采用 MPEG-1 第 2 层和杜比 AC-3，音视频流、附加数据流和控制信息等按 MPEG-2 标准的第 1 部分复用成 TS 流。数据流随机化用 16 bit 的 PRBS 进行。信道编码采用 RS(204，188，$t=8$)外码、外码交织、点状卷积码和内码交织的级联方式。DVB-T 采用编码正交频分复用(COFDM，Coded Orthogonal Frequency Division Multiplexing)调制方式，信号映射可用 QPSK、16QAM、64QAM；有 2 K 和 8 K 两种模式，8 K 模式需较宽的保护间隔；导频为 54 连续导频和 1/12 分散导频。DVB-T 发送端功能框图如图 5.12 所示，图中的缩写词 TPS 为传输参数符号化(Transmission Parameter Signalling)。

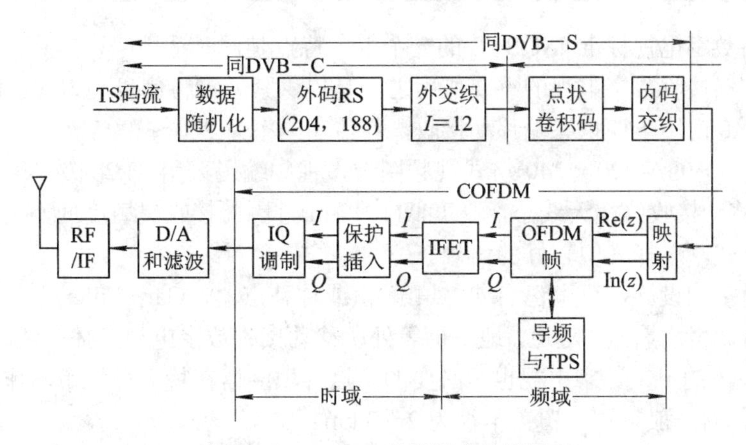

图 5.12　DVB-T 发送端功能框图

图 5.13 为 DVB-T 接收机功能框图。其信号处理过程与发送端相反。

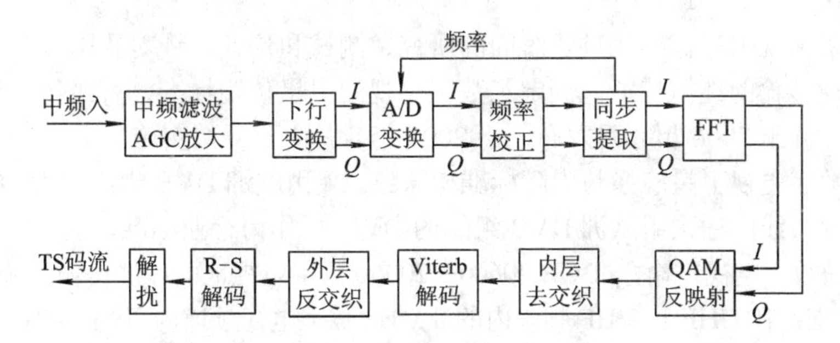

图 5.13　DVB-T 接收机功能框图

DVB-T 为多载波调制方式，具有抗回波反射能力，能较好地支持固定接收和移动接收，既能用于多频网(MSN)，也能用于单频网(SFN)。采用 64QAM 的一种 DVB-T 典型应用是可在一个 8 MHz 带宽的地面电视频道中传输高达 24 Mb/s 的数字信息流量。

5.4.3　日本 ISDB 标准

日本的卫星数字电视采用 ARIB STD-B20 标准，调制方式为 8PSK(八相相移键控)。有线数字电视采用 ITU-T J.83C 标准，调制方式为 QAM(正交幅度调制)。而地面数字电视采用 ISDB-T(地面综合业务数字广播)，调制方式为 BSTOFDM(频带分段传输正交频分复用)。这三种传输方式的视频编码均采用 MPEG-2 标准，音频编码均采用 MPEG-2 AAC(先进音频编码)标准。

ISDB-T 是地面综合业务数字广播的英文缩写词，其名称是“信道编码、帧结构和调制规范(Specification of Channel Coding，Framing Structure and Modulation)”。ISDB-T 标准于 1998 年成为最终草案。

ISDB-T 的 BSTOFDM 调制方式是在 COFDM(编码正交额分复用)的基础上，将 6 MHz 带宽中的 5600 个间隔为 1 kHz 的 OFDM(正交频分复用)信号分为 13 段，每段 423 kHz。其中 12 个段用于 HDTV，总码率为 21 Mb/s。视频图像尺寸最大为 1920 × 1080，占 18 Mb/s，其余用于传输音频和数据。

日本地面数字电视标准 ISDB-T 的一个很大特点是同时适用于便携终端移动接收。在日本，这种移动接收数字电视的重要作用之一是提供紧急灾害信息。为此，ISDB-T 将 13 个段中的一个专门用于便携终端移动接收，其传输码率为 200～300 kb/s，采用 QPSK 调制方式，可播送 QVGA(320 × 240)格式视频图像，视频编码采用 H.264/AVC 标准，帧率为 15 Hz。由于移动接收终端天线小，高度低(1～2 m)，因此接收灵敏度低，可用 2 部天线组成分集接收方式，选择其中较好的信号。

作为广播基础设施，日本已启动“填缝器(或称补点器，Garp Filler)”的建设。填缝器是为解决城市大楼阴影区、隧道、地下街等处所移动接收数字电视广播电波的中继转发器。填缝器对 S 波段的卫星数字电视也是必要的。这种填缝器在特大型城市，作用距离设计为 600～1000 m，对一般城市，覆盖半径为 2～3 km。

5.4.4　我国数字电视传输标准

我国数字电视国家标准经过长时间的研究、测试和论证，针对我国电视系统的结构特点和数字电视传输的环境特征，制定了数字电视的卫星传输标准、有线传输标准和地面广播传输标准，并于 2006 年 8 月发布，于 2007 年 8 月 1 日开始实施。

我国的数字电视卫星广播与国际标准相一致，采用欧洲 DVB 组织的 DVB-S 为国家标准；数字电视有线广播采用欧洲 DVB 组织的 DVB-C 作为行业标准。

我国地面数字电视传输标准 GB 20600—2006《数字电视地面广播传输系统帧结构、信道编码和调制》支持在 UHF 和 VHF 频段内的 8 MHz 数字电视频道内，传输 4.813～32.486 Mb/s 的净荷数据率；支持固定(含室内、外)接收和移动接收，固定接收模式下，可提供 SDTV 和 HDTV、数字声音广播、多媒体广播和数据业务，移动接收模式下，可提供 SDTV、数字声音广播、多媒体广播和数据业务；支持多频网和单频网，按业务特性和组网方式，可选不同传输模式和参数；支持多业务混合模式。

发送端原理框图如图 5.14 所示。输入数据码流经扰码(随机化)、前向纠错编码(FEC)、比特流到符号流星座映射和交织后形成基本数据块，再与系统信息组合(复用)，经帧体数据处理形成帧体，进而与帧头(PN 序列)复接为信号帧(组帧)，经基带后处理转换为基带输出信号(8 MHz 带宽内)，正交上变频转换为射频信号。

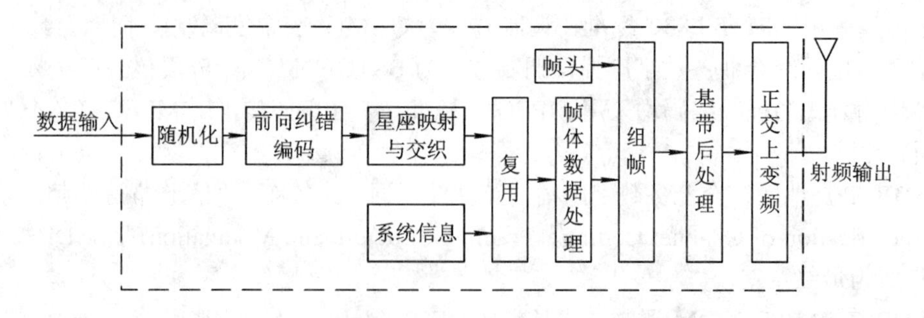

图 5.14　我国地面数字电视系统发送端原理框图

国标中前向纠错编码由外码(BCH 码)和内码(LDPC)级联实现，采用三种不同参数来满足不同业务的需要。

国际上三种主要地面数字电视传输标准均使用级联码，典型形式是外码采用 R-S 码，内码采用卷积码。我国数字电视传输标准也使用级联码，外码为 BCH 码，但内码用 LDPC 码(低密度奇偶校验码)。LDPC 是较好的线性编码纠错码，在 DVB-S2 中，也用 LDPC 取代了 DVB-S 码的 R-S 码。目前普遍认为在相同频谱利用率下，LDPC 可降低接收门限，有利于固定接收和移动接收。

5.5　数字电视信号调制解调标准

数字电视信号根据不同的传输信道，需要采取相应的调制方法，才能有效地实现信号的发送与传输。目前国际上普遍采用的四种信号调制方式 VSB、QAM、QPSK、COFDM 已经在数字电视卫星传输、有线传输、地面传输中成为国际标准。

针对卫星传输信道的特点，卫星数字电视系统通常采用四相相移键控(QPSK)调制方式，QPSK 也称做正交相移键控。针对城市有线传输信道的特点，有线数字电视系统通常采用多电平正交幅度调制(QAM)，使用最多的是 64QAM。针对地面无线广播信道的特点，地面数字电视系统通常采用多电平残留边带(VSB)调制方式，使用较多的是 8-VSB 和编码正交频分复用(COFDM)。数字调制的星座图如图 5.15 所示。

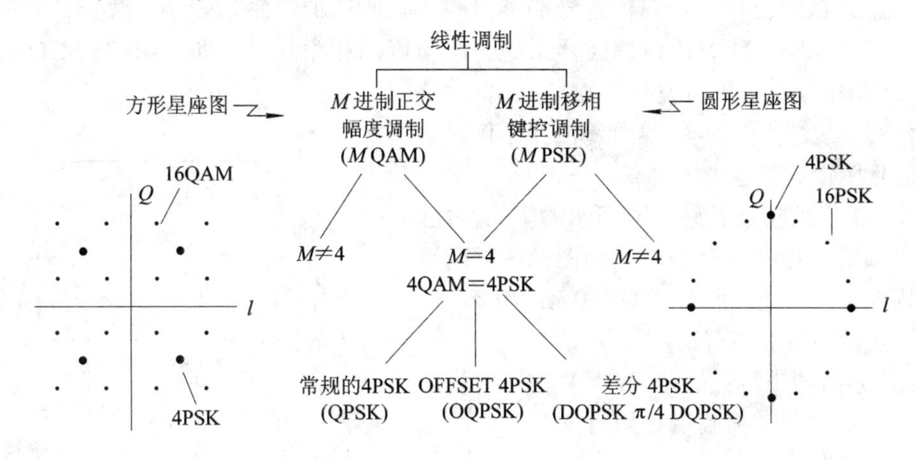

图 5.15　数字调制的星座图

数字调制就是将数字符号转换成适合信道传输特性的波形的过程。基带调制中这些波形通常具有整形脉冲的形式，而在带通调制中，则利用整形脉冲去调制正弦信号，此正弦信号称为载波。将调制后的载波转换成电磁场，传播到一定的区域就实现了无线传输。

需要载波实现基带信号的无线传输有以下原因：① 天线尺寸；② 频分复用；③ 扩频调制；④ 频谱搬移。

5.5.1　残留边带(VSB)数字调制

对于广播电视来说，调制载波的带宽应尽量窄，以便在规定的波段内能容纳更多的电视频道数，所以目前的模拟电视广播一般都采用调幅的残留边带发射。下面分析采用残留边带调制的原因。

常规电视图像占用 6 MHz 带宽，如果采用调幅双边带传输图像信号，需传输图像信号的上边带和下边带，其带宽为 12 MHz，显然这种方式占用频带过宽，容纳电视频道少。另外，由于对载波频率而言，相对带宽太大，给接收、发射设备的设计都带来困难，提高了要求，显然这不是一个好办法。

如果采用调幅单边带，虽然可以将传输频带压缩到 6 MHz，但是，要得到纯净的单边带信号，必须让双边带调幅信号通过频带锐截止的单边带滤波器。显然，要制作出如此幅频特性的滤波器是相当困难的，而且在截止频率附近滤波器的相频特性会出现严重的非线性，导致图像信号低频分量有明显的失真，图像质量大大下降。

因此，模拟电视信号传输不采用单边带调制，而采用残留边带调制(VSM，Vestigial Sideband Modulation)。采用残留边带调制可以克服双边带调制和单边带调制的缺点。按照我国电视的规定，残留部分为 0.75 MHz，即保留下边带 0.75 MHz 带宽的信号。这样，图像信号频谱中，0～0.75 MHz 部分仍然是双边带传输，而 0.75～6 MHz 采用单边带传输。残留边带传输方式具有如下优点：将已调波频带压缩到小于 8 MHz，增加了电视频道容量，使收、发设备的设计得以简化；接收机可用普通检波方式，简化了电视机的设计。

在 0～0.75 MHz 范围内，用双边带传输，信号无失真。在 0.75～6 MHz 范围内，用单边带传输，在此范围内，图像信号的能量较小，所以调制系数较小，解调信号的总失真不大，可以忽略。残留边带滤波器采用平缓下降的频率特性，即从－0.75 MHz 缓慢下降至－1.25 MHz，不需采用锐截止方式。因此，其相频特性的非线性大为改善，这种滤波器不仅容易制作，而且图像质量也大大提高。

为此，接收机应采用图 5.16 所示的幅频特性，即图像中频的相对增益为 50%，而图像中频两端的频率特性为一斜线，所占频宽为 0.75 MHz，以此来补偿残留边带的固有缺点。

因此，残留边带特性的实现，是靠在发射机加残留边带滤波器和在接收机使用特殊的图像中放频率特性曲线来保证的。

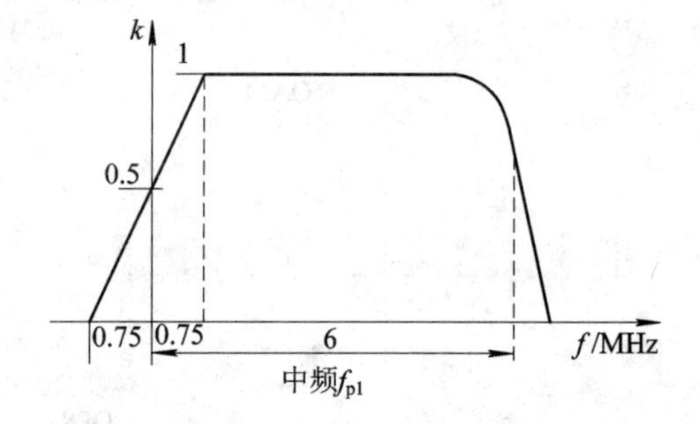

图 5.16　残留边带接收机中放幅频特性

5.5.2　8 电平残留边带(8-VSB)调制

VSB 是模拟电视采用的调制方式。8-VSB 是 8 电平残留边带调制，它把串行数字信号按照 8 电平变换，形成 8 电平数字基带信号，然后加上载波，经模拟滤波器，从调制信号中取出上边带的一部分，形成单边带调制信号。

8-VSB 是模拟 VSB 的数字形式，它首先将二进制码流按每 3 比特一组进行分组，形成八进制基带信号，然后施加载波进行频谱搬移。为提高频谱效率，可以用模拟滤波器从调制信号中滤除一个边带，此时的信号称为单边带(SSB)调制信号，其频谱效率等效于 64QAM。

8-VSB 是美国 ATSC 传输地面数字电视的调制方式，下面说明其信号的形成过程。

图 5.17 中的上部分表示经过 8 电平变换后的数字基带信号，下部分表示经载波调制后的调幅信号。

图 5.18 表示 8 电平数字信号的双边带频谱，这样的频谱传输需要非常大的带宽，显然不适合通过信道发送。所幸的是，从该信号频谱可以看出，相对于中心频率的两个边带是对称镜像的，也就是说，该频谱的下边带与上边带完全相同，并且，两边每个孤立部分的频谱与中心频率处的频谱形状相同，这说明该信号频谱中有大量的冗余成分可以去除。

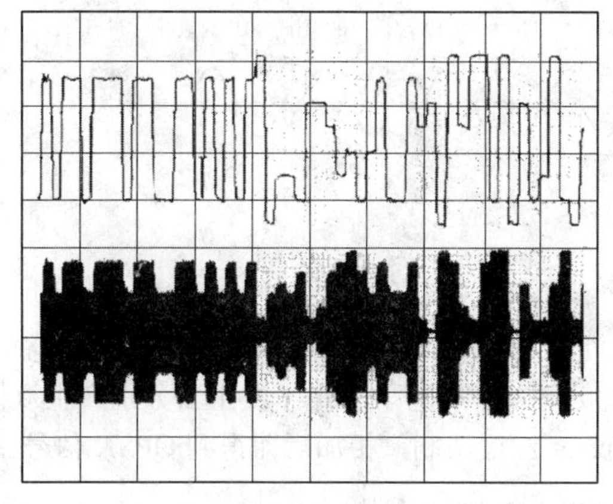

图 5.17　数字基带信号

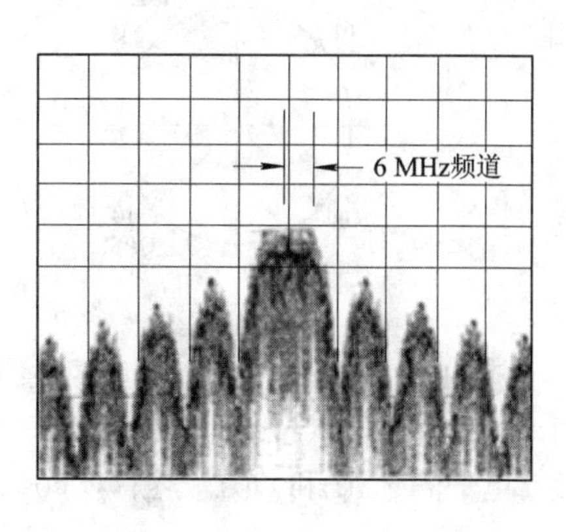

图 5.18　8 电平数字信号的频谱

从信号频谱形状的分析给人们以启示，即该信号中心频谱的一个边带携带了信号的全部有用信息，因此可以用带宽较窄的频道来传输。

这种设想的理论依据是奈奎斯特的发现。奈奎斯特理论表明，我们可以用数字信号采样频率的 1/2 带宽来传输数字信号，在传输途径中加入奈奎斯特滤波器后，接收端可以无失真地还原数字信号。

ATSC 中 8-VSB 的参数设定见图 5.19。由于是 8 电平映射，即每个传输符号可携带 3 bit 数字信息，进入 8-VSB 调制的数据传输速率为 32.28 Mb/s，经 8 电平映射的符号传输速率为 32.28/3 = 10.76 Msymbol/s，即每秒 10.76 Msymbol。按照奈奎斯特理论，用单边带传输该信息的最小带宽为 5.38 MHz，当滚降系数是 0.115 时，传输带宽为 538 × (1 + 0.115) = 6 MHz。由于采用了带滚降系数的滤波器而不是陡峭沿的矩形滤波器，因此这种传输不是单边带传输，而是由滚降沿引入了下边带的部分频谱，变成了残留边带传输方式，所以在 ATSC 数字电视的信号调制中，称为 8-VSB 调制。

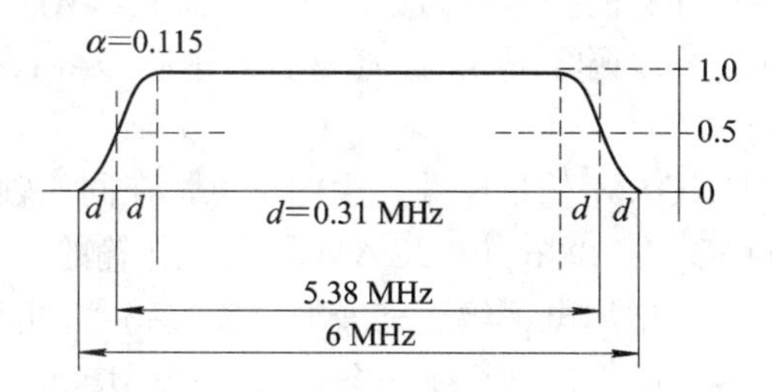

图 5.19　8-VSB 残留边带参数

5.5.3　正交相移键控(QPSK)调制

QPSK(Quadrature Phase Shift Keying)调制称为正交移相键控或四相绝对移相调制，它不使用载波信号的频率或幅度来携带信息，而用载波的相位携带信息，即对载波信号的相位进行调制。我们把相继两个码元的 4 种组合(00，01，10，11)对应于正弦波的 4 个相位，载波相位表示为 4 种相位状态之一，即一个符号，每个符号包含 2 bit 数据。

图 5.20 是 QPSK 信号的矢量图(星座图)和波形图。

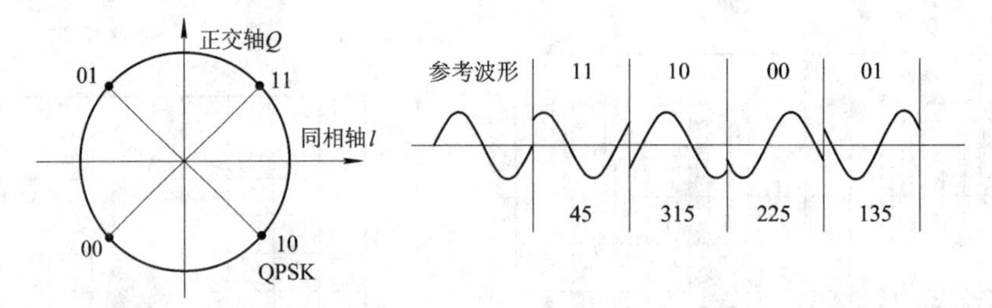

图 5.20　QPSK 星座图和波形图

QSPK 正交调制器方框图如图 5.21 所示。它可以看成由两个 BSPK 调制器构成，输入的串行二进制信息序列经串-并变换，分成两路速率减半的序列，电平发生器分别产生双极性二电平信号 $I(t)$和 $Q(t)$，然后对 $\cos\omega_C t$ 和 $\sin\omega_C t$ 进行调制，相加后即得到 QPSK 信号。

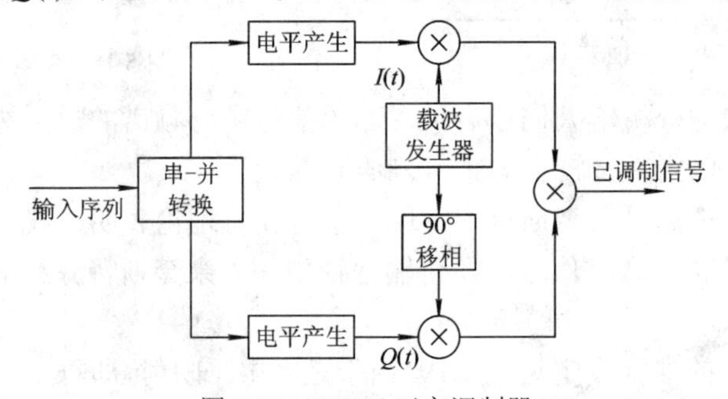

图 5.21　QSPK 正交调制器

5.5.4　正交幅度调制(QAM)

在二进制 ASK 系统中，其频带利用率是 1(bit/s)/Hz，若利用正交载波调制技术传输 ASK 信号，可使频带利用率提高一倍。如果再把多进制与其他技术结合起来，还可进一步提高频带利用率。能够完成这种任务的技术称为正交幅度调制(QAM)。它是利用正交载波对两路信号分别进行双边带抑制载波调幅形成的，通常有二进制 QAM、四进制 QAM(16QAM)、八进制 QAM(64QAM)等。

图 5.22 是 16QAM 和 32QAM 的星座图。由图可见，在同相轴和正交轴上的幅度电平不再是 2 个，而是 4 个(16QAM)和 6 个(32QAM)，所能传输的数码率也将是原来的 4～5 倍。但是并不能无限制地通过增加电平级数来增加传输数码率。因为随着电平数的增加，电平间的间隔减小，噪声容限减小，同样噪声条件下的误码增加。在时间轴上也会如此，各相位间隔减小，码间干扰增加，抖动和定时问题都会使接收效果变差。

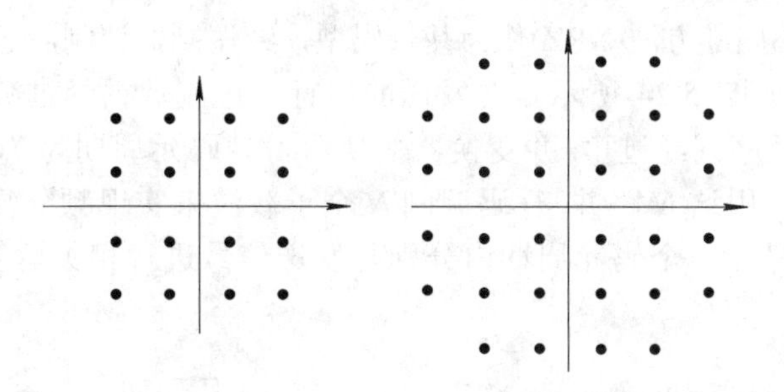

图 5.22 16QAM 和 32QAM 的星座图

图 5.23 中，串-并变换器将速率为 R_b 的输入二进制序列分成两个速率为 $R_b/2$ 的两电平序列，2 – L 电平变换器将每个速率为两电平序列变成速率为(R_b/lb$M$)的 L 个电平信号，然后分别与两个正交的载波相乘，相加后即产生 MQAM 信号(在 64QAM 调制时 M = 64)。

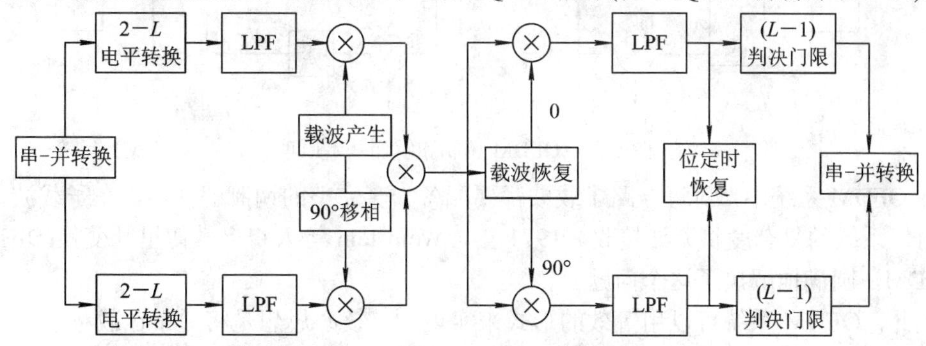

图 5.23 QAM 调制与解调器框图

MQAM 信号的解调同样可以采用正交的相干解调方法，其方框图也画在图 5.23 中。同相路和正交路的 L 电平基带信号用有 L – 1 个门限电平的判决器判决后，分别恢复出速率等于 $R_b/2$ 的二进制序列，最后经串-并变换器将两路二进制序列合成一个速率为 R_b 的二进制序列。

5.5.5 正交频分复用(OFDM)和编码正交频分复用(COFDM)

1. 正交频分复用

正交频分复用(OFDM)是一种高速数据传输技术，该技术的基本原理是将高速串行数据变换成多路相对低速的并行数据，并对不同的载波进行调制。这种并行传输体制大大扩展了符号的脉冲宽度，提高了抗多径衰落等恶劣传输条件的性能。

传统的频分复用方法中各自载波的频谱是互不重叠的，需要使用大量的发送滤波器和接收滤波器，这样就大大增加了系统的复杂度和成本。同时，为了减小各个子载波间的相互串扰，各子载波间必须保持足够的频率间隔，这样会降低系统的频率利用率。OFDM 系统采用相互正交的载波，使各子载波上的频谱相互重叠，提高频谱利用率。由于这些载波频谱在整个符号周期内满足正交性，从而保证接收端能够不失真地复原信号。

2. OFDM 的算法理论与基本系统结构

由上面的原理分析可知，若要实现 OFDM，需要利用一组正交的信号作为子载波，再

以码元周期为 T 的不归零方波(NRZ)作为基带码型，经调制器调制后送入信道传输。

OFDM 调制器如图 5.24 所示。要发送的串行二进制数据经过数据编码器形成了 N 个复数序列，此复数序列经过串-并变换器变换后得到码元周期为 T_S 的 N 路并行码，码型选用不归零方波。用这 N 路并-行码调制 N 个子载波来实现频分复用。在接收端也是由这样一组正交信号在一个码元周期内分别与发送信号进行相关运算实现解调的，最终恢复出原始信号。

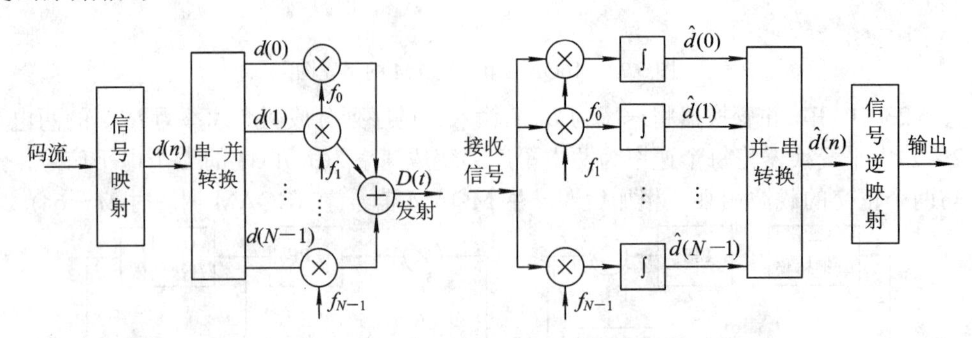

图 5.24　OFDM 调制和解调基本原理

在 OFDM 系统中，对每一路子载波都要配备一套完整的调制解调器，在子载波数量 N 较大时，系统的复杂度将无法接收。1971 年，Weinstein 等人将离散傅里叶变换(DFT)应用于 OFDM，圆满地解决了这个问题。

因此，OFDM 系统可以用等效的形式来实现。其核心思想是将通常在载频实现的频分复用过程转化为一个基带的数字预处理，在实际应用中，DFT 的实现一般可运用快速傅里叶变换(FFT)算法。在发送端进行离散傅里叶反变换(IDFT)，在接收端进行离散傅里叶正变换(DFT)。经过这种转化，OFDM 系统在射频部分仍可采用传统的单载波模式，避免了子载波间的交调干扰和多路载波同步等复杂问题，在保持多载波优点的同时，使系统结构大大简化。同时，在接收端便于利用数字信号处理算法完成数据恢复。

3. 编码正交频分复用(COFDM)

COFDM 指在多载波的 OFDM 传输前，对传输数据进行前向纠错编码，提高信道传输的抗干扰能力，故称为编码正变频分复用。在许多文献中，OFDM 和 COFDM 这样的术语经常交替使用，没有严格的区分。通常，OFDM 指一种多载波的传输技术，而 COFDM 则是一个实际应用的多载波传输系统。

5.6　数字电视的音频编码解码标准

数字电视不仅具有高清晰度的图像，而且具有高品质的声音，这与数字音频信号的压缩编码密不可分。数字音频信号在存储及传输方面具有模拟音频信号不可比拟的优势，具体表现为抗噪声性能优异、音频动态范围得到增强、经多次存储记录仍无信号衰减等，但数字音频信号在存储或传输时占用带宽很宽。

例如，利用公式：

数字传输码率 = 取样频率 × 比特数/取样 × 立体声双通道数

由 CD 激光唱片的数字传输率计算可知 441 00 × 16 × 2 =1 411 200 b/s，速率大约为 1.4 Mb/s。

如果将 6 声道的环绕立体声数字化，按每声道取样频率为 48 kHz。每样值用 18 bit 表示，则数字化后的数据码率为 6 × 48 kHz × 18 bit = 5.184 Mb/s，即使是两声道立体声，数字化后码率也达到 1.5 Mb/s 左右，而电视图像信号数字压缩后码率大约为 1.5～10 Mb/s。

因此声音信号数字化后的信息量非常大，数字音频信号必须进行高效的压缩编码，才能进行存储或送入信道进行传送。

5.6.1　数字电视音频信号特征分析

音频信号与语音信号不同，为获得高质量的音频享受，对音频信号进行数字化处理时，必须要保证有足够高的取样率、足够高的幅度分辨率及足够大的动态范围，因此数字音频信号的分辨率大约为 16～24 bit，甚至有 32 bit。一般语音信号的动态范围和频响比较小，采用 8 kHz 取样，每个样值用 8 bit 表示，目前语音信号的压缩编码技术已能将码率从原来的 64 kb/s 压缩到 4 kb/s 左右，但多媒体通信中的声音要比语音复杂很多，其动态范围可达 100 dB，频响范围可达 20 Hz～20 kHz。

随着对音频信号音质要求的增加，信号频率范围逐渐增加，要求描述信号的数据量也就随之增加，从而带来数据处理时间及数据存储、传输容量的增加，因而数字音频压缩技术是多媒体通信系统的关键技术，在数字电视与高清晰度电视系统的应用中意义重大。

目前数字电视的伴音一般还是使用线性量化，在 MPEG 标准中，声音编码一般采用 16 bit 量化精度，杜比 AC-3 采用 24 bit 量化精度，在声音信号的取样频率和量化比特数都确定的情况下，编码的 PCM 数据流码率随之被确定。要进一步压低其数据率，节省信道带宽，须研究声音本身和听觉系统在心理和生理两方面的特点。

心理声学模型是对人类听觉心理声学测量所做大量测试的统计结果，主要反映听觉阈值特性和掩蔽效应。

阈值特性主要反映只有声压高于阈值的声音才可为听觉感受，而阈值又随音频频率改变，通常 1～5 kHz 范围内阈值最低，即听觉对此频率范围的声音最敏感。依据听觉的阈值特性，声音信号中声压低于阈值的音频分量可舍弃，低于阈值的编码损伤也可不必理会。

掩蔽效应反映强音抑制邻近频率或邻近时段内弱音的听觉特性。人类听觉的掩蔽效应不仅反映在频域，也反映在时域。时域掩蔽效应指邻近一个强音的弱音也会被遮蔽的现象。

掩蔽效应表明，声音信号中可被掩蔽的信号可以不传，也不用担心那些可被掩蔽的量化噪声。

心理声学模型对音频压缩编码的意义在于：听觉系统像一组多信道实时分析器，各自具有不同的带宽和灵敏度。不能被人感知的声音信号不必传输，压缩音频带来的损伤，只要不会被感受，也不必去担心。另外，因信号一般会比噪声强，与其频率邻近的噪声和失真会被它掩盖，而频率偏离信号频率较远的噪声和失真，影响才变大，而且随着向低频偏离比向高端偏离，掩蔽效应减弱得更快。

这种基于心理声学模型的压缩编码不是依据声音信号波形本身的相关性，也不是模拟人的发音器官的特性，这种编码称感知声音编码，因其在编码算法上体现为对声音信号各子带进行不同的处理，故也称子带编码。

子带编码(SBC，Sub-Band Coding)利用人的心理声学特性将听觉系统近似用一组多信道(子带)实时分析、合成器来模拟。这些信道所处频段、带宽和灵敏度等不同。低于阈值和可被掩蔽的音频信号成分可不传送，低于阈值和将被掩蔽的噪声也可不去理会，从而实现音频信号的压缩。基于这种机理的声音信号压缩方式称为子带编码语音压缩方式。

依据心理声学模型，再引入变字长编码技术，可以进一步提高音频数据的压缩效率。

变字长编码(VLC)是根据各种音频信息的大小和出现概率不均等，数字音频信号编码成数据流后，其分布也存在统计意义上的规律性，据此编制变字长码表，表中按概率由低到高，分配长短不一的符号，以达到降低数据流速率、压缩编码数据量的目的。

5.6.2 数字电视音频编解码标准

目前国际上主要有 MPEG-1 Layer2 和杜比 AC-3(Dolby AC-3)两种数字电视音频信号的传输方式，日本的数字电视系统则采用了 MPEG-2 AAC(高级音频编码)。电视节目的 MPEG-1 Layer2(自适应掩蔽模型的通用子带综合编码和复用)音频信号取样频率通常为 32 kHz、44.1 kHz 或 48 kHz，常用 16 bit 线性量化，编码成自然二进制码。杜比 AC-3 电视节目伴音音频信号的取样频率允许为 32 kHz、44.1 kHz 或 48 kHz，常用 48 kHz，至少 16 bit 量化，高量化精度可达 24 bit，编码成自然二进制码。

我国数字电视音频信号编码标准 SJ/T 11368—2006《多声道数字音频编解码技术规范》于 2007 年颁布，规范面向有限带宽信道存储和传输多声道数字音频信号的多种需求，实现在不同码率下完成高品质、多声道数字音频信号的编解码。这一编解码标准的主要思想与现行的国际标准 MPEG-1 Layer2 音频编码标准和杜比 AC-3 音频编码标准相一致。

1. MPEG-1 音频编码标准

MPEG-1 音频编码标准的主要特点如下：

(1) MPEG-1 标准的第 3 部分为数字音频编码标准。

(2) MPEG-1 压缩声音信号采用子带编码(SBC，Subband Coding)。先把时域中的声音数据变换到频域，再对频域内的子带分量分别进行量化和编码，然后根据心理声学模型确定量化精度，来压缩数据量。

按编码性能和复杂度的提升次序，MPEG-1 声音信号编码分为 3 层(Layer1、Layer2、Layer3)，高层兼容低层。

Layer1：每声道的数据率为 192 kb/s，每帧有 384 个样本，32 个等宽子带，固定分割数据块。子带编码用 DCT(离散余弦变换)和 FFT(快速傅里叶变换)计算子带信号量化比特数。它采用基于频域掩蔽效应的心理声学模型，使量化噪声低于掩蔽阈值。量化采用带死区的线性量化器。Layer1 主要用于数字盒式磁带(DCC)。

Layer2：每声道的数据率为 128 kb/s，每帧有 1152 个样本，32 个子带，属于不同分帧方式。它采用共用频域和时域掩蔽效应的心理声学模型，并对高、中、低频段的比特分配进行限制，对比特分配、比例因子、取样进行附加编码。Layer2 广泛用于数字电视、CD-ROM、CD-I 和 VCD 等。

Layer 3(MP3)：每声道的数据率为 64 kb/s。用混合滤波器组提高频率分辨率，按信号分辨率分成 6×32 或 18×32 个子带，克服平均分 32 个子带的 Layer 1、Layer 2 在中、低频段分辨率偏低的缺点。采用心理声学模型 2，增设不均匀量化器，对量化值进行熵编码。Layer 3 主要用于 ISDN(综合业务数字网)音频编码。

图 5.25 是 MPEG-1 声音信号编码器功能框图举例。取样频率一般可取 32 kHz、44.1 kHz 和 48 kHz，有单声道、双声道等伴音模式。数字音频信号经分析滤波器组分成多个子带，它们的量化粗细和分配的比特数，按心理声学模型动态调整。其中，对成组取样点用快速傅里叶变换作更细的频谱分析，来计算掩蔽阈值。对不同子带样点分组分配的比例也不同。各子带编码数据和作为辅助信息的各子带量化级数等的编码表示，按规定组成音频数据帧(Frame)，进而形成音频比特流。

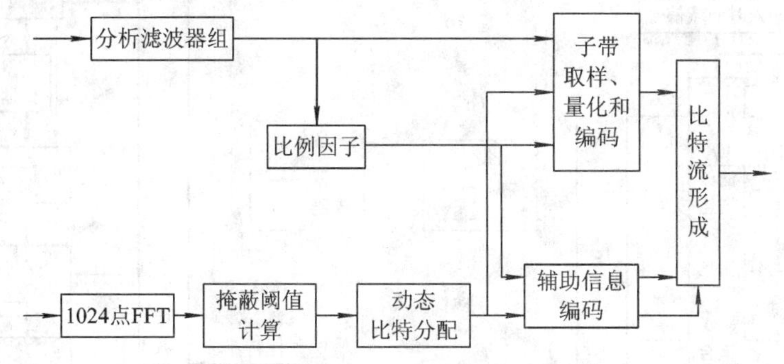

图 5.25　MPEG-1 声音信号编码器功能框图举例

若数据帧头部的保护位是 0，则表明该帧含 CRC 码(循环冗余校验)，其生成多项式为 $G(x) = x^{16} + x^{15} + x^2 + 1$，这种校验码的码距为 4。

MPEG-1 声音信号解码是编码的逆过程，无需进行心理声学模型处理，而只需解析数据帧。重构子带样本和把它们变换回声音信号，因此解码器比编码器简单得多。

2．MPEG-2 音频编码标准

MPEG-2 音频编码标准的主要特点如下：

(1) MPEG-2 标准的第 3 部分为数字音频编码标准。

(2) MPEG-2 音频编码标准是在 MPEG-1 音频编码的基础上发展起来的多声道编码系统，除兼容 MPEG-1 标准第 3 部分的双声道模式外，还支持 5.1 多声道编码模式。这种 5.1 多声道编码也称 3/2 立体声，由前中央 C、前左 L、前右 R、环绕左 Ls 和环绕右 Rs 构成，“.1”指低频增强(LFE)声道，其频率范围是 20～120 Hz，如图 5.26 所示。

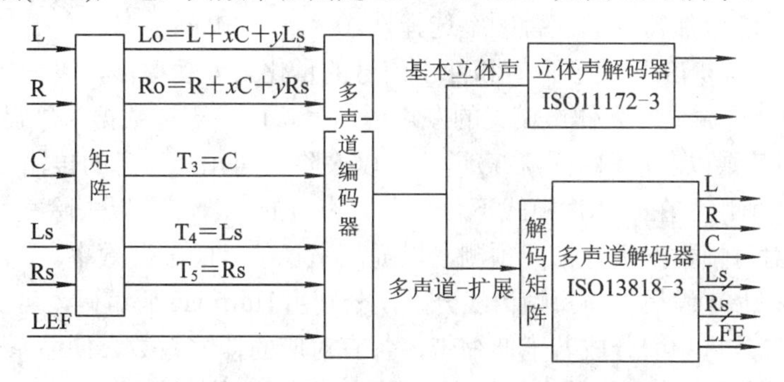

图 5.26　MPEG-2 多声道编解码系统工作原理图

日本数字电视广播系统的音频信号编码采用 MPEG-2 AAC 标准。MPEG-2 AAC 支持 8～96 kHz 的取样频率，音源可以是单声道、立体声和多声道，支持多达 48 个多语言声道(Multilingual Channel)和 16 个数据流。MPEG-2 AAC 在压缩比约 11∶1，每个声道数据率约(44.1 × 16)/l～64 kb/s，5 个声道的总数据率为 320 kb/s 的情况下，很难区分还原后的声音与原始声音的差别。与 MPEG-1 层 2 相比，MPEG-2 AAC 的压缩率提高了一倍，而质量更高，与 MPEG-l 层 3 相比，质量相同条件下数据率下降为 70%。

MPEG-2 AAC 编码器框图如图 5.27(a)所示。图中的增益控制模块用于取样率可分级档次，它把输入信号分成 4 个等带宽子带，解码器也设增益控制模块，通过忽略高子带信号而得低取样率输出信号。编码器可引入一系列工具。

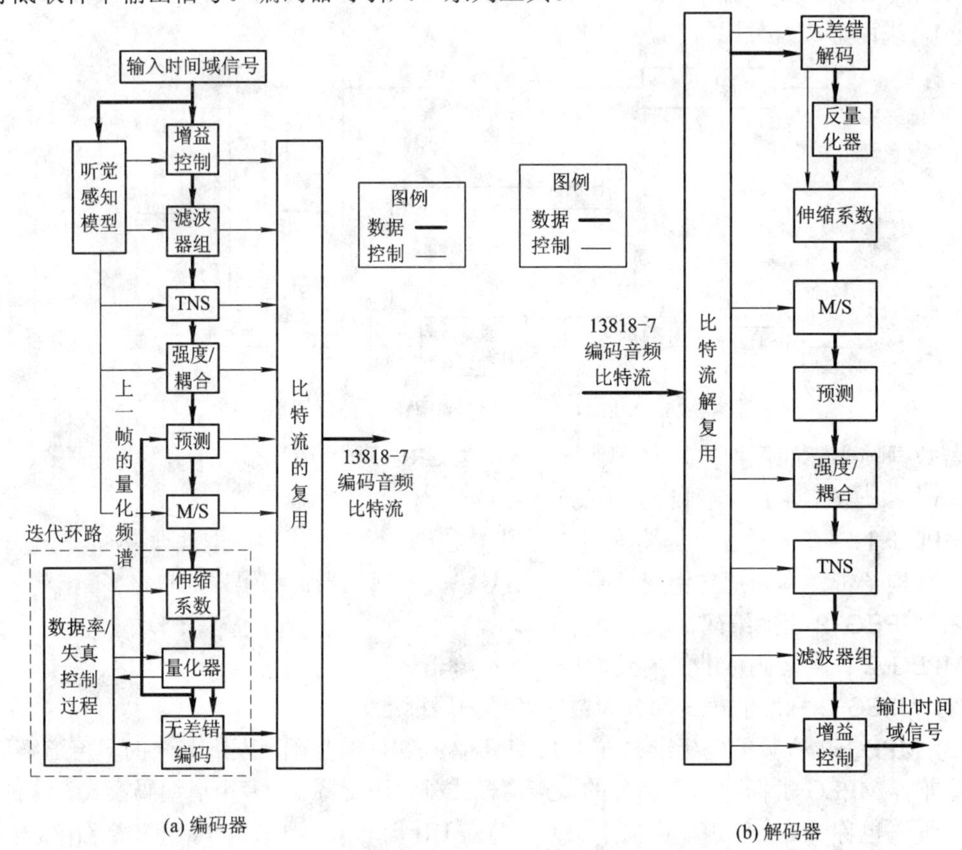

图 5.27　MPEG-2AAC 编码器及解码器功能框图

“滤波器组”通过加窗处理改善频率选择性。

“时域噪声整形(TNS)”调节瞬时和冲击信号的量化误差功率谱，以适应信号功率谱。

“强度/耦合”传输强度立体声模式的左声道信号，而右声道数据为“强度立体声位置”信息，解码时用其乘以左声道值得右声道值，以去除空间冗余信息的传输。

“M/S(中间/两侧)”在立体声模式下传输左右声道的和、差，以去除空间冗余信息。

“预测”是对每帧数据进行帧间预测，以提高平稳信号的编码效率。

“无差错(noiseless)编码”将每帧谱线分区，分别由 Huffman 码编码，可加快解码速度。

“伸缩系数”是将频谱分成若干伸缩带，各有对应的伸缩系数，伸缩系数先差分编码，再用 Huffman 码进行熵编码，其中第一个系数(全局增益)直接进行 shit PCM 编码。

“量化器”使用非均匀量化器，按听觉模型，通过控制量化噪声电平大小及其分布来控制编码比特总量，这是压缩数据量的核心。

MPEG-2 AAC 定义了三种档次：主档次、低复杂度档次和取样率可分级档次。

如上所述，MPEG-2 AAC 编码处理是在频域进行，压缩数据量主要依据心理声学模型去除听觉冗余度，借助摘编码去除编码数据流统计冗余度，一系列编码工具的引入则得以更好地利用声音信号特性，以此提高编码效率，改善编码质量或扩大编码码流适用范围。

MPEG-2 AAC 解码是编码的逆过程，解码器框图如图 5.27(b)所示。解码器首先过滤比特流中的音频频谱数据，解码已量化的数据和其他重建信息，恢复量化的频谱，再经比特流中有效的工具进行一次或多次修改，最后把频域数据转换为时域数据。

3. 杜比 AC-3 音频编码标准

杜比 AC-3 数字音频信号编码标准已被美国 ATSC(先进电视制式委员会)制定的 ATSC 数字电视标准采用(ATSC A/52)。其取样频率为 48 kHz，采用 5.1 声道(C、L、R、Ls、Rs、LFE)；主音频业务码率不超过 384 kb/s，单声道辅助业务不超过 128 kb/s，双声道辅助业务不超过 192 kb/s，主要音频业务和辅助音频业务同时解码的组合码率不超过 572 kb/s。

图 5.28 为其编码器功能框图。图中的分析滤波器组把音频信号样组(块)从时域变换到频域，并把频率系数转换成小于 1 的浮点符号送出，接着将靠前的那些 0 的个数作为指数送给谱包络编码功能块，前导 0 后面的数作为尾数。依据谱包络编码后能分配给尾数编码的比特数，控制尾数量化的粗细，然后按数据格式，把指数和尾数编码数据组合成 AC-3 音频数据帧(见图 5.29)，成为编码的 AC-3 码流。AC-3 采用指数编码的目的是减少传输比特数。

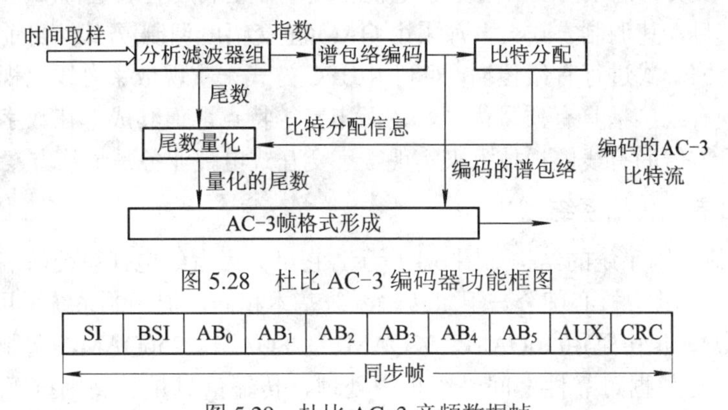

图 5.28 杜比 AC-3 编码器功能框图

SI	BSI	AB_0	AB_1	AB_2	AB_3	AB_4	AB_5	AUX	CRC

同步帧

图 5.29 杜比 AC-3 音频数据帧

数据帧由含同步信息的同步信息头 SI、含编码参数的码流信息头 BSI、各含 256 个音频取样的编码音频块(AB_0～AB_5)、辅助数据 AUX 和误码校验字 CRC(循环冗余校验码)组成。

复 习 题

1. 数字电视系统由哪些部分构成？
2. 什么是残留边带调制？它与双边带调制相比，具有哪些优点？
3. 我国视频信号传输的标准是什么？
4. 什么是正交频分复用编码技术？

第6章　数字电视信号的接收单元

按照数字电视信号的传输途径，数字电视可以分为卫星数字电视、有线数字电视和地面数字电视；按照电视信号是否加扰和加密，数字电视分为条件接收数字电视和面向公众的数字电视。卫星数字电视是利用地球同步卫星传输数字电视信号的数字电视；有线数字电视是利用射频电缆、光缆、多路微波线路或其组合传输数字电视信号的数字电视；地面数字电视是利用地面广播传输的方式传输数字电视信号的数字电视。

6.1　数字电视信号的有线广播接收单元

有线电视广播具有传输质量高、节目频道多等特点，因而便于开展按节目收费(PPV)、视频点播(VOD)以及其他双向业务。数字电视有线广播是利用有线电视(CATV)系统来传送多路数字电视节目，其调制方式大多都采用QAM(正交幅度调制)方式，目前普遍采用同轴电缆与光纤混合网形式进行有线传输，即利用HFC方式来实现数字有线电视的宽带接入与传输。数字电视有线广播具有质量优异、资源丰富等特点，但其成本在数字电视三种传播方式中最高，目前借助有线电视技术来实现数字交互式电视业务是最佳方案。

1. DVB-C有线传输系统

DVB-C有线传输系统的结构如图6.1所示，它可分为有线电视系统前端与综合解码接收机(IRD)两部分，其中核心部分与卫星传输系统基本相同，但调制系统采用QAM方式，主要采用64QAM，也可采用16QAM、32QAM、128QAM、256QAM，调制方式的具体选择应在系统容量与数据可靠性之间进行折中处理，传输信息量越高则抗干扰能力越低。DVB-C有线传输系统也采用MPEG-2压缩编码的传输流，由于传输媒介采用同轴电缆，外界干扰比卫星传输小，信号强度也相对高一些，因而不需要进行内码前向纠错。

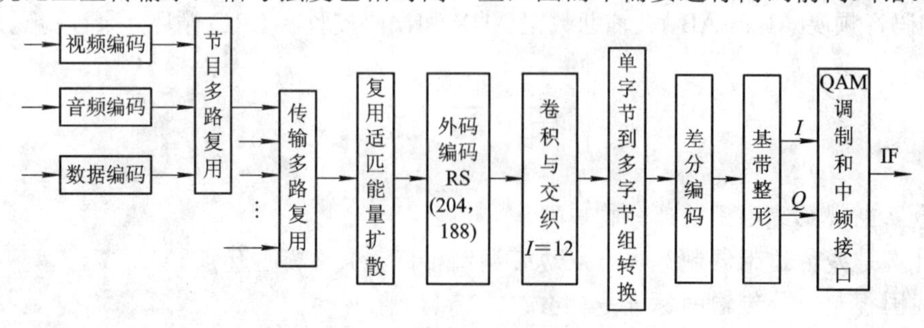

图6.1　DVB-C有线传输系统基本结构

6.2　数字电视信号的地面广播接收单元

地面开路广播是最普及的电视广播方式，用于在地面 VHF/UHF 广播信道上传输数字电视节目，其特点是环境复杂、干扰严重、频道资源紧张，因此数字电视地面广播一般启用禁用频道(Taboo Channel)进行同播，同时地面广播主要面临加性噪声、多径传输、码间干扰等不利因素。为适应数字电视地面广播传输环境恶劣、条件复杂等特点，其调制方式的选择既不同于模拟电视，也不同于数字电视有线传输与卫星传输两种方式，目前国际上数字电视地面广播主要采用两种调制制式：美国提出的 VSB(残留边带)调制方式以及欧洲提出的 COFDM(编码正交频分复用)调制方式。

1. DVB-T 地面开路传输系统

DVB-T 地面开路传输系统的结构如图 6.2 所示。由图 6.2 可见，视频、音频等信息的信源编码仍然采用 MPEG-2 标准，信道编码在数字电视地面开路传输系统中占有重要地位，由于传输环境复杂，信道编码采用内外码相结合的双层纠错编码机制，而且增加了外码扰码与内码交织。但在调制方式的选取上，地面传输与卫星传输、有线传输存在重大差别，它采用 COFDM 调制方式。COFDM 曾经成功应用于 DAB 数字音频广播中，它是将信息分布到许多载波上，以避免传输环境造成的多径反射效应，通常载波数量越多，对于给定的最大反射延时时间，传输容量损失就越小，但是总有一个平稳点，增加载波数量会使接收机的复杂性增加，同时也破坏了相位噪声灵敏度。COFDM 方式也有不足，抗多径反射的代价是引入了保护间隔，它们会占用一部分传输带宽。

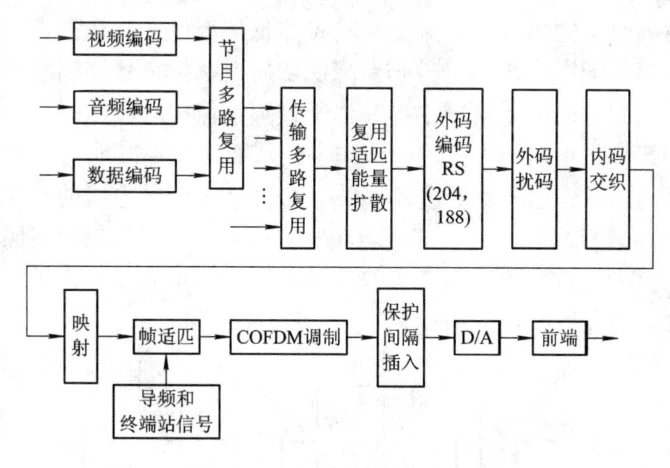

图 6.2　DVB-T 地面开路传输系统的基本结构

COFDM 可分为两种应用方式，即 2 K 载波方式与 8 K 载波方式，其中 2 K 载波方式适用于小范围单发射机场合，8 K 载波方式适用于大范围多发射机场合。此外，COFDM 所具有的抗多径反射性能可应用于单频网(SFN，Single Frequency Network)，它可以潜在地允许单频网中相邻网络的电磁波覆盖、重叠，在重叠区域内可将来自两个发射塔的电磁波视为一个发射塔的电磁波与其自身反射波的叠加。如果两个发射塔相距较远，则从两塔发射的电磁波的时延就较长，因而所需的保护间隔也较长。

2．VSB 传输方案

采用 VSB 调制方式的数字电视传输方案如图 6.3 所示，分为发射机与接收机两部分。在发射机部分，将打包的图像与伴音数据先进行 R-S 编码，随后进行数据交织、网格编码、节目多路复用，再插入导频信号，其目的是便于接收端恢复系统时钟，最后进行 VSB 调制，并送入发射机中射频输出。接收机部分与发射机部分相反。

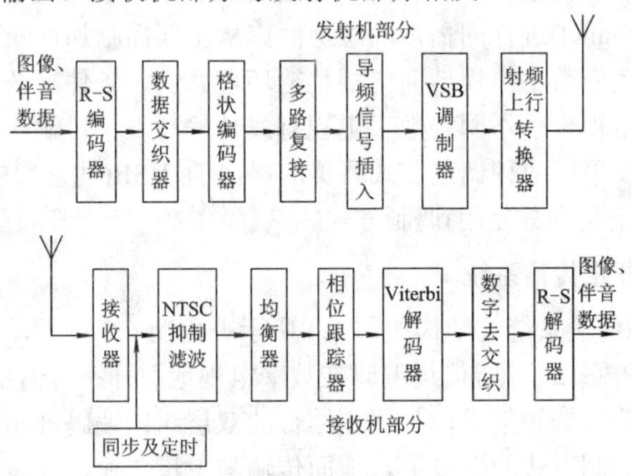

图 6.3　VSB 传输方案框图

3．COFDM 传输方案

OFDM(正交频分复用技术)在数字电视传输领域被广为采用，它是宽带无线传输技术的发展方向，并已成为第四代移动通信(4G)和宽带无线局域网的主流技术。实现数字电视移动接收的关键就是要解决动态多径与多普勒频移问题，从而减少符号间的干扰。而 OFDM 的基本原理就是将高码率的串行数据流变换成 N 个低码率的并行数据流，并对 N 个彼此相互正交的载波分别进行调制，由于符号码率降低实质上就是符号周期增大，因而使由动态多径和多普勒频移引起的码间干扰减小；又由于设置了保护间隔，因而减少了多径反射对多载波正交特性的影响，使码间干扰进一步减小，从而能够很好地支持移动接收。

COFDM 是编码的正交频分复用技术。采用 COFDM 调制方式的数字电视传输方案如图 6.4 所示，分为发射机与接收机两部分。在发射机部分，将打包的图像与伴音数据先进行 R-S 编码，再经串/并转换、16QAM 调制、反向快速傅里叶变换，最后送入发射机中射频输出。接收机部分与发射机部分相反。

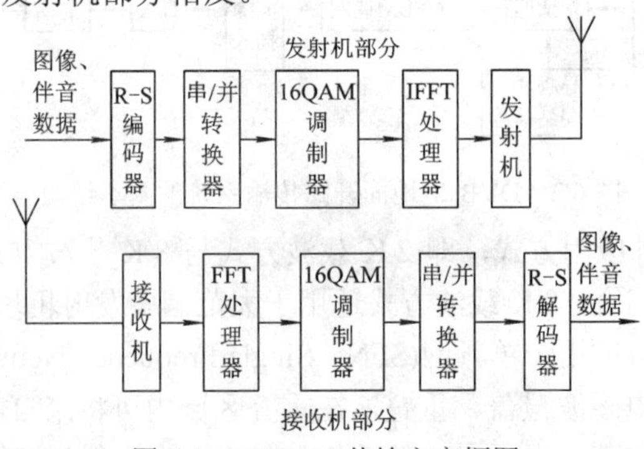

图 6.4　COFDM 传输方案框图

6.3　数字电视信号的卫星广播接收单元

卫星电视广播的特点是覆盖面广、质量较好，并且资源丰富，它是目前极为重要的通信手段，其发展趋势是直播至户(DTH)，又称卫星直播服务。在数字电视卫星广播中，通过采用数字化技术，并利用数据压缩编码技术，一颗大容量卫星可转播 100～500 套节目，因而它是未来多频道电视广播的主要方式，其调制方式在世界范围内都统一采用 QPSK(正交移相键控)方式。

数字电视卫星传输系统的设计必须满足卫星转发器的带宽以及卫星信号的传输特点，DVB-S 是一个单载波系统，其基本处理结构是将有用数据置于核内部，外面包有许多保护层，从而增强信号抵御误码的能力，并使其适应信道传输特性，以使信号在传输过程中具有更强的抗干扰能力。DVB-S 卫星传输系统的基本结构如图 6.5 所示，可见视频、音频、辅助数据与控制信息一同被放入固定长度打包的 MPEG-2 传输码流中，然后进行信道处理，在信道编码中采用外码与内码相结合的双层纠错编码机制，以实现更强的检错、纠错能力，最后进行 QPSK 调制，送入卫星传输信道。

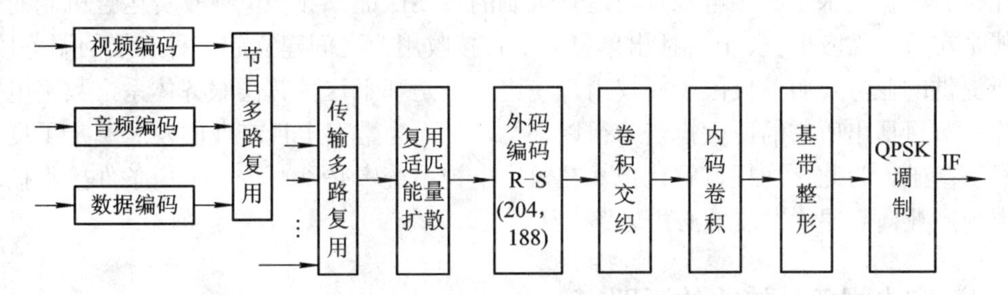

图 6.5　DVB-S 传输系统基本结构

6.4　数字电视信号的条件接收

数字电视条件接收(CA，Conditional Access)就是保证授权用户能获得已预订的数字电视节目、业务及服务，未授权用户则无法获得。通常所说的付费电视就是有条件接收系统，它必须解决两个问题：其一是如何从用户处收取费用，其二是如何阻止用户收看未经授权的付费频道。通常，在数字电视系统前端对数字电视节目进行加扰或接收控制，对用户进行寻址控制以及在用户端进行可寻址解扰是解决以上两个问题的基本途径。

所谓加扰，就是改变标准数字电视信号的特性，对视频、音频或辅助数据加以一定处理，防止未授权者接收到清晰的图像及伴音。对电视信号的加扰，可以只对图像加扰，也可以只对伴音加扰，还可以对图像与伴音都进行加扰。在接收端进行解扰处理，才可以完全恢复原始图像与伴音。

数字电视系统中的加扰、用户管理和授权控制等功能在系统前端完成，而解扰则在用户端完成。用户终端解扰可以采用两种方法：一是在用户终端通过预约方式来解扰，而无需由前端进行寻址遥控；二是通过前端对用户寻址控制来实现解扰。目前绝大多数的加扰、解扰系统都采用寻址模式，用户终端要根据前端送来的解扰信息来决定是否解扰。

加扰、解扰技术需要注意以下问题：对用户而言，要价格低、图像还原性好、图像质量高、功能强、操作简便；对电视台来说，要安全性好、非法接收困难、与现有有线电视网相兼容、寻址加扰信息只在带内传送、系统扩展性强。

具体来说，加扰系统应具备以下基本特征：

(1) 高保密性(即隐匿性)：在加扰系统中所加扰的图像、声音、数据要有充分的保密性。

(2) 质量还原性：解扰后的图像和声音，与未经加扰的图像和声音相比较，图像与伴音质量的优劣变化应在一定的允许范围之内。

(3) 高安全性：未授权用户不易用不正当手段将加扰信息还原。

(4) 扩展性：在限定的条件控制系统中，要考虑未来的功能扩展。

(5) 高性价比：接收机中应尽量多地采用通用元件，以降低接收机成本。

鉴于以上要求，在条件接收系统中，通常采用图像加扰方式，它分为三种：模拟传输与模拟加扰、模拟传输与数字加扰以及数字传输与数字加扰。数字电视采用数字传输与数字加扰技术，是以上三种加扰方式中最好的一种。

加扰、解扰技术是数字电视收费运营机制的重要保证，数字电视收费运营机制的基本特征就是在节目供应单位、节目播出单位与节目接收用户之间建立起一种有偿的服务体系，因而所提供的业务及服务仅限于授权用户使用。正是基于这种有偿服务体系，数字电视节目制作、节目播出所需的巨大投资才得以补偿，从而为数字电视产业的发展奠定了良性循环的经济基础。为此，加扰、解扰技术在数字电视系统中必不可少，采用条件接收技术是数字电视产业向高层次发展的必由之路。

6.4.1 数字电视条件接收的原理

数字电视条件接收技术的基本原理如图 6.6 所示。数字电视节目在播出前，首先要经过加扰处理，加扰过程是将复用后的传送流(Transport Stream)与一个伪随机加扰序列进行模二加运算。这个伪随机序列的生成由控制字发生器提供的控制字(CW，Control Word)确定，数字电视有条件接收的核心就是对控制字 CW 的传输进行控制。在采用 MPEG-2 标准的数字电视系统中，有两个数据流与数字电视节目流条件接收系统密切相关，即授权控制信息(ECM，Entitled Control Message)与授权管理信息(EMM，Entitled Manage Message)。

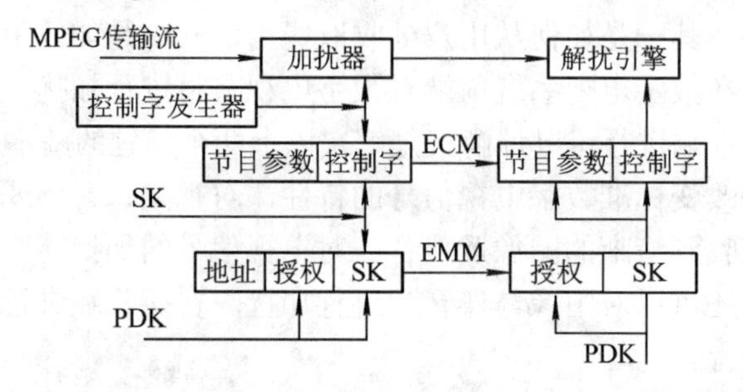

图 6.6 数字电视条件接入基本原理示意图

在数字电视条件接收系统中，需要使用加密与解密。加密(Encryption)是指在数字电视条件接收系统的前端对授权管理信息(EMM)和授权控制信息(ECM)不断改变密钥的过程。在条件接收系统中有两种类型的加密：一种是对授权管理信息 EMM 进行加密处理，然后以单独授权或分组授权方式，发送到接收端相应处理装置；另一种则是对授权控制信息 ECM 进行加密处理，ECM 信息中包含对业务进行访问的准则信息以及用于解扰的信息。解密(Decryption)是加密的逆过程，为增强安全性，解密操作常与数字电视接收设备分离，解密通常在一个可分离的模块，例如在智能卡(Smart Card)中进行。

由图 6.6 可知，由业务密钥(SK，Service Key)加密处理后的 CW 在 ECM 中传送，ECM 中还包括节目来源、时间、内容分类以及节目价格等信息。对 CW 加密的 SK 在 EMM 中传送，SK 在传送前要先经过用户个人分配密钥(PDK，Personal Distribute Key)的加密处理，EMM 中还包含地址、用户授权信息等，PDK 通常存放在用户智能卡中。

在用户端，数字机顶盒为了再生出解扰随机序列，必须获取相关的条件接收控制信息。首先，数字机顶盒根据 PMT 和 CAT 表中的 CA-Descriptor，获得 EMM 和 ECM 的 PID 值，然后，从 TS 流中过滤出 ECMs 和 EMMs，并通过 Smart Card 接口送给 Smart Card。Smart Card 首先读取 PDK，用 PDK 对 EMM 解密，取出 SK，然后利用 SK 对 ECM 进行解密，取出 CW，并将 CW 通过 Smart Card 接口送给解扰引擎，解扰引擎利用 CW 就可以将已加扰的传输流进行解扰。

由此可见，数字电视条件接收系统通常采用多层加密机制作为数字电视广播网络的安全与控制机制，这是十分必要的，因为为使授权用户能得到相应服务，要对传输码流进行加扰，其过程就是在发端将原始信息由伪随机序列进行实时扰乱控制，伪随机序列的产生则由控制字发生器来进行控制。接收端也有一个与发端结构相同的伪随机序列产生器，只要收发两端间的序列同步(即用同一个初始值启动)，接收端的伪随机序列(解扰序列)就可用来将加扰信息恢复为原始信息。

为达到同步要求，必须由发送端向接收端发送一个去同步伪随机序列的起始控制字，这是一个随机数，起始控制字作为解扰密钥使用。解扰密钥是系统安全的基本要素，该值虽在不断地随机变化(1 秒可能变化几次)，但还不够安全，因为 CW 随加扰信息一起通过公用网传送，任何人都可能读取、研究它，一旦 CW 被窃密者读取破解，那么整个系统就会崩溃，所以必须予以严密保护。为此对 CW 本身(以及系统数据的其他部分)要用一个加密密钥通过加密算法对它进行加密保护，这个加密密钥只是一个用来改变加密算法结果的任意数。固定这个密钥不合适，因为会使安全性降低；而应当采用变化密钥，通过 CA 控制器用人工或其他自然方式产生新的随机数。

在具体应用中，这个加密密钥可以按照网络经营商的要求经常加以改变，通常由服务提供商产生，用来控制其提供的服务，所以又称为业务密钥。SK 的使用和用户付费条件有关，一般情况下用户可以按月付费，SK 也按月变化，在有些特定系统中也被称为月密钥。业务密钥的时限由服务提供的时限确定，在网络运营商提供的特殊服务中，如单次付费收视(PPV，Pay-Per-View)和即时付费收视(IPPV，Impulse PPV)中，SK 的时限就可能只是几小时。

实际应用中，终端设备的地址一般公开且基本不变，所以往往用与这个地址码相关联的一个数列来进行加密，因为这个数列(密钥)由个人特征确定，往往称为个人分配密钥

(PDK)。PDK 一般由条件接收系统设备自动产生并严格控制，在终端设备处该序列数一般由网络运营商通过条件接收系统提供的专用设备烧入解扰器的 PROM 中，不能再读出。为了能提供不同级别、不同类型的各种服务，一套条件接收系统往往为每个用户分配好几个 PDK，来满足丰富的业务需求。在已实际运营的多套条件接收系统中，使用运营商对终端用户进行加密授权的方式有多种，例如人工授权、磁卡授权、IC 卡授权、智能卡授权、中心集中寻址授权、智能卡和中心授权共用的授权方式等，其中智能卡授权方式是目前数字机顶盒市场的主流，已被广电总局确定为中国入网设备的标准配件。

6.4.2 条件接收系统的组成

典型的条件接收系统由用户管理系统、节目信息管理系统、加密/解密系统、加扰/解扰系统等构成，其逻辑结构如图 6.7 所示。其中系统各部件之间通过相关接口进行通信和数据传输，主要包括节目信息管理接口、用户管理系统接口、复用器接口、智能卡接口等。

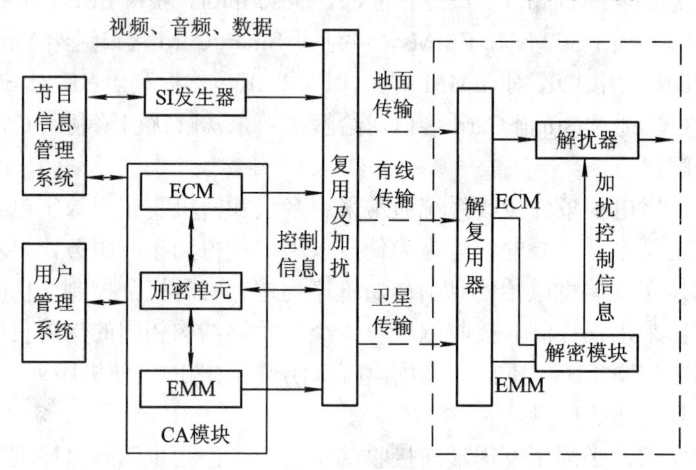

图 6.7　条件接收系统的逻辑结构图

1. 用户管理系统

用户管理系统主要实现数字电视广播条件接收用户的管理，包括对用户信息、用户设备信息、用户预订信息、用户授权信息、财务信息等进行记录、处理、维护和管理。

系统管理是对整个用户管理系统进行初始化设置和参数配置以及其他系统管理工作，完成系统及子系统之间的配置、管理、控制和执行，并定义系统与其他系统的接口。系统管理的主要目的是保证系统能安全可靠地运行。

用户管理的主要功能是编辑和管理用户信息，处理用户的节目订单，检查用户付费情况，产生用户的预授权信息。

用户授权管理负责用户业务开通前的授权预处理操作，主要包括对用户信用度的确认、用户业务与智能卡有效性的确认等。

2. 节目信息管理系统

节目管理为即将播出的节目建立节目表。节目表包括频道、日期和时间安排，也包括要播出的各个节目的 CA 信息。

节目管理信息被 SI 发生器用来生成 SI/PSI 信息，被播控系统用来控制节目的播出，被 CA 系统用来做加扰调度和产生 ECM，同时送入 SMS 系统。

3. 加扰/解扰系统

加扰是为了保证传输安全对业务码流进行的特殊处理。通常在广播前端的条件接收系统控制下改变或控制被传送业务码流的某些特性，使得未经授权的接收者不能得到正确的业务码流。解码是加扰的逆过程，在用户接收端的解扰器中完成。

4. 加密/解密系统

在条件接收系统中存在两种类型的加密单元，用途如下：

(1) 对授权管理信息 EMM 进行加密处理，然后以单独授权或分组授权的方式发送到用户接收终端的相应处理装置。

(2) 对授权控制信息 ECM 进行加密处理，其中 ECM 信息中包含了对业务的访问准则信息以及用于解扰的信息。

解密操作在接收机端进行。通常为了安全性，解密操作和接收机分离，在一个可分离的模块中进行(如智能卡)，以利于增强系统的保密性。

6.4.3　条件接收系统的总体要求

1. 全国条件接收系统标识

为了便于对全国条件接收系统进行统一规划管理，对全国条件接收系统标识号进行了定义，如表 6.1 所示。主标识用于区分不同条件接收系统供应商的系统，辅标识由条件接收系统供应商自定义。

表 6.1　标识取值范围

	主标识(2 B)	辅标识(2 B)
取值范围(高位在前)	0x0000～0xFFFF	0x0000～0xFFFF

2. 基本要求

(1) 基本功能：条件接收系统能够控制用户接收包括视频、音频和数据在内的数字广播服务。

(2) 传输方式：条件接收系统能支持包括卫星、有线和地面等网络在内的多种传输方式。

(3) 语言：条件接收系统应以中文语言显示相关系统信息和文本信息。

(4) 数据广播：条件接收系统能完全支持音频、视频以外的增值数据业务。

(5) 交互应用：条件接收系统能支持交互应用以及相应的服务授权和控制。

3. 节目信息管理要求

系统容量：条件接收系统能够支持足够多的频道或业务。

4. 用户管理要求

(1) 容量可扩展性：条件接收系统能够支持足够多的用户，并可支持升级扩充。

(2) 灵活性：一个条件接收系统可以同时有多个用户管理系统，或者一个用户管理系统同时为多个条件接收系统共享。

(3) 寻址能力：条件接收系统具备对用户进行授权或取消授权的功能，以控制用户对视频、音频、数据及运营商相关信息的接收。授权方式为单独用户及组用户。

系统支持以下几种分组方式：

① 用户以地理位置分组，如邮政编码。

② 用户由所选运营商的某些统计或市场信息进行逻辑分组。

③ 用户以其共享的硬件状况或数据特征分组，如按照条件接收模块(智能卡)、接收机通用模块或软件版本信息进行分组。

(4) 区域广播：条件接收系统提供阻止某些地理区域对特定节目的收视功能，如以地理区域的邮政编码划分。

(5) 家长控制：条件接收系统能对播放的节目进行等级划分，并为用户提供可控的收视口令。

5. 应急广播要求

条件接收系统应满足与条件接收系统有关的应急广播要求。

6. 智能卡要求

采用智能卡的接收机并不是唯一的形式，如果接收机采用智能卡，则应满足以下要求：

(1) 条件接收系统使用符合 GB/T 16649 的智能卡。

(2) 条件接收系统能够提供智能卡与接收机之间的相互认证及配对，以保证智能卡使用其指定的接收机。

(3) 全国范围内应使用统一的标识。

智能卡基本的安全要求如下：

(1) 物理保密：若不凭借特别的技巧和工具，则无法对软件和硬件镜像增删或替换；只能通过特殊手段，才能对敏感数据进行输入、存储、访问与修改；任何部分的故障或破坏均不会导致敏感数据泄漏。

(2) 逻辑保密：当处于一种敏感状态时，不允许两个以上委托方的参与；口令的输入必须以保护其他敏感数据的相同方式得到保护。

(3) 密钥管理：密钥算法必须采用国家已批准的算法，并且严格管理密钥。

7. 智能卡与接收机通信和安全认证

智能卡和接收机之间需要进行相互合法性认证，该认证一般是由条件接收系统供应商自己指定的算法完成；智能卡与接收机间的通信需进行加密，以达到强化商业安全的目的。

8. 系统安全性要求

(1) 可变化的加扰(控制信息变化周期)：条件接收系统能提供变化的加扰控制信息，其变化周期一般为 5～30 s。

(2) 认证：除了数字电视广播系统和条件接收系统之间的安全外，条件接收系统在接收机和智能卡间的信息交换应考虑采用双向认证的原则，以利于增强对未经认证的侵入、盗版接收机的销售及智能卡非法复制的控制。

条件接收系统的安全认证包括对系统管理员的身份认证和对节目提供者的身份认证，还包括用户和智能卡的认证以及接收机和智能卡之间的认证。

9．回传信道的需求

建立四传信道：条件接收系统可以建立与接收机的回传信道。

10．同密与多密

为解决多个条件接收系统的相互兼容性，可以采用同密或多密的解决方式。

11．管理体系和发卡体系

为保障整个条件接收系统的安全性，需对密钥管理体系和发卡体系进行管理。

复　习　题

1. 什么是卫星数字电视？它主要采用什么调制方式？
2. 什么是有线数字电视？它主要采用什么调制方式？
3. 什么是地面数字电视？它主要采用什么调制方式？
4. 什么是条件接收数字电视系统？简要描述其原理。

第7章 数字电视信号的处理单元

数字电视信号优于模拟电视信号的关键是对数据进行了数值上、空间上、时间上和统计上的压缩，去除了信息上的冗余，用有限的资源传输更大的信息量，实现图像与伴音质量的大幅提升。压缩的过程就是利用各种有效的算法对数据进行编码与解码的过程。

7.1 数字电视的视频编码

7.1.1 数字电视的视频编码概述

视频编码作为多媒体数据压缩的重点与核心，其压缩本质就是在保证一定重构质量(图像不失真或少失真)的前提下，以尽量少的比特数来表征视频图像信息，从而实现最大限度地降低图像数据传输率、减小信道宽度、减少数据存储空间。视频编码包括数据压缩比、压缩/解压速度及快速实现算法。以压缩/解压后的数据与压缩前原始数据是否完全一致作为衡量标准，可将数据压缩划分为无失真压缩(即可逆压缩)和有失真压缩(即不可逆压缩)两类。

1. 视频压缩编码可行性分析

通过研究电视图像信号的统计特性，我们发现电视图像中存在很大的相关性及冗余度，去除这些相关性就能实现码率压缩。通过采用高效的图像压缩编码技术，可使图像信号频带大大降低，因此，视频压缩编码技术是数字电视走向实用化的关键。通过采用压缩编码技术，数字HDTV的信息码率可由995 MHz/s减少到20～30 MHz/s(MPEG-4标准)。视频数据具有高度的相关性，其压缩主要是基于对各种图像数据冗余度及视觉冗余度的压缩，针对不同的冗余信息，人们指定了不同的数据压缩方法，并取得了非常好的效果。

1) 利用空间冗余度进行压缩编码

一幅视频图像相邻各点的取值往往相近或相同，具有空间相关性，这就是空间冗余度。图像的空间相关性表示相邻像素点取值变化缓慢。在图像所在的二维空间中，如果对一幅画面的各部分加以比较就会看出，与相对于图像信号最高频率的接近临界分辨率的很细致部分相比，绝大部分只要求很低的分辨率。此外，即使是比较细致的部分，在画面的上下方向上也往往存在相似的像素，从而能够想象一定存在许多周期为扫描行周期整数倍的信号。从实际图像信号的频谱来看，也表现为有许多空白部分的梳齿形状，并且大电平分量还都是集中在低频一侧。只需把这个集中的部分提取出来加以编码，就能对原来的信息量进行削减。

从频域观点分析，意味着图像信号的能量主要集中在低频附近，高频信号的能量随频率的增加而迅速衰减。通过频域变换，可以将原图像信号用直流分量及少数低频交流利用时间冗余度进行压缩编码分量的系数来表示，这就是变换编码中的正交余弦变换(DCT)的方法。DCT 是 JPEG 和 MPEG 压缩编码的基础，可对图像的空间冗余度进行有效压缩。

视频图像中经常出现一连串连续的像素点具有相同值的情况，例如彩条、彩场信号，就不必把所有像素存储，只需传送起始像素点的值及随后取相同值的像素点的个数，从中实现与空间有关的压缩，这就是行游程编码。目前在图像压缩编码中，行游程编码并不直接对图像数据进行编码，主要用于对量化后的 DCT 系数进行编码。

差值脉冲编码和帧内预测编码的目的就是消除图像空间冗余信息，差值脉冲编码时，所传送的数据并不是每一样点的取样值，而是按照扫描的顺序将当前样值和前一样值的差值来进行传输。由于相邻取样点之间的相关性，更多时候所传送的差值为零或者很小，这时如果采用零游程编码就可以极大地压缩数码率。差值脉冲编码实际上是比较简单的一维预测编码，它用当前行的前一样点的值来预测下一样点的值，这时，所传送的差值信号作为修正值，其目的就是得出准确的下一样点的数值。

帧内预测编码是二维预测编码，它在预测某一样点的数值时，不仅用到当前行前一样点的取样值，还用到上一行相邻样点的取样值，根据编码器的设计差异，有时还要用到上一行相邻样点的前一样点的取样值。其目的是让预测值更接近实际样值，这时所传送的修正数值才会更小甚至为零，从而降低了视频信号的数码率。很明显，图像各样点之间的相关性越强，预测编码所取得的码率压缩效果就越好。

2) 利用时间冗余度进行压缩编码

时间冗余度表现在电视画面中相继各帧对应像素点的值往往相近或相同，具有时间相关性，找出这些相关性就可减少信息量，从而实现与时间有关的压缩。

差分编码(DPCM)是指当知道一个像素点的值后，利用此像素点的值及其与后一像素点的值的差值就可求出后一像素点的值，因此不传送像素点本身的值而传送其与前一帧对应像素点的差值，也能有效压缩码率。在实际的压缩编码中，DPCM 主要用于各图像子块在 DCT 变换后直流系数的传送。相对于交流系数而言，DCT 直流系数的值很大，而相继各帧对应子块的 DCT 直流系数的值一般比较接近，在图像未发生跳变的情况下，直流系数本身的值相比很小。

由差分编码进一步发展起来的预测编码，是根据一定规则先预测出下一个像素点或图像子块的值，然后将此预测值与实际值的差值传送给接收端。目前图像压缩中的预测编码主要用于帧间压缩编码，方法是先根据一个子块的运动矢量求出下一帧对应子块的预测值及其与实际值的差值，接收端根据运动矢量及差值恢复出原图像。由于运动矢量及差值的数据量低于原图像的数据量，因而也能实现图像数据压缩。

3) 利用视觉冗余度进行压缩编码

视觉冗余度是相对于人眼的视觉特性而言的。人眼对于图像的视觉特性包括：对亮度信号比对色度信号敏感，对低频信号比对高频信号敏感，对静止图像比对运动图像敏感，以及对图像水平线条和垂直线条比对斜线敏感等。人眼对原始图像各处失真敏感度不同，对不敏感的无关紧要的信息给予较大的失真处理，即使这些信息全部丢失，人眼也可能觉察不到；相反，对人眼比较敏感的信息，则尽可能减少其失真。因此，包含在色度信号、图像高频信号和运动图像中的一些数据被认为是冗余信息，这就是视觉冗余度。

压缩视觉冗余度的核心思想是去除那些相对人眼而言属于看不到或可有可无的图像数据。对视觉冗余度的压缩通常反映在各种具体的压缩编码过程中，例如离散余弦变换(DCT)，它是常用的变换域压缩编码方法，它利用非均匀量化来降低图像中的高频分量，被广泛用于JPEG、MPEG-1和MPEG-2编码方案中。离散余弦变换首先将图像分成许多个8×8小像素块，然后对每个像素块逐一进行DCT变换，DCT变换是一种正交变换，它具有以下特点：全过程可逆；可以去除相关性；能量重新分布且集中在8×8变换系数幕左上角，呈现倒三角形分布。

总之，视频图像压缩编码通常利用两个基本原理：一是利用图像信号的统计性质，即图像在相邻像素间、相邻行间及相邻帧间均存在较强的相关性，因此可以依据信息论中信息编码的原理，去除空间、时间冗余度：二是利用人眼的视觉特性来实现图像压缩，例如，由于斜方向的图像清晰度的视感度低于水平与垂直方向的视感度，故压缩斜方向的高频信号部分，对图像清晰度影响很小。人们对高频率信号成分的视感度低，故在一定程度上压缩高频率成分并无多大影响。色度信号的视感度低于亮度信号，故可对色度信号频带在行、帧方向进行压缩。

视频图像压缩编码的具体方法虽然很多，但主要都是建立在上述基本思想之上的。DCT变换编码、游程编码、DPCM、帧间预测编码、霍夫曼编码等编码方法，由于技术上已经相对成熟，已被相关国际组织定为压缩编码的主要方法。此外还应清楚，以上编码方法都属于压缩信息冗余度的信源编码的范畴，在数字电视系统中，一个完整的编码方案还需要使用可靠性编码，即信道编码，以实现检错纠错的功能。

2. 视频图像的编码技术

1) 视频图像预测编码技术

绝大多数图像在局部空间和时间上高度相关，因而可以在已知像素的基础上通过对当前像素进行预测来减少图像数据量。

图像预测编码实质上属于限失真图像压缩编码的范畴。限失真图像压缩编码是指在允许解码后图像有一定失真的情况下，通过去除信源的自相关性来达到压缩数据的目的，因而限失真图像压缩编码属于有损压缩，在压缩过程中信息会有部分丢失，无法进行无失真还原。限失真图像压缩编码在允许失真不超过一定限度时，压缩编码的比特率也存在一个下限，这个下限由率失真函数来定义。

2) 视频图像变换编码技术

变换编码在图像压缩领域广泛使用，它是通过对空间域或图像信号作数学变换，产生一组变换系数，再对这些系数进行量化、编码以实现压缩。

图像变换编码的实质是在传输图像时，不直接传送图像在时间、空间中某个物理量的表达，而是传送其变换系数，接收端在收到变换系数后，再进行反变换以恢复原始图像，它是对变换域系数进行编码传输的方式，因而被称为变换编码。

3) 图像熵编码

基本原理就是去除图像信源像素值的概率分布的不均匀性，使编码后的图像数据接近于其信息熵而不产生失真，因此，这种编码方法又叫做无失真图像压缩编码，即无损压缩。

由于图像熵编码完全基于图像的统计特性，因而也称为统计编码。图像熵编码的方法主要有：基于图像概率分布特性的霍夫曼编码、算术编码以及基于图像相关性的游程编码。

4) 霍夫曼编码

变字长编码的最佳编码定理：在变字长编码中，对于出现概率大的信息符号编以短字长的码，对于概率小的符号编以长字长的码。如果码字长度严格按照所对应符号出现的概率大小进行逆顺序排列，则平均码长一定小于其他任何符号顺序排列方式。霍夫曼编码是一种最优码，其编码算法如下：

(1) 将符号按出现的概率大小排序，概率大的在前，概率小的在后；给最后的两个符号各赋予一个二进制码，概率大的赋 0，概率小的赋 1(反之亦可)。

(2) 把最后两个符号的概率加起来合成一个新的概率，再按大小重新排序，重新排序后重复步骤(1)的编码过程。

(3) 重复第(2)步，直到最后只剩下两个概率为止。

(4) 将每个符号所对应的各分支赋的 0、1 值反向逆序排出，即得到各符号的编码。

5) 具有运动补偿的帧间预测编码技术

在图像压缩编码技术中，运动图像是被关注的重点，它是由以帧周期为间隔的连续图像帧组成的时间图像序列，它在时间上具有比空间上更大的相关性。消除运动序列图像在时间上的冗余度是图像压缩编码的一个重要途径。

具有运动补偿的帧间预测编码是视频压缩编码的关键技术之一，它包括以下几步：首先，将图像分解成相对静止的背景和若干运动的物体，各个物体可能有不同的位移，但构成每个物体的所有像素的位移均相同，通过运动估值得到每个物体的位移矢量；其次，利用位移矢量计算经运动补偿后的预测值；最后，对预测误差进行量化、编码、传输，同时将位移矢量和图像分解方式等信息送到接收端。

在具有运动补偿的帧间预测编码系统中，对图像静止区和不同运动区的实时完善分解和运动矢量计算是较为复杂和困难的。在实际实现时经常采用两种简化的办法：像素递归法与块匹配法。像素递归法的具体做法是，仍需通过某种较为简单的方法首先将图像分割成运动区和静止区。在静止区内像素的位移为零，不进行递归运算；在运动区内的像素，利用该像素左边或正上方像素的位移矢量 $\boldsymbol{D}$ 作为本像素的位移矢量，然后用前一帧对应位置上经位移 $\boldsymbol{D}$ 后的像素值作为当前帧中该像素的预测值。如果预测误差小于某一阈值，则认为该像素可预测，无需传送信息；如果预测误差大于该阈值，编码器则需传送量化后的预测误差以及该像素的地址，收发双方各自根据量化后的预测误差更新位移矢量。像素递归法是对每一个像素根据预测误差递归地给出一个估计的位移矢量，因而不需要单独传送位移矢量给接收端。

块匹配法是另一种更为简单的运动估值方法。它将图像划分为许多子块，并认为子块内所有像素的位移量相同，这意味着将每个子块视为一个运动物体。对于某一时间 t，图像帧中的某一子块如果在另一时间 $t—t_1$ 的帧中可以找到若干与其十分相似的子块，则称其中最为相似的子块为匹配块，并认为该匹配块是时间 $t—t_1$ 的帧中相应子块位移的结果。位移矢量由两帧中相应子块的坐标决定。

像素递归法对每一个像素给出一个估计的位移矢量，因而对较小面积物体的运动估值较为精确，但像素递归法在估值时需要进行迭代运算，从而存在收敛速度和稳定性的问题。

块匹配法对同一子块内位移量不同的像素只能给出同一个位移估值，限制了对每一像素的估值精度，但对于面积较大的运动物体而言，采用块匹配法的预测要比采用像素递归法的预测效果好。另外，从软硬件实现角度看，块匹配算法相对简单，在运动图像压缩编码中得到了广泛应用。

7.1.2　数字电视视频编码的流程

视频编码作为多媒体数据压缩的重点与核心，其压缩本质就是在保证一定重构质量(图像不失真或少失真)的前提下，以尽量少的比特数来表征视频图像信息，从而实现最大限度地降低图像数据传输率、减小信道宽度、减少数据存储空间。视频编码包括数据压缩比、压缩/解压速度及快速实现算法。以压缩/解压后的数据与压缩前原始数据是否完全一致作为衡量标准，可将数据压缩划分为无失真压缩(即可逆压缩)和有失真压缩(即不可逆压缩)两类。

实现数字电视视频信号压缩编码的硬件或软件称为视频编码器，其简化的功能框图如图 7.1 所示。图中，最上面一行对应编码 I 帧及预测帧帧差图像的各功能块，下面各功能块与运动估计和帧间预测编码相对应。

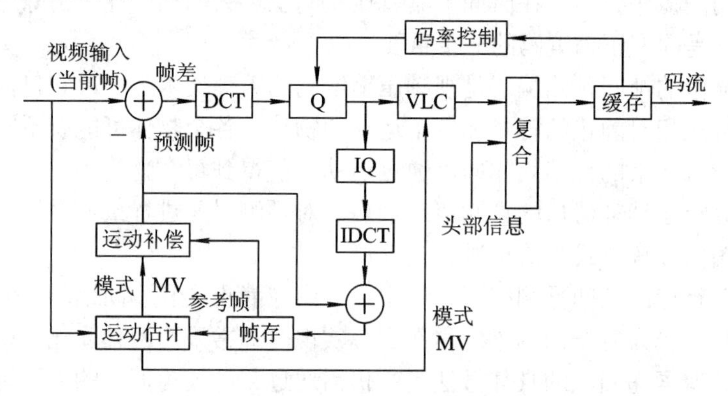

图 7.1　视频编码器功能框图

如果输入的视频帧编码成帧内编码帧(I 帧)，那么首先对各 8 × 8 像素图像块进行离散余弦变换(DCT)，然后将 DCT 系数量化(Q)，量化后的 DCT 系数排序后，编成变字长码(VLC)。为按预定码率输出已压缩的视频码流，需设输出缓冲存储器，并根据缓存器数据充满度，通过改变量化粗细，调整视频流码率。

编码预测编码帧(P 帧)和双向预测编码帧(B 帧)，须由参考帧得到预测帧，而只传送当前帧与预测帧间的差值图像(帧差图像)。为了得到预测帧，编码器需本地解码已编码帧(或帧差)，从而获得参考帧，并将之存入帧存储器。为此，量化后的 DCT 系数需反量化(IQ)和反离散余弦变换(IDCT)。在参考帧中，为当前帧中的各 16 × 16 像素宏块寻求相似的宏块，把两者间的位移作为当前宏块对参考宏块的运动矢量(MV)，完成运动估计。MV 一方面用来移动指向参考帧中的参考宏块，即进行运动补偿，构成预测帧；另一方面也要把 MV 经编码予以传输，以备终端把已解码的参考宏块作相应移动，恢复当前宏块。预测帧再与本地解码的帧差相加，得到新的参考帧，并存入帧存储器，供后续预测使用。

显然，预测得越准确，帧差越小，需要传送的信息越少，压缩效率越高、而要预测准确，须用合适的算法和精度仔细地进行运动估计，实际上，运动估计是 MPEG-2 视频压缩编码最为复杂、耗时和占用大量编码器资源的环节。

由于实际图像序列各帧内的各宏块情况复杂，为提高压缩效率，需要针对各宏块的具体特点，分别选用最恰当的编码模式，因而也要把宏块编码模式与 MV 一起编码后发送给终端。编码模式也要在运动估计过程中，通过反复比较，确定下来。

此外，解码器正常工作还需要其他一些信息，编码器需把它们也编码成码流中相应的头部信息，随码流传送出去。

7.2　视频图像的 DCT 变换编码

变换编码是大多数视频编解码系统和标准的核心。空间图像数据(图像采样点或者运动补偿残余采样点)被变换成不同的表示，即变换域，这样对图像数据进行处理是有好处的。

两种最广泛使用的图像压缩变换是离散余弦变换(DCT)和离散小波变换(DWT)。DCT 通常适用于小的、有规律的图像块(例如 8 × 8 方块)；DWT 通常适用于更大图像采样点“瓦片”或者整幅图像。事实证明，DCT 是尤其适合的图像压缩变换，且是大多数当今图像和视频编解码标准的核心。

Ahmed、Natarajan 和 Rao 在 1974 年首先提出了 DCT 算法。从那时开始，它成为了图像和视频编码最流行的算法，并被广泛应用，这有两个主要的原因：第一，它能把图像数据转变成容易压缩的形式；第二，它能有效地用软件和硬件实现。

前向 DCT(FDCT)变换是将一幅图像采样点(空间域)转换成一组变换系数(变换域)。这种变换是可逆的；逆向的 DCT(IDCT)变换是将一组系数转换成为一幅图像采样点。正向和逆向变换通常被用在 1-D 或者 2-D 形式的图像和视频压缩中。1-D 变换是将一组 1-D 系列采样点转换成一组 1-D 系列系数，而 2-D 变换是将一组采样点的 2-D 矩阵(块)转换成一块系数。图 7.2 显示了 DCT 的这两种变换形式。

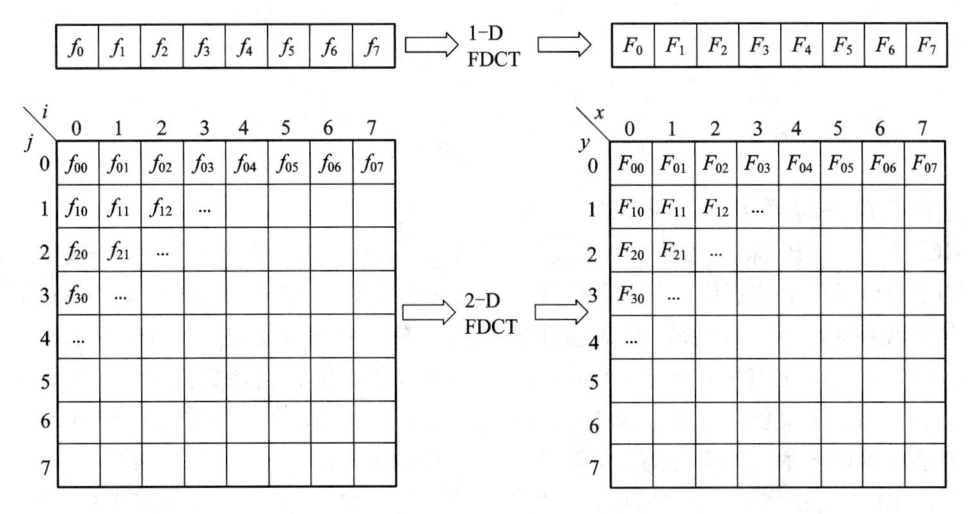

图 7.2　1-D 和 2-D 离散余弦变换

DCT 对图像和视频压缩有两个有用的特性：能量压缩(把图像能量集中到少量系数中)

和去相关(使系数之间的相关性减到最小)。图 7.3 说明了 DCT 能量压缩属性。变换后图像的能量集中在阵列的左上角，形成了一个山峰对应着低频能量；而阵列右边的系数则迅速地减少到零(图像的高频分量)。DCT 系数的去相关表面大多数价值不大的系数可以被丢掉而对图像的质量影响不大。相对于那些跟图像像素相关性很强的系数矩阵，这些紧凑的去相关的系数矩阵能够更有效地压缩。

(a) 80×80像素图像

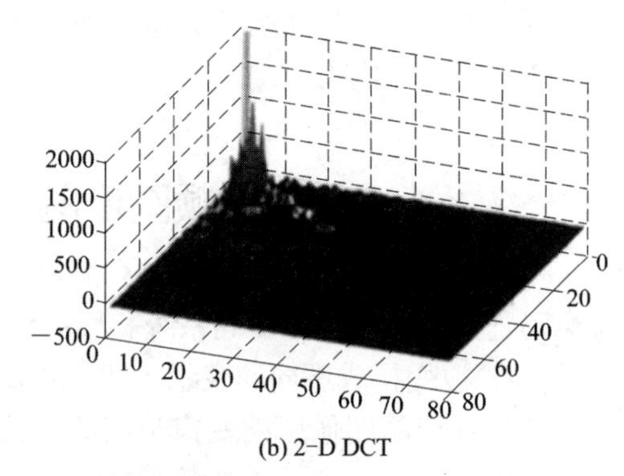

(b) 2-D DCT

图 7.3 DCT 能量压缩属性

DCT 的去相关和能量集中性能随着块尺寸的增加而增加，然而计算的复杂性却随块尺寸成指数地增加。在图像和视频编解码应用中常使用 8×8 的块，这个尺寸压缩效率高，同时计算也不是很复杂(尤其对于大小为 $2^m\times2^m$ 的 DCT 有许多有效的算法，这里 m 是一个整数)。

对于 8×8 块大小的图像采样点的前向 DCT 变换公式如下：

$$F_{x,y}=\frac{C(x)C(y)}{4}\sum_{j=0}^{7}\sum_{k=0}^{7}f_{i,j}\cos\left[\frac{(2i+1)x\pi}{16}\right]\cos\left[\frac{(2j+1)y\pi}{16}\right]$$

式中，$f_{i,j}$ 是输入采样块的 64 个采样点(i, j)，$F_{x,y}$ 是 64 个 DCT 系数，(x, y)和 $C(x)$、$C(y)$ 是常量：

$$C(n)\begin{cases}\dfrac{1}{\sqrt{2}}, & n=0\\ 1, & n\neq 0\end{cases}$$

采样点 $f_{i,j}$ 和系数 $F_{x,y}$ 在图 7.2 中有说明。

DCT 变换将图像采样点的每个块表示为 2-D 余弦函数(基本函数)的一个加权和。图 7.4 给出的是将函数绘制成表面图的结果，图 7.5 则表示为 8×8 像素的基础图案。最左上角的图案是最低频的部分并且只是一个相同的块；越往右，那些图案沿水平方向有了越来越多的黑白交替，这表示水平方向空间频率的增加；越往下，图案包含垂直方向空间频率的增加；往右下角，图案包含水平以及垂直的频率。这样采样点就能以这个 64 个样点为模板，每样点通过乘以一个权值(对应于 DCT 系数 $F_{x,y}$)得到重建。

反向 DCT 变换将从一系列 DCT 系数矩阵中重建一块图像采样点。IDCT 把一块 8×8 个 DCT 系数 $F_{x,y}$ 作为输入，输出为一块 8×8 的图像采样点 $f_{i,j}$。

$$f_{i,j}=\sum_{x=0}^{7}\sum_{y=0}^{7}\frac{C(x)C(y)}{4}F_{x,y}\cos\left[\frac{(2i+1)x\pi}{16}\right]\cos\left[\frac{(2j+1)y\pi}{16}\right]$$

$C(x)$和 $C(y)$是与 FDCT 中相同的常量。

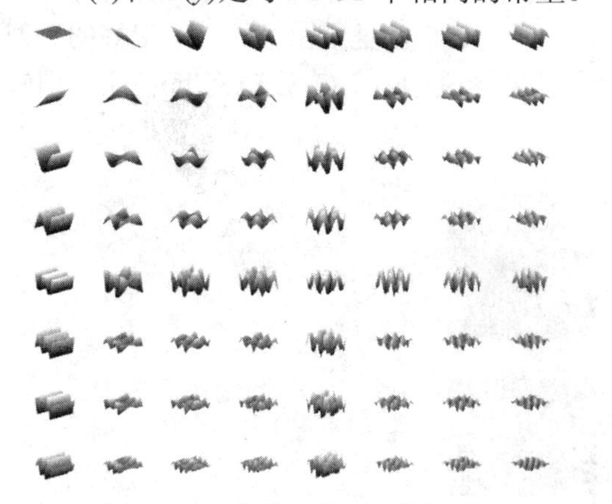

图 7.4　DCT 基函数(平面图形式)

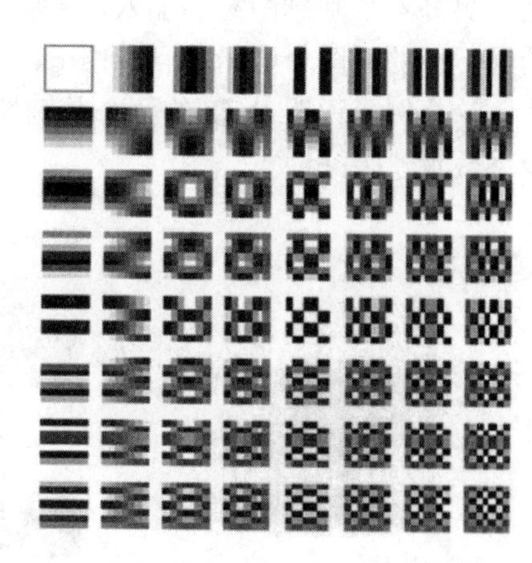

图 7.5　8 × 8 像素的基础图案

图 7.6(b)显示的是取自图像 7.6(a)的一幅 8×8 的群采样点图像。这个块通过 2-D DCT 变换产生如图 7.6(c)所示的系数。6 个最重要的系数是(0，0)、(1，0)、(1，1)、(2，0)、(3，0)、(4，0)，即表格中高光显示的那些系数(见表 7.1)。

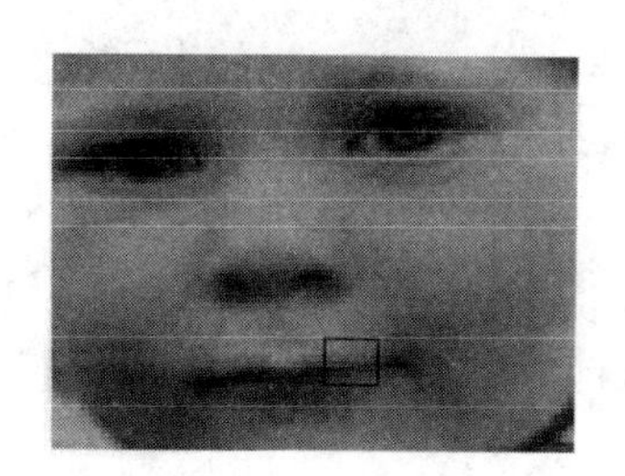

(a) 原图像

(b) 8×8群采集点图像

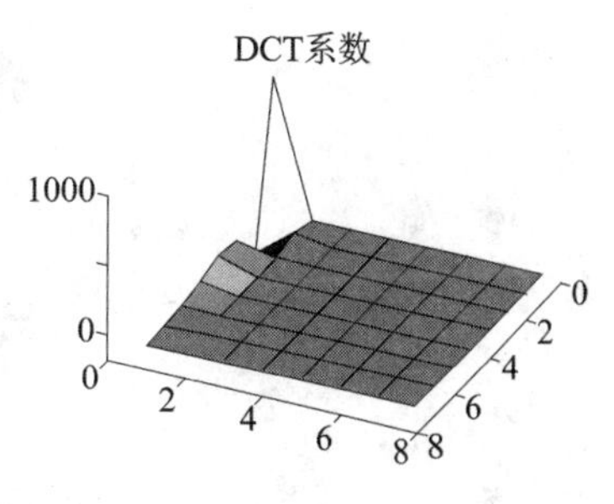

(c) 2-D DCT变换的系数

图 7.6　DCT 变换示例图

表 7.1　DCT 变换系数

967.5	-6.3	-10.7	-2.7	-1.2	-1.1	-1.3	0.1
-163.4	-71.3	1.8	4.2	-1.8	2.9	0.2	-1.6
55.3	13.6	-1.2	2.3	-0.6	2.0	0.7	-0.6
81.8	-8.9	-4.7	1.4	0.4	-0.5	-0.1	1.0
38.9	-12.9	-7.0	-1.3	-0.6	0.1	-0.3	1.0
-7.6	-8.4	0.8	2.6	0.6	-1.9	0.1	2.1
-14.7	1.4	4.1	1.2	0	-0.3	-0.2	1.1
-22.3	5.0	4.3	1.3	-0.6	-0.5	0.2	-0.3

原先图像块的一个合理的近似值可能仅由这 6 个系数得以重建，如图 7.7 所示。首先，系数(0，0)乘以 967.5 再进行 DCT 反变换。这个系数代表块的平均阴影(在这种情况下，中

等灰度)，并且经常被称做 DC 系数(DC 系数通常在任何块中都是最重要的)。图 7.7 显示只以 DC 系数重建的块(在图像里的第 1 排右边的块)。下一步，(1,0)系数乘以－163.4(等于减去基本图像分量)。被加权的基础图案在图 7.7 第 2 排(左边)，右边显示前两种图案之和。随着另外 4 个基础图案的加入，更多的细节被增加到重建的图像块中。最后的结果(在图 7.7 的最下面的右图上显示并且只由 64 个系数中的 6 个系数产生)是原图像的一个很好的近似值。这个例子说明 DCT 的两个关键性质：重要的系数紧紧围着 DC 系数(密度)；块能用较少系数重建(去相关)。

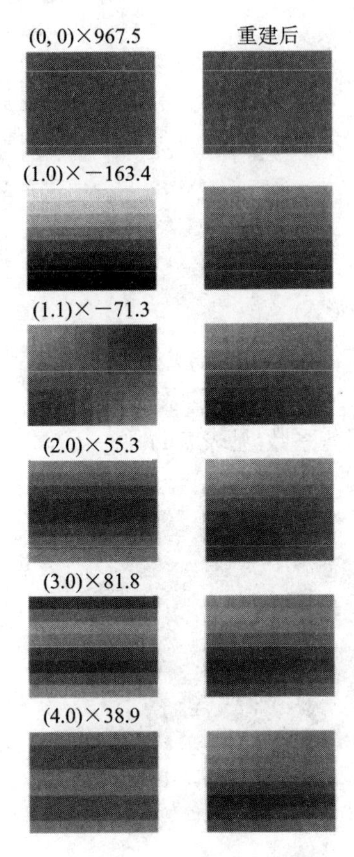

图 7.7　IDCT 重建示意图

7.3　视频图像的熵编码

一个视频编码器主要有两个功能：源模型编码和熵编码。源模型编码试图用一个紧凑格式来表示视频场景，并且这种格式很容易被压缩(通常是原始视频信息的一个近似表示)；熵编码则在存储和传送数据之前对模型的输出数据进行压缩。源模型是为了匹配输入数据(图像或视频帧)，而熵编码器用常见的统计压缩技术对数据进行压缩，该技术对于不同的图像和视频编码应用场合可以采用不同的方法。

在一个典型的基于传输的视频编解码器中，使用熵编码器编码的数据有三类：变换系数(如量化过的 DCT 系数)、运动矢量和辅助信息(如头标记、同步标记等)。对辅助信息编码的方法依赖于标准。由于在相邻块或宏块之间的运动矢量有较高的相关性，因此常采用相邻块运动矢量差来更有效地表示运动矢量。通过分析 DCT 系数矩阵的空间排列特性，可以用游程编码来有效表示变换系数。

熵编码器把输入符号(譬如，游程编码系数)映像到压缩数据流。通过分析输入符号集合中的冗余信息，达到压缩数据的目的。将频繁出现的符号用少的比特表示，将不常出现的符号用较多的比特表示，进而达到数据压缩的目的。在视频编码标准里，最常用的编码方法是哈夫曼编码和算术编码。哈夫曼编码(或修正的哈夫曼编码)采用整数位可变长度的码字来表示每个输入符号。这种编码方法的实现较为直接。由于每个编码码字必须包含整数的位数，因此这种方法并不能获得理想的压缩效果。算术编码把输入符号映像为分数的位数，通过采用具有更高复杂度的算法(依据其实现方法)，获得较高的压缩效率。

7.3.1　游程编码

在基于 DCT 的视频编码器中，量化器的输出是一量化的变换系数矩阵。通常，量化系数矩阵是稀疏的，这是因为图像块通过 DCT 变换能有效地去相关，从而使得大部分量化系数为零。图 7.8 给出了从 MPEG-4“帧内”块中量化系数的典型块。量化块的结构基本具有这个特性：量化后比较少的非零系数被保持，且大部分聚集在 DCT 系数(0，0)点周围。(0，0)点是“DC”系数，对于重建图像是最重要的系数。

DC系数

102	−33	−3	−4	−2	−1		
21	−2	−3		−1			
−3		1					
2							
1			1				
−2							

图 7.8　MPEG-4“帧内”块中量化系数

图 7.8 的系数块可采用如下过程来有效压缩：

(1) 重排序：非零值聚集在 2-D 矩阵左上方，这一过程是聚集这些非零值。

(2) 游程编码：这一阶段试图发现更有效的对大量零(图中未标有数字的 48 个位置)的表示方法。

(3) 熵编码：熵编码器试图减少数据符号中的冗余信息。

重排量化数据的最佳方法依赖于非零系数的分布。如果原图像(或运动补偿残差值)数据均匀分布在水平或垂直方向(例如，在两个方向上都没有更强图像特征优势)，则重要系数将趋向于平均分布在矩阵的左上方(图 7.9(a))。在这种情况下，像图 7.9(c)那样的 Z 形排序模式会把非零系数更有效地排列。然而，在有些情况下，其他的重排序模式会有更好的效果。举个例子，交替视频在垂直方向比水平方向变换得更剧烈(由于它在垂直方向上被再次采样)。在这种情况下非零系数是倾斜的，如图 7.9(b)所示，它们更多地聚集在矩阵的左面，这种情况下像图 7.9(d)所修改的重复排序模式应在聚集系数方面表现得更好。

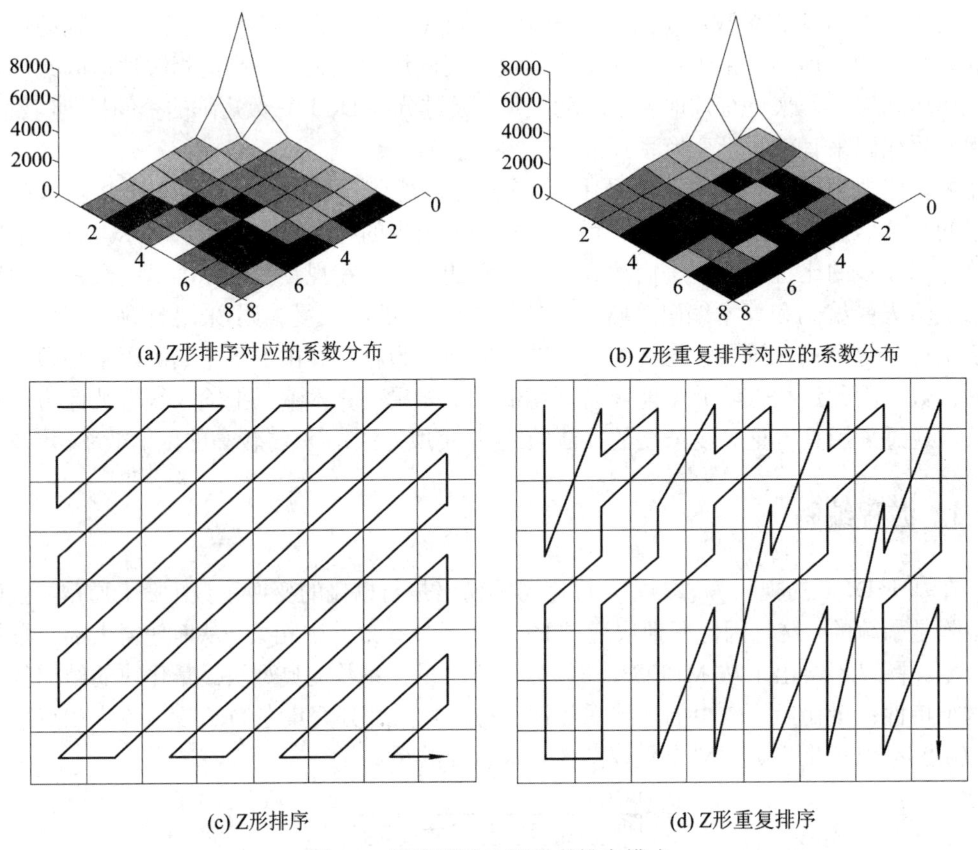

(a) Z形排序对应的系数分布　　(b) Z形重复排序对应的系数分布

(c) Z形排序　　(d) Z形重复排序

图 7.9　帧编码及 Z 形字重排序模式

重排序处理过程的输出是量化系数的线性矩阵。非零系数大多聚集在矩阵的起始处，而矩阵里的其他系数为零。长序列中的各具体数值(这里用零表示)可以表示为(run, level)编码。这里，“run”表示在一个非零值前面零的个数，“level”表示非零系数的符号和幅值。

下面例子给出了重排序和游程编码流程。

用图 7.9 描述的 Z 形扫描重新排序，图 7.8 中系数块的重排序矩阵将采用游程编码。

重排序的矩阵：

[102，−33，21，−3，−2，−3，−4，−3，0，2，1，0，1，0，−2，−1，−1，0，0，0，−2，0，0，0，0，0，0，0，0，0，0，0，1，0，…]

游程编码：(0，102)(0，−33)(0，21)(0，−3)(0，−2)(0，−3)(0，−4)(0，−3)(1，2)(0，1)(1，1)(1，−2)(0，−1)(0，−1)(3，−2)(11，1)

有两种特定情况需要考虑。系数(0，0)(“DC”系数)对于重建映像块是重要的，它前面并没有所说的零。在帧内编码块中(没有采用运动补偿进行编码)，DC 系数几乎没有零，所以将它与其他系数区别对待。在 H.263 编解码器中，帧内 DC 系数用固定的、量化值相对较低(为了保持图像质量)且没有采用(run，level)的代码进行编码。基本的 JPEG 编解码器具有下列优势：相邻图像块具有相似平均值(因此具有相似 DC 系数值)，每个 DC 系数采用与前一个 DC 系数的差分进行编码。

第二种特定情况是块中的零结尾。系数(7，7)通常认为是零，所以需要对没有以非零结束的情况作特例处理。在 H.261 和基本 JPEG 编码标准中，采用特殊代码符号：块结束符或 EOB 符插入到最后的(run，level)对后面。因为每个编码符号仅采用两个值(run 和 level)来表示，所以此方法称做二维游程编码。在高压缩率的情况下，此方法表示的并不是非常好，因为这种情况下，许多块只包含一个 DC 稀疏点，所以 EOB 编码成为编码比特流很重要的部分。H.263 和 MPEG-4 通过对每个(run，level)编码一个符号标记来避免此问题。这个最后的符号表示块中最终的(run，level)对，并告知编码器块的余下部分应该用零填充。现在每个符号用三个值(run，level，last)表示，所以这个方法称做三维 run-level-last 编码。

7.3.2 哈夫曼编码

哈夫曼熵编码将每个输入符号映射到可变长的码字，这种类型的编码器在 1952 年首先被提出。变长码字的局限是：它必须包含整数位，并必须唯一地被解码。

为了对一组数据符号用哈夫曼编码获得最大的压缩率，必须计算每个符号出现的概率，并对此数据集，重构一组变长码字。下面举例来说明该过程。

例：用 MPEG-4(短头信息模式)编码“Carphone”视频序列，表 7.2 列出了在编码序列中最常出现的运动矢量概率及其内容的信息量 lb(1/P)。为了达到最佳的压缩，每个运动矢量值必须用精确的 lb(1/P)位来表示。图 7.10 以图形方式说明矢量概率的分布(实线表示 Carphone 序列，虚线表示 Claire 序列)。“0”是最常出现的值，对于较大运动矢量，概率迅速下降(注意很少的矢量能超过±1.5，所以表中的概率之和并不等于 1)。

表 7.2　“Carphone”运动矢量的出现概率

运动矢量	概　率　P	lb(1/P)
−1.5	0.014	6.16
−1	0.024	5.38
−0.5	0.117	3.10
0	0.646	0.63
0.5	0.101	3.31
1	0.027	5.21
1.5	0.016	5.97

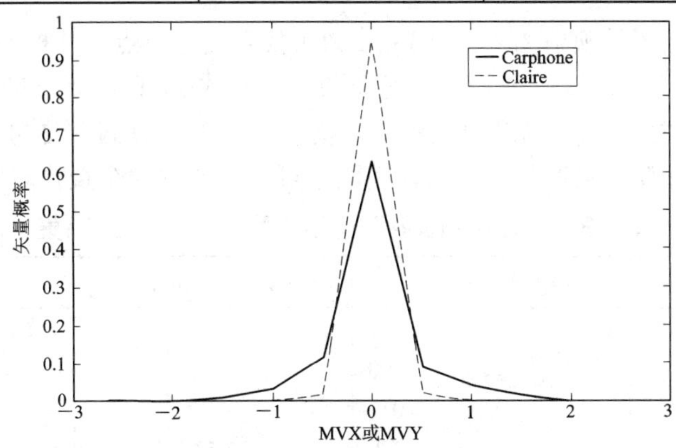

图 7.10　运动矢量概率分布的图形表示

1. 产生哈夫曼编码树

对于一个数据集合，为产生哈夫曼编码表，迭代执行下面的步骤(忽略在表 7.2 中没有

出现的任何矢量值):

(1) 以概率增加方式排序数据。

(2) 将概率最低的两个数据项合并成一个节点，并将数据项的联合概率分配给此节点。

(3) 重复步骤(2)，以概率递增方式重排剩下的数据项和节点。

反复执行这个过程，直到一个单独的根节点出现，这个根节点包括了其他所有的节点和列在其下的数据项，图 7.11 说明了这个过程。

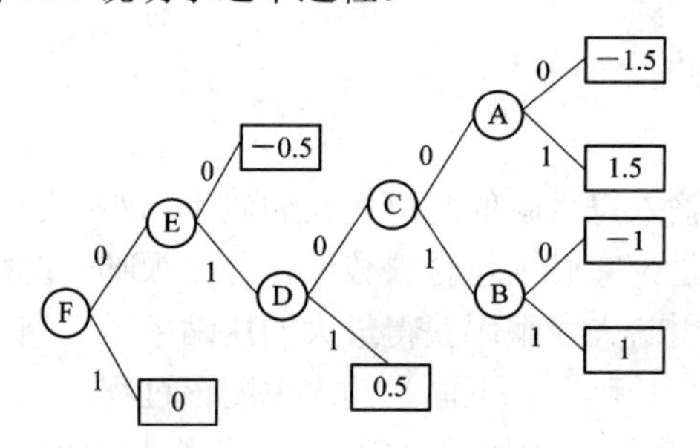

图 7.11 “Carphone”运动矢量的霍夫曼编码树

(1) 原始列表：正方形表示数据项，矢量(−1.5)和矢量(1.5)概率最小，所以它们是第一批候选者被合并成节点“A”。

(2) 第一步：最近被创建的节点“A”(用圆圈表示)的概率是 0.03(由(−1.5)和(1.5)的概率合并而成)，所以最低概率的两个项是矢量(−1)和矢量(1)，这两个节点被合并成节点“B”。

(3) 第二步：A 和 B 是被合并的下一个候选者(合并成“C”)。

(4) 第三步：节点 C 和矢量(0.5)被合并成节点“D”。

(5) 第四步：(−0.5)和节点“D”被合并成“E”节点。

(6) 第五步：现在只剩下两个“顶端级”项，节点 E 和最高概率的矢量(0)，它们两个被合并成“F”节点。

(7) 最终树：所有的数据项都被合并成一棵二叉树，有 7 个数据值和 6 个节点，每个数据项都是这棵树的叶子。

2. 编码

二叉树的每个叶子被映射为一个 VLC，为了找到这个节点，从根节点(这里是 F)一直到子节点(数据项)遍历二叉树，将每一个分支设置为 0 或 1，0 是上分支，1 是下分支(如图 7.11 所示最终二叉树)。这样就得到如表 7.3 所示的编码集。通过传送每个数据项的恰当的码值来获得编码。注意一旦产生二叉树，编码集可被存放到一个查找表里。

表 7.3 “Carphone”运动矢量的霍夫曼编码集

矢 量	编 码	Bit(实际值)	Bit(理论值)
0	1	1	0.63
−0.5	00	2	3.1
0.5	011	3	3.31
−1.5	01000	5	6.16
1.5	01001	5	5.97
−1	01010	5	5.38
1	01011	5	5.21

注意：

(1) 高概率的数据项被赋予短码(例如 1 比特赋给最常用的矢量“0”)。不过，矢量(-1.5，1.5，-1，1)需要 5 比特码(尽管事实是-1 和 1 的概率比-1.5 和 1.5 高)，哈夫曼编码(每一个都是整数比特)的长度并不与由 lb(l/P)决定的理想长度一致。

(2) 没有一个码值是将其他码值作为前缀的，例如从左到右读码，每个码值将被唯一解码。

例如，矢量序列(1，0，0.5)将被编码成下面的值：

01011|1|011

3. 解码

为了对数据解码，解码器必须对哈夫曼树(或查找表)进行本地备份。为实现这个功能，要传输查找表本身，或者发生数据列表及其概率，其次才发送已编码的数据，这样才能保证每个可被唯一解码的码值可以被阅读及转化回原数据。接着上面的例子：

01011 解码为(1)

1 解码为(0)

011 解码为(0.5)

7.4 图像的差值与矢量预测

视频信号由一系列单独的帧组成。每一帧可以单独地被前面描述的图像编解码器压缩，这称为帧内编码(Intra-frame Coding)，每一帧在“内部”进行编码而没有参考其他的帧。而消除视频序列中的冗余信息(连续视频帧中的相似性)，可以达到更好的压缩效果，这可通过给图像编解码器增加一个“前后帧”来实现，如图 7.12 所示。

(1) 预测：基于一个或多个先前传输的帧来建立对当前帧的预测。

(2) 补偿：从当前帧中减去预测帧来产生一个“残差帧”。

用“图像编解码器”来处理残差帧的关键是预测功能：如果预测是准确的，残差帧将包含很少的数据，因而可以用图像编解码器有效地压缩。为了解码帧，解码器必须“逆反”补偿过程，把预测加到解码的残差帧中去，这就是帧间编码(Inter-frame Coding)。

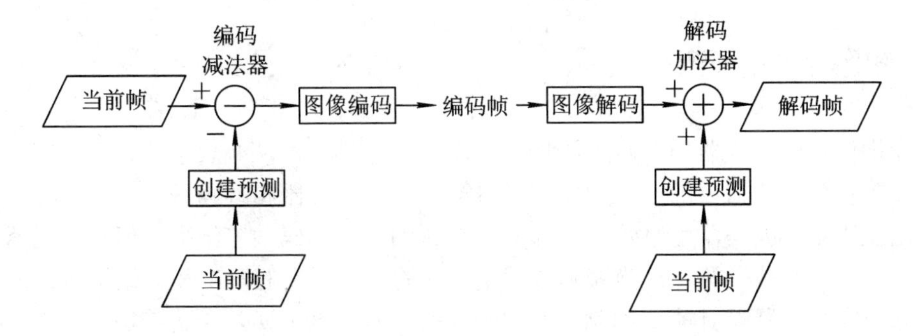

图 7.12　视频预测编码

7.4.1　图像的差值

最简单的预测器就是采用前一个传输的帧作参考。图 7.13 显示了在一个视频序列中用当前帧减去前一帧得到的残差帧。在残差帧中，中等灰度区域的数据都是零，浅色和黑色区域分别表示正的和负的残差数据。很明显，大部分的残差数据都是零，因而，不压缩当前帧而压缩残差帧可以提高压缩效率。

(a) 原帧图像

(b) 当前帧图像

(c) 残差帧图像

图 7.13　原帧图像、当前帧图像以及残差帧图像

7.4.2　图像的矢量预测

下面举例说明解码器处理帧间预测可能存在的问题。表 7.4 表示了采用帧间残差编码和解码序列视频帧所需要的一系列操作。对第一帧，编码器和解码器没有用预测。从第二帧开始出现困难：编码器用原始帧 1 作为一个预测并且编码残差结果，但是解码器只拥有解码出的帧 1 来形成预测。因为编码过程是有损的，解码出的帧 1 和原始帧 1 之间存在区别，这导致在解码器端对帧 2 的预测有一个小的误差。这个误差会随着每一个连续帧逐渐增加，然后编码器和解码器的预测会很快“漂移”开来，导致解码质量的严重下降。

表 7.4　预 测 漂 移

编码输入	编码预测	编码输出/解码输入	解码预测	解码输出
原始帧 1	零	压缩帧 1	零	解码帧 1
原始帧 2	原始帧 1	压缩帧 2	解码帧 1	解码帧 1
原始帧 2	原始帧 2	压缩帧 2	解码帧 2	解码帧 3
……				……

这个问题的解决方法是编码器采用解码的帧来形成预测，因而上面例子中的编码器以解码(或重建)帧 1 来形成对帧 2 的预测。编码器和解码器采用相同的预测，漂移就可以减少或消除。图 7.14 显示了一个完整的编码器，为了重建它的预测参考帧，它包含了一个解码的“环”。重建帧(或参考帧)在编码器和解码器中被存储，用于形成下一编码帧的预测。

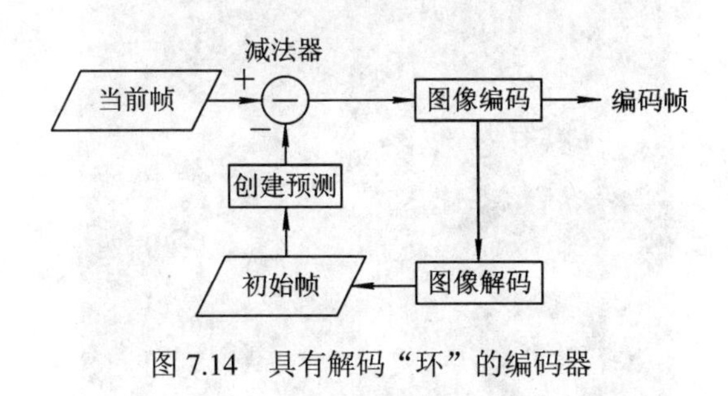

图 7.14　具有解码“环”的编码器

7.5　图像的运动估计与补偿

当连续的帧很相近时，帧差比帧内编码具有更好的压缩效果，但是当先前帧与当前帧差别很大时，效果并不好。这样的差别通常取决于视频场景中的运动，通过运动估计和补偿，可以实现更好的预测。

图 7.15 显示了一个采用运动补偿预测的视频编解码器。

在编码器中必须增加两个新的步骤：

(1) 运动估计。把当前帧中的区域(通常是一个亮度样本的方块)和前一个重建帧中的相邻区域进行比较。运动估计器试图发现“最佳匹配”(best match)，也就是说参考帧中相邻的具有最小残差的块。

(2) 运动补偿。从当前的区域块中减去参考帧中的“匹配”区域或块(由运动估计器定义)。解码器执行相同的运动补偿操作来重建当前帧，这意味着编码器必须给解码器传输“最佳”匹配块的位置(典型地采用一组运动矢量(motion vector)的形式)。

图 7.16 显示了一个残差帧，它是通过将当前帧(见图 7.13)减去前一帧的运动补偿来得到的。这个残差帧比图 7.13 中的残差帧明显包含更少的数据。压缩率的提高并不是没有代价的：运动估计可能需要很大的计算量。运动估计算法的设计对视频编解码器的压缩效果和计算复杂度具有很重要的影响。

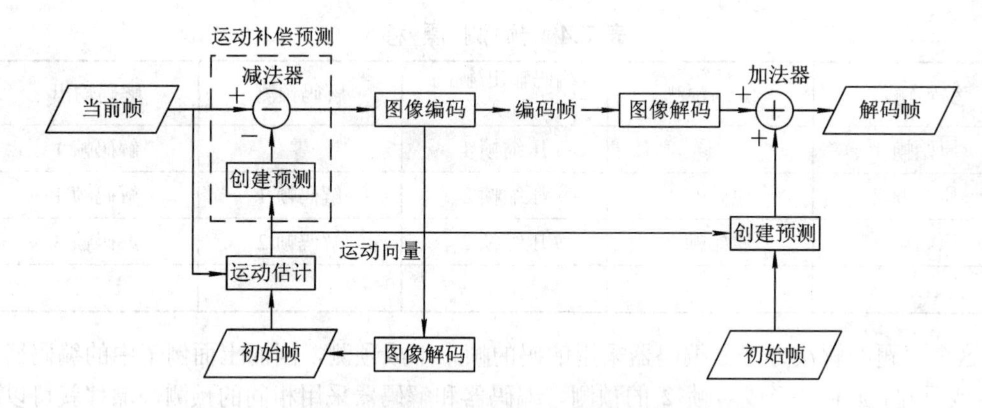

图 7.15　视频编解码器的运动估计和补偿

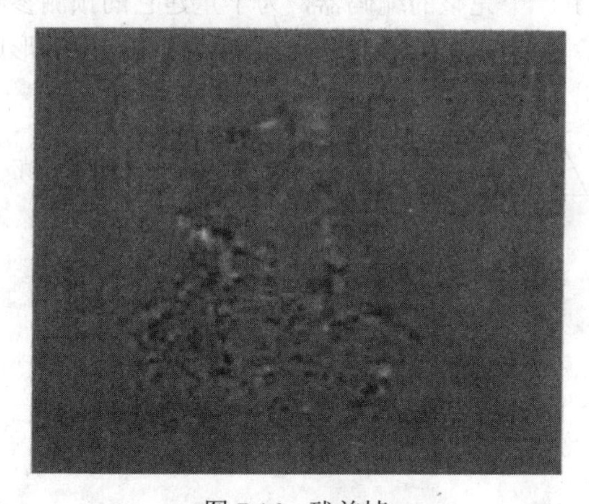

图 7.16　残差帧

运动估计是根据先前编码的一帧或者多帧(参考帧)数据产生了当前帧的一个模型。这些参考帧可以是过去帧(在时间上先于当前帧)或者是将来帧(时间上晚于当前帧)。运动估计算法的设计目的是尽可能准确地为当前帧建立一个模型(因为这样可能获得更好的压缩性能)，同时在可以接受的计算复杂度内。在图 7.17 中，运动估计模块通过修改一个或者多个参考帧建立一个当前帧的模型，通过对当前帧进行运动补偿，以达到尽可能逼近匹配当前帧(依据一个匹配原则)。也就是从当前帧中减去这个模型，从而产生一个运动补偿残差帧。然后对它进行编码和传输，与解码器需要的其他信息(例如运动矢量)一起来重建这个模型。同时，编码后的残差数据被解码并加到这个模型上，从而产生当前帧的一个解码版本(它不一定与原始帧完全相同，因为存在编码损失)。这个重建帧在编码端被存储起来，用于将来作预测用的参考帧。

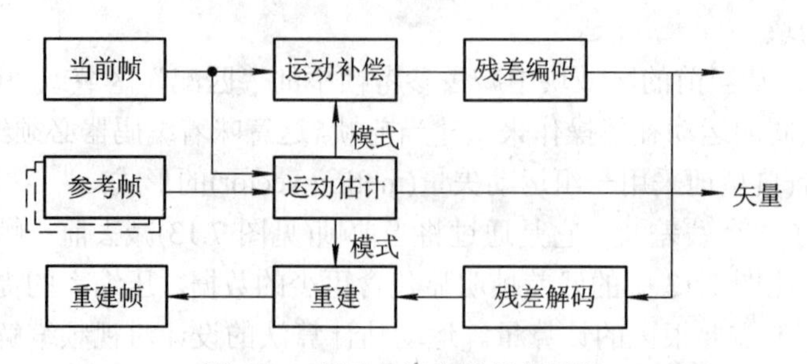

图 7.17　运动估计和补偿的框图

残差帧(或者称移位帧差值，DFD)被编码和传输，一起编码和传输的还有其他的额外信息(例如运动矢量)，解码器重建模型时需要这些信息。当编码的 DFD 的大小和编码的辅助信息尺寸最小时，就达到了最好的压缩性能。运动补偿之后的 DFD 大小与 DFD 中的残余能量有关。图 7.18 显示了一个原帧、一个当前帧和一个没有经过运动补偿的残差帧(DFD)图像。很显然，在运动物体的边缘存在明显的能量(图中女孩和自行车)。利用运动估计和运动补偿可以减小这个能量(从而提高压缩性能)。

(a) 原帧图像

(b) 当前帧图像

(c) 没有经过运动补偿的残差帧图像

图 7.18　原帧、当前帧及没有经过运动补偿的残差帧图像

在熟知的视频编码标准中(H.261、H.263、MPEG-1、MPEG-2、MPEG-4)，运动估计和运动补偿在当前帧的 8×8 或者 16×16 块上进行。整个块的运动估计也被称为块匹配。对于当前帧亮度像素的每个块(例如 16×16)，运动估计算法搜索参考帧的一个附近区域，寻找一个匹配的 16×16 区域。最好的匹配是指使得当前的 16×16 块和匹配的 16×16 块的差值的能量最小。搜索的范围以当前的 16×16 块为中心，这是因为一方面由于相邻帧的高度相似性(相关性)，与当前块紧接着的区域可能存在很好的匹配；另一方面，搜索整个参考帧运算量太大。

图 7.19 解释了块匹配的过程。当前块(图中是 3×3 个像素)如左边所示，这个块与参考帧中相同位置的块(如中心的黑线所示)和紧接着的临近位置(与其相邻的 8 个像素点)作比较。当前块与参考帧中同样位置(0，0)块的均方差(MSE)计算如下：

$$\{(1-4)^2+(3-2)^2+(2-3)^2+(6-4)^2+(4-2)^2+(3-2)^2+(5-4)^2+(4-3)^2+(3-3)^2\}/9=2.44$$

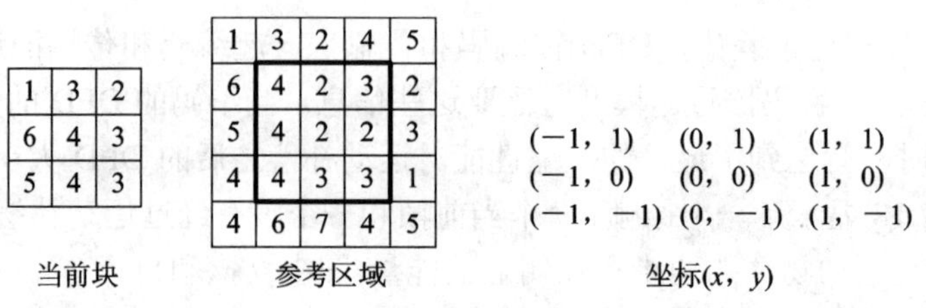

图 7.19　当前 3×3 块以及 5×5 参考区域

表 7.5 中列出了每个搜索位置的 MSE 值，而图 7.20 则以图像的形式表示了这些差值。在 9 个候选位置中，(−1，−1)的 MSE 最小，因此这个位置是最好的匹配。在这个例子中，当前块的最好模型(就是最好预测)是以位置(−1，−1)为中心的 3×3 区域。

表 7.5　块匹配例子的 MSE 计算数值

位置(x, y)	(−1, −1)	(0, −1)	(1, −1)	(−1, 0)	(0, 0)	(1, 0)	(−1, 1)	(0, 1)	(1, 1)
MSE	4.67	2.89	2.78	3.22	2.44	3.33	0.22	2.56	5.33

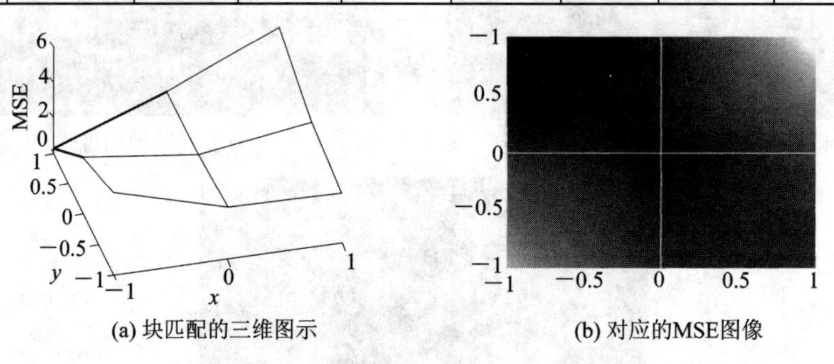

图 7.20　块匹配例子 MSE 的图形例子

视频编码器对当前帧的每个块执行如下过程：

(1) 计算当前块和参考帧中一系列相邻块的差值的能量。

(2) 选择有最小误差的区域(匹配区域)。

(3) 从当前块中减去匹配块产生一个差值块。

(4) 编码和传输差值块。

(5) 编码和传输运动矢量，它显示了匹配块相对于当前块的位置偏移(在上面例子中，运动矢量是(−1，−1))。

其中，步骤(1)和步骤(2)是运动估计，步骤(3)是运动补偿。

视频解码器按如下步骤重建块：

(1) 解码差值块和运动矢量。

(2) 把差值块加到参考帧的匹配区域(就是由运动矢量指向的区域)中。

运动估计过程不一定会识别真正的运动。相反，它试图在参考帧中寻找一个匹配区域使得差值块的能量最小。当有明显的可识别的线性运动时，例如大的运动物体或者全局运动(例如摄像机平移)，这种方式产生的运动矢量应该大致对应于参考帧和当前帧的块的运动。然而，当运动不明显时(不能对应块中小的运动物体，不规则的运动等)，运动矢量可能不表示一个真实的运动，而只是一个好的匹配位置。

图 7.21 显示了对图 7.18 中图像帧的每个 16×16 块(宏块)进行运动估计之后产生的运

动矢量。多少矢量对应于运动，女孩和自行车向左移，所以运动矢量指向右(也就是物体移来的区域)。在中心有一个反常的矢量(它大于其他的矢量，沿对角线指向上)。这个矢量不对应真实的运动，它只表示在这个位置上有最佳的匹配。

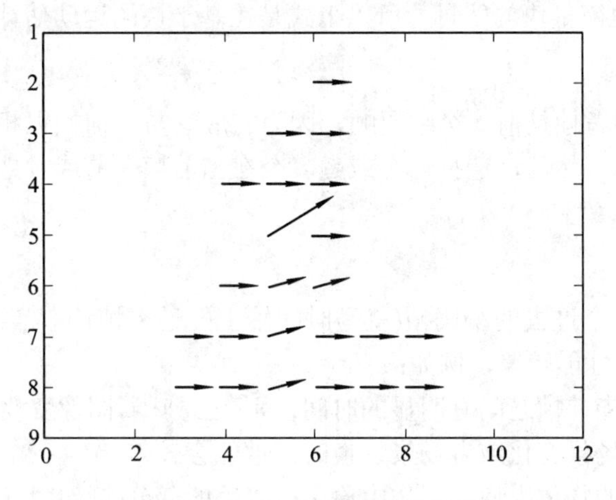

图 7.21　16×16 块的运动矢量

基本块的匹配过程有多种类型，可以使用不同的方法来衡量 DFD 的能量(来减少计算 MSE 所需要的计算量)。不同的块尺寸或者不规则形状的区域可以比固定的 16×16 块更有效地匹配真实的运动。通过在两个或者多个参考帧之间搜索而不是在一个参考帧中搜索，可能找到更好的匹配。搜索周围区域的顺序对匹配精度和运输复杂度有明显的影响。相邻帧间物体的运动不一定是整数像素，所以在参考帧中半像素位置搜索可以得到更好的匹配。块匹配过程本身只在线性运动的较大物体的情况下有较好的性能，对于不规则的物体和不规则的运动(例如旋转或者变形)，可以用其他的运动估计方法，例如，基于对象的或者基于网络的运动估计将更有效地建模。

1．比较原则

(1) 均方差 MSE 可以用来衡量残差块中的能量。一个 $N\times N$ 块的 MSE 计算如下：

$$\text{MSE}=\frac{1}{N^2}\sum_{i=0}^{N-1}\sum_{j=0}^{N-1}(C_{ij}-R_{ij})^2$$

式中，C_{ij} 是当前块的一个像素，R_{ij} 是参考区域的像素，C_{00}、R_{00} 分别是当前区域和参考区域的左上角像素。

(2) 平均绝对误差(MAE)可以较好地衡量残余能量，并且比 MSE 的计算过程简单，它只需要对每对像素点的幅值进行计算，而不是对每对像素点计算均方值：

$$\text{MAE}=\frac{1}{N^2}\sum_{i=0}^{N-1}\sum_{j=0}^{N-1}\left|C_{ij}-R_{ij}\right|$$

可以进一步简化这个计算，例如省去因子 $1/N^2$，简单地计算绝对误差和(SAE)，或者称为绝对差值和(SAD)：

$$\mathrm{SAE}=\sum_{i=0}^{N-1}\sum_{j=0}^{N-1}\left|C_{ij}-R_{ij}\right|$$

SAE 可以合理地衡量块的能量，所以上式是在基于块的运动估计中常用的匹配原则。

2．参考帧的选择

最明显的选择参考帧是前一个编码帧，因为它应该与当前帧很相似，而且在编码器和解码器中都可以得到。然而，选择一个或者多个在当前帧之前或者之后的其他参考帧也有好处。

3．前向预测

前向预测使用一个过去的编码帧(就是时间轴上的过去帧)作为当前帧的预测参考。前向预测在某些情况下性能较差，例如：

(1) 在参考帧和当前帧之间有明显的时间差别(这意味着图像变化很大)。

(2) 当发生一个场景变化或者场景切换时，性能会较差。

(3) 当一个运动的物体出现在图像中原来被遮盖的部分(例如门开了)，这个遮盖的区域在参考帧中不存在，所以不能有效地进行预测。

4．后向预测

上述情形(2)和(3)的预测效率可以通过利用将来帧(就是时间上后来的帧)作为预测参考来改进预测。场景切换之后的第一帧或者一个刚刚显出的物体利用将来帧可以得到更好的预测。

后向预测需要编码器存储编码帧并且不按时间顺序进行编码，所以将来的参考帧要比当前帧先编码。

5．双向预测

在某些情况下，双向预测可能比前向预测或者后向预测的性能更好。这里，预测参考帧综合了前向和后向参考。

在编码 MPEG-1 或者 MPEG-2 的 B 帧时，前向、后向和双向预测都可以使用。典型情况下，编码器对每个宏块(16 × 16 的亮度像素采样)进行两次运动估计搜索：一个基于原来的参考帧(一个 I 图像或者 P 图像)和一个基于将来的参考帧。编码器根据先前参考帧和将来参考帧找到最佳匹配(就是最小 SAE)的运动矢量。第三个 SAE 值这样得到：从当前块中减去两个匹配区域(先前的和将来的)的平均。编码器根据以下三个 SAE 值的最小值作为当前块的模式：

(1) 前向预测。

(2) 后向预测。

(3) 双向预测。

这样，编码器可以找到每个宏块的最佳预测参考，从而把 B 帧的压缩效率提高了 50%。

6．多个参考帧

MPEG-1 和 MPEG-2 的 B 帧使用两个参考帧进行编码。这种方法扩展之后就使编码器可以从更多的已编码帧中选择参考帧。在多个可能的参考帧中选择参考帧是提高抗误码性能的一个有用的工具。H.263 标准支持这种方法。

当使用更多的参考帧时，对编码器和解码器的复杂度和存储空间的要求都会增加。只是单纯地从前一个编码帧进行前向预测时需要的复杂度降低(但是压缩率最差)，上面讨论的其他方法都会增加复杂度(从而加入编码器时)，但是提高了压缩效率。

图 7.22 揭示了上面讲到的各种预测方法，包括应用过去帧和将来帧进行前向预测和后向预测。

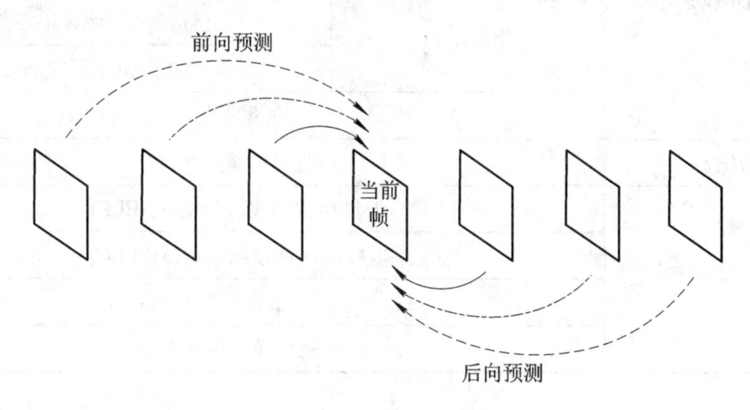

图 7.22　参考帧预测选择

7.6　音频信号的压缩编码技术

音频信号的压缩编码主要分为熵编码、波形编码、参数编码、混合编码四种主要类型。

(1) 熵编码。熵编码是以信息论变长编码定理为理论基础的编码方法，音频信息熵编码与视频信息熵编码的基本原理相同，主要包括霍夫曼编码、算术编码、游程编码。

(2) 波形编码。波形编码是指在信号采样和量化的过程中充分考虑了人类的听觉特性，使编码信号尽可能与原输入信号相匹配，又能适应人们的应用要求。波形编码主要包括全频带编码、子带编码和矢量量化，其中脉冲编码调制(PCM，Pulse Coding Modulation)、瞬时压扩 PCM、准瞬时压扩 PCM、自适应差分 PCM 等都属于全频带编码，自适应变换编码(ATC)、心理学模型编码等都属于子带编码。波形编码能够在高码率的条件下获得高质量的音频信号，因而适用于高保真度语音、音乐信号的压缩编码技术。

(3) 参数编码。参数编码是指将音频信号以某种模型表示，再提取出合适的模型参数和参考激励信号进行编码，当声音重放时，再根据这些参数重建即可，这也是通常所说的声码器(Vocoder)。参数编码压缩比很高，但计算量大，因而不适合高保真度要求的场合。利用参数编码设计构造的声码器，主要包括线性预测编码(LPC，Linear Predicted Coding)声码器、通道声码器(Channel Vocoder)、共振峰声码器(Format Vocoder)等。

(4) 混合编码。混合编码是一种充分吸收了波形编码与参数编码的优点，将二者综合在一起的编码方法。混合编码主要包括多脉冲线性预测编码(MPLPC)、矢量和激励线性预测(VSELP)、码本激励线性预测(CELP)、线差激励线性预测(RELP)。

声音信号的主流压缩编码方法如表 7.6 所示。

表 7.6　音频信号的主流压缩编码方法

<table>
<tr><td>熵　编　码</td><td colspan="2">可变字长编码</td></tr>
<tr><td rowspan="6">波形编码</td><td rowspan="3">全频带编码</td><td>脉冲编码调制(PCM)</td></tr>
<tr><td>瞬时、准瞬时压扩 PCM</td></tr>
<tr><td>自适应差分 PCM</td></tr>
<tr><td rowspan="2">子带编码</td><td>自适应变换编码(ATC)</td></tr>
<tr><td>心理学模型(编码掩蔽效应)</td></tr>
<tr><td colspan="2">矢量量化</td></tr>
<tr><td>参数编码</td><td colspan="2">线性预测编码(LPC)</td></tr>
<tr><td rowspan="4">混合编码</td><td colspan="2">矢量和激励线性预测(VSELP)</td></tr>
<tr><td colspan="2">多脉冲线性预测编码(MPLPC)</td></tr>
<tr><td colspan="2">残差激励线性预测(RELP)</td></tr>
<tr><td colspan="2">码本激励线性预测(CELP)</td></tr>
</table>

复　习　题

1. 数字电视的视频压缩的原因是什么？
2. 简述数字视频信号的 DCT 变换编码流程。
3. 数字视频信号的熵编码包含哪些编码方法？
4. 什么是视频图像的差值？如何进行视频图像运动估计和补偿？
5. 音频信号压缩编码方法和标准有哪些？

第 8 章　数字电视信号的输出单元

数字电视信号的显示输出是一个电光转换的过程。目前国际上普遍采用的主流显示器件有 LCD 液晶显示单元、PDP 等离子显示单元和 OLED 有机发光二极管显示单元。尽管这三种显示器件的工作原理和电光转换过程不同，相应的转换驱动电路也不同，但是国际上显示器件的生产制造已经专业化，相应的接口标准已统一，这就为数字电视的生产与研发奠定了坚实的基础。

数字电视的显示输出只需根据产品的性能和用途选择相应的显示器件，按照相应的接口标准匹配信号即可。

8.1　数字电视的显示输出方案

数字电视显示输出单元实际上由三部分组成：行、列信号变换电路单元，显示介质(LCD、PDP)驱动单元，背光或驱动变换单元。了解掌握显示输出单元的构成及工作原理，对于学习掌握数字电视的分析与设计方法具有重要意义。

目前，数字电视显示单元在市场上主要有两种形式：LCD 液晶显示和 PDP 等离子显示。LCD 液晶显示屏属于被动发光式显示输出，它是靠液晶分子旋转不同的角度对背光进行折射，再经过滤光板得到不同颜色的像素输出。PDP 等离子显示屏属于主动发光式显示输出，它是靠等离子体在电压激发下发出不同强度的紫外光照射荧光粉，产生不同颜色的像素输出。因此，LCD 和 PDP 的显示驱动单元是不同的。由于显示输出单元已经由专业化的工厂生产，所有的驱动单元已集成在单元内部，成为标准的显示屏，只有输入接口与前端信号处理单元相连接，这样学习显示输出单元时只需掌握基本工作过程和接口方式与规范即可。

8.1.1　LCD 液晶显示输出方案

目前流行的数字高清晰度液晶显示器的典型结构主要由主电路板、逆变器电路板、电源供电电路板和液晶显示板等部分构成。前面加上电视信号的接收解码电路和伴音电路就构成了液晶电视机电路，还可兼容作计算机显示器。

液晶显示分成模拟信号驱动和数字信号驱动两种电路形式，通常模拟信号驱动电路适用于小型 LCD 显示，如移动电视、车载电视等。数字信号驱动电路适用于大型 LCD 显示，是目前家用、商用数字电视显示器的主流。

模拟式液晶显示系统方框图如图 8.1 所示，液晶显示板采用薄膜晶体显示板，经高频头接收、中频通道的图像检波和伴音解调后将伴音信号送到音频放大器。视频图像信号经过放大器和缓冲器形成模拟驱动信号送到薄膜晶体管(TFT)液晶板的取样保持电路，取样保持电路的输出作为源极驱动信号送到液晶板的栅极驱动集成电路(IC)。同时，同步信号也送到取样保持电路，使液晶板的源极驱动信号与扫描信号保持同步关系。这种电路结构比较简单，但功率消耗比较大，其解像度也不够高。

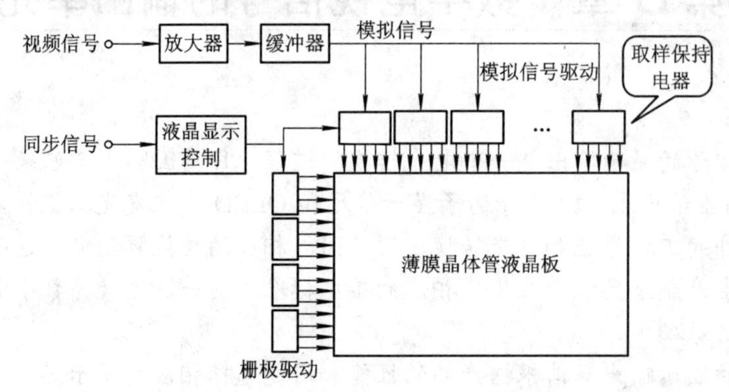

图 8.1　模拟式液晶显示系统方框图

图 8.2 是数字式液晶显示系统方框图。从图中可见，此系统需要将视频信号变成数字信号，再送到显示系统，或者是直接送入数字视频信号。作为源极驱动的数字信号先送到数据锁存电路，再经 D/A 转换器变成驱动液晶板的源极驱动信号，其同步和扫描电路与模拟方式相同。

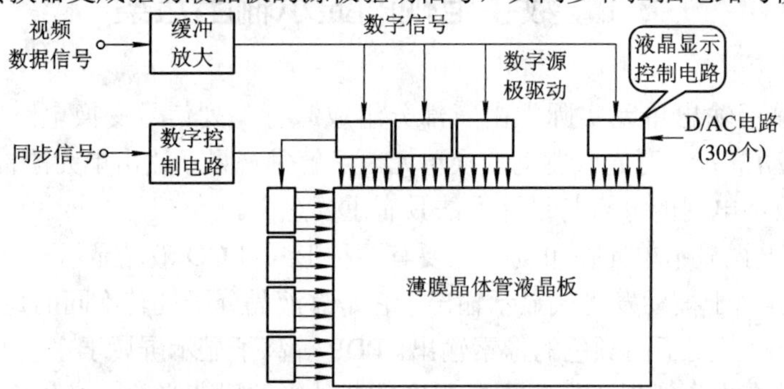

图 8.2　数字式液晶显示系统方框图

图 8.3 是目前流行的数字高清晰度液晶显示器的典型结构图。图中 DDC(Display Data Channel)是显示数据的设置或修改，DDC/CI 是显示数据信道/指令接口(Command Interface)的切换电路，TMDS(Transition Minimized Differential Signaling)是跃变最小化启动信号，LVDS(Low Voltage Differential Signaling)是低压启动信号，OSD(On Screen Display)是屏上显示电路，即字符信号发生器。

主电路板具有多种信号接口电路，它可以直接接收来自其他视频设备的数字信号，也可以接收来自计算机显示卡的 VGA 模拟视频图像信号(R、G、B)及 DIV 的数字信号。每种信号都伴随同步信号。模拟 R、G、B 信号需要经模拟信号处理电路中的 A/D 转换器，变成数字视频信号，再进行数字图像处理。

不同格式的视频信号在进行数字处理的同时还要进行格式变换，与显示格式相对应，然后经存储器和控制器、缩放电路、色变换 γ 校正、驱动信号形成电路，变成驱动液晶板的控制信号(X、Y 轴驱动)。

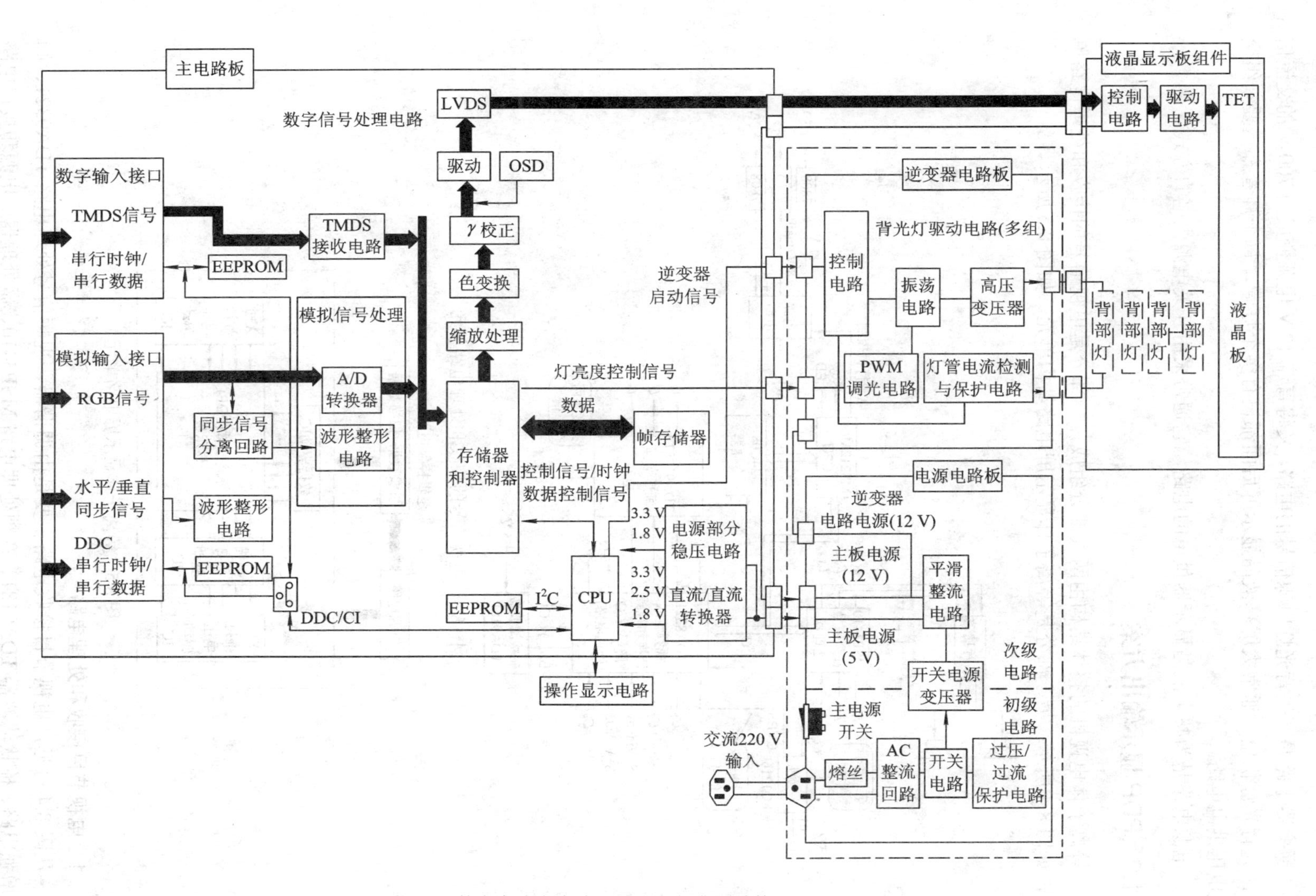

图 8.3　数字高清晰度液晶显示器的典型结构

逆变器电路是产生背光灯电源信号的电路，又将直流 12 V 电源变成约 700 V 的交流信号，为背光灯供电。通常大屏幕液晶显示屏后面都设有多个灯管，每个灯管都需要一组交流电压供电电路。

电源电路是为整个液晶显示器供电的电路，它通常采用开关电源供电的方式。

8.1.2 PDP 显示输出方案

等离子体电视机的整体结构由两大部分组成，一部分是电视信号的接收和处理电路单元，如图 8.4 所示；另一部分是等离子体显示屏电路结构单元，如图 8.5 所示。

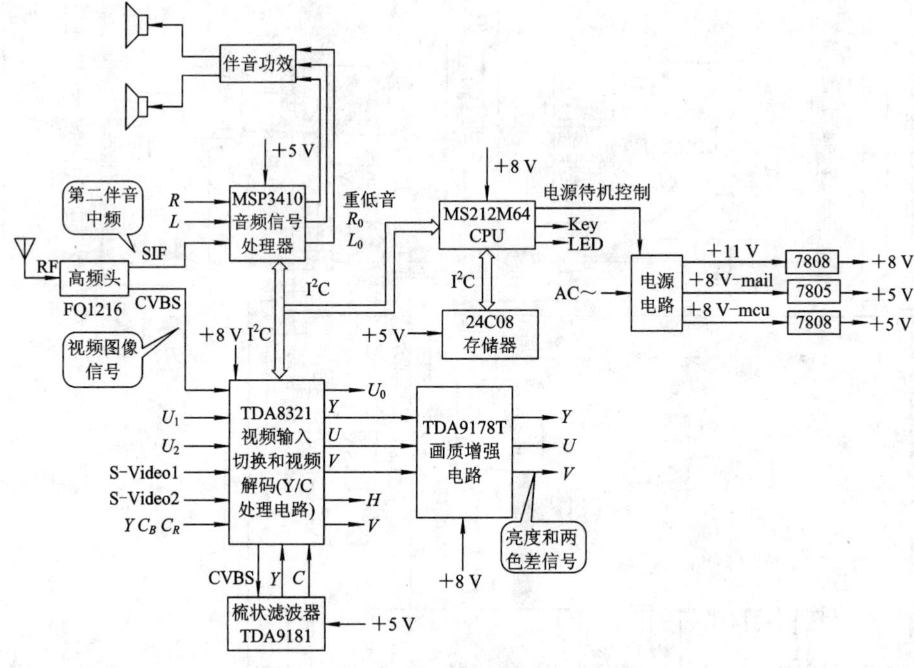

图 8.4　电视信号的接收和处理电路单元

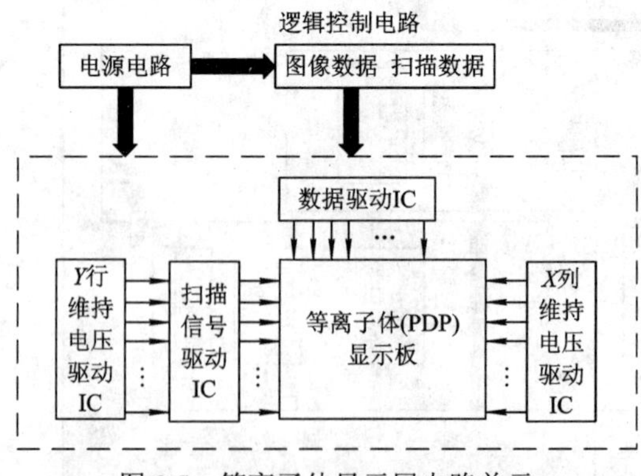

图 8.5　等离子体显示屏电路单元

1. 电视节目接收和处理电路

从图 8.4 可见，电视节目接收电路主要是由调谐器、视频信号处理电路 TDA9321、画质增强电路、梳状滤波器 TDA9181、音频处理电路 MSP3410、微处理器、电源和接口电路等部分构成的。调谐器单元中包括调谐器和中频通道电路，它直接输出视频信号和第二伴音中频信号。视频信号在 TDA9321 中进行解码处理，TDA9181 完成 *Y/C* 分离的任务。TDA9321 输出的分量视频 *YUV* 信号经 TDA9178T 对视频画质进行改善处理。MSP3410 对模拟伴音和数字伴音进行处理，最后由接口电路将音频、视频信号送到显示电路。

2. 图像显示逻辑电路

图像显示逻辑电路由行(*Y*)和列(*X*)信号驱动电路配合逻辑控制电路，精确激发图像中的每一个像素点的等离子体发光，构成完整的电视图像。

图 8.6 是等离子体电视机 TCL-PPP4226 的整机电路框图。它主要分为两部分：一部分是电视节目接收和 TV 解调电路，这一部分包括视频信号的处理电路、梳状滤波器和画质增强电路，同时还包括音频信号处理和音频功率放大电路；第二部分是等离子体图像显示器和图像信号处理电路。

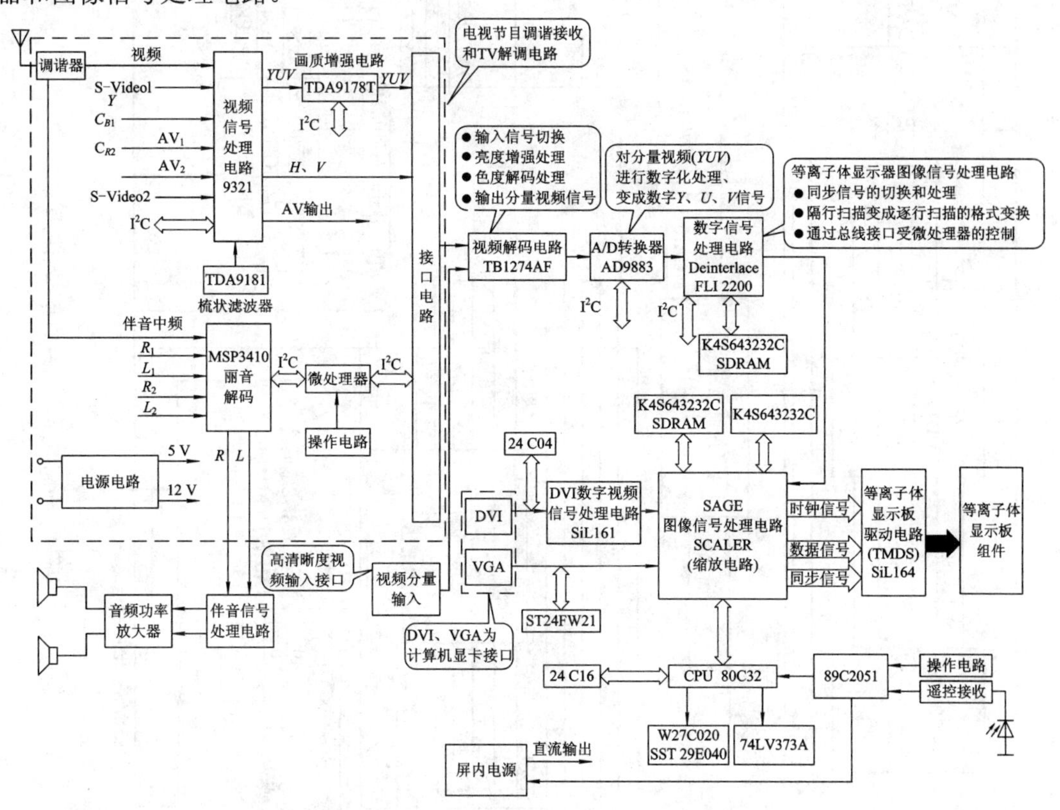

图 8.6　等离子体电视机 TCL-PPP4226 的整机电路框图

图 8.7 是图像显示电路的基本结构图。它实际上主要是数字视频信号处理电路、视频信号处理部分被制成一个模块。来自电视信号接收电路或外部设备的多格式视频信号，首先被送入 TB1274 视频解码电路中进行解码，解码后的 *YUV* 信号和行场同步信号经 A/D 转换器 AD9883 变成数字视频信号。数字视频信号在 FLI2200 中将隔行扫描的视频信号变成逐行扫描的视频信号。这种变换的信号仍然是数字视频信号。该信号被送到 JAGASM 电路。JAGASM 集成电路是一片高集成度、功能强大的平板图像处理芯片，有 388 个引脚，采用 3.3 V 和 2.5 V 双电源供电，具有图像信号的缩放功能，是一个高清晰度视频处理芯片。其输出经 TTL 信号驱动电路和 TMDS 编码电路形成等离子体显示板的驱动信号，去驱动显示板。

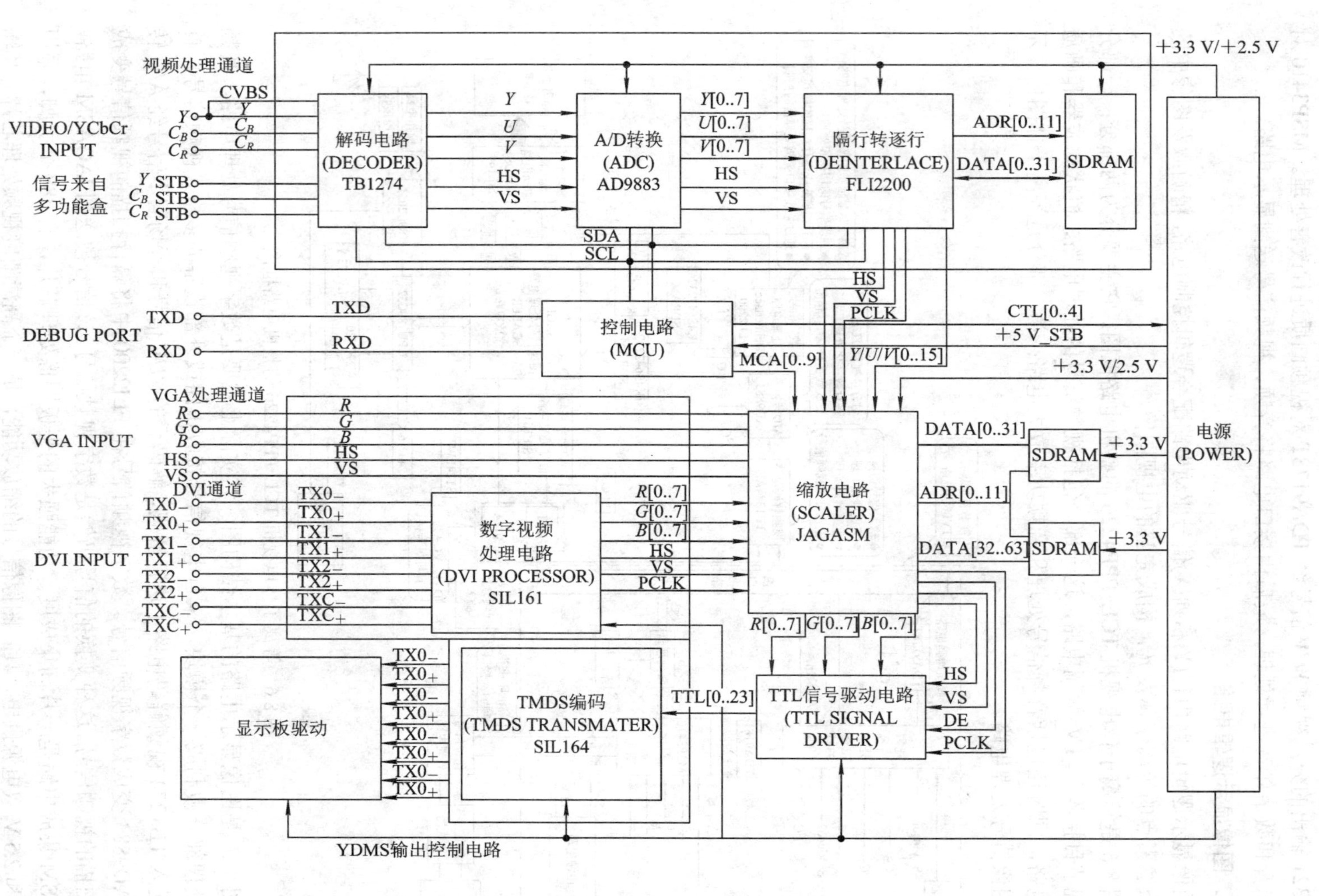

图 8.7 图像显示电路的基本结构图

8.2 数字电视的LCD显示单元

8.2.1 LCD显示器的工作原理

液晶(LCD，Liquid Crystal Display)显示器的工作原理是在电场作用下，利用液晶分子的排列方向发生变化，使外光源透光率改变(调制)，完成电-光变换，再利用*R*、*G*、*B*三基色信号的不同激励，通过红、绿、蓝三基色滤光膜，完成时域和空间域的彩色重显。与CRT型彩色显像管不同，LCD采用数字寻址、数字/模拟信号激励方式重显图像。

众所周知，液晶具有固态特性，也具有液态特性。图8.8给出了超扭转向列型液晶显示(STN-LCD，Super Twisted Nematic-Liquid Crystal Display)单元的原理图，其基本构造是分上、下两层玻璃，中间加入液晶层，两层玻璃上分别涂有与偏振方向成90°的涂层，液晶层的液晶分子连续成90°方向扭转排列。

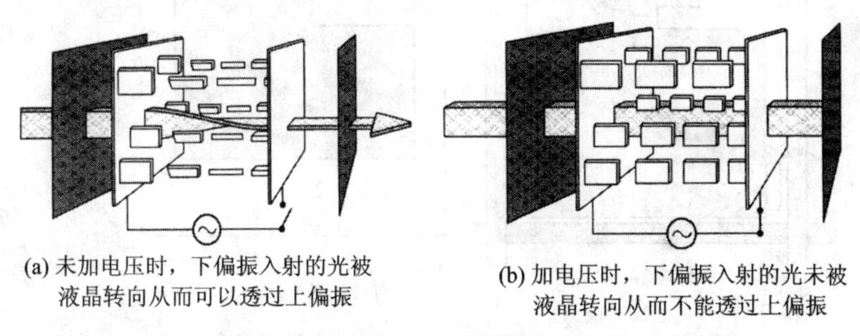

(a) 未加电压时，下偏振入射的光被液晶转向从而可以透过上偏振

(b) 加电压时，下偏振入射的光未被液晶转向从而不能透过上偏振

图8.8 超扭转向列型LCD显示器的工作原理示意图

以长亮型液晶板为例，当入射光从偏光板一侧射入时，只有轴向偏振光可以射入。偏振光进入液晶层后，由于液晶分子的排列方式使偏振光轴也产生90°旋转，进入上层偏光板的光轴正好与偏振光轴一致，光线顺利通过，如图8.8(a)所示。

当在液晶层上加入电压后，液晶分子排列方向就与电场方向平行，液晶的旋光特性消失，进入上层偏光板关系的偏振轴与板的偏振轴正交，光线被阻断，如图8.8(b)所示。加入电压不同，就可以改变(调制)液晶板的透光率，实现图像的亮度调制。

图8.9给出了薄膜晶体管液晶显示器(TFT-LCD，Thin-Film Transistor-Liquid Crystal Display)面板的结构示意图，图8.10给出了TFT-LCD结构示意图和驱动原理图。LCD显示器利用MOS场效应晶体管作为开关器件，MOS场效应晶体管的栅极接扫描电极的母线，相当于水平方向的寻址开关信号电极，源极接信号线，相当于垂直方向激励信号输入端，漏极通过存储电容接地。当MOS场效应晶体管的栅极加入开关信号时，水平方向排列的所有晶体管的栅极均加入开关信号，但由于源极未加信号，MOS晶体管并不导通。只有当垂直排列的信号线上加入激励信号时，与其相交的MOS场效应晶体管才会导通，导通电流对被寻址像素的存储电容充电，电压的大小与输入的、代表图像信号大小的激励电压成正比。电视图像信号通过源极母线依次激励(接通)MOS场效应晶体管，存储电容依次被充电。存储电容上的信号将保持一帧时间，并通过液晶像素的电阻逐渐放电。与此同时液晶

将出现动态散射，并呈现出与存储电容上的信号电压相对应的图像灰度。

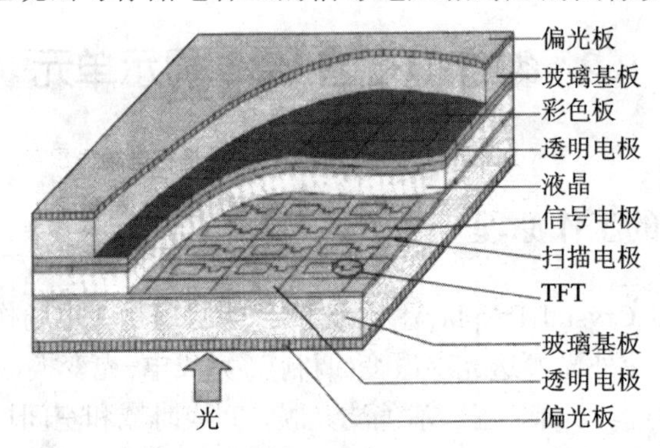

图 8.9　TFT-LCD 面板结构示意图(见彩图)

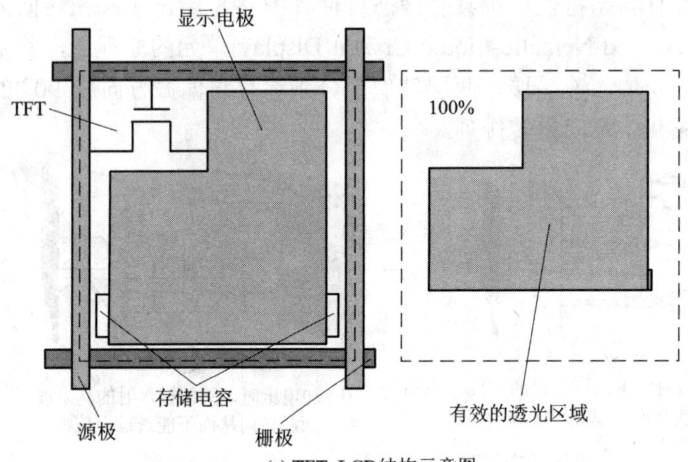

(a) TFT-LCD结构示意图

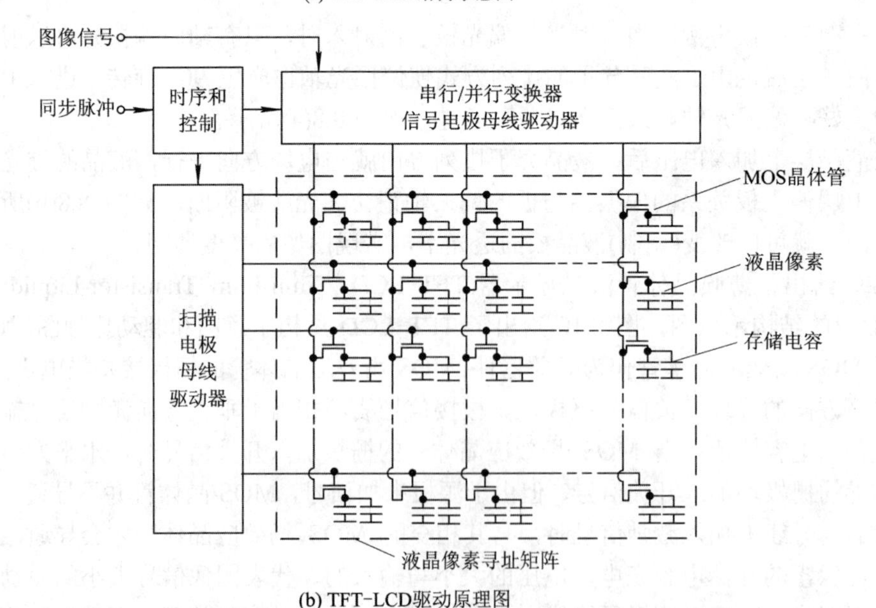

(b) TFT-LCD驱动原理图

图 8.10　TFT-LCD 结构示意图和驱动原理图

从图 8.10 还可以看出，复合同步信号加入时序和控制电路，分别控制扫描母线驱动器，逐行接通水平方向排列的 MOS 晶体管的栅极，图像信号通过串行/并行变换器，加入到垂直排列的信号电极母线驱动器，只有两个电极(源极、栅极)同时加入电压时，MOS 晶体管才导通，并对漏极的存储电容充电，同时液晶被激发，通过液晶的亮度被调制。

存储电容的作用是增大液晶像素的弛豫时间，使其大于帧周期。MOS 场效应晶体管的漏极加入存储电容有以下两个好处：

(1) 可以降低寻址电压，即减小图像信号幅度，一旦液晶显示屏被激励，它的发光持续时间只有不到 10 ms，而通过存储电容可以延长到 17～20 ms，减小了图像闪烁。

(2) 可以在一帧时间内(17～20 ms)使液晶像素的亮度保持恒定，由于存储电容的存储作用，使 LCD 显示器的平均亮度远大于没有存储电容的 LCD 显示器。

由于存储电容的存在，其充放电过程和较长的液晶响应时间加大了 LCD 显示器的拖尾时间，使 LCD 显示器的动态清晰度下降。

8.2.2　LCD 显示器的主要特点

LCD 显示器的生产工艺属于典型的薄膜晶体管制造工艺，制造工艺复杂，大屏幕显示屏的成本高。它的主要优点是物理分辨率较高，容易达到高清晰度电视机的清晰度要求，重显静止图像清晰、细腻。LCD 显示器的驱动电路属于低压驱动方式，可以采用常规的半导体 CMOS 工艺制造；集成电路成本低，寿命长。LCD 显示器属于固定分辨率显示器件，它的主要优点如下：

(1) 光栅几何失真和非线性失真最小，屏幕边沿图像清晰度与屏幕中心相同。

(2) 光栅位置、倾斜度不受地磁场影响。

(3) 体积小、重量轻，易于实现平面化设计。

(4) LCD 显示器采用逐行寻址和高场频显示，可以有效消除行间闪烁和图像大面积闪烁。

(5) 防爆、防辐射、安全性较好。

(6) 在中、小屏幕显示器中有一定的性价比优势。

(7) 静止图像清晰度高。

(8) 由于液晶本身工作电压低，工作电流小，因此使用寿命较长。

LCD 显示器的主要缺点如下：

(1) 暗场图像层次感较差。

(2) 响应时间较长，重显快速运动图像时有拖尾现象。

(3) 与 CRT 型显示器和 PDP 显示器相比可视角较小，显示特性(亮度、色度)有方向性。

(4) 屏幕边沿容易产生漏光现象，会造成全屏亮度不均匀，影响图像质量。

8.2.3　液晶显示板的结构

液晶显示板是由液晶模块、驱动电路模块和背光模块集成在一体构成的，具体的由外壳、金属框架、反射板、导光板、光扩散层、偏光板、表面涂有薄膜晶体管电路的玻璃基板、液晶、彩色滤光板、玻璃基板、偏光板组成，详细结构如图 8.11 所示。液晶模块是由一排排整齐设置的液晶显示单元构成的。一个液晶显示板有几百万个像素单元，每个像素单元由 R、G、B 三个小的单元构成。像素单元的核心部分是液晶体(液晶材料)及其半导体控制器件。液晶体的主要特点是在外加电压的作用下，液晶体的透光性会发生很大的变化。如果使控制液晶单元各电极的电压按照电视图像的规律变化，则在背部光源的照射下，从前面观看就会有电视图像出现。

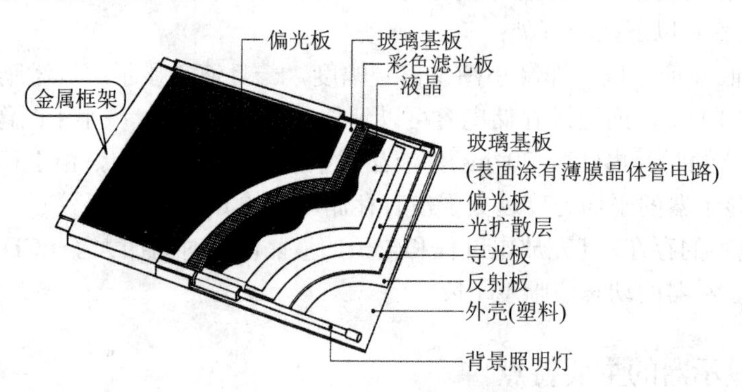

图 8.11　液晶显示板的结构图

液晶体是不发光的，在图像信号电压的作用下，液晶板上不同部位的透光性不同。每一瞬间(一帧)的图像相当一幅电影胶片，在光照的条件下才能看到图像。因此，在液晶显示板的背部要设有一个矩形平面光源。

由液晶显示板构成的液晶电视机显示屏的结构如图 8.12 所示。

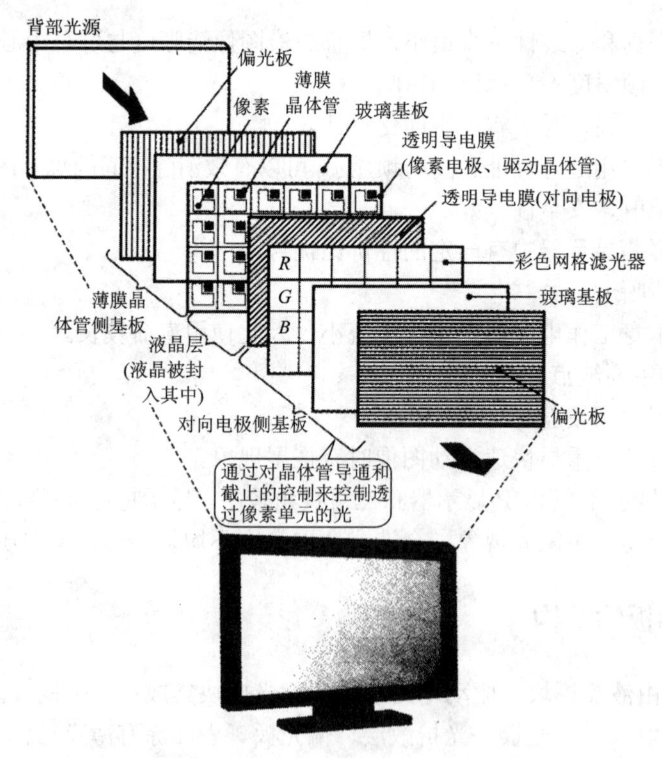

图 8.12　液晶电视机显示屏的结构图

8.2.4　液晶电视显示系统的基本工作原理

高清晰度液晶电视显示系统如图8.13所示，图中的图像调整电路、时间轴扩展电路、极性反转电路和时序控制电路是液晶显示器的特有电路。高清晰度显示用液晶板需要具有屏幕大、精细度高的特点。

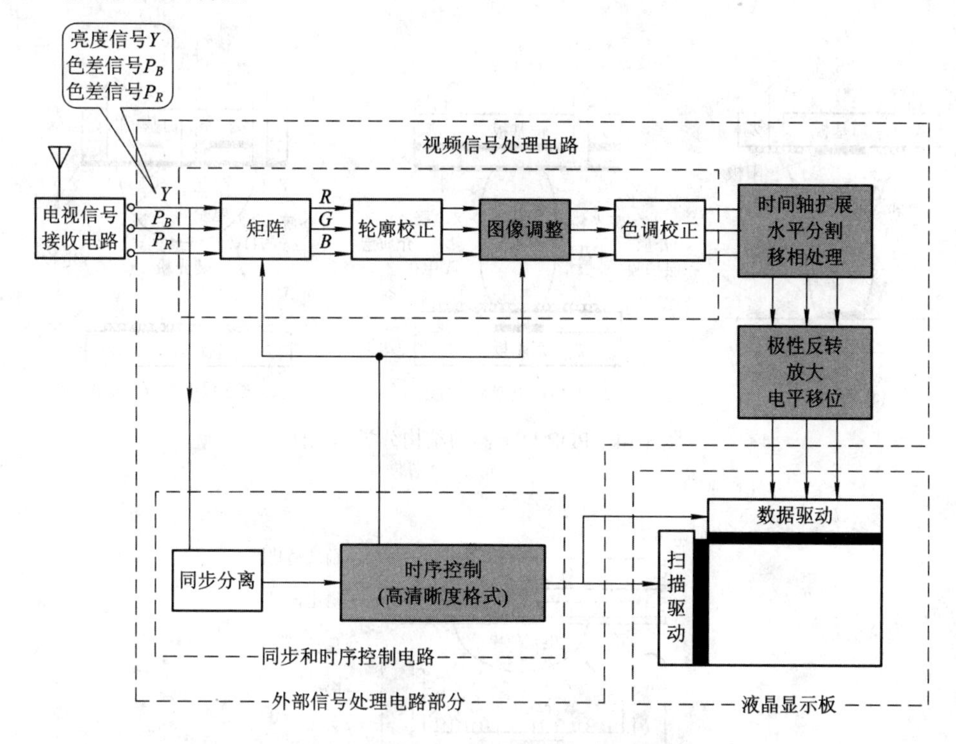

图8.13　高清晰度液晶电视显示系统方框图

从图8.13中可见，来自解码电路或外部输入的亮度信号Y和两个色差信号P_B(即$B-Y$)、P_R(即$R-Y$)首先在视频调整电路中进行处理。视频调整电路是由矩阵电路、轮廓校正电路、图像调整电路和色调校正电路等部分构成的。经处理后，再经时间轴扩展和极性反转后送到数据驱动电路中形成数据驱动电压去驱动液晶板，这是主要的信号处理电路。亮度信号经同步分离电路分离出同步信号，时序控制电路以此为基准形成液晶板的扫描驱动脉冲。液晶板的扫描驱动集成电路(IC)也同液晶板制成一个组件。

8.3　数字电视的PDP显示单元

等离子体(PDP，Plasma Display Panel)显示器是一种自发光平面显示技术，其核心原理与日光灯的发光原理相似，它是在真空玻璃内(即放电空间)注入惰性气体，然后再利用施加电压的方法，使管内的气体产生放电，利用等离子体效应释放出紫外线，照射涂敷在玻璃管壁上的荧光粉，荧光粉就会激发出可见光，R、G、B三基色荧光粉发出不同的可见光，就可以合成一幅彩色图像。PDP显示器按工作方式的不同，可分为电极与气体直接接触的直流型(DC-PDP)和电极用覆盖介质与气体相隔离的交流型(AC-PDP)两大类。而 AC-PDP 又根据电极结构的不同，可分为对向放电型和表面放电型两类(见图 8.14)，目前以 AC-PDP 中的表面放电型应用最为广泛。图 8.15 所示是这种显示器件的结构示意图。从图 8.15 中可以看出：前后玻璃基板位于放电空间的上下层，前玻璃基板制作透明的 X 电极和 Y 电极，后玻璃基板制作寻址电极，并涂敷荧光粉，中间是放电空间，可见光通过前玻璃基板面向观众。

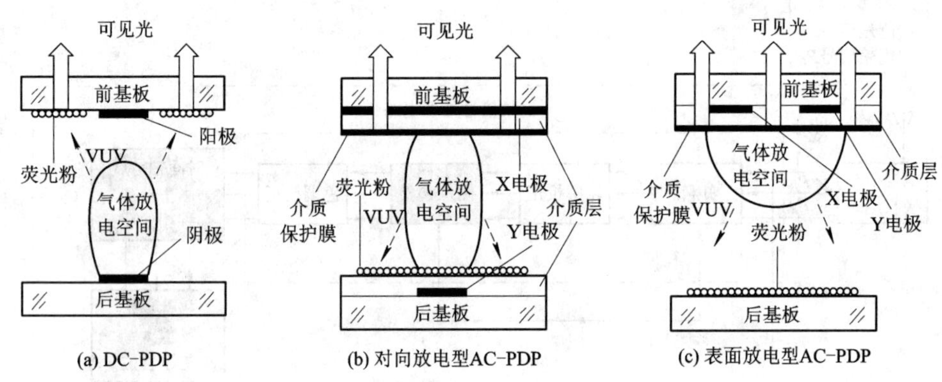

图 8.14　PDP 显示器的结构分类示意图

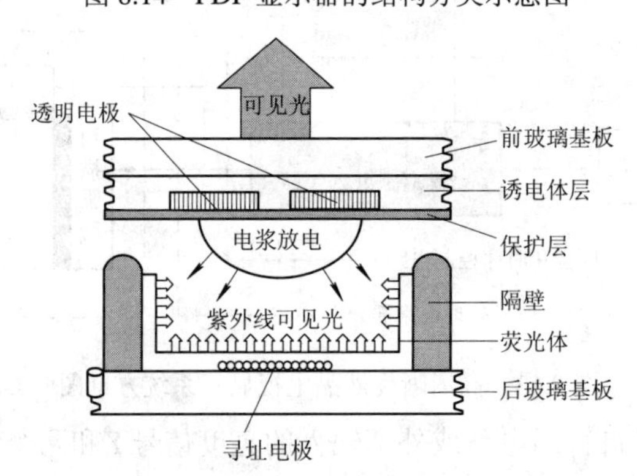

图 8.15　AC-PDP 结构示意图

PDP 显示器采用一种子帧(场)驱动技术，它将一帧(场)图像的周期分成若干子帧，子帧的数目决定于标志视频信号量化的比特数。图 8.16 所示的视频信号量化级数为 8 bit，共有 8 个子帧，每个子帧分为两个阶段，分别称为寻址期和维持期(放电期或点亮期)。每个子帧寻址期的时间都相等，寻址期间全屏均不发光。寻址的主要任务是正确点亮那些应该发光的像素，以使它们在本子帧的点亮期持续发光。不同子帧的发光持续时间各不相同，并依次加倍(1, 2, 4, 8, …, 128)。点亮期被激活的像素发光，而未被点亮的像素则不发光。对 8 bit 量化级数的视频信号，某帧中某像素的灰度为零，则该像素各子帧均不发光；若某像素的灰度为 255，则各子帧像素都点亮。例如灰度为 178，则对应 128、32、16、2 共 4 个子帧点亮，其他子帧不点亮，于是实现了不同灰度的重显，这样一来其发光亮度就与点亮时间成正比。

PDP 显示技术把脉冲宽度调制(PWM)和位分离技术(子帧驱动)结合，会使重显图像产生“真实模拟”的感觉，与模拟投影电视系统相比有很高的精度和稳定性。如果一个帧频为 50 Hz 的视频图像，采用 8 bit 量化的子帧驱动技术，其图像刷新频率高达 400 Hz，因此图像行间闪烁和大面积闪烁都很小。

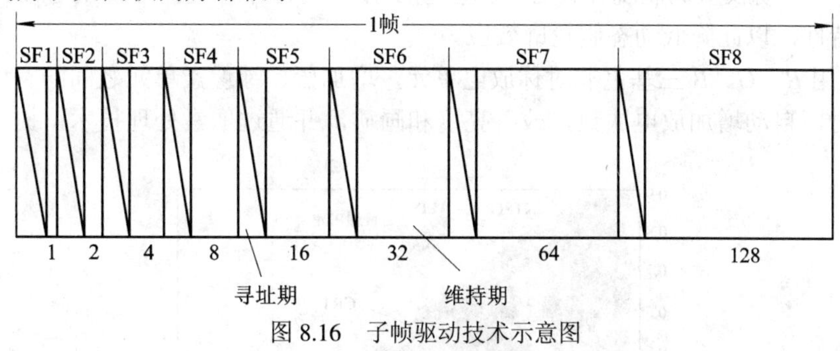

图 8.16　子帧驱动技术示意图

8.3.1　PDP 显示器的主要特点

PDP 显示器的制造工艺属于典型的厚膜制造工艺，制造工艺相对简单，成品率高，在大屏幕显示领域有一定的成本优势，但其驱动电路为高压驱动方式，驱动电路成本高，数量多，制造工艺复杂。

PDP 显示器属自发光的固定分辨率显示器件，它的主要优点有以下几点：

(1) 采用电子寻址方式，图像失真小，清晰度、色纯全屏一致，没有聚焦、会聚问题。

(2) 采用子帧驱动方式，消除了行间闪烁和图像大面积闪烁。

(3) 适合大屏幕壁挂显示方式，厚度小。

(4) 对比度、可视角优于 LCD、CRT 型背投影显示器。

(5) 由于它属自发光的固定分辨率显示器件，因此重显图像惰性小，重显高速运动物体不会产生拖尾等缺陷。

PDP 显示器的主要缺点有以下几点：

(1) 长期显示固定的高亮度静止图像会造成残留影像。

(2) 显示垂直高速运动图像容易造成假轮廓效应。

(3) 不易实现中小屏幕显示高清晰度电视图像。

目前 PDP 显示器也正朝提高清晰度、降低功耗、降低价格等方面发展，并取得了一定的进展。

8.3.2　PDP 显示器的技术进展

PDP 显示器技术的最新进展主要如下：

(1) 采用 ALIS 表面交替发光技术，在垂直方向，利用相同的驱动电极数，实现两倍分辨率，改善图像垂直清晰度，减少了一半垂直方向的电极数，降低了制造成本，它类似 CRT 显示器的隔行寻址方式，一帧图像分为奇、偶两场显示，可以使格式变换造成的图像质量降低至最小，同时显示单元的开口率可达到 65%，扩大了发光面积，可以实现高精细、高画质、高亮度、长寿命显示，目前已达 1280 × 1024、1366 × 768、1920 × 1080 的显示格式。

(2) 采用自动功率控制(APC)技术，降低功耗，保护显示屏不致因过亮而烧伤。

(3) 采用新型荧光粉，提高荧光粉的发光效率，增大色域覆盖面积(见图 8.17)，改进驱动方法，缩小发光单元面积，提高图像清晰度，实现 HDTV 高清晰度电视显示。

(4) 采用子场权重调制统计直方图，重新安排子场排序，使排序后的子场具有最大限度的延伸特性，以此降低动态假轮廓效应。

(5) 采用 *R*、*G*、*B* 三基色非对称放电单元，增加蓝、绿像素单元之间的宽度，同时在画面较暗时，自动增加放电次数，改善亮度和画质，并通过像素处理技术，提高局部图像清晰度。

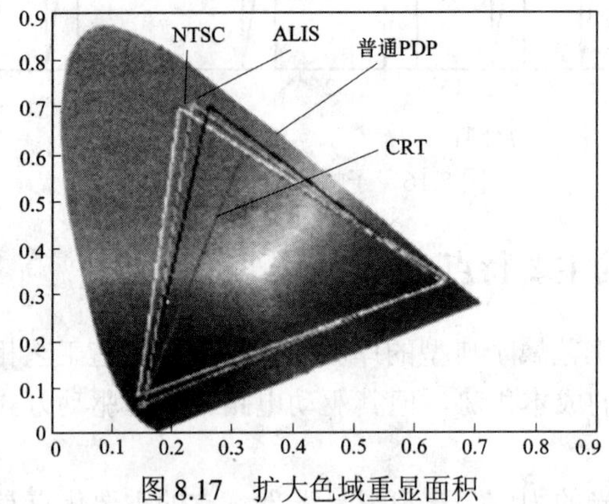

图 8.17　扩大色域重显面积

8.3.3　PDP 显示器 ALIS 驱动技术

ALIS 是 Alternate Lighting of Surface 的英文缩写，译为“表面交替发光”。ALIS 驱动电路和驱动波形如图 8.18 所示。

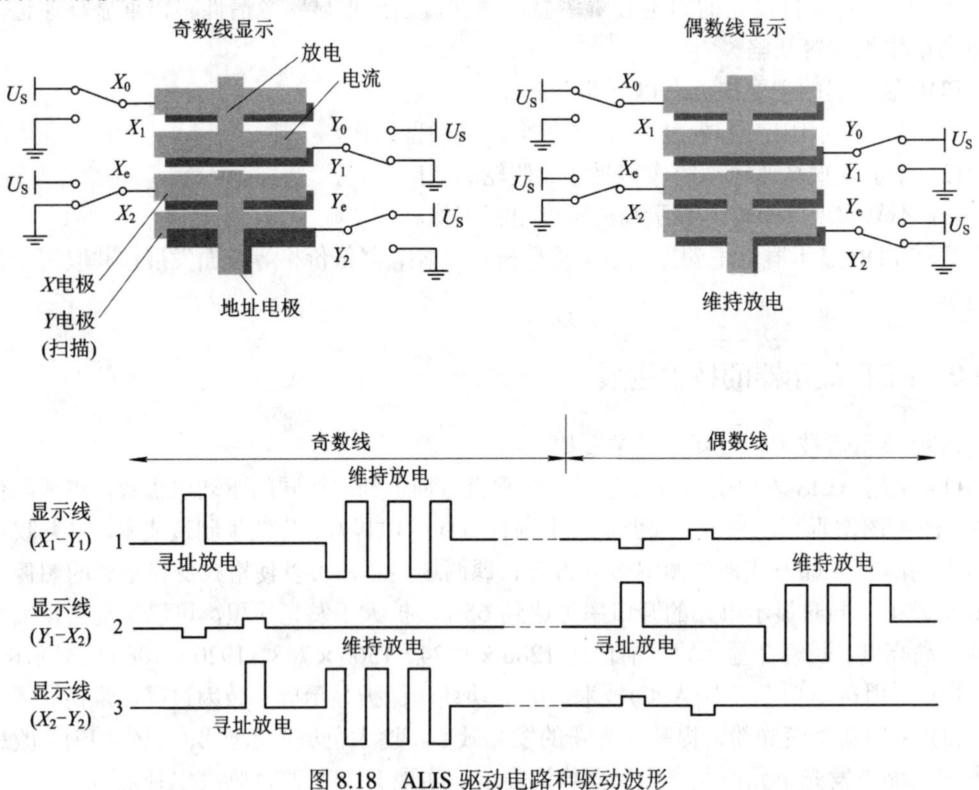

图 8.18　ALIS 驱动电路和驱动波形

从图 8.18 可以看出：在奇数线显示 X_0 时，X_0(加 U_S 电压)与 Y_0(接地)之间有电位差；X_e(接地)与 Y_e(加 U_S 电压)之间也有电位差，它们之间可以产生放电过程，而 X_e 与 Y_0 均接地，它们之间无电位差，不会发生放电过程；在偶数线显示时，Y_0(加 U_S 电压)与 X_e(接地)之间有电位差，它们之间可以产生放电过程，而 X_0 与 Y_0(均加 U_S 电压)、X_e 与 Y_e(均接地)之间无电位差，不会发生放电过程。这样就可以实现显示线之间的交替发光，并可以实现相邻显示行之间的隔离，不会产生像素之间的相互串扰。

8.3.4　等离子体显示单元的内部结构和驱动电路

等离子体的每一个显示单元都是在维持电极、地址电极(扫描)和数据电极的联合作用下放电发光的。等离子体彩色显示单元是将一个像素单元分割为 3 个小的单元，每个小的显示单元的结构如图 8.19 所示，在相邻的 3 个单元内分别涂上 *R*、*G*、*B* 三色荧光粉构成一个像素单元，每一组所发的光，从远处看是 *R*、*G*、*B* 三色光合成的效果。

像素单元位于水平和垂直电极的交叉点。要使某一像素单元发光，可在两个电极之间加上足以使气体电离的电压。颜色是单元内的磷化合物(荧光粉)发出的光产生的，通常等离子体发出的紫外光是不可见光，但涂在显示单元中的红、绿、蓝 3 种荧光粉受到紫外线轰击时，会产生红、绿和蓝的颜色。改变 3 种颜色光的合成比例就可以得到任意的颜色，这样等离子体显示屏就可以显示彩色图像。利用氧化锰层进行保护使电极可以免受等离子体的腐蚀。

等离子体显示板是由水平和垂直交叉的阵列驱动电极组成的，与显像管的显示方法不同，它可以按像点的顺序驱动发光，也可以按线(相当于行)的顺序驱动显示，还可以按整个画面的顺序显示，如图 8.19 所示。而显像管由于有一组由 *R*、*G*、*B*组成的电子枪，它只能采用逐行的扫描方式驱动显示。

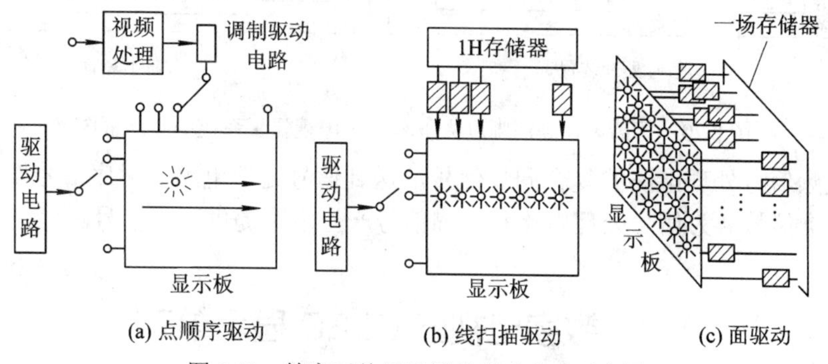

(a) 点顺序驱动　(b) 线扫描驱动　(c) 面驱动

图 8.19　等离子体显示板的驱动方式示意图

图 8.19(a)是点顺序驱动示意图，水平驱动和垂直驱动信号经开关顺次接通各电极的引线，水平和垂直电极的交叉点就形成了对等离子体显示单元的控制电压，使水平驱动开关和垂直驱动开关顺次变化，可以形成对整个画面的扫描。每个点在一场周期中的显示时间约为 0.1 μs，因此必须有很高的放射强度，才能有足够的亮度。

图 8.19(b)是线扫描驱动方式示意图，垂直扫描方式与上述相同，水平扫描驱动是由排列在水平方向的一排驱动电路通过信号线同时驱动的，每一次都将驱动信号送到水平方向的一排像点上。视频信号经处理后送到 1 H 存储器上存储一个电视行的信号，这样配合垂

直方向的驱动扫描一次就可以显示一行图像。一场中一行的显示时间等于电视信号的行扫描周期。

图 8.19(c)是面驱动方式示意图，视频信号经处理后送到存储器形成整个画面的驱动信号，每一次都将驱动信号送到显示板上所有的像素单元上，它所需要的电路比较复杂。但由于每个像素单元的发光时间长，一场中的显示时间等于一个场周期 25 ms，因而亮度非常高，特别适用于室外的大型显示屏。

图 8.20 是等离子体高清晰度彩色电视显示系统的电路框图。显示屏的扫描行数为 1035，每行的像素达 1920，可实现高清晰的图像显示。视频信号经解码处理后将亮度信号 Y 和色差信号 P_B、P_R 或是用 R、G、B 信号送到等离子体显示器的信号处理电路中，首先进行 A/D 转换和串/并转换(S/P 转换)，然后进行扫描方式的转换，将隔行扫描的信号变成逐行扫描的信号，再进行 γ 校正。校正后的信号存入帧存储器中，然后一帧帧地输出到显示驱动电路中。

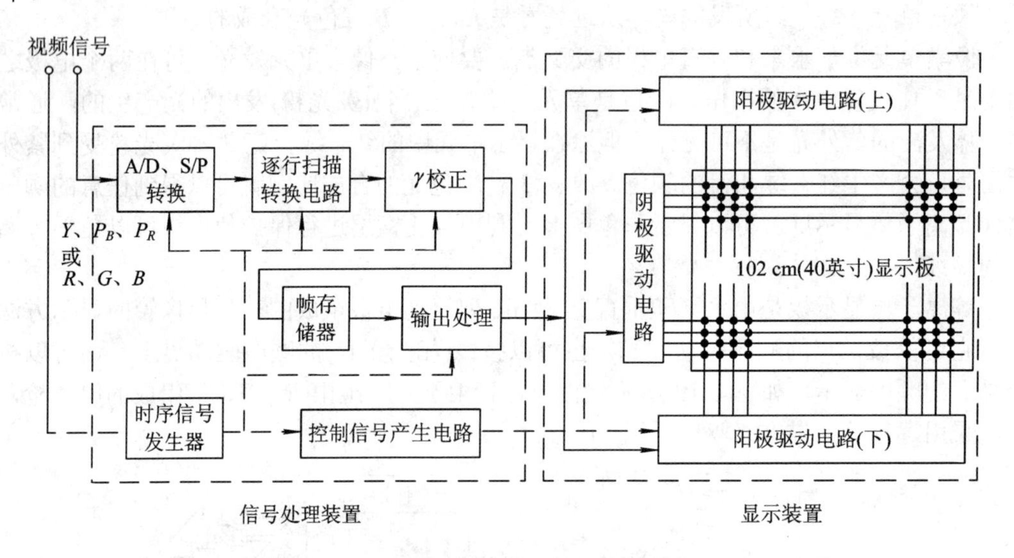

图 8.20　等离子体高清晰度大屏幕彩色电视显示系统的电路框图

来自视频信号处理电路的复合同步信号，送到信号处理电路的时序信号发生器，以此作为同步基准信号，为信号处理电路和扫描信号产生电路提供同步信号。

8.4　数字电视的 OLED 显示单元

有机电致发光显示，在不同的国家有不同的称谓，在中国和日本被称为有机电致发光显示(OELD，Organic Electro-Luminescence Display)，即有机 EL 显示，而在美国则被称为有机发光二极管(OLED，Organic Light Emitting Diode)。

8.4.1　OLED

OLED 被认为是极具发展前途的新型平板显示技术。它具有响应速度快、亮度高、视角广、温度特性好、可弯曲等优异性能，代表着新一代光学显示技术的发展方向，因而备受各国重视，它已成为发光技术和平板显示技术研发的重中之重。OLED 是利用有机半导体材料及发光材料在电场驱动下通过载流子的注入和复合作用导致发光而制成的一种新型平板显示器件，它既可以使用小分子材料，也可以使用高分子有机材料，而且种类繁多。为深入理解 OLED 技术，首先介绍 OLED 技术的产生背景。OLED 源于电致发光技术，电致发光即 EL，是一种将电能直接转化为光辐射的物理现象，一般可分为以下几种，具体如表 8.1 所示。

表 8.1　电致发光分类

电致发光	高场 EL	薄膜 EL：AC　DC 型
		粉末 EL：AC　DC 型
	注入 EL	有机 EL
		发光二极管和半导体激光器

电致发光片的基本原理是利用半导体材料及发光材料，在电场驱动下通过载流子的注入及复合作用而导致发光。电致发光片正是基于这种原理进行加工制作而成的一种发光薄片，其特点主要包括：超薄、高亮度、高效率、低功耗、低热量、可弯曲、抗冲击、长寿命、多种颜色选择等。电致发光器件的基本结构如图 8.21 所示。

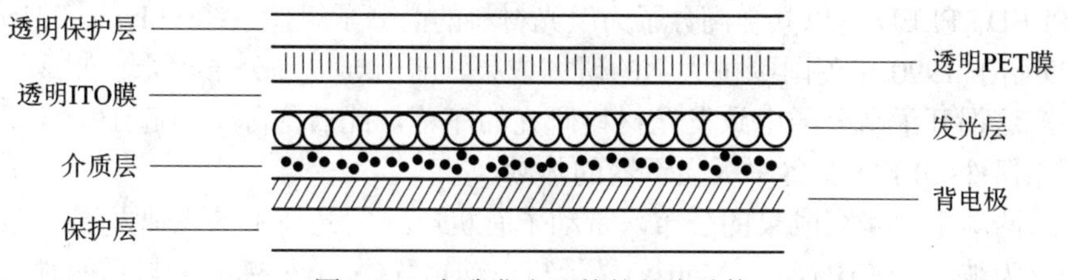

图 8.21　电致发光器件的基本结构

电致发光显示技术被广泛应用于各种领域，它具有很多重要的光电特性，其中最重要的特性包括亮度-电压特性、功耗-电压特性、亮度-时间特性以及电性能使用范围，分别如图 8.22～图 8.25 所示。

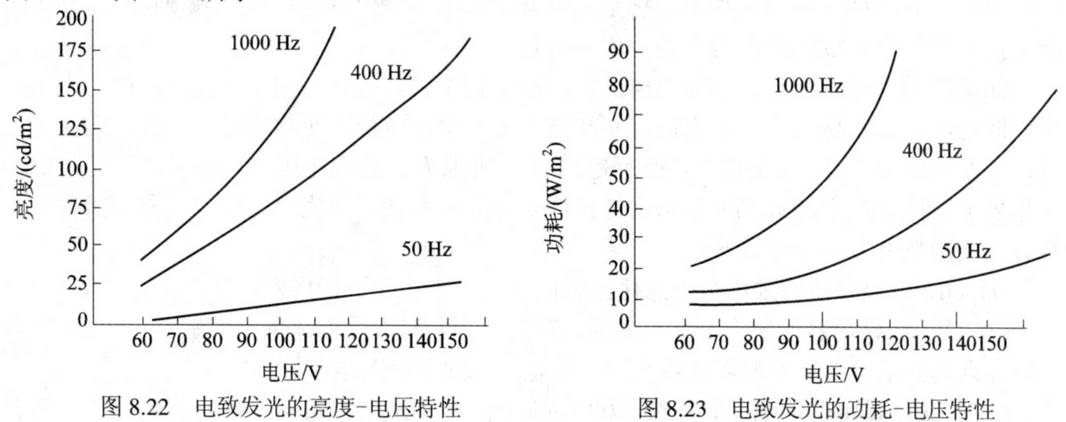

图 8.22　电致发光的亮度-电压特性　　图 8.23　电致发光的功耗-电压特性

有机电致发光显示技术源于电致发光显示技术。有机电致发光显示器件是在发光层上使用有机化合物的发光型显示器件，由于采用电流注入型的工作机制，因而属于发光二极管类，但以薄膜面发光，因此又称为有机 EL 或有机薄膜 EL。有机电致发光显示依据所使用的有机薄膜材料的不同，可大致分为以下两类。

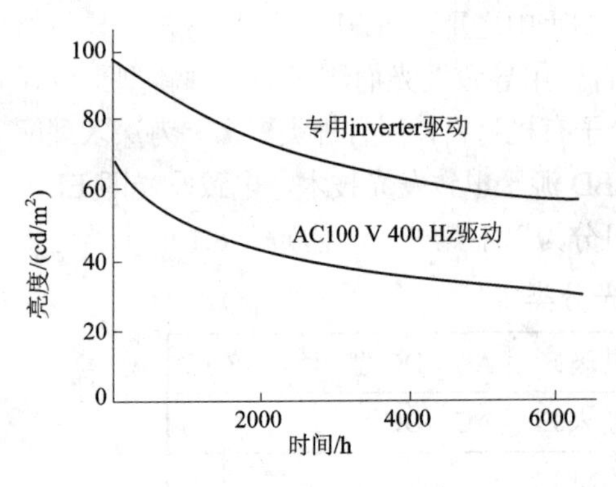

图 8.24　电致发光的亮度-时间特性

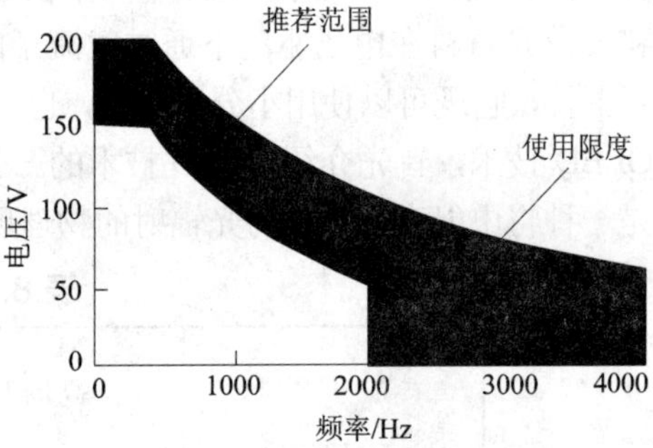

图 8.25　电致发光的电性能使用范围

(1) OLED。OLED 是采用染料及颜料做发光材料的小分子组件(Molecule-Based Device)系统。

OLED 从 1963 年开始研究，当时进展不大，直到 1987 年由 Kodak 公司的科学家发现了能发出高效绿光的材料后才出现重大转机，这个重大发现带来了有机电致发光技术研究的根本性转变，同时展示了有机电致发光材料的巨大应用前景。

(2) PLED。PLED 是以共轭高分子为发光材料的高分子组件系统(Polyme-Based Device)。

PLED 始于 1990 年英国剑桥大学的研究成果，即用导电高分子聚合物制成了有机电致发光器件，这揭开了高分子电致发光材料研究的序幕，此后国际上掀起了一场研制利用有机电致发光器件(OLED)制备平板显示器的热潮。

正是这两项重大研究成果的公布，带动了有机电致发光技术的飞速发展。OLED 显示方式可划分为被动矩阵(Passive Matrix)显示与主动矩阵(Active Matrix)显示两种方式：被动矩阵 OLED(PM-OLED)显示方式需要很高的电流和电压，从而引起功耗增加，显示效率急剧下降，这就限制了它在大屏幕显示中的应用；主动矩阵 OLED(AM-OLED)显示方式则采用薄膜晶体管阵列，各个像素同时发光，单个像素发光亮度大大降低，电压也随之下降，因而功耗比 PM-OLED 要低很多，它是大屏幕显示比较理想的选择。可以预见，主动矩阵驱动技术将是今后 OLED 发展普遍采用的方式。

OLED 技术能够在显示领域独树一帜，源于它不仅具有先进的生产工艺，能够主动发光、低电压驱动、高亮度、全色彩、厚度小、可大面积显示，而且发光效率高、响应速度快、可达到 LCD 的 1000 倍以上，因而是 21 世纪非常有前途的平板显示技术。通过与 LCD 液晶显示器件作对比，OLED 显示器件在许多方面具有独特的优势，因而在显示器件领域具有巨大的吸引力，具体如下：

(1) OLED 显示器件采用全固态化，因而可实现小型化、低成本。

(2) OLED 显示器件属于自身发光型，它克服了被动发光带来的一些缺点，而 LCD 显示器件则是被动发光，不但需要背光源，而且亮度提高受到限制。

(3) OLED 显示器件响应时间快，其响应时间只有几微秒，对重显快速运动物体非常有利，不会造成显示拖尾现象，而液晶显示的响应时间则在几十毫秒，不适合高速视频显示，易于造成显示拖尾现象发生。

(4) OLED 显示器件采用薄型化设计，其板材只有 1 mm 厚，比液晶显示方式更薄，甚至可以弯曲，从而实现软屏显示。

(5) OLED 显示器件制造工艺简单，相同显示尺寸的成本比 LCD 低 20%～30%。

(6) OLED 显示器件投资少，所需投资大约为几千万美元。

总之，OLED 克服了第一代阴极射线管显示器体积大、笨重、功耗大、不便于携带的缺点，也克服了液晶显示器视角小、响应速度慢、在低温下不能使用且自身不能发光的不足，因此 OLED 有着非常诱人的应用前景。在几乎所有的传统显示领域，OLED 显示技术都极具竞争力，并有逐步取代其他显示产品的趋势，这主要表现在以下几方面：在通信终端、壁挂电视、笔记本电脑、GPS、数码相机、PDA、消费电子及工业仪表等领域，OLED 技术已经崭露锋芒；在军用战斗机、陆军武器等严酷环境的条件下，OLED 技术更是得到充分应用；此外，OLED 显示技术以其所独有的技术优势及良好的市场潜力，使之成为当之无愧的纸张型显示方式。但是有机电致发光显示器(OLED)仍有不尽如人意之处，需要在发光亮度、量子效率、稳定性和耐用性等方面不断改进。

OLED 显示技术在平板显示技术中发展最快，已成为世界各大公司竞相追逐的焦点。在国际上，美国、日本和韩国等国家都投入巨资开展 OLED 的研发和产业化。日本先锋公司、TDK 公司和韩国三星公司、LG 公司目前均有多款商品化的无源型全色 OLED 显示器面世，日本先锋公司已向摩托罗拉公司手机显示屏与建伍车载显示器供货，三星公司的彩屏手机就使用了自身研发并生产的彩色 OLED 显示器。预计未来几年，中、小尺寸的 OLED 将成为主要发展方向，2007 年以后，15 英寸以上的 OLED 将逐步进入计算机、数字电视等应用领域，今后 10 年 OLED 将以年增长率 85%的速度高速发展。由于 OLED 面世时间不长，国内外技术水平相差不大，目前在国内已有 30 多家企业单位从事 OLED 技术的研究，其中有 8～9 家从事 OLED 产品研发及产业化。国内有关单位已经基本掌握 OLED 核心技术，从小分子和大分子材料到显示器件的生产与应用，国内已有 30 多项专利技术。目前已完成了国家发改委"有机发光平板显示器生产试验线"项目及国家 863 计划"高清晰度平板显示"重大项目，还建成了 OLED 中试线并筹建产业化项目。此外，OLED 的生产、制造工艺也较其他显示方式简单，只要联合国内研发能力，在国家支持下，就有可能开辟一种全新的显示器件。我们应该把握先机，加快 OLED 技术的研究与开发步伐，并不断推向产业化，从而在国际市场占据一席之地。

8.4.2　OLED 显示器的工作原理

有机发光二极管(OLED)是一种利用有机半导体材料和发光材料，在电流驱动下发光的新型显示技术，它被普遍认为是最有发展前途的显示技术之一。按分子结构，OLED 可分为小分子型、高分子型和镧系有机金属型；按驱动方式，OLED 可分为无源 OLED(基板需要外接驱动电路)和有源 OLED(驱动电路和显示阵列集成在同一基板上)；按显示方式，OLED 可分为被动矩阵显示和主动矩阵显示两种方式。OLED 显示器的工作原理如图 8.26 所示。

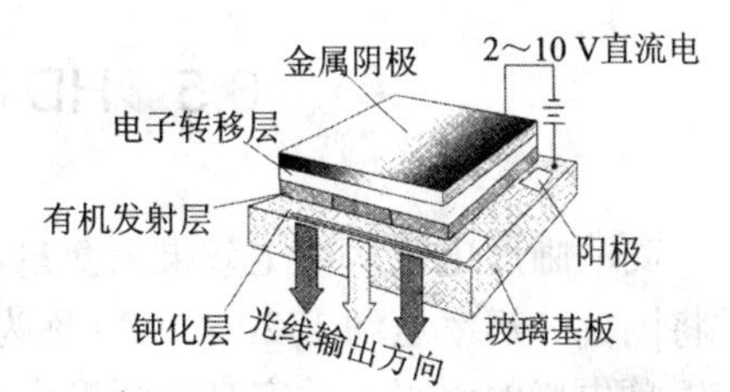

图 8.26　OLED 显示器的工作原理示意图

在被动矩阵 OLED(PM-OLED)显示中，ITO 玻璃和金属电极都是平行的电极条，二者相互正交，在交叉处形成发光二极管(LED)，LED 逐行点亮，形成一帧可视图像。

由于每一行的显示时间都非常短，要达到正常的图像亮度，每一行的LED亮度都要足够高。例如一个100行的器件，每一行的LED亮度必须比平均亮度高100倍，这就需要很高的电流和电压，从而引起功耗增加，显示效率急剧下降，应用受到限制。

在主动矩阵OLED(AM-OLED)显示中，采用的是薄膜晶体管阵列(即TFT阵列)，它先在玻璃衬底上制作CMOS多晶硅(TFT)，发光层制作在TFT之上。驱动电路完成两个任务：一是提供受控电流以驱动OLED，二是在寻址之后继续提供电流，以保证各像素继续发光。与PM-OLED不同的是，AM-OLED的各个像素是同时发光的，这样一来单个像素发光强度的要求就降低了，电压也得以下降，这就意味着AM-OLED的功耗比PM-OLED要低得多，适合于大面积图像显示，是今后OLED发展的方向。

OLED显示器与LCD显示器相比，主要特点如下：

(1) 工艺简单，消耗原材料少，制造成本低。

(2) 自发光，无需背光源，驱动电压低，易于实现逐行寻址和高场频显示，可以消除行间闪烁和图像大面积闪烁。

(3) 可实现软屏显示，并具有数字寻址方式的优点，图像几何失真、非线性失真小，清晰度、色纯全屏一致，没有聚焦、会聚方面的问题。

(4) 全固态器件，寿命长。

(5) 响应速度快(为微秒级)。

(6) 宽视角。

(7) 高温特性好，工作温度范围宽(−40～+60℃)。

(8) 亮度高，可达300 cd/m^{2}以上。

(9) 分辨率较高。

(10) 发光材料资源丰富，功耗低，超薄，超轻。

OLED显示器与其他显示器相比，主要问题如下：

(1) 尚未经过大批量生产考验，能否以较低的成本制造出彩色OLED，有待进一步验证。

(2) 大屏幕显示器成品率低，制造成本高。

目前采用OLED技术的电视显示屏已经做到了规模化的稳定的生产阶段。日本的索尼公司、韩国的三星公司分别推出了40英寸的高清数字显示屏，屏厚仅有3 mm，图像的色彩还原精度超过LCD和PDP的显示效果，其使用寿命(色彩稳定性)已超过20 000小时，达到了家用及商用的水平。

8.5 HDTV显示输出电路方案

高清晰度电视从视觉效果来衡量，主要侧重于图像质量和信号传输带宽两个指标，通常将图像分辨率达到1920×1080称为高清晰度电视。HDTV图像质量可达到或接近35 mm宽银幕电影的水平。数字高清晰度电视的图像清晰度可用一帧图像的水平分解力和垂直分解力来衡量，每一扫描行的有效像素数及每帧图像的有效扫描行数来表示，这两个数值越大，则图像清晰度就越高。

高清晰度电视采用16∶9显示幅型比，人在水平视角为30°的范围内，视觉特性达到最佳。HDTV 通常采用隔行扫描传输，逐行扫描显示的工作方式，在显示之前需进行隔行向逐行的转换。从 HDTV 的信号标准看，每行的有效像素为 1920，取样结构为正交结构，取样频率为 2.25 MHz 的整数倍。例如，逐行扫描方式下，帧频为 50 Hz 时，取样频率为 148.5 MHz，而在隔行扫描时，取样频率仅为 47.25 MHz。可以看出，采用隔行传输，对系统带宽的要求明显降低。

HDTV 高清晰度电视主要由数字接收解码模块和高清显示模块构成。在视频质量上，能同时接收、收看 HDTV 电视节目和 SDTV 电视节目；在音频质量上，能达到 5.1 路环绕声，包括立体声和多语种伴音；在广播信道带宽内(8 MHz)，能实现最大容量的数据流传输，具有最大的广播信号覆盖范围和计算机的互操作性。

HDTV 的音视频解码算法已由 MPEG-2 向 MPEG-4/AVC 转换，音频由立体声、丽音向杜比 AC-3 转换，图像数据的压缩比在 30∶1 到 50∶1 之间，能与卫星、电缆和地面广播的传输要求相兼容。

在显示技术上，目前以等离子体和液晶显示屏为主。等离子体和液晶各有优缺点。尽管目前液晶和等离子体都对外称有 60 000 小时的显示寿命，其实 16 000 小时的等离子屏幕显示能力将衰减 10%，而液晶则因需要采用背光源其衰减将高达 40%。

等离子体电视机的六大优势分析如下：

(1) 易实现大屏幕和超大屏幕。如果把 36～80 英寸称为大屏幕，80 英寸以上的为超大屏幕，则 PDP 很容易实现，且能适应数字电视大屏幕和 HDTV 的要求。虽然 LCD 目前已做到 65 英寸或更大，但成品率低，在大屏幕方面其价格比 PDP 的昂贵。

(2) 可视角大。在平板电视机中，PDP 具有最宽的可视角，可达 160° 以上。也就是说，观众在不同的位置，看到图像的亮度、对比度和色度基本上变化不大，接近 CRT 电视机的可视角；但比 CRT 的要小，远大于 LCD 电视机的可视角。

(3) 响应时间短。PDP-TV 由于响应时间短，因此运动图像拖尾时间短，动态清晰度高，优于 LCD 电视机，基本上和 CRT 电视机相当。

(4) 高图像质量。PDP-TV 不像 LCD-TV 采用背光源，而是和 CRT 一样采用 R、G、B 三色荧光粉自发光，亮度虽没有 LCD-TV 的高，但它随平均图像电平(APL，Average Picture-signal Level)的变化而变化，APL 高时图像亮，APL 低时图像较暗，因此对比度高，图像层次感强，清晰度高，显示图像鲜艳、明亮、柔和、自然，色域覆盖率大，彩色还原特性好，显示图像颜色鲜艳、饱和度强。

CRT 电视机采用扫描方式显示图像，因为电子枪扫描画面正中和边角位部分存在不同的距离，所以 CRT 显示器的画面正中的亮度和边角位的亮度有一定差异。PDP 中所有的像素点都是在同一时刻被“点”亮的，因此画面每一部分的亮度非常均匀，没有亮区和暗区，不会出现 CRT 显像管的图像几何畸变，不会受磁场影响，不存在聚焦问题，不存在色纯与会聚问题。

PDP-TV 即使在非常亮的环境下画面也相当清晰，非常适合用于如会议室、机场等公众信息和其他展示的需要。

LCD-TV 因受背光灯寿命的限制，背光灯的寿命是 LCD-TV 的寿命；而 PDP-TV 不采用背光灯，寿命较长。

(5) 实现全数字化。在 CRT、LCD 和 PDP 的直视型电视机中，唯有 PDP 电视机可以实现全数字化，及在端到端的传输过程中，都是数字信号处理，不经过 D/A 转换(数模转换，有时也表示成 DAC)，不会产生信号的失真和图像信息的丢失而使图像质量下降；而 CRT 和 LCD 显示的图像其亮度和灰度都是通过模拟电压来控制的，因此必须对传输的数字信号进行 D/A 转换，这样会造成信号失真和信息的丢失而导致图像质量的退化。因此，可以说 PDP 电视机作为数字电视显示终端是有广阔应用前景的。

(6) 动态能耗低。在高亮度的图像或全白场信号时，PDP 消耗的功率比较大。但当显示普通亮度的图像时，如在平均图像电平为 40%～50%时，PDP 和 LCD 消耗功率相差不大；平均图像电平为 30%以下时，PDP 消耗功率还低于 LCD。PDP 消耗功率随显示图像的平均图像电平(APL)的变化而变化，当 APL 低时，也就是画面暗时消耗功率小；而 LCD 不管画面明暗，因背光源灯始终打开，故功率消耗基本上是一样的。例如，用同样 37 英寸的 PDP 和 LCD 电视机观看《指环王》影片时，PDP 消耗电力 159 W，LCD 消耗电力 280 W。

由此可见，等离子体电视在欧美市场能和液晶电视势均力敌绝对不是偶然的。

基于 GM1601 和 FLI2310 芯片的 PDP-TV 电路方案框图如图 8.27 所示，采用此方案的有康佳 PDP4217G 等型号电视机。

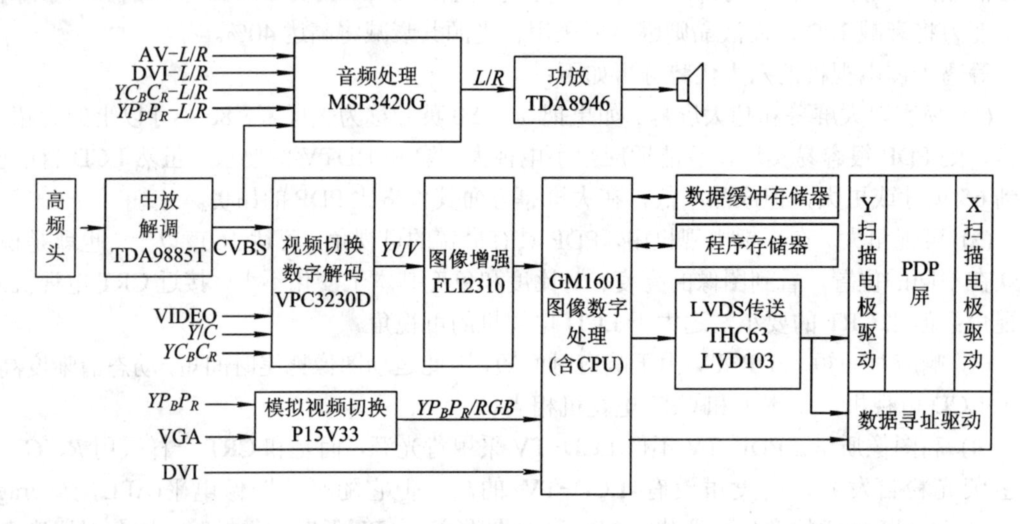

图 8.27　基于 GM1601 和 FLI2310 芯片的电路方案框图

1. GM1601 芯片介绍

GM1601 是 Genesis 公司生产的一款高集成度显示控制器，可用于 LCD-TV，也可用于 PDP-TV。GM1601 最高可支持 WUXGA(1920×1200)的分辨率，具有高清晰度电视所需的动态自适应逐行扫描和低角度直接内差值的功能，能兼容电脑图像的处理。另外，还支持 PIP、HDTV 输入以及真色彩(Real-Color)控制器，达到了 HDTV 的显示要求。

GM1601 是一种双通道图形和视频处理 ASIC IC。该芯片具有图像捕捉、处理和显示时序控制所需的各种功能。内部自带的 3 通道高速 A/D 转换器、PLL 以及高质量图像缩放引擎是 GM1601 最显著的特点。该芯片同时把高度可靠的 DVI 接收器、OSD 控制器、x186 微控制器以及双路 LVDS 驱动等模块集成在一个芯片中，大大简化了系统设计，降低了成本。GM1601 的内部结构框图如图 8.28 所示。

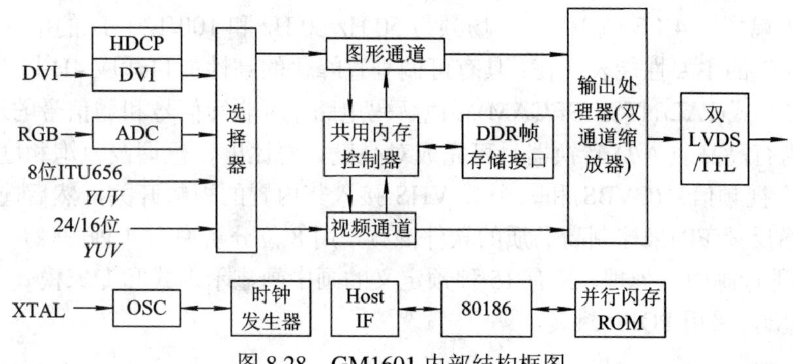

图 8.28　GM1601 内部结构框图

GM1601 具有 3 个时钟输入，采用数字时钟合成技术，可以消除 GM1601 时钟电路温度和电压漂移的影响。GM1601 有 2 种复位方式：硬件复位和软件复位。GM1601 可接收 3 种输入数据模式，即 24 位 RGB、8 位 ITU656 或 24 位/16 位 YUV、数字视频交互信号 DVI。GM1601 内部的双通道缩放器(Scaler)是属于 Genesis 公司的专利技术，能同时对 2 个通道内的实时视频(VIDEO)和图形图像(Graphic)进行高质量的缩放，能在水平和垂直两个方向上独立实现放大和缩小功能，对于有外部扩展的系统来说，可节省很大空间。GM1601 通过测量输入视频信号的行扫描(HSync)和场扫描(VSync)时间参数，检测输入视频信号是否改变并确定输入视频信号的模式。另外，GM1601 支持灵活的画中画显示框架，图形和视频通道可以作为画中画显示的信号源来覆盖其他的通道。

GM1601 提供了高质量的数字颜色控制器，可独立用于视频和 RGB 数据流。它是由一个完整的 3 × 3 乘法矩阵平台组成的，紧跟着一个正负补偿平台。这种结构可适应所有的颜色控制，如黑电平、对比度和亮度。

GM1601 支持 3 种接口(JTAG 接口、UART 接口和 DDC2Bi 接口)对内部的 OCM(x186)进行编程控制，所以开发起来非常方便。

GM1601 内部设有许多寄存器，用来控制芯片的运行，可以通过 RS232 或 UART、DDC2Bi 接口对寄存器进行编程，以实现各种功能。

2．FLI2310 芯片

FLI2310 是 Genesis 公司的一款隔行转逐行变换器。它具有基于单个像素的运动补偿预测的去隔行变换算法、小角度斜线平滑算法、二维串色消除处理和自适应降噪等功能，外加高度弹性的缩放比例。值得一提的是它采用 Faroudja 公司的 DCDi 技术，通常标准的隔行扫描视频信号转变为逐行扫描显示时，图像边缘会产生明显锯齿变形，而 DCDi 技术能够消除这种变形，获得更光滑自然流畅的视频图像效果。FLI2310 接受包括 480i/576i/480p/576p/720p/1080i 和 VGA 到 SXGA 的各种标准与非标准的视频输入，以及点频 135 MHz 以下的计算机显示格式输入。视频信号在 FLI2310 中的流程大致为：8 位 656 输入后，首先经过自动同步和自动调整的输入处理器，然后进行弱化噪声、消除隔行扫描及帧频变换处理，再进入垂直和水平缩放，之后进行垂直和水平图形增强，最后进入带同步产生的输出处理器，以 16/20/24 位 RGB/YC_RC_B 数字分量信号输出。

3．VPC3230D 芯片

VPC3230D 是德国 Micronas 微科公司推出的多功能视频处理器，是一个高品质的视频前端，直接为幅型比 4∶3 或 16∶9、场频为 50 Hz/60 Hz 和 100/120 Hz 的电视机而制作。

VPC3230D 的主要性能表现在：具有可调垂直峰化的高性能自适应 4H 梳状滤波器 *Y*/*C* 分离电路，多制式(PAL/NTSC/SECAM)彩色解码电路，对非标信号和弱信号的适应性较强。VPC3230D 内有高品质 A/D 转换器，可完成对亮度、对比度、色调及色饱和度的调整。它允许 4 组复合视频信号(CVBS)和一个 S-VHS 接入其内置的视频开关，然后选通一组。它利用快速消隐反馈(FB)来控制高品质的软件混频，用 8 位分辨率对 4 种图像尺寸(1/4、1/9、1/16 或 1/36)进行画中画处理，具有 15 种预定义的画中画显示形式和专家模式。VPC3230D 共有 80 个引脚，采用 PQFP 封装。

8.6 杜比 AC-3 音频输出电路方案

数字电视伴音通道普遍采用杜比 AC-3 音频输出方案和 NICAM 丽音输出方案，在数字电视普遍集成丽音输出，而杜比 AC-3 作为高档音响同步输出方案在高清电视中也被采用。

丽音解码又称 NICAM-728 解码，NICAM 是 Near Instantaneous Companded Audio Multiplex 的缩写，意为准瞬时压扩音频多路复用，香港称为丽音系统。NICAM 是目前最先进的电视伴音广播制式，为了实现与原电视伴音广播的兼容，它保留了原模拟调频载波(I 制为 6.0 MHz，B/G 制为 5.85 MHz)，但在原载波上端频道空闲处增加了 NICAM 数字伴音载波。新增的伴音载波可以传播两路伴音信号，这两路伴音信号可以是立体声 *L* 和 *R* 信号，也可以是单声道的双语言(双伴音)信号。

NICAM 信号编码框图如图 8.29 所示。立体声 *L* 和 *R* 信号或 *A* 和 *B* 双语音信号先经过预加重及 15 kHz 低通滤波处理，然后由模/数转换器转换成每样值用 14 位表示的数字信号(采样频率为 32 kHz)。因为 14 位信号在传输时需要采用宽频带信道，所以 NICAM 采用准瞬时压扩技术将 14 位码压缩成 10 位，再加上 1 位校验码，成为 11 位码。为了消除可能连续出现的误码，11 位码必须经过位交织处理。交织处理后再加入扰码，以便使数码流能量扩散。规定每毫秒 32 个采样值为 1 帧，则两个声道的每帧有 704 位(32 × 2 × 11)数码，再加上每帧传送 8 位帧同步字、5 位控制码及 11 位附加数码，这样就形成了 1 帧有 728 位的 NICAM 数码，简称 NICAM-728。

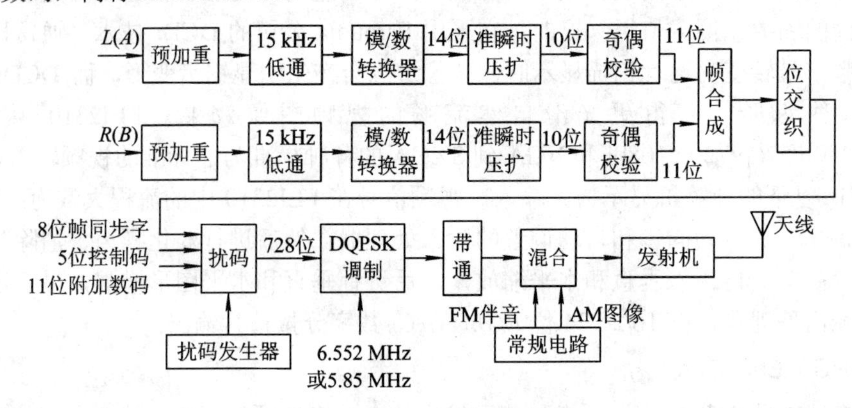

图 8.29 NICAM 信号编码框图

NICAM-728 数码最后在 DQPSK 调制器对 6.552 MHz(I 制)或 5.85 MHz(B/G 制)载波进行差分编码四相相移键控调制，经带通电路滤波后与原模拟伴音信号及图像信号混合，并在发射机中再次进行射频变换后，由天线发射具有 NICAM 数字伴音信息的电视信号。

NICAM-728 接收端解码框图如图 8.30 所示。解码就是编码的逆过程。调谐器将天线接收到的射频信号变换成中频信号，并由内载波混频器产生 6.0 MHz 或 5.5 MHz 模拟伴音信号送往模拟伴音通道；另外，产生 6.552 MHz 或 5.85 MHz 数字伴音 NICAM 信号进入 NICAM 解码电路。

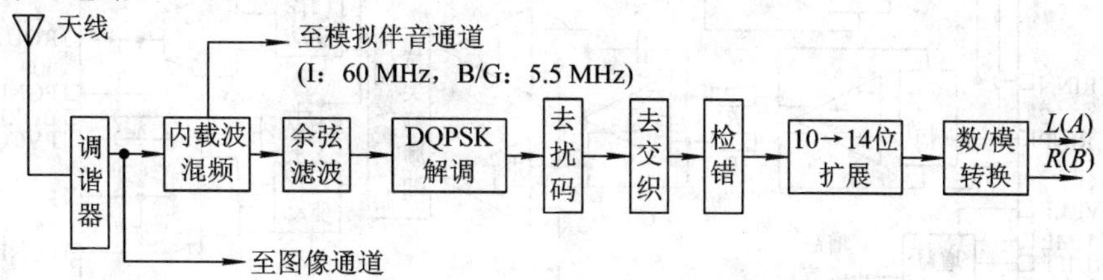

图 8.30　NICAM-728 接收端解码框图

NICAM 解码电路设计余弦滤波、DQPSK 解调、去扰码、去交织和检错，最后由 NICAM 扩展器将 10 位样码扩展为 14 位，并经数/模转换及去加重，重新获得立体声 L 和 R 或 A 和 B 双语言模拟音频信号。

实际的丽音解码电路如图 8.31 所示，它主要由 MSP3410G 芯片组成。丽音解码仅对来自双高频头的声音中频信号 IF-AUDIO1(或 IF-AUDIO2)进行处理，先对 IF-AUDIO1(或 IF-AUDIO2)信号进行模/数转换，然后进行丽音解码，最后进行数字式音效处理。

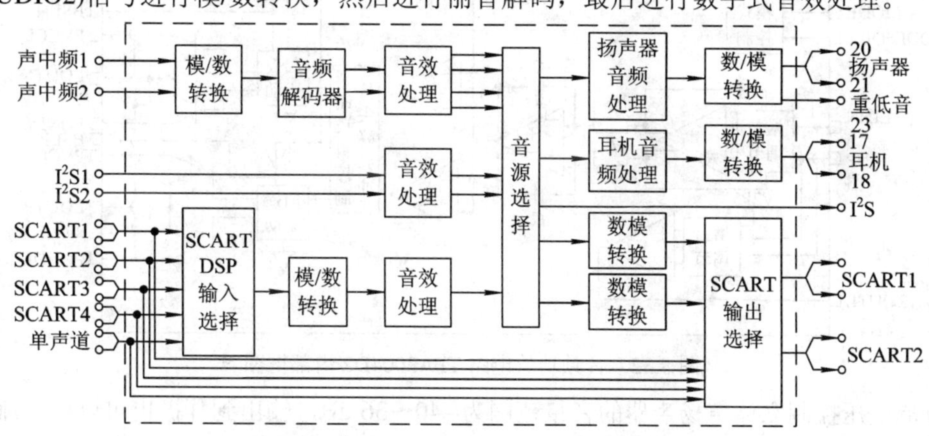

图 8.31　丽音解码电路 MSP3410G 内部框图

MSP3410G 芯片还接收来自 SiI9021 的 HDMI 音频 I^2S 总线信号、来自音频转换器的信号、AV1-AUDIO 信号、AV2-AUDIO 信号和 AV3-AUDIO 信号。由于这些信号不含 NICAM-728 数码，因而也无需进行丽音解码。这些信号先经过输入选择，然后经模/数转换器转换成数字信号，再进行数字式音效处理。

MSP3410G 的另一个功能是数字式音效处理。音效处理包括音量、高音、低音、平衡、仿立体声、带宽扩展等。音效处理通过 I^2S 总线进行控制。

经音效处理后的数字音频信号，最后由数/模转换器转换成模拟信号，从 MSP3410G 的第 17、18 脚输出到耳机，从 MSP3410G 的第 20、21 脚输出到功放电路。

伴音功放电路如图 8.32 所示，它主要由 TPA3004D2 芯片组成。TPA3004D2 是一个 12 W 立体声音频功率放大器，可以驱动每个声道 12 W、电阻低到 4 Ω 的扬声器。IC 的高工作效率使得在输出伴音时无需外部的散热器件。

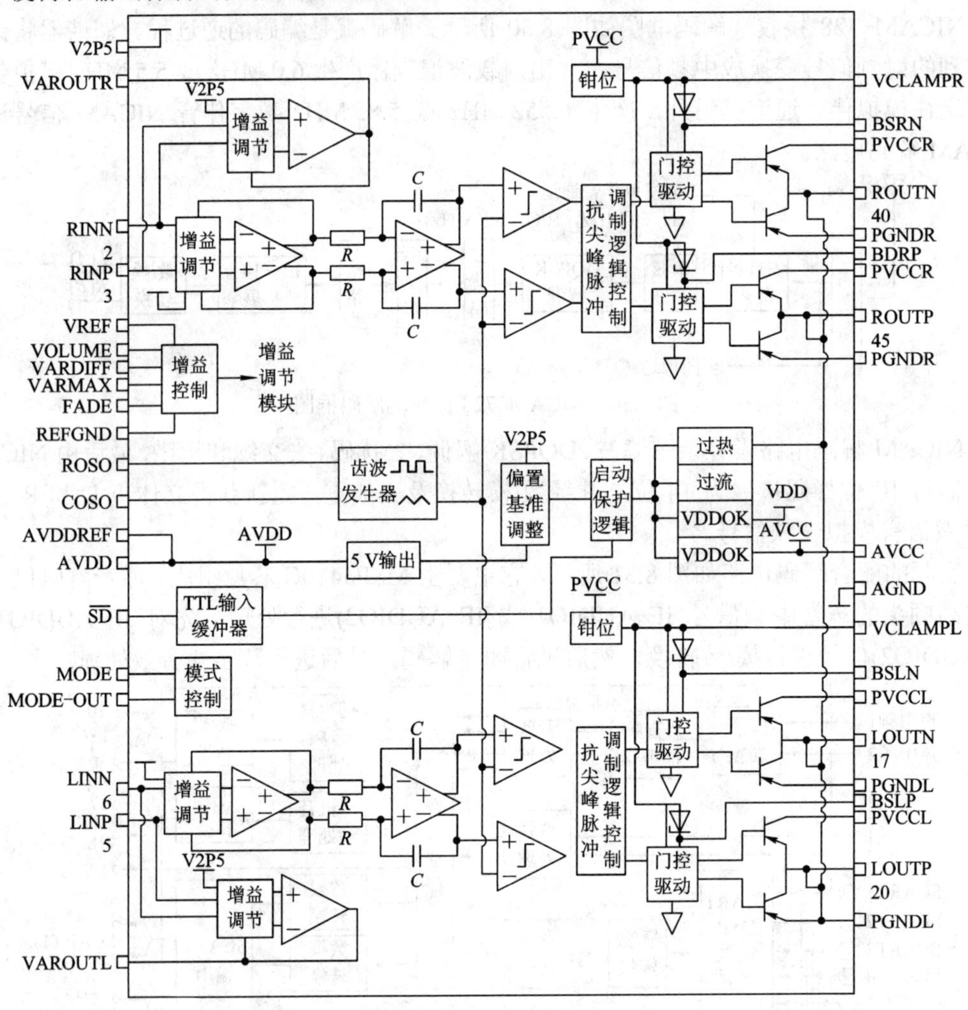

图 8.32 音频功放电路 TPA3004D2 内部框图

直流电压控制立体声扬声器的音量范围为−40～36 dB，输出到耳机也可以由直流电压控制在−56～20 dB 的增益范围。

TPA3004D2 具有下列特点：

(1) 每通道 12 W 输出功率、8 Ω 负载电阻。

(2) 32 步长控制的直流电压增益为−40～36 dB。

(3) 输出供外部耳机功率放大的音量控制。

(4) 5 V 的输出调节。

(5) 体积小。

(6) 有过热和短路保护。

TPA3004D2 各引脚功能如表 8.2 所示。

表 8.2 TPA3004D2 引脚功能说明

引脚名称	引脚号	I/O	功能说明
AGND	26	—	模拟电压接地
AVCC	33	—	模拟电路工作电压
AVDD	29	O	100 mA 输出的 5 V 基准输出
AVDDREF	7	O	供调节 VREF 的 5 V 基准输出
BSLN	13	I/O	左通道负极性 I/O 引脚
BSLP	24	I/O	左通道正极性 I/O 引脚
BSRN	48	I/O	右通道负极性 I/O 引脚
BSRP	37	I/O	右通道正极性 I/O 引脚
COSO	28	I/O	接充电/放电电容产生锯齿波脉冲
$\overline{\text{FADE}}$	30	I	全锯齿波脉冲波形控制输入
LINN	6	I	左通道负极性音频信号输入
LINP	5	I	左通道正极性音频信号输入
LOUTN	16、17	O	左通道负极性音频信号输出
LOUTP	20、21	O	左通道正极性音频信号输出
MODE	34	I	输入模式控制
MODE-OUT	35	O	放大器增益控制输出
PGNDL	18、19	—	左通道接地
PGNDR	42、43	—	右通道接地
PVCCL	14、15、22、23	—	左通道工作电压
PVCCR	38、39、46、47	—	右通道工作电压
REFGND	12	—	增益控制电路接地
RINP	3	I	右通道正极性音频信号输入
RINN	2	I	右通道负极性音频信号输入
ROSO	27	I/O	连接锯齿波发生器的电流设置电阻
ROUTN	44、45	O	右通道负极性音频信号输出
ROUTP	40、41	O	右通道正极性音频信号输出
$\overline{\text{SD}}$	1	I	IC 的静音控制输入
VARDIFF	9	I	输出增益控制设置的直流电压输入
VARMAX	10	I	输出最大增益控制的直流电压输入
VAROUTL	31	O	左通道音频变量输出
VAROUTR	32	O	右通道音频变量输出
VCLAMPL	25	—	接左通道引导电容
VCLAMPR	36	—	接右通道引导电容
VOLUME	11	I	输出增益设置的直流电压输入
VREF	8	I	增益控制的模拟基准电压输入
V2P5	4	O	2.5 V 模拟单元基准电压

静音控制电路如图 8.33 所示。在正常情况下，VT_{19} 截止，MUTE 控制为低电平，VT_{20} 截止，伴音功放集成电路 U40(TPA3004D2)的第 1 脚为高电平，U40 正常工作。

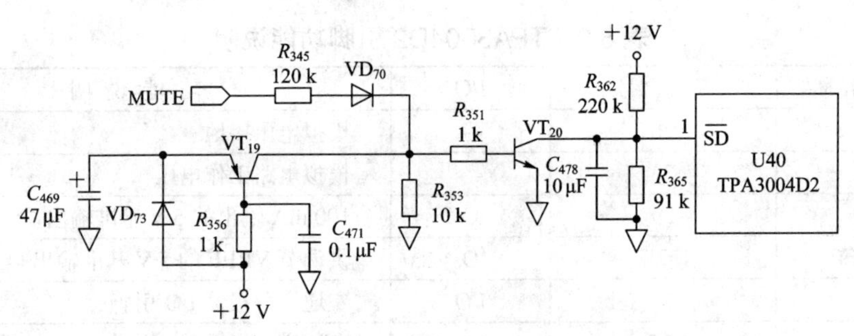

图 8.33 静音控制电路

(1) MCU 控制静音：FLI8532 发送的 MUTE 控制若为高电平，则 VT_{20} 饱和导通，伴音功放集成电路 U40 的第 1 脚为低电平，U40 不工作，整机静音。

(2) 开机静音：每次开机瞬间，+12 V 经 VD_{73} 给 C_{469} 充电，充电速度快；同时+12 V 经 R_{356} 给 C_{471} 充电，充电速度慢。由于 C_{469} 的充电速度快于 C_{471} 的充电速度，导致 VT_{19} 射极电位高于基极电位，VT_{19} 导通，VT_{20} 也导通，伴音功放集成电路 U40 的第 1 脚为低电平，U40 不工作，因此消除开机噪声。

(3) 关机静音：每次关机瞬间，+12 V 电压消失，C_{469} 放电使 VT_{19} 导通，于是 VT_{20} 导通，伴音功放集成电路 U40 的第 1 脚为低电平，U40 不工作，故消除关机噪声。

数字化声音解码电路，以经过准分离电路得到的第二伴音中频信号 SIF 为输入，数字化后进行解码。MSP3410G 可以解调几乎所有制式的普通伴音、立体声与双语言及丽音信号。在芯片内部，可通过编程来对不同的伴音系统进行处理，因而具有较大的灵活性。解调得到的声音信号或者是从其他途径输入的声音信号，可以在芯片中得到所有的处理，例如高低音、等响度控制、环绕声及自动音量控制等。

图 8.34 所示为声音信号的流程框图。

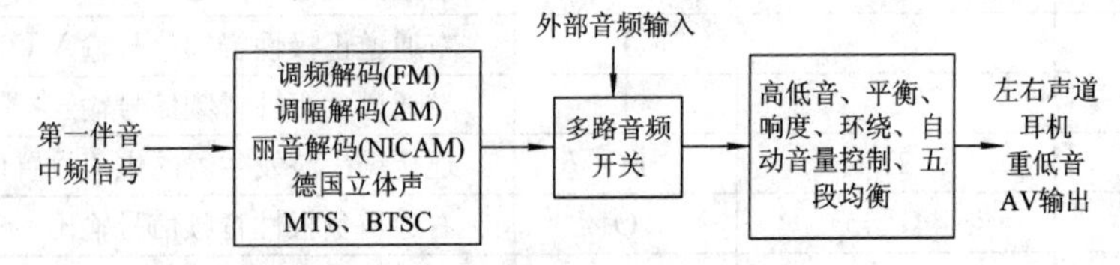

图 8.34 声音信号的流程框图

从以上的流程图可知道，各种声音输入信号经 MSP3410G 解码后，与外部音频输入信号进行选择切换，接着进行音效处理(高低音等)，最后由左右声道输出到功放电路进行放大。同时，AV 输出信号可送到音频输出端子。

MSP3410G 的主要功能特点如下：

(1) 适用于 NICAM-I、B/G、D/K 等多制式数字伴音/立体声信号的解码，也能作为一般模拟电视调频单声道信号的解调，同时对德国、韩国地面广播和卫星电视广播中采用的双载波调频信号也能进行解调。

(2) 通过特殊的软件设计来选择解调和解码方式。

(3) 具有两个可选择的模拟伴音信号输入端，对模拟伴音信号具有 AGC 功能。

(4) 输入端对模拟伴音信号有两个 A/D 转换功能，以便进行数字化处理。输出端有 6 个 D/A 转换器。

(5) 对数字输入、输出接口，可通过 I^2C 总线进行。

(6) 数字基带处理功能包括音量、低音、高音、平衡、仿立体声及带宽扩展等控制调整。

(7) 对于由 SCART 到 SCART 接口的 20 Hz～20 kHz 的带宽音频信号复制十分方便、简单。

(8) 可以将一路(L，R)信号变为两路(L，R)信号输出，及主声道作为扬声器的输入，副声道作为耳机的输入。输出电平最大为 1.4 V 有效值。

MSP3410G 共有 64 个引脚，各引脚功能说明如表 8.3 所示。

表 8.3　MSP3410G 引脚功能说明

引脚名称	引脚号	功 能 说 明	引脚名称	引脚号	功 能 说 明
A.SCK OUT	1	伴音时钟信号输出	A2.R.OUT	33	伴音载频 2 右路输出
CW-CL	2	顺时针时钟脉冲信号	A2.L.OUT	34	伴音载频 2 左路输出
CW.D	3	载波数据	REF1	35	基准电压 1
D OUT1	4	数字计数器输出 1	A1.R.OUT	36	伴音载频 1 右路输出
D OUT0	5	数字计数器输出 0	A1.L.OUT	37	伴音载频 1 左路输出
A	6	地址选择	CAPL-A	38	CAPLA
STBY	7	待机	REF	39	自动稳压高电压基准
DIN	8	数字计数器输入	CAPL-M	40	CAPLM
I^2C SCK	9	I^2C 时钟脉冲信号	REF	41	自动稳压高电压基准地
I^2C D	10	I^2C 数据	AGNDC	42	AGNDC1
I^2S.SCK	11	I^2C 时钟脉冲信号	PWM C1	43	脉宽调制 C1
I^2S.W	12	I^2S 写选通	PWM C2	44	脉宽调制 C2
I^2S.D OUT	13	I^2S 数字输出	GND	45	缓冲放大地
I^2S.D IN	14	I^2S 数字输入	A3.L.IN	46	伴音载频 3 输入(左路)
AD IN	15	伴音数字输入	A3.4.IN	47	伴音载频 3 输入(右路)
A ID	16	伴音识别	GND	48	地
A.SCK	17	伴音时钟脉冲	A2.L.IN	49	伴音载频 2 输入(左路)
DVSUP	18	差动电源	A2.R.IN	50	伴音载频 2 输入(右路)
DVSS	19	差动电源地	GND	51	地
AD OUT	20	伴音数字输出	A1.L.IN	52	伴音载频 1 输入(左路)
FRAME	21	帧结构	A1.R.IN	53	伴音载频 1 输入(右路)
N.SCK	22	N 制时钟脉冲	REF	54	最高基准电压
N.D	23	N 制数据	MONO	55	单声道输入
RESET	24	复位	GND	56	音频地
D/A.A.R	25	数/模转换伴音右路	VCC	57	AV 电源
D/A.A.L	26	数/模转换伴音左路	ANA1+	58	模拟输入 1 正
REF2	27	基准电压 2	ANAIN	59	模拟输入 1 公共端
D/A.M.R	28	数模输出主电路(右路)	ANA2+	60	模拟输入 2 正
D/A.M.L	29	数模输出主电路(左路)	TEST	61	测试端
TEST	30	测试端	18.432M	62	18.432 MHz 晶振输入
D/A.S.R	31	数模输出副电路(右路)	18.432M	63	18.432 MHz 晶振输出
D/A.S.L	32	数模输出副电路(左路)	M	64	直接存储器存取同步

注：I^2S(Inter-IC Sound Bus)是菲利普公司对数字音频设备之间的音频数据传输而制定的一种总线标准。

复 习 题

1. 数字电视的显示输出方案有哪些？它们各具有什么特点？
2. LCD 显示的主要特点是什么？
3. PDP 显示器最近取得了哪些进展？
4. OLED 显示器与 LCD 显示器在显示方案方面相比有什么不同？

第 9 章　数字电视的设计与开发

数字电视产品的应用日益广泛，使人们在不同的环境下都能够方便、舒适、快捷地获得视听信息。针对不同人群、不同用途，设计开发不同功能的数字电视产品，具有十分广泛的市场前景。掌握数字视频产品的设计与开发流程，熟悉数字视频产品的设计开发环境，深入了解数字视频产品的设计开发过程与方法，把握整体设计思想和具体实施路径，是学习电视原理的最终目标。

本章简述数字电视的设计内容、设计方法、设计流程和开发环境，以嵌入式、多媒体、智能网络的开发过程为主，结合前述数字电视的接收、处理、输出等环节，通过数字电视典型功能的设计过程，力图使读者能够初步掌握数字电视产品的开发过程，为应用设计奠定知识基础。

9.1　数字电视的嵌入式系统设计

数字电视的发展与普及很大程度上依赖现代显示技术、嵌入式系统 SoC 的成熟，数字电视是在模拟电视的基础上兼容并集成多媒体技术、网络技术的结果。

数字电视的体系结构随着产品的应用与普及而逐步完善，从早期的功能单元集成，到目前的 DTV 单元与嵌入式 SoC 系统集成，未来将向着单一芯片系统架构发展。数字电视结构框架如图 9.1 所示。

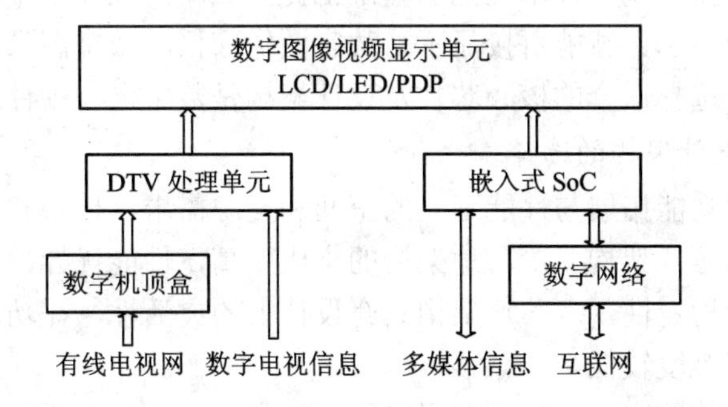

图 9.1　数字电视结构框架

数字电视的设计与开发以 DTV 硬件单元为基础，融合嵌入式系统 SoC、多媒体信息处理、数字网络智能传输，形成数字电视的产品架构方案，如图 9.2 所示。

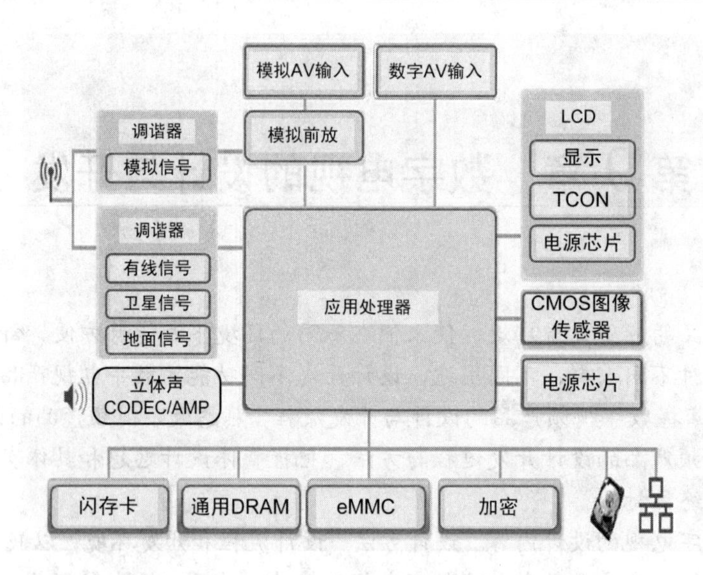

图 9.2　数字电视的架构方案

9.1.1　硬件设计

数字电视的硬件设计根据所要接收的信号模式与制式不同而有所区别，并且根据功能需求的拓展衍生出了多种电视硬件设计方案。接收有线数字电视信号的 DTV、接收无线数字电视信号的 MDTV、接收数字网络电视信号的 NDTV、接收卫星数字电视信号的 CDTV、具有多媒体数字信息播放功能的 DTV、具有智能操控功能的 DTV、具有 3D 显示功能的 DTV 等众多数字电视令人目不暇接。

数字电视的硬件设计应注重两点：① 具有功能拓展的足够空间；② 具有性能提升的延展资源。

所谓功能拓展是指在已有成熟功能的基础上添加新的功能，例如声音操控、手势操控、网络操控、信息认知、信息检索、信息提取等创新功能。

所谓性能延展是指在现有技术性能的基础上提升到新的性能水平，例如数字 3D 显示、自适应显示、多窗口显示、智能拼接显示、数字图像广播、数字图像推送等全新性能。

针对上述要求，选择适合的核心芯片及设计架构是数字电视硬件设计的首要问题。

1) 核心芯片及设计架构的选择

考虑到数字电视功能拓展与性能延展的空间和资源需求，核心芯片既可以选择单芯片架构，也可以选择双芯片架构。单芯片架构的集成度高，性能优异，但功耗引起的芯片散热问题影响长期运行稳定性，双芯片架构具有设计上的灵活性，在功能与性能上能实现最佳兼顾，设计与调试难度较低。

具有单芯片架构的数字电视核心 IC 包括：

• SoC 芯片 BCM2835。该芯片集成了嵌入式 ARM11 (ARM1176JZF-S)700MHz 信息处理器内核与 GPU (VideoCore IV/OpenGL ES 2.0/1080p 30 帧/ H.264/MPEG-4 AVC) 信息显示内核以及网络接口。

- SoC+FPGA 芯片 Cyclone V SoC。该芯片集成了主流双 Cortex-A9 嵌入式 ARM 800 MHz 内核与 FPGA 可编程门阵列器件以及构成智能信息显示驱动和高速网络传输接口的成熟 IP(设计软核)。

具有双芯片架构的数字电视核心 IC 有：MCU+GPU 双芯片的全志 A31S 多媒体微处理器+Mali-T760 多核图像图形处理器和 AISC+ARM11 双芯片。

数字电视开发平台框图如图 9.3 所示。

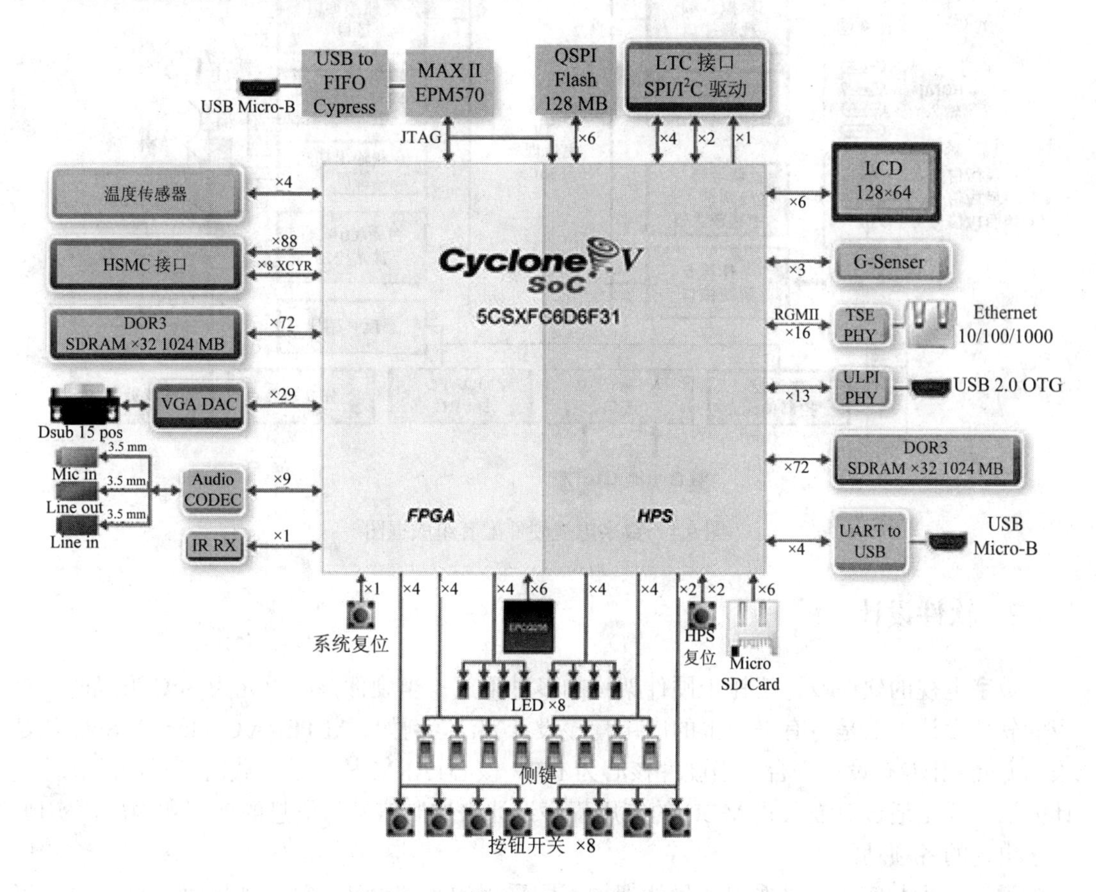

图 9.3　数字电视开发平台框图

2) 硬件功能单元的配套设计

数字电视 DTV 的发展与普及使得电视产业的结构发生了巨大的变化，形成了电视组成单元生产厂家与电视组装厂家上下游分工明确的格局。数字电视组成单元由以下三大块构成：

(1) 图像显示单元(LCD 液晶显示模组、OLED 显示模组、PDP 等离子显示模组)；

(2) 信号处理与驱动核心单元(AISC 专用芯片核心板、SoC 片上系统芯片核心板、CPU+GPU 微控制器和图像显示芯片核心板、ARM 嵌入式多媒体微处理器芯片核心板)；

(3) 模拟/数字电视信号接收与变换单元(有线数字电视机顶盒、无线数字电视接收卡、卫星数字电视接收机)。

各硬件组成单元的配套普遍遵循标准的电器与电子规范，通过单元组合、结构配合、整机验证的设计方法。实现 DTV 的配套设计。图 9.4 给出了典型的数字电视硬件配套组成。

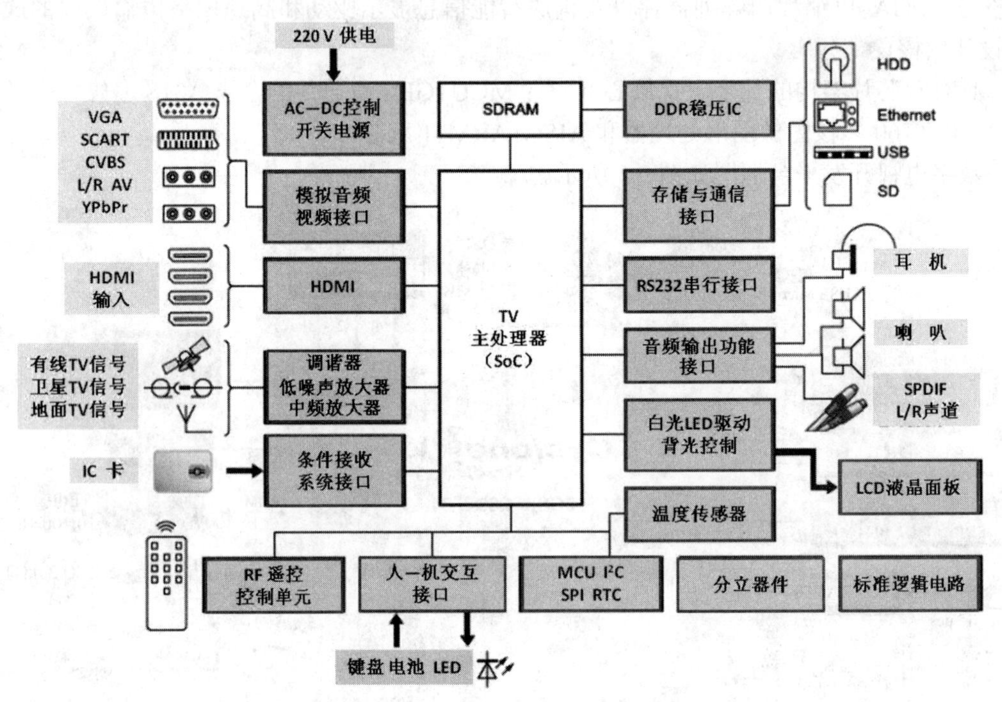

图 9.4　数字电视硬件配套组成框图

9.1.2　软件设计

数字电视的软件设计依托于硬件架构的多种形式。当硬件核心单元为 SoC 形式时，对应的软件设计方法是专有平台上的应用程序设计方法，例如，ALTERA Cyclone V SoC 就是采用 Qutas Ⅱ 专有设计平台；当硬件核心为 DTV 核心+ARM 核心的形式时，对应的软件设计方法主要是通过对嵌入式 MCU 的应用程序设计来控制信号与信息的处理和输出，实现数字电视的各项功能。

通过分析与实践可以看出，虽然架构不同采用的软件设计方法有所区别，但本质上都是用嵌入式 ARM 核心处理各种信号与信息，控制显示单元来呈现图像。ARM 核心的典型程序设计方法是在 Linux 生态环境下的应用程序设计，例如，安卓系统下的 Java 编程、嵌入式 Linux 系统下的 C 编程等。

软件设计的目的就是合理协调数字电视功能与性能的不同需求，通过核心架构下的应用程序来达到完备效果，形成数字电视的设计方案。功能与性能的不同以数字电视产品配置的形式体现，不同的配置衍生出不同的产品，适应不同的市场消费需求。因此，软件设计的核心与精髓就是将实现各项功能的程序模块按照性能最佳与操控便捷的原则，根据不同配置进行规划并通过程序实现。

(1) 数字电视软件设计流程：确定 DTV 的架构核心芯片 IC—确定 DTV 的信号输入输出接口—掌握核心 IC 的各类寄存器配置—确定 DTV 各类信号的单元格式—确定 DTV 的各项功能配置—设计功能单元程序模块—确定各程序模块的完备衔接关系—形成针对配置需

求的程序设计流程—设计、调试、优化应用程序—下载到核心芯片 IC 运行。

(2) 嵌入式 Linux 程序开发流程：定制并下载监控引导程序 Bootloader—定制并下载嵌入式系统内核 Kernel—设计并装载设备底层驱动 LDK—裁剪并下载文件系统 NFS—配置并优化系统资源—设计并下载应用程序 APP—调试定型与运行考核。

设计定型的软件工程包可以镜像文件.ISO 的形式一次下载到产品核心 IC 中，实现批量生产。

9.1.3 系统集成

数字电视 DTV 从电子信息工程的角度看既是硬件与软件的集成，又是各功能单元的集成，也是设计理念与实现方法的集成，DTV 设计本质上是单元电路设计与单元程序设计构成的系统集成设计。

数字电视系统集成涉及电子工程、计算机、网络信息、机械结构等众多领域与行业，数字电视设计生产的每一个环节都至关重要，只有各个环节相互支撑、密切配合、优化配置才能生产出合乎市场需求的产品。因此，系统集成的重要性得以显现出来。

(1) 硬件功能单元与单元程序模块的优化集成。DTV 的各个硬件功能单元通过单元程序的运行得以激活，并以单元程序配置硬件单元相应的控制寄存器、地址寄存器、数据寄存器，并监控状态寄存器的方法来实现的。因此，只有根据硬件功能单元的信号控制逻辑和接口特征，优化设计单元程序的工作流程，并通过二者的融合才能达到优化集成的目标。

(2) 系统硬件功能操作流程、数字视频信号处理流程与软件工作流程的系统集成。数字电视的功能操作流程是否完备直接决定了产品设计的成败。所谓完备包含两方面的含义：首先，必须以使用者的日常习惯为基础，抽象出方便快捷的操作流程，也就是符合人机工程学约束的功能操作流程；其次，功能操作流程必须具备自适应记忆与纠错的能力，也就是整个功能操作过程是完备的，不会因为误操作导致出现不可控的状态。

数字视频信号处理流程是整个电视工作的核心，电视的功能配置一旦完成，这一流程就唯一确定了。对信号处理流程的要求是：稳定、可靠。而功能操作只是提供外部触发事件，这一触发事件通过专用逻辑验证和程序控制的方法来调节信号的处理流程。

软件工作流程是通过核心架构芯片的状态配置、状态触发、状态监控，来调节信号处理方法、驱动方式、传输路径、逻辑接口，实现数字电视的稳定工作。软件工作流程将功能操作流程与信号处理流程通过程序控制的形式结合起来，这就是系统集成的真实含义。

软件工作流程是数字电视嵌入式开发的技术依据，通过应用程序的设计可以实现具体任务。

9.2 数字电视的开发环境与流程

数字电视的多媒体功能开发是在嵌入式平台、影像压缩编码技术和流媒体技术的基础上进行的，具体的设计内容包括实现影像采集、压缩编码、广播传输、影像解码、实时显示、自动存储等功能，通过这些功能将 DTV 集成为数字电视与嵌入式多媒体网络终端。

数字电视的开发平台根据电视核心架构分成多种，本节选用 SAMSUNG(三星)的双芯片架构(AISC+ARM11)下的嵌入式 Linux 开发平台来介绍数字电视的嵌入式开发过程。

9.2.1　数字电视开发环境

数字电视开发系统硬件包括数字电视处理电路、ARM 嵌入式核心电路和外围电路；软件方面，上位机采用 VMware Workstation 作为虚拟机，在虚拟机上运行 Fedora 10 用以虚拟 Linux 系统并进行驱动层与应用层的设计，完成各硬件驱动的设计与配置后，在交叉编译器上对应用程序交叉编译，然后将编译好的可执行文件下载到下位机 ARM 开发板上调试运行。最后完成系统软硬件整合以及整机性能的测试。系统软硬件开发层级结构如图 9.5 所示。

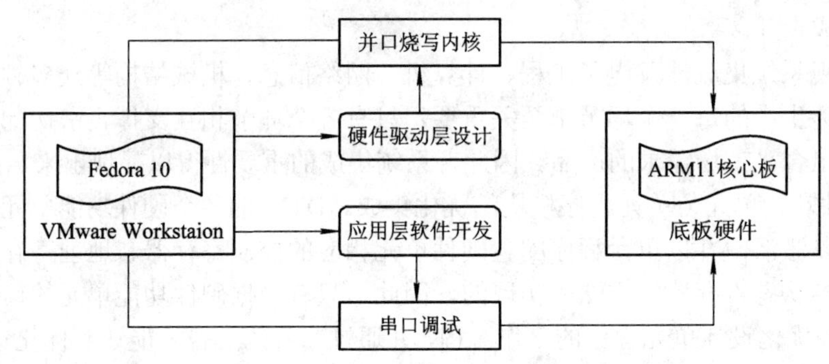

图 9.5　系统软硬件开发层级结构图

1. 开发系统硬件设计方案

系统硬件架构如图 9.6 所示。

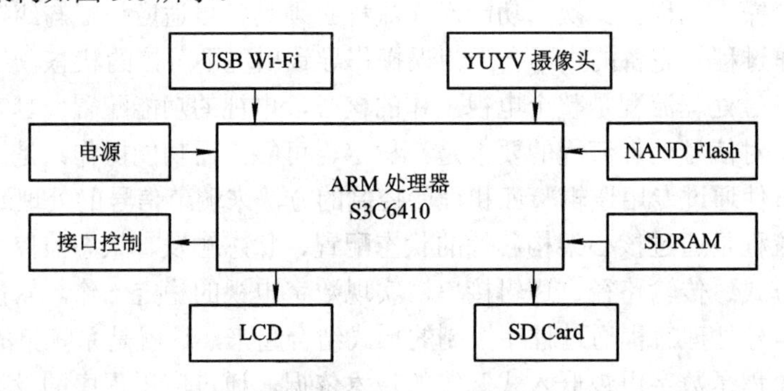

图 9.6　系统硬件架构图

开发系统以 ARM11 处理器 S3C6410 作为嵌入式硬件核心，负责处理实时影像数据流。运行频率为 553 MHz，其最大主频可达 667 MHz，内置图像加速器，而且扩展了 SIDI 功能，因此，符合本系统实时影像处理的性能要求。SDRAM 作为程序存储器；NAND Flash 为数据存储器；中星微 YUYV 格式 USB 摄像头负责影像采集，其中 YUV 三分量的比为 4∶2∶2；Tenda W541U V2.0 Wi-Fi 模块工作于 Ad-hoc 模式，因此系统影像广播与交互传输不需要无线路由的支持；LCD 液晶屏负责影像的显示，且液晶屏上同时配备触摸屏使得用户操作简单便捷；以 SD 卡存储 mp4 格式的影像文件，以备影像的回放。

本系统硬件核心由 ARM11 核心单元和外围电路单元构成，其中核心单元 NAND Flash 数据存储器采用三星公司 256 MB 的 K9F2G08 芯片，SDRAM 电路采用两片容量为 512 MB 的 K4X51163PE 芯片实现。由于核心单元硬件设计较为复杂，这里仅对开发板硬件设计进行粗略介绍。另外，系统的外围电路是指外围功能单元的接口电路，包括电源、串口、USB 接口、SD 卡、按键、LCD 接口电路以及与核心单元的接口。系统硬件设计方案如图 9.7 所示。

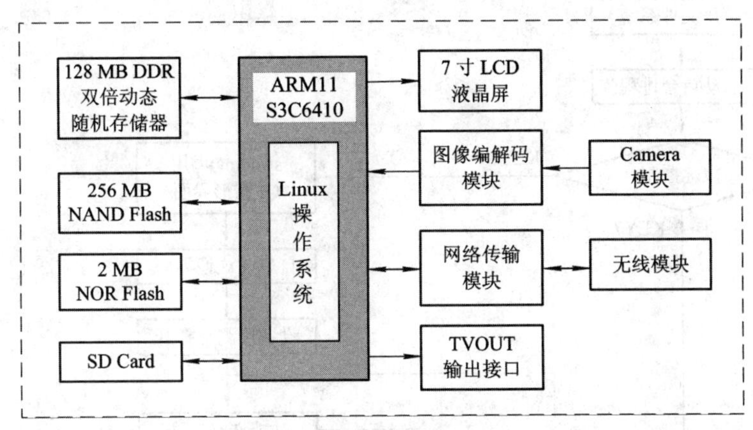

图 9.7　系统硬件设计方案框图

2. 开发系统软件设计方案

系统软件架构如图 9.8 所示。系统采用 Linux 操作系统作为上位机软件开发平台，采用 VMware Workstation 作为虚拟机，并在虚拟机上运行 Fedora 系统以虚拟 Linux。为建立这样的软件平台，应在宿主机上移植交叉编译器 arm-linux-gcc-4.5.1，搭建 NFS 环境，然后完成 Qt 4.7.4 库、流媒体协议 jrtplib-3.7.1 与 xvidcore-1.1.3 库的移植。系统目标机(即数字电视开发板)采用嵌入式 Linux 操作系统实现，并为其移植 U-Boot 和 Linux 2.6.36 内核，通过 SHELL 环境用户提供与系统交互的命令接口，并在文件系统中整合各功能 Qt 应用程序和按键与后台控制可执行程序。

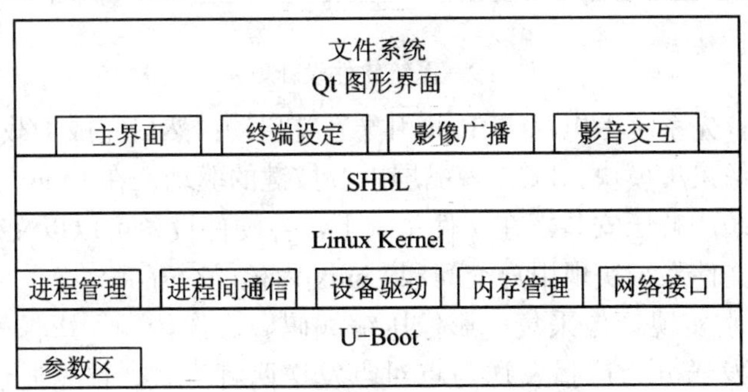

图 9.8　系统软件架构

数字电视开发板上运行的基础软件，即系统软件，其整体设计思想如下：首先通过后台进程并采用按键控制分别实现基于 SMPlayer 的 mp4 影像回放功能以及基于 Qt GUI 图形界面的各系统功能，包括终端的设定、影像广播、影像交互以及 MPEG-4 影像流的自动存储功能。系统软件设计方案如图 9.9 所示。

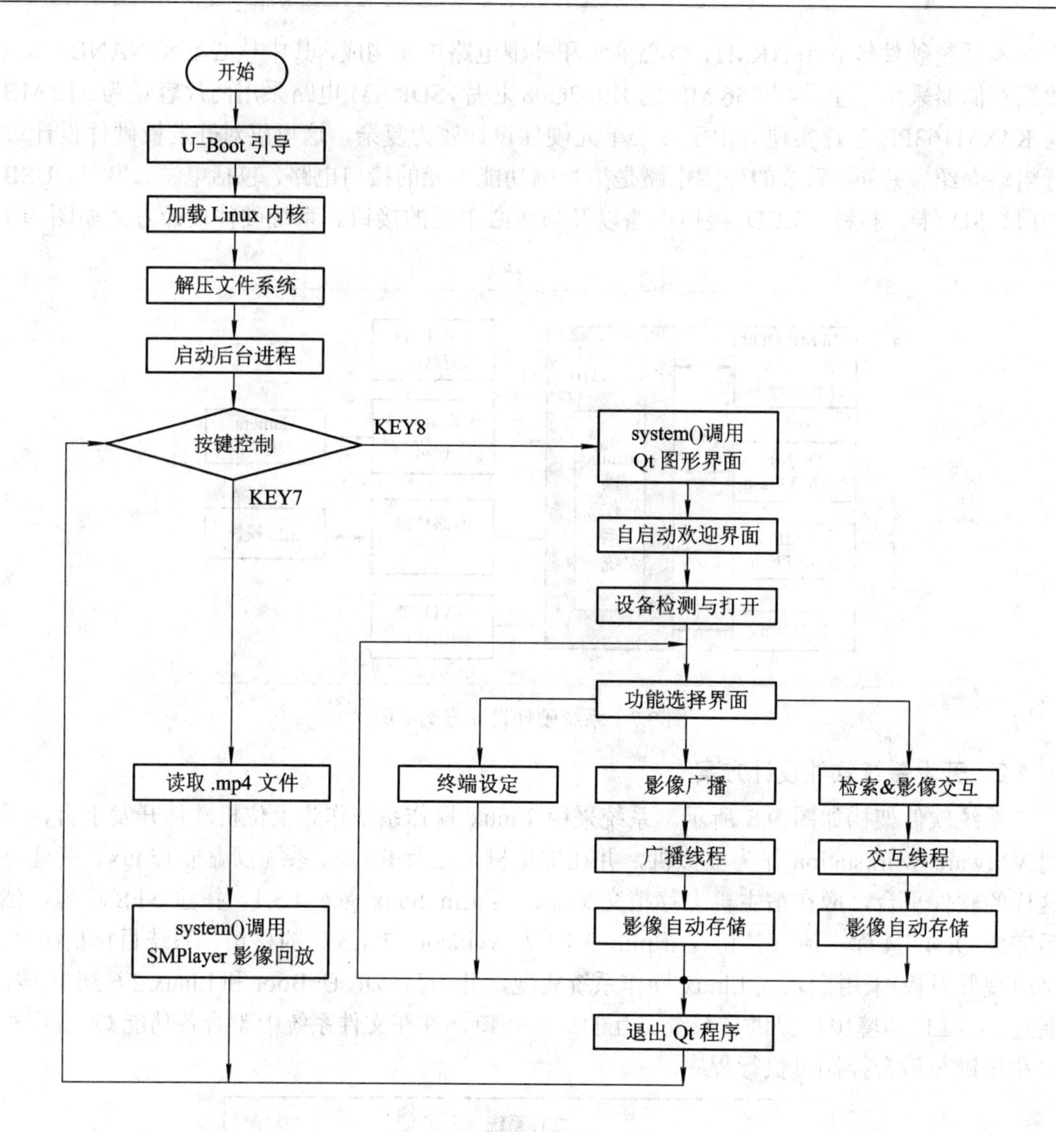

图 9.9　系统软件设计方案

在内核空间，首先系统上电，U-Boot 引导系统启动；然后完成加载 Linux 内核，并完成 Wi-Fi 模块、影像采集模块、LCD 液晶屏以及按键的驱动；在 Linux 内核启动的过程中会自动完成文件系统的解压安装。在文件系统下，各硬件设备可以以文件的形式进行访问与操作，并且通过文件系统实现用户空间和 Linux 内核的交互。

在用户空间分别实现影像采集、影像压缩编码、影像传输、影像解码、影像显示以及影像回放。影像发送分为广播发送与点对点发送两种方式，首先通过影像采集单元采集影像数据，并通过 Xvid CODEC 编码模块对影像数据压缩处理后，将流化的 MPEG-4 影像数据作为 RTP 负载发送至目的终端；另一方面，将通过 IP/UDP/RTP 传输方式接收到的 MPEG-4 影像流送入影像解码单元和显示单元，并同时完成影像的存储与回放功能。

系统影像广播与交互的详细设计方案如图 9.10 所示。

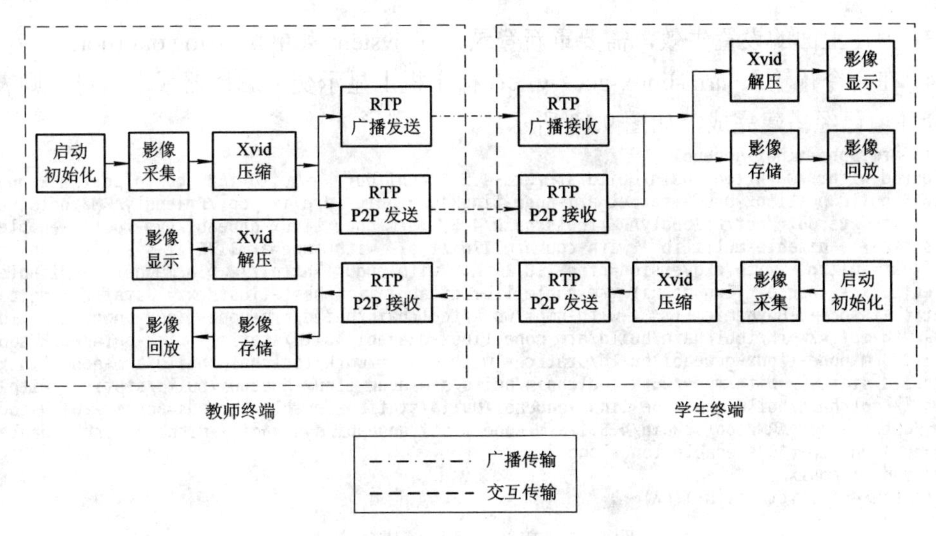

图 9.10　系统影像广播与交互软件设计方案

9.2.2　嵌入式 Linux 开发环境的搭建

系统采用“宿主机—目标机”的开发模式，宿主机又可以称为上位机，首先在宿主机上搭建嵌入式交叉编译环境和 NFS 网络文件系统，然后在目标机也即下位机上编译移植需要的 U-Boot、Linux 2.6.36 版本内核以及 Qt 4.7 库。

嵌入式系统在上电或者复位后，会自动地跳到一个固定的地址，其中放置的是 U-Boot 引导程序。本系统采用的 Linux 内核版本是 Linux 2.6.36，由于内核与 U-Boot 的移植较为复杂，下面仅对交叉编译环境、NFS 网络文件系统以及 Qt GUI 环境的搭建作详尽的阐述。

1. 交叉编译环境的搭建

在宿主机 Linux 系统下，要为目标机编译移植 U-Boot 和 Linux 内核都需要交叉编译环境的支持。在宿主机 Linux 系统的交叉编译器上编译系统主程序，得到目标机需要的可执行文件。系统使用的交叉编译器版本为 arm-linux-gcc-4.5.1。交叉编译环境的搭建步骤如下：

(1) 解压安装交叉编译器源码包 arm-linux-gcc-4.5.1-v6-vfp-20101103.tgz，如图 9.11 所示。

```
[root@localhost /]# cd opt
[root@localhost opt]# tar xvzf /mnt/hgfs/nfs_share/arm-linux-gcc-4.5.1-v6-vfp-20101103.tgz –C /
```

图 9.11　解压安装交叉编译器

(2) 编辑/root/.bashrc 文件，把交叉编译器路径加入系统环境变量，如图 9.12 所示。

```
# .bashrc

# User specific aliases and functions

alias rm='rm -i'
alias cp='cp -i'
alias mv='mv -i'

# Source global definitions
if [ -f /etc/bashrc ]; then
        . /etc/bashrc
fi

export PATH=$PATH:/opt/FriendlyARM/toolschain/4.5.1/bin
```

图 9.12　将编译器路径加入系统环境变量

(3) 为使上面的设置生效，需要重新登录，在 system 菜单执行 log out root…。

(4) 在命令行输入 arm-linux-gcc -v，在宿主机上显示交叉编译器版本信息，则表明交叉编译环境已经搭建完成，如图 9.13 所示。

```
Target: arm-none-linux-gnueabi
Configured with: /work/toolchain/build/src/gcc-4.5.1/configure --build=i686-build_pc-linux-gnu --h
ost=i686-build_pc-linux-gnu --target=arm-none-linux-gnueabi --prefix=/opt/FriendlyARM/toolschain/4
.5.1 --with-sysroot=/opt/FriendlyARM/toolschain/4.5.1/arm-none-linux-gnueabi/sys-root --enable-lan
guages=c,c++ --disable-multilib --with-cpu=arm1176jzf-s --with-tune=arm1176jzf-s --with-fpu=vfp --
with-float=softfp --with-pkgversion=ctng-1.8.1-FA --with-bugurl=http://www.arm9.net/ --disable-sjl
j-exceptions --enable-__cxa_atexit --disable-libmudflap --with-host-libstdcxx='-static-libgcc -Wl,
-Bstatic,-lstdc++,-Bdynamic -lm' --with-gmp=/work/toolchain/build/arm-none-linux-gnueabi/build/sta
tic --with-mpfr=/work/toolchain/build/arm-none-linux-gnueabi/build/static --with-ppl=/work/toolcha
in/build/arm-none-linux-gnueabi/build/static --with-cloog=/work/toolchain/build/arm-none-linux-gnu
eabi/build/static --with-mpc=/work/toolchain/build/arm-none-linux-gnueabi/build/static --with-libe
lf=/work/toolchain/build/arm-none-linux-gnueabi/build/static --enable-threads=posix --with-local-p
refix=/opt/FriendlyARM/toolschain/4.5.1/arm-none-linux-gnueabi/sys-root --disable-nls --enable-sym
vers=gnu --enable-c99 --enable-long-long
Thread model: posix
gcc version 4.5.1 (ctng-1.8.1-FA)
```

图 9.13　交叉编译环境搭建完成

2. NFS 环境的搭建

采用 NFS 网络文件系统将使得系统应用程序的调试变得更加简单。在下载可执行文件时，如果文件占用的空间比较小，那么在目标板下通过串口终端使用#sz 命令即可实现编译文件的传送，但串口通信方式的弊端是传输速度慢，对于系统较大的可执行 Qt 程序，适合采用 NFS 挂载的方式。

实现方法是将目标机连接到宿主机的 NFS 服务器上，实现二者之间的文件共享。因此，系统调试时可以在宿主机的共享文件夹中存储编译好的可执行文件，当调试成功时直接将其复制到目标机，从而节省系统开发时间。本系统宿主机在虚拟机上安装 Fedora 10 时就为其安装了 NFS 服务器。NFS 环境的搭建步骤如下：

(1) NFS 服务器的配置。

由于受到一些限制端口的制约，因此，首先要关闭防火墙，执行#lokkit –disabled 命令，以免其阻挡客户端和服务器的通信，然后执行命令#service iptables stop，关闭 service 方式。具体操作如图 9.14 所示。

```
[root@localhost /]# lokkit --disabled
[root@localhost /]# service iptables stop
iptables: Flushing firewall rules:                          [  OK  ]
iptables: Setting chains to policy ACCEPT: filter           [  OK  ]
iptables: Unloading modules:                                [  OK  ]
```

图 9.14　关闭防火墙与 service

编辑 NFS 的配置文件/etc/exports，在文件尾添加/home/olive/mymount 192.168.1.200 (rw,sync,no_root_squash)。其中，/home/ olive/mymount 为宿主机 Fedora 10 中的 NFS 共享目录。这里目标机 ARM 板的 IP 为 192.168.1.200，它作为客户端挂载到 NFS 服务器的共享目录下，并且具有 root 访问权限，可以对该 NFS 目录中的各个文件进行读/写操作。

(2) NFS 服务器的启动。

执行#service nfs restart 命令即可启动 NFS 服务器，若重启 NFS 服务器的各项操作均显示“OK”，则表明 NFS 服务器启动成功，如图 9.15 所示。

```
[root@localhost /]# service nfs restart
Shutting down NFS mountd:                                  [  OK  ]
Shutting down NFS daemon:                                  [  OK  ]
Shutting down NFS services:                                [  OK  ]
Starting NFS services:                                     [  OK  ]
Starting NFS quotas:                                       [  OK  ]
Starting NFS daemon:                                       [  OK  ]
Starting NFS mountd:                                       [  OK  ]
```

图 9.15　NFS 服务器启动成功

(3) 目标板挂载到宿主机 NFS 服务器。

执行 mount -t nfs -o nolock 192.168.1.105:/home/olive/mymount /mnt 命令，这里 192.168.1.105 是宿主机的 IP 地址。这里将目标板的/mnt 目录挂载到宿主机的 NFS 共享目录/home/ olive/mymount 下，从而实现了目标板对宿主机共享目录下各文件的访问。

3. Qt GUI 环境的搭建

系统通过图形界面实现了终端设定、影像广播、影像交互功能。Linux 下的图形界面程序开发包有很多，其中 Qt 和 GTK+较为常见。这里选择基于 C++面向对象语言开发的 Qt GUI 图形界面开发库来实现。首先，在宿主机上完成 Qt 4.7.4 平台的搭建，然后，将编译好的 Qt 包移植到目标板 ARM 终端上。

在宿主机上，执行#df –hl 命令查看存储空间大小，找到一个空间较大的目录用于建立解压安装 Qt 4.7.4 的目录，这里选用的是/home/qt 目录。打开该目录，步骤如下：

(1) 解压。执行命令#tar xzvf qt-everywhere-opensource-src-4.7.4.tar.gz。

(2) 配置。在/home/qt/qt-everywhere-opensource-src-4.7.4 目录下配置 Qt 4.7.4，如图 9.16 所示。

```
[root@localhost qt-everywhere-opensource-src-4.7.4]# ./configure -prefix /home/qt -opensource -emb
edded arm -xplatform qws/linux-arm-g++ -no-webkit -qt-libtiff -qt-libmng -qt-mouse-tslib -qt-mouse
-pc -no-mouse-linuxtp -no-neon
```

图 9.16　配置 Qt 4.7.4

为了节省宿主机的资源，在配置 Qt 4.7.4 时去除了其中的一些库，只对目标机将要使用的库进行编译，体现了嵌入式系统的可裁剪性。按照上述配置，这里将 Qt 4.7.4 安装在/home/qt 目录下，并且配置了 tslib 库。

(3) 编译。在/home/qt/ qt-everywhere-opensource-src-4.7.4 下执行#make 命令。

(4) 安装。在上述目录下执行安装命令#make install。

(5) 设置环境变量。首先，在/etc/profile 文件中加入以下语句：

pathmunge /home/Qt/qt-everywhere-opensource-src-4.7.4/bin

pathmunge /home/Qt/qt-everywhere-opensource-src-4.7.4/bin after

环境变量设置如图 9.17 所示。

```
# Path manipulation
if [ "$EUID" = "0" ]; then
        pathmunge /sbin
        pathmunge /usr/sbin
        pathmunge /usr/local/sbin
        pathmunge /home/qt/qt-everywhere-opensource-src-4.7.4/bin

else
        pathmunge /home/qt/qt-everywhere-opensource-src-4.7.4/bin after
        pathmunge /usr/local/sbin after
        pathmunge /usr/sbin after
        pathmunge /sbin after
fi
```

图 9.17　设置 Qt 4.7.4 环境变量

然后，通过#source /etc/profile 命令使上述文件生效。最后，通过#qmake –v 查看 Qt 的版本信息，若在宿主机中打印如图 9.18 所示的信息，则表示宿主机的 Qt 环境生效。

```
[root@localhost qt-everywhere-opensource-src-4.7.4]# qmake -v
QMake version 2.01a
Using Qt version 4.7.4 in /home/qt/lib
```

图 9.18　查看 Qt 4.7.4 的安装及版本信息

综上所述，宿主机的 Qt GUI 开发环境已搭建完成。目标板 Qt 库移植的具体步骤如下：

(1) 打包下载。将宿主机编译好的打包文件 qt.tgz 下载到目标板中。

(2) 解压。在目标板的/home 目录下执行#tar xvzf qt.tgz 命令，解压 qt.tgz 文件，并保证 ARM 板有足够的解压空间，这里需要的解压空间为 30 MB 左右，若空间不足则可以删除一些系统不需要的文件。需要注意的是，在目标板上选用的解压路径一定要与宿主机 Qt 库的编译路径一致，否则会使移植失败。

(3) 设置 Qt 4.7 环境变量。在/bin 目录下编写脚本文件 setqt4env，如图 9.19 所示。

```
#!/bin/sh
if [ -e /etc/arm-ts-input.conf ] ; then
. /etc/arm-ts-input.conf
fi
true ${TSLIB_TSDEVICE:=/dev/touchscreen}
TSLIB_CONFFILE=/etc/ts.conf
export TSLIB_TSDEVICE
export TSLIB_CONFFILE
export TSLIB_PLUGINDIR=/usr/lib/ts
export TSLIB_CALIBFILE=/etc/pointercal
export QWS_DISPLAY=:1
export LD_LIBRARY_PATH=/usr/local/lib:$LD_LIBRARY_PATH
export PATH=/bin:/sbin:/usr/bin/:/usr/sbin:/usr/local/bin
if [ -c /dev/touchscreen ]; then
export QWS_MOUSE_PROTO="Tslib MouseMan:/dev/input/mice"
if [ ! -s /etc/pointercal ] ; then
rm /etc/pointercal
/usr/bin/ts_calibrate
fi
else
export QWS_MOUSE_PROTO="MouseMan:/dev/input/mice"
fi
export QWS_KEYBOARD=TTY:/dev/tty1
export HOME=/root
```

图 9.19　setqt4env 脚本文件

执行命令#chmod +x /bin/setqt4env，添加脚本的可执行权限。

注意：目标板每次执行 Qt 程序前都要执行命令#. setqt4env，先调用此脚本文件设置 Qt 4.7.4 的环境变量，再调用 Qt 图形界面程序完成影像终端的各个功能，本系统将这个设置环境变量的脚本写入开机自启动脚本中，这样，在开机启动完成后即实现了 Qt 环境变量的设置。

9.2.3　Linux 系统硬件驱动设计与移植

Linux 系统下模块的驱动设计步骤如下：

(1) 编写设备驱动程序，并将其复制到内核源码的相应目录下。

(2) 在 Kconfig 文件中添加新增的驱动代码所对应的编译配置选项。

(3) 使用内核配置工具，执行#make menuconfig 命令，然后配置选择编译为模块的方式或者直接编译到内核的方式。

(4) 在 Makefile 文件里添加相应的编译条目，从而把内核配置选项和真正的硬件驱动联系起来。

(5) 编译内核，执行命令#make zImage 将模块编译进内核或者执行命令#make modules 编译生成动态加载模块。将编译好的模块放入文件系统中，可以采用#insmod *或#rmmod * 命令动态地加载或者卸载驱动模块，其中，“*”表示具体的硬件驱动模块，这样驱动设计就会变得更加灵活。

(6) 将内核镜像 zImage 或编译好的驱动模块.ko 文件下载到目标机 ARM 板中。

(7) 交叉编译驱动测试程序，检验驱动设计是否成功。

下面将详尽阐述 Linux 系统下按键的驱动设计、USB Wi-Fi 模块及 USB 摄像头驱动的配置与移植。

1. 按键驱动设计

设备驱动与底层硬件密切相关。在应用层，硬件设备被看做设备文件，用户进程就是通过这个设备文件实现对真正硬件的操作。操作系统可以像操作普通文件那样，通过 open()、close()、read()、write()以及 ioctl()系统调用对硬件设备进行打开、关闭、读/写及控制操作。驱动设计的层次结构图如图 9.20 所示。

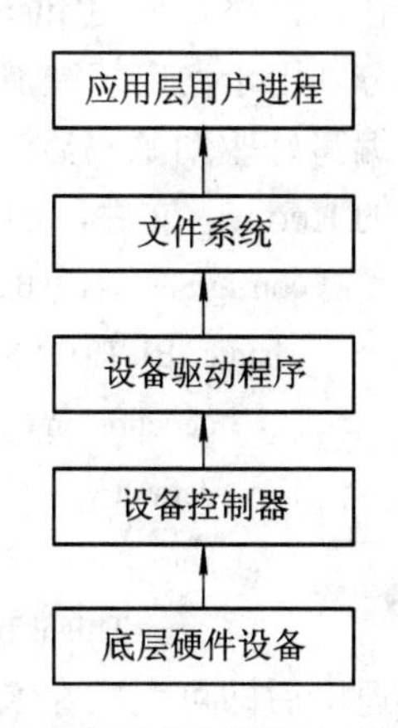

图 9.20 驱动设计层次结构图

Linux 系统将设备以设备文件的形式挂载在根文件系统的/dev 目录下，并将设备分为字符设备、块设备及网络设备三种基本类型。ARM 板上的按键为特殊的字符型设备，且按键驱动是基于中断方式的。

系统底板按键部分的硬件连接是将 KEY[1～8]依次连接 EINT[0～5]、EINT19 和 EINT20，并且设置外部中断的触发方式为低电平触发。当按键按下时，相应的中断引脚会产生一个低电平，也即触发了 CPU 中断。因此，可以根据中断号来判断某一对应的按键是否被按下。

在按键的驱动程序中，首先，定义一个结构体类型，包括三个域，即按键所对应的外部中断号、键值及按键名：

```
struct button_irq_desc
{
    int irq;
    int number;
    char *name;
};
```

其次，定义该类型的结构体数组 buttons_irq[8]，以表示 8 个按键的上述属性以及按键的状态变量数组 key_values[8]。然后，创建一个等待队列，并定义一个静态全局中断标志变量，在中断服务程序中将其置 1，并在 read()函数中将其清零。

当有按键按下时，设置终端变量并唤醒等待队列，以便通过 s3c64xx_buttons_read ()函数读取键值，将 8 个按键状态作为一组键值数组变量 key_values[8]从内核空间传递到用户空间。key_values[i]!= '0' 表示 KEY(i+1)被按下。

当没有按键被按下时，若采用非阻塞的方式读取数据，则直接返回；若采用阻塞的方式则会一直等待按键被按下这一事件的发生。

采用 file_operations 类型的结构体变量 dev_fops 存储内核的驱动模块对设备操作的函数指针，包括 open、release、read 以及 poll，分别对应用户空间的接口函数。定义杂项设备(即主设备号为 10 的特殊字符型设备) 的结构体变量 misc，其中主要包括 3 个域，分别是其次设备号、设备的名称与操作的结构体变量的引用。为了增加程序的可读性和可移植性，这里将设备名“mybuttons”定义为宏。

在本按键驱动程序的最后，定义了模块加载函数和模块卸载函数：在模块加载函数中通过调用 misc_resigter()实现向系统的 Linux 内核注册按键这个杂项设备的操作，而在模块卸载函数中通过调用 misc_deregister()实现在内核中注销本按键设备的操作。这样，就可以实现在串口终端使用 insmod 模块加载命令和 rmmod 模块卸载命令时自动地调用这两个函数，分别用于向内核注册或注销设备。

编写好驱动源码后，将其复制到/home/linux-2.6.36/drivers/char/目录下，然后修改该目录下的 Kconfig 文件，加入如下语句：

```
config S3C6410_BUTTONS
tristate "BUTTONS driver for S3C6410 boards"
    depends on CPU_S3C6410
    default y
    help
        This is buttons driver for S3C6410 boards
```

保存退出后即可完成在 Kconfig 文件中添加按键驱动的编译配置选项这一操作。

进入到图形化的内核配置界面之中，在 Device Drivers→Character devices 页面下则会发现上述 Kconfig 文件中所添加的选项，并选中该模块。底板按键的驱动配置如图 9.21 所示。

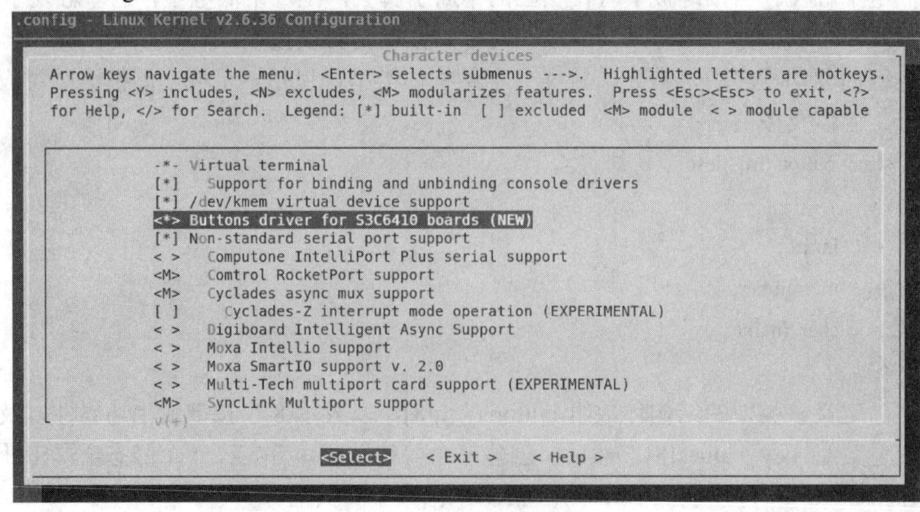

图 9.21　按键驱动配置

虽然在配置内核时选中了该按键模块，但发现实际编译内核时，此模块尚未被编译。因此，还需要在内核的源码目录/home/linux-2.6.36/drivers/char 下的 Makefile 文件中添加如下语句：

obj-$(CONFIG_MINI6410_BUTTONS)　　+= S3C6410_buttons.o

然后保存退出，即可把内核配置选项和真正的按键驱动源代码联系在一起。执行命令#make zImage 编译内核后也即完成了按键的驱动设计。

2. 摄像头驱动的配置与移植

系统底板上设计了 USB 集线器，扩展出的两个 USB 接口分别用于连接 USB Wi-Fi 模块和 USB 摄像头。本系统采用中星微公司的芯片 ID 号为 0ac8:3430 摄像头，它采用 USB 接口，支持 YUYV 格式影像的采集。由于 USB Video Class (UVC)系列驱动适用于该芯片，其驱动程序的编写较为复杂，下面将对其驱动配置做主要介绍。执行命令#make menuconfig，进入配置界面，具体的步骤如下：

(1) USB 驱动配置。在 Device Drivers→USB support 页面下，作如图 9.22 所示的配置即选择了系统内核对 USB 主控制器的支持。

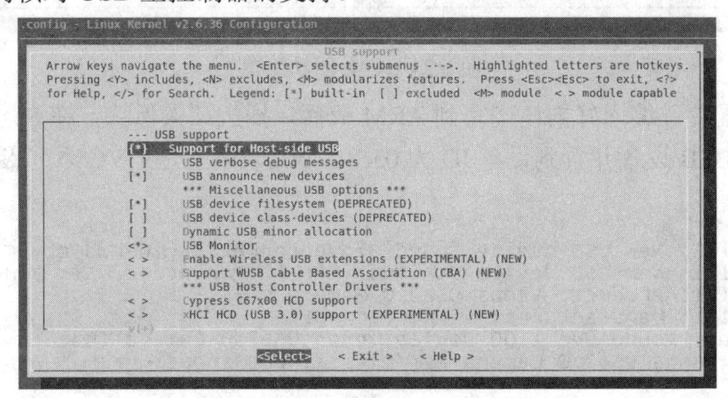

图 9.22　USB 驱动配置

(2) UVC 驱动配置。先通过配置界面的主菜单进入 Device Drivers→Multimedia support →Video capture adapters→V4L USB devices 界面，再按空格键选中 USB Video Class (UVC)，即选择了对 UVC 系列驱动的支持，如图 9.23 所示。

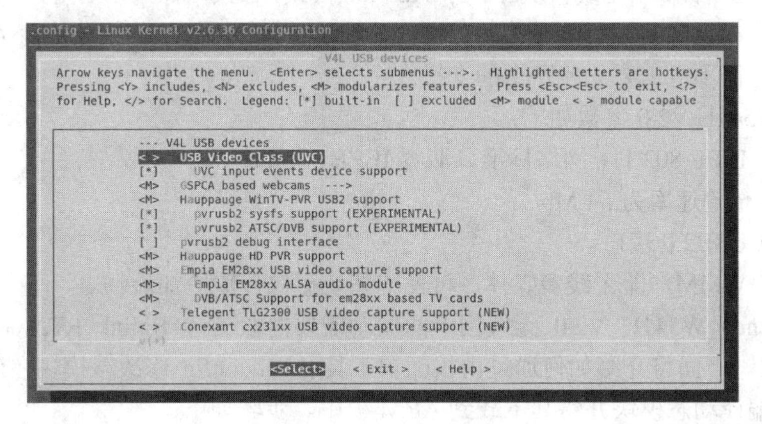

图 9.23　UVC 驱动配置

(3) V4L 驱动配置。进入 Device Drivers→Multimedia support 界面后，按空格键选中 Video For Linux，即选择了内核对 V4L 的支持，这样系统可通过 V4L API 读取摄像头采集的图像数据。配置 V4L 驱动如图 9.24 所示。

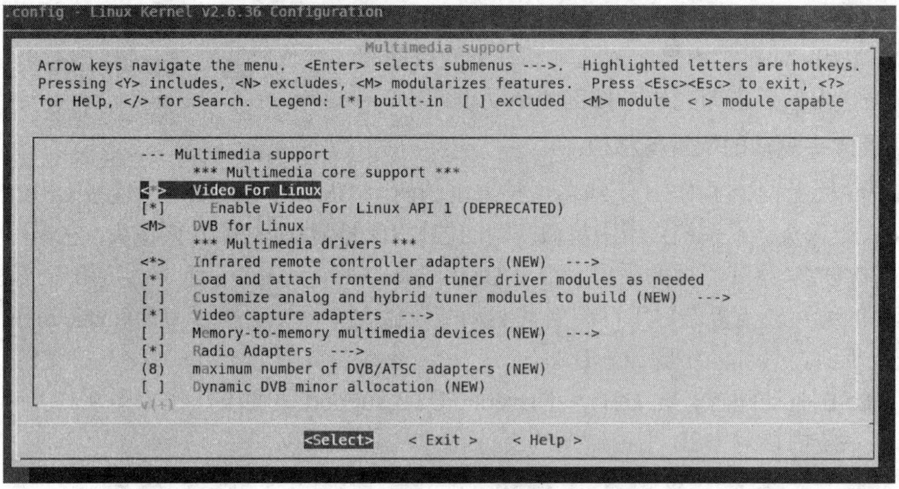

```
.config - Linux Kernel v2.6.36 Configuration
                              Multimedia support
  Arrow keys navigate the menu.  <Enter> selects submenus --->.  Highlighted letters are hotkeys.
  Pressing <Y> includes, <N> excludes, <M> modularizes features.  Press <Esc><Esc> to exit, <?>
  for Help, </> for Search.  Legend: [*] built-in  [ ] excluded  <M> module  < > module capable

          --- Multimedia support
                *** Multimedia core support ***
          <*>   Video For Linux
          [*]     Enable Video For Linux API 1 (DEPRECATED)
          <M>   DVB for Linux
                *** Multimedia drivers ***
          <*>   Infrared remote controller adapters (NEW)  --->
          [*]   Load and attach frontend and tuner driver modules as needed
          [ ]   Customize analog and hybrid tuner modules to build (NEW)  --->
          [*]   Video capture adapters  --->
          [ ]   Memory-to-memory multimedia devices (NEW)  --->
          [*]   Radio Adapters  --->
          (8)   maximum number of DVB/ATSC adapters (NEW)
          [ ]   Dynamic DVB minor allocation (NEW)
          v(+)

                        <Select>    < Exit >    < Help >
```

图 9.24　V4L 驱动配置

经过以上配置并编译好内核烧写到 ARM 板后，插上该摄像头，在 Secure CRT 串口终端即可发现该 USB 设备并看到设备 ID 为 0ac8:3430，表明它是 UVC 系列摄像头，如图 9.25 所示。

```
usb 1-1.1: New USB device found, idVendor=0ac8, idProduct=3430
usb 1-1.1: New USB device strings: Mfr=1, Product=2, SerialNumber=0
usb 1-1.1: Product: Venus USB2.0 Camera
usb 1-1.1: Manufacturer: Vimicro Corp.
uvcvideo: Found UVC 1.00 device Venus USB2.0 Camera (0ac8:3430)
input: Venus USB2.0 Camera as /class/input/input1
```

图 9.25　摄像头驱动成功

3. Wi-Fi 模块驱动的配置与移植

本系统采用的无线模块为 Tenda W541U V2.0 无线网卡，其采用 Ralink RT2070L 芯片，属于 RT2800 芯片组。该无线模块工作于 Ad-hoc 模式，各接入点采用对等网络的方式接入，只要模块工作在无线网络所能覆盖的范围内，且设备名相同，工作模式均为 Ad-hoc，就可以实现通信，而不再需要无线路由的支持。

Tenda W541U V2.0 参数如下：

(1) 符合 IEEE 802.11g 网络标准，兼容 IEEE 802.11b。

(2) 最大传输速率为 54 Mb/s。

(3) 提供 USB2.0 接口。

(4) 支持 WMM，即无线多媒体，可使本系统影像传输更加流畅。

对于 Tenda W541U V2.0 无线网卡的驱动需要内核支持 Ralink RT2800 芯片组以及 802.11g 协议。下面将介绍如何通过内核配置工具 menuconfig 修改该模块在内核中的驱动配置，然后编译动态模块并将其下载到 ARM 板中。步骤如下：

(1) 配置编译内核。

① 配置 Networking support→Wireless→Generic IEEE 802.11 Networking Stack (mac80211)，如图 9.26 所示。

```
.config - Linux Kernel v2.6.36 Configuration
                              Wireless
 Arrow keys navigate the menu.  <Enter> selects submenus --->.  Highlighted letters are hotkeys.
 Pressing <Y> includes, <N> excludes, <M> modularizes features.  Press <Esc><Esc> to exit, <?>
 for Help, </> for Search.  Legend: [*] built-in  [ ] excluded  <M> module  < > module capable

           [ ]     enable developer warnings (NEW)
           [ ]     cfg80211 regulatory debugging (NEW)
           [*]     enable powersave by default (NEW)
           [ ]     cfg80211 DebugFS entries (NEW)
           [*]     cfg80211 wireless extensions compatibility (NEW)
           [*]   Wireless extensions sysfs files
           {M}   Common routines for IEEE802.11 drivers (NEW)
           [ ]   lib80211 debugging messages (NEW)
           <M>   Generic IEEE 802.11 Networking Stack (mac80211)
                 Default rate control algorithm (Minstrel)  --->
           [*]   Enable mac80211 mesh networking (pre-802.11s) support
           [*]   Enable LED triggers
           [*]   Export mac80211 internals in DebugFS
           [ ]   Select mac80211 debugging features  --->

                     <Select>    < Exit >    < Help >
```

图 9.26　无线网卡驱动配置

② 在 Device Drivers→Network device support→Wireless LAN→Ralink driver support 下，选择 Ralink rt2800 (USB) support(EXPERIMENTAL)，即选择了 Tenda W541U V2.0 无线网卡的芯片组 Ralink RT2800，完成对该 Wi-Fi 模块硬件的配置，如图 9.27 所示。

```
.config - Linux Kernel v2.6.36 Configuration
                          Ralink driver support
 Arrow keys navigate the menu.  <Enter> selects submenus --->.  Highlighted letters are hotkeys.
 Pressing <Y> includes, <N> excludes, <M> modularizes features.  Press <Esc><Esc> to exit, <?>
 for Help, </> for Search.  Legend: [*] built-in  [ ] excluded  <M> module  < > module capable

           --- Ralink driver support
           <M>   Ralink rt2400 (PCI/PCMCIA) support
           <M>   Ralink rt2500 (PCI/PCMCIA) support
           <M>   Ralink rt2501/rt61 (PCI/PCMCIA) support
           < >   Ralink rt28xx/rt30xx/rt35xx (PCI/PCIe/PCMCIA) support (EXPERIMENTAL) (NEW)
           <M>   Ralink rt2500 (USB) support
           <M>   Ralink rt2501/rt73 (USB) support
           <M>   Ralink rt2800 (USB) support (EXPERIMENTAL)
           [*]     rt2800usb - Include support for rt30xx (USB) devices (NEW)
           [*]     rt2800usb - Include support for rt35xx (USB) devices
           [*]     rt2800usb - Include support for unknown (USB) devices
           [*]   Ralink debugfs support
           [ ]   Ralink debug output

                     <Select>    < Exit >    < Help >
```

图 9.27　无线网卡驱动配置

在上述配置选项的括号“< >”中选择“M”将驱动编译成模块，执行命令#make M=/home/linux-2.6.36/drivers/char modules，编译得到.ko 动态加载模块。

(2) 将编译好的动态模块复制到 ARM 板根文件系统/lib/modules/2.6.36 的相应目录下，并完成动态加载。为避免每次开机启动后加载各模块的重复操作，直接将其写入到脚本“w541u”中，并在开机启动脚本中加入“./bin/w541u”，得到如图 9.28 所示的信息，则表明支持无线网卡的各动态模块加载完成。

```
Compat-wireless backport release: compat-wireless-2011-01-06
Backport based on linux-next.git next-20110111
cfg80211: Calling CRDA to update world regulatory domain
lib80211: common routines for IEEE802.11 drivers
usbcore: registered new interface driver rt73usb
usbcore: registered new interface driver rt2800usb
```

图 9.28　各动态模块加载完成

(3) 执行#iwconfig wlan0 命令，在串口终端出现了无线局域网的接口，并打印出如图9.29 所示的信息，则表明系统支持该模块。

```
wlan0     IEEE 802.11bg  ESSID:off/any
          Mode:Managed  Access Point: Not-Associated   Tx-Power=0 dBm
          Retry  long limit:7   RTS thr:off   Fragment thr:off
          Encryption key:off
          Power Management:on
```

图 9.29　无线网卡驱动成功

系统初始化完成后，需配置无线网卡的工作模式、IP 地址等参数以使该模块在无线环境下正常工作。局域无线网络环境的配置分为以下三个步骤：

(1) 配置无线网卡参数。首先，执行#ifconfig wlan0 down 命令关闭无线网卡；其次，执行#iwconfig wlan0 mode ad-hoc 命令配置该无线模块的工作模式为 ad-hoc 模式；然后，执行#ifconfig wlan0 192.168.2.206 up 命令配置无线网卡 IP 并重启该无线模块；最后，执行#iwlist wlan0 scan 命令对搜寻到的无线网络进行列表显示。

(2) 连接到 Ad-hoc 模式下 essid 为“haha”的对等网络。执行#iwconfig wlan0 essid haha 命令将该无线网卡连接到 essid 为“haha”的对等网络上，从图 9.30 可以看到已经产生接入点。

```
wlan0     IEEE 802.11bg  ESSID:"haha"
          Mode:Ad-Hoc  Frequency:2.412 GHz  Cell: F6:EE:5C:3F:9C:73
          Tx-Power=20 dBm
          Retry  long limit:7   RTS thr:off   Fragment thr:off
          Encryption key:off
          Power Management:on
```

图 9.30　连接到对等网络

(3) ping 对等网络的 IP 地址。将另外一块相同型号的无线网卡以相同的参数和模式接入到相同 essid：“haha”的无线对等网络上，这里设置系统测试的另一块网卡的 IP 地址为192.168.2.207。

在串口终端执行命令#ping 192.168.2.207，若可以 ping 通，则可在 SecureCRT 串口终端上看到有来自对等网络的数据包，并且不断刷新。如图 9.31 所示，表明无线网络环境搭建成功。

```
PING 192.168.2.207 (192.168.2.207): 56 data bytes
64 bytes from 192.168.2.207: seq=0 ttl=64 time=10.885 ms
64 bytes from 192.168.2.207: seq=1 ttl=64 time=5.629 ms
64 bytes from 192.168.2.207: seq=2 ttl=64 time=5.577 ms
64 bytes from 192.168.2.207: seq=3 ttl=64 time=5.481 ms
```

图 9.31　局域无线网络环境搭建完成

9.3　数字电视的多媒体功能开发

9.3.1　多媒体数据的解码

为提高 Wi-Fi 环境下影像信息传输的实时性和高效性，需对原始影像进行压缩编码处理。这里，采用 MPEG-4 作为系统的影像压缩标准，Xvid 为 MPEG-4 的软件编解码平台。与 MPEG-1、MPEG-2、H.264 编解码方式相比，MPEG-4 压缩标准的优势在于其编码效率高，且占用的系统资源少。因此，其适用于局域无线窄带宽信道上的影像传输，且画面流畅清晰。

1．MPEG-4 标准

MPEG-4(Moving Picture Experts Groups)压缩编码标准是基于从场景中抽取的单独物理对象的一种编解码方式，帧间处理机制是 MPEG-4 压缩编码标准的一个特色。根据帧的相关性和复杂程度将一个帧组划分为 I 帧、P 帧和 B 帧。其中，I 帧即关键帧，它是一个帧组中的第一帧，存储了一幅场景中几乎所有的信息，采用帧内编码方式；P 帧即前项预测帧，只存储当前帧与前一帧的差值，采用帧间编码方式；B 帧为双向预测帧，其参考前一帧和后一帧的画面信息。P 帧和 B 帧均作为关键帧的辅助。在本系统 MPEG-4 编码软件设计中，P 帧编码居多，设置最大关键帧间距这一参数也即设定了 I 帧出现的间隔，通过帧间控制压缩 MPEG-4 影像文件体积。

一个完整视频流的层次结构由上至下依次是：视频段(VS, Video Session)、视频对象(VO, Video Object)、视频对象层(VOL，Video Object Layer)以及视频对象平面(VOP，Video Object Plane)。VOP 对应某一时刻某一帧画面中视频对象的表现形式，MPEG-4 压缩标准基于 VOP 实现编/解码。完整视频流的层次结构如图 9.32 所示。

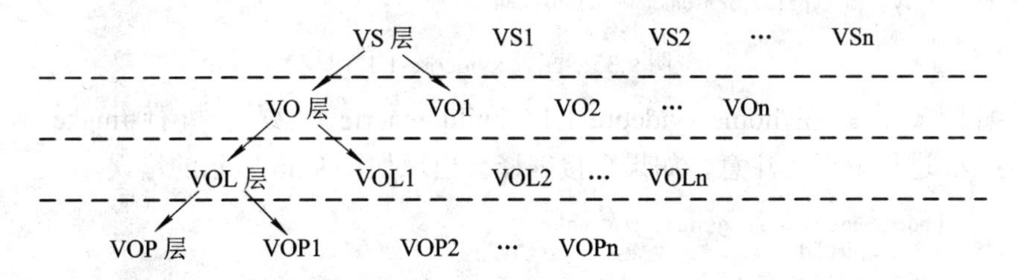

图 9.32　完整视频流的层次结构

MPEG-4 码流的 I 帧头部占用 16 B，非关键帧(P 帧和 B 帧)的帧头占用 8 B，帧头格式如图 9.33 和图 9.34 所示。

字节	0	1	2	3	4	5	6	7	8	9	A	B	C	D	E	F
值	0	0	1	FB	XX	R	W&H		Data time				Length			
含义	ID						影像大小		时间戳				帧长度			

图 9.33　关键帧帧头格式

字节	0	1	2	3	4	5	6	7
值	0	0	1	FA	Length			
含义	ID				帧长度			

图 9.34　非关键帧帧头格式

其中，关键帧帧头 ID 为“0x00，0x00，0x01，0xFB”，非关键帧帧头 ID 为“0x00，0x00，0x01，0xFA”；XX 作为保留字节；R 代表帧率；W&H 分别占用一个字节来表示影像的宽和高大小的 1/8；Length 为去除帧头 ID 占用字节数后的帧长度；Date time 为关键帧的时间戳，将其定义为具有年、月、日、时、分、秒这 6 个域的结构体。

2. Xvid CODEC 的移植

本系统在 arm-linux 平台上通过 Xvid CODEC 实现 MPEG-4 影像编/解码。它是最常用的影像编解码器之一。编译移植 xvidcore1.1.3 的步骤如下：

(1) 解压源代码 xvidcore1.1.3.tar.bz2，执行命令#tar jxvf xvidcore1.1.3.tar.bz2。

(2) 配置 xvidcore1.1.3，如图 9.35 所示。执行命令#cd /home/xvidcore1.1.3/build/generic 进入 Xvid 配置目录，执行如下命令：

```
#./configure --prefix=/home/xvid --host=arm-linux CC=arm-linux-gcc
```

其中，configure 命令用来执行用户的个性配置；prefix 用来配置用户安装目录，这里为 /home/xvid；host 用来配置编译的可执行代码运行环境，这里配置为 arm-linux，代表 ARM 处理器；CC 用来指定编译器的类型，这里为交叉编译器 arm-linux-gcc。

```
[root@localhost home]# cd xvidcore-1.1.3/build/generic/
[root@localhost generic]# ls
bootstrap.sh  config.log     config.sub  configure.in  libxvidcore.def  Makefile      platform.inc.in
config.guess  config.status  configure   install-sh    libxvidcore.ld   platform.inc  sources.inc
[root@localhost generic]# ./configure --prefix=/home/xvid --host=arm-linux CC=arm-linux-gcc
configure: WARNING: If you wanted to set the --build type, don't use --host.
  If a cross compiler is detected then cross compile mode will be used.
checking build system type... i686-pc-linux-gnu
checking host system type... arm-unknown-linux-gnu
checking target system type... arm-unknown-linux-gnu
```

图 9.35　配置 xvidcore-1.1.3

(3) 编译安装。在/home/xvidcore-1.1.3/build/generic 目录下执行#make 命令，对 xvidcore-1.1.3 进行编译。注意，如果直接编译会出现如图 9.36 所示的错误。

```
[root@localhost generic]# make
  D: =build
  C: ./decoder.c
cc1: error: unrecognized command line option "-freduce-all-givs"
make: *** [decoder.o] Error 1
```

图 9.36　编译 xvidcore-1.1.3 报错

出现的 unrecognized command line option "-freduce-all-givs" 错误，是交叉编译器报错。由于"-freduce-all-givs"选项是 gcc 用于优化的选项，而系统的交叉编译器版本为 arm-linux-gcc 4.5.1，这款高版本的编译器将 gcc 的优化选项去掉了。因此，若要修改 configure 文件，则将使用这个选项的语句注释掉即可，如图 9.37 所示。

```
our_cflags_defaults="-Wall"
our_cflags_defaults="$our_cflags_defaults -O2"
our_cflags_defaults="$our_cflags_defaults -fstrength-reduce"
our_cflags_defaults="$our_cflags_defaults -finline-functions"
# our_cflags_defaults="$our_cflags_defaults -freduce-all-givs"
our_cflags_defaults="$our_cflags_defaults -ffast-math"
our_cflags_defaults="$our_cflags_defaults -fomit-frame-pointer"
```

图 9.37　修改 configure 文件

执行命令#make && make install 进行编译并安装 xvidcore-1.1.3，编译安装完成后的显示如图 9.38 所示。

(4) 将编译生成的动态链接库文件 libxvidcore.so.4.1 复制到 ARM 板的/usr/lib 目录下。当调用它的程序运行时，动态地加载这个库文件，就能节省内存空间和编译时间。

```
--------------------------------------------------------------
XviD has been successfully built.

* Binaries are currently located in the '=build' directory
* To install them on your system, you can run '# make install'
  as root.
--------------------------------------------------------------

 D: /usr/local/lib
 I: /usr/local/lib/libxvidcore.so.4.1
 I: /usr/local/lib/libxvidcore.a
 D: /usr/local/include
 I: /usr/local/include/xvid.h
```

图 9.38　编译安装完成

3. 影像编码

系统影像编码采用基于 MPEG-4 的 Xvid CODEC 实现，通过调用 Xvid API 实现 Xvid 的全局初始化、编码器初始化以及编码一帧影像，并将码流写入.mp4 文件中。Xvid CODEC 编码流程如图 9.39 所示。

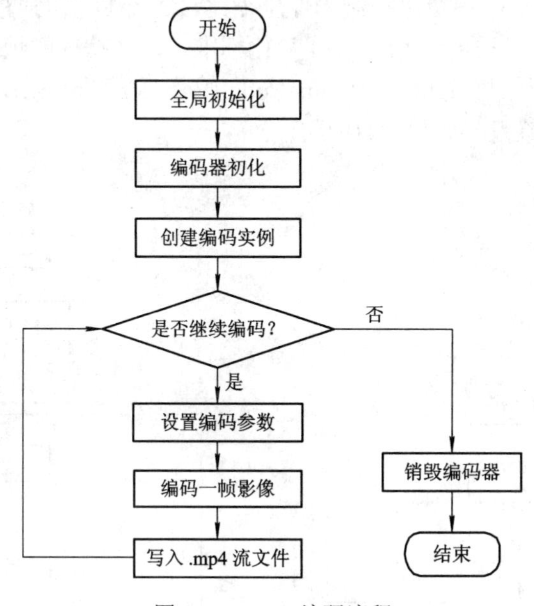

图 9.39　Xvid 编码流程

1) 全局初始化

通过 int xvid_global (NULL, XVID_GBL_INIT, &xvid_gbl_init, NULL)函数可以实现全局初始化。

2) 创建编码实例

调用 int xvid_encore(void *handle, int opt, void *param1, void *param2)函数。将此函数的 opt 设置为 XVID_ENC_CREATE；param1 参数对应设置为 xvid_enc_create 类型的结构体变量的引用；将参数 handle 和 param2 均设置为 NULL。采用 Simple profile level0 编码，并指定输入帧的宽为 320 像素，高为 240 像素，最大关键帧间距为 3，这里将 B 帧的相应参数设置为默认值。最后将上述编码实例句柄赋值给静态全局变量 enc_handle，这个变量就是编码一帧和销毁编码实例时将要用到的句柄。代码如下：

```
enc_handle = xvid_enc_create.handle;
```

3) 影像编码

首先初始化码流结构，然后在输入码流中获取当前帧，并设置帧编码参数，包括色彩空间、平面步长、运动估计标志、VOL 标志、VOP 标志以及量化器的值，最后判断编码帧的类型，分别进行 I 帧和 P 帧的帧内编码。编码一帧影像的流程如图 9.40 所示。

在编码一帧函数 static int enc_main()中调用 xvid_encore()函数，设置参数 handle 为创建编码实例时获取的句柄 enc_handle；设置 opt 参数为 XVID_ENC_ENCODE 并进入编码循环；将 param1 设置为 xvid_enc_frame_t 类型的结构体变量，param2 设置为 xvid_enc_stats_t 类型的结构体变量。

嵌入式终端摄像头采集的图像格式为 YUYV 格式，通过算法转换程序完成由 YUYV 格式到 YUV420 格式图像的转换。这里 Xvid CODEC 输入的图像序列为 YUV420 格式，采用 YUV 平面格式存放，对应的色彩空间为 XVID_CSP_I420，其 YUV 三分量的比为 4∶2∶0；并且设置 VOL 和 VOP 标志、编码帧的类型、Q 值、运动估计标志等参数。这里将设置量化器的 Q 值为 11，通过 Q 值可以控制影像压缩比，随着 Q 值的增大压缩比增加，但画面质量会随之变差。此外，采用了 MPEG-4 量化标准，以及默认的帧内/帧间量化矩阵。

帧内编码通过调用函数 static int FrameCodeI(Encoder * pEnc,Bitstream * bs,uint32_t * pBits)实现。帧内编码流程图如图 9.41 所示。

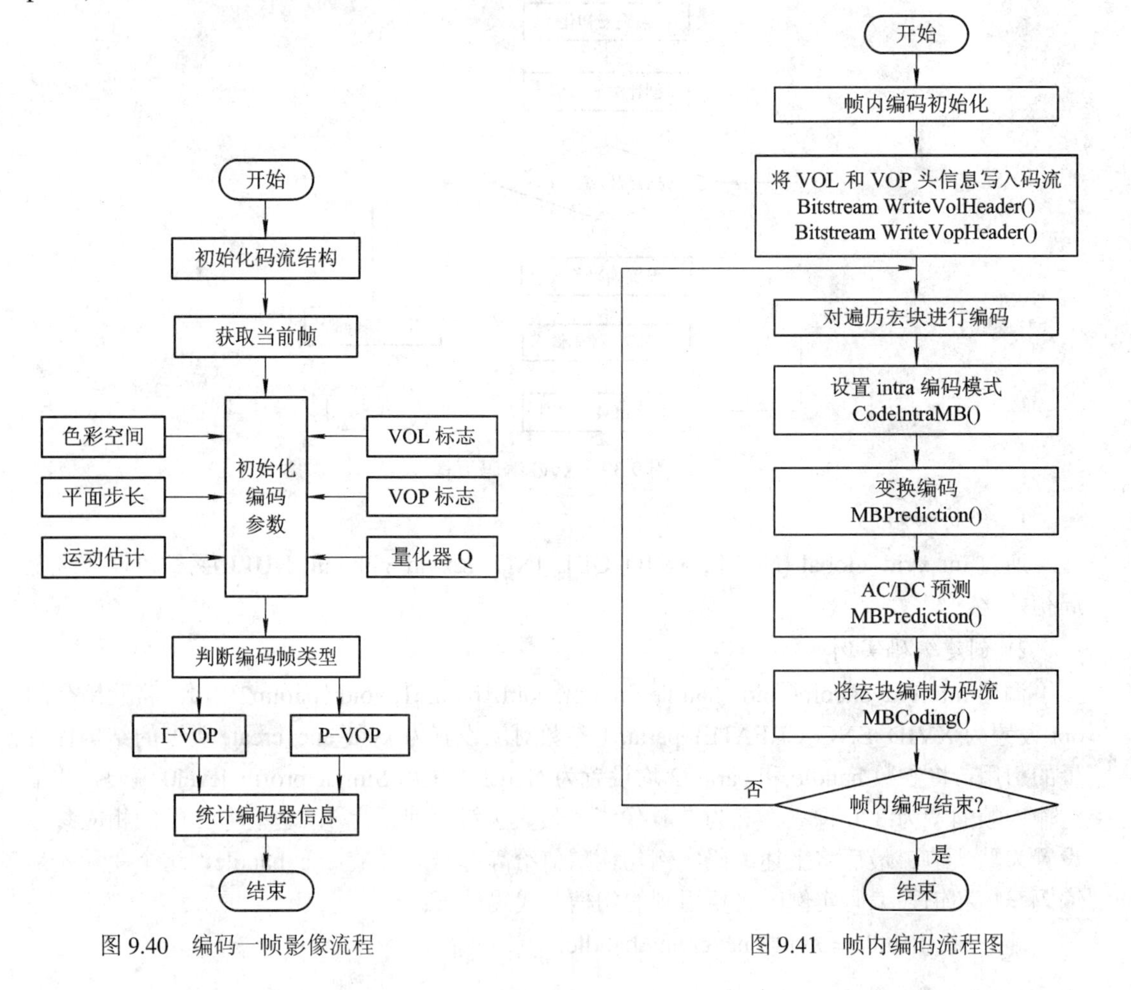

图 9.40 编码一帧影像流程

图 9.41 帧内编码流程图

首先，设置当前帧类型为 I-VOP，并设置宏块的量化系数，将 VOL 和 VOP 头信息写入码流。然后，依次遍历各宏块进行编码：调用 CodeIntraMB()设置 intra，即帧内编码模式；调用 MBTransQuantIntra()进行变换编码；调用 MBPrediction()进行 AC/DC 预测。最后，调用 MBCoding()对量化以及预测后的数据进行 VLC 熵编码，将宏块编码为码流。

帧间编码通过调用函数 static int FrameCodeP(Encoder *pEnc,Bitstream *bs, uint32_t *pBits, bool force_inter,bool vol_header)实现。首先，判断参考帧边框的像素值是否填充，若没有补足则调用 image_setedges()函数设置边框；其次，判断是否需要半像素运动估计，调用 image_interpolate()进行半像素插值；然后，调用 SetMacroblockQuants()设置各个宏块的量化因子，并调用 MotionEstimation()对整帧影像进行运动估计及判断宏块编码模式，并进行帧间 DCT、量化与逆量化、IDCT；最后调用 MBCoding()将宏块编码为码流。

4) 销毁编码器

销毁编码器可通过调用 xvid_encore()函数实现，并将此函数的第一个参数 handle 设置为创建 Xvid 编码实例时所获取的句柄 enc_handle，opt 设为 XVID_ENC_DESTROY。

4．影像解码

Xvid 解码流程如图 9.42 所示。

1) 全局初始化

全局初始化可通过调用 xvid_global(NULL, 0, &xvid_gbl_init, NULL)函数来实现。

2) 创建解码实例

通过在函数 dec_init()中调用 int xvid_decore(NULL, XVID_DEC_CREATE, &xvid_dec_ create, NULL)，可实现创建解码实例，并设置解码器的版本信息，以及解码影像的宽和高。这里将其设定为 0，因为 Xvid 会根据解码后的影像自动地重置它的大小。最后从中提取解码实例的句柄，以备在解码一帧影像以及销毁解码实例中使用。

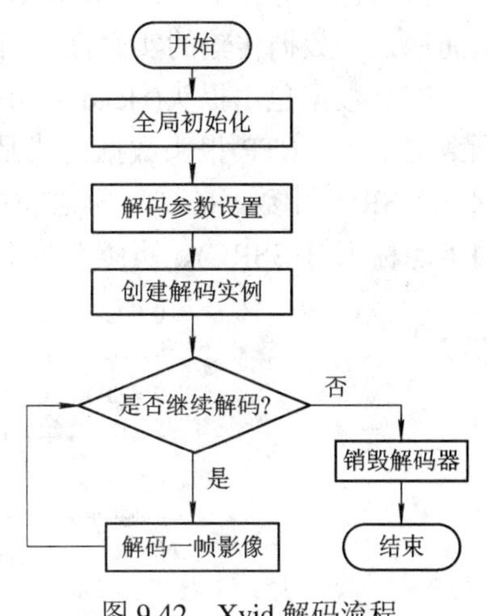

图 9.42　Xvid 解码流程

3) 影像解码

这里通过调用 xvid_decore()函数实现了解码一帧影像。将第一个参数 handle 设置为创建解码实例得到的句柄 dec_handle；将 opt 设置为 XVID_DEC_DECODE，用于进入循环解码；将 param1 设置为指向 xvid_dec_frame_t 类型的结构体指针；将 param2 设置为 xvid_dec_stats 变量。

首先，初始化 xvid_dec_frame_t 结构体变量，并设置版本信息；其次，设置待解码的码流参数；然后，设置解码输出参数，包括解码输出缓冲区、平面步长及色彩空间：平面步长设置为 320，表示一行像素点所占的空间，这里将输出色彩空间设定为 XVID_CSP_BGR，即采用 RGB 输出；最后，调用 xvid_decore()解码一帧影像，进入解码循环，不断解码影像并调整解码输出缓冲区的指针，从而得到原始影像数据。

4) 销毁解码实例

销毁解码实例可由函数 static int dec_stop()实现，并在其中调用 xvid_decore()函数。将此函数的第一个参数 handle 设置为创建 Xvid 解码实例时所获取的句柄 dec_handle；将第二个 opt 参数设置为 XVID_DEC_DESTROY，用于销毁创建的解码实例；将 param1 和 param2 均设为 NULL。代码如下：

```
xvid_decore(dec_handle, XVID_DEC_DESTROY, NULL, NULL);
```

9.3.2 多媒体信息的传输

系统影像的广播传输与交互传输是基于 Wi-Fi 局域无线技术和流媒体协议实现的，将 MPEG-4 数据流封装在 RTP 报头、UDP 报头以及 IP 报头中，经过网络层、数据链路层的封装，并在网络中传输。

1. RTP 协议

RTP 协议是由实时传输协议(RTP, Real-time Transport Protocol)与实时传输控制协议(RTCP, Real-time Transport Control Protocol)这两部分所组成的。由于 RTP 协议本身并不提供可靠的传送机制、流量与拥塞控制，而正是 RTCP 协议完善了它的丢包处理机制，当丢弃的数据包中存在 I 帧、P 帧和 B 帧时，将会舍弃次重要的 P 帧和 B 帧，选择性地重传，从而保证了数据传输的实时性与可靠性。

RTP 数据包由报头(Header)和有效载荷(Payload)两部分组成。RTP 有效载荷为视频或音频数据格式。RTP 报头数据格式是固定的，由 RTP 协议的版本号(V)、填充位(P)、扩展位(X)、CSRC 计数器(CC)、标志位(M)、载荷类型(PT)、序列号(SN)、时间戳(Timestamp)、同步源标识符(SSRC)、贡献源标识符(CSRC)组成。RTP 报头格式如图 9.43 所示。

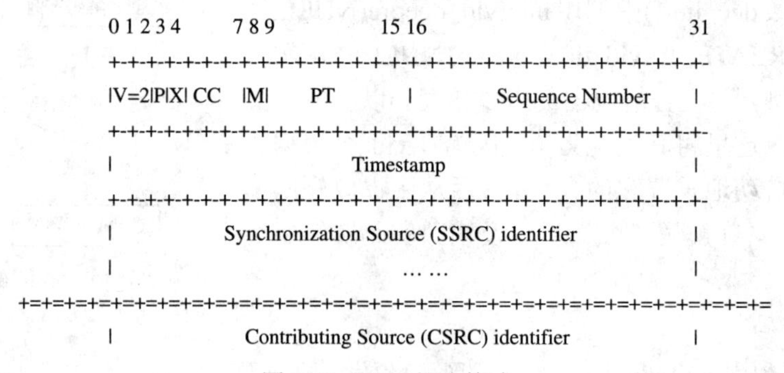

图 9.43 RTP 报头格式

基于 IP/UDP/RTP 传输方式，数据链路层的 RTP 负载包格式如图 9.44 所示。

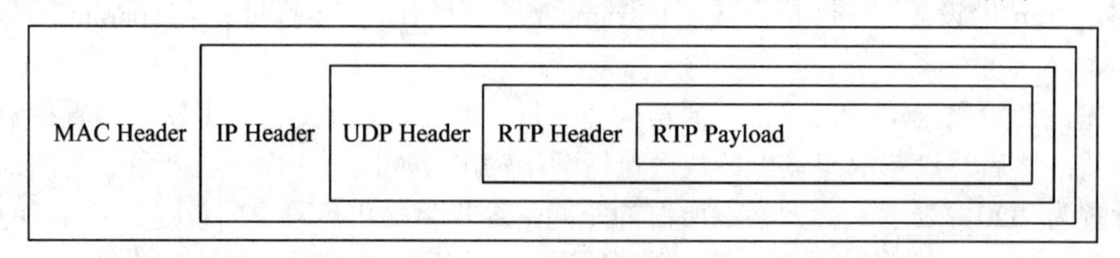

图 9.44 RTP 负载包格式

2. JRTPLIB 库的移植

为实现在 arm-linux 上 MPEG-4 影像流基于 RTP 协议的实时传输，本系统选用了

JRTPLIB 库 jrtplib 3.7.1 实现。它是 RTP 协议开源封装库，采用 C++面向对象语言编写。通过在 Linux 系统上编译移植 jrtplib 3.7.1 库，可以方便地实现 Linux 平台上的流媒体应用开发。移植步骤如下：

(1) 解压 JRTPLIB 库源代码 jrtplib-3.7.1.tar.gz，执行命令#tar xvzf jrtplib-3.7.1.tar.gz。

(2) 配置 jrtplib-3.7.1。执行命令#cd /home/ jrtplib-3.7.1，然后进入 JRTPLIB 库配置目录，执行如下命令：

```
#./configure -prefix=/home/rtp CC=arm-linux-g++
    --host=arm-linux CXX=arm-linux-g++ cross_compiling=yes
```

其中，prefix 用于配置用户安装目录，这里为/home/rtp；CC 用于指定编译器的类型，这里为交叉编译器 arm-linux-g++；host 用于配置编译后的可执行代码运行环境，这里指定为 ARM 处理器，因此配置为 arm-linux；cross_compiling=yes 表示采用交叉编译。

(3) 编译安装。在/home/rtp 目录下执行#make 命令，以对 jrtplib-3.7.1 进行编译。如果直接编译，会出现如图 9.45 所示的错误。

```
rtppacket.cpp:311:58: error: 'memcpy' was not declared in this scope
rtppacket.cpp:315:39: error: 'memcpy' was not declared in this scope

rtcpcompoundpacketbuilder.cpp:333:72: error: 'memcpy' was not declared in this scope
rtcpcompoundpacketbuilder.cpp:335:91: error: 'memcpy' was not declared in this scope
```

图 9.45　编译 jrtplib-3.7.1 时报错

rtppacket.cpp 和 rtcpcompoundpacketbuilder.cpp 文件中出现了“'memcpy' was not declared in this scope”错误，这是由于在这两个文件中找不到 memcpy()函数的声明，因此，在这两个文件中包含定义该函数的头文件#include <string.h>。

最后，执行命令#make && make install，编译并安装 jrtplib-3.7.1，编译安装完成后的界面如图 9.46 所示。

```
/usr/bin/install -c .libs/libjrtp-3.7.1.so /home/rtp/lib/libjrtp-3.7.1.so
(cd /home/rtp/lib && { ln -s -f libjrtp-3.7.1.so libjrtp.so || { rm -f libjrtp.so && ln -s libjrtp-3.7.1.
so libjrtp.so; }; })
/usr/bin/install -c .libs/libjrtp.lai /home/rtp/lib/libjrtp.la
/usr/bin/install -c .libs/libjrtp.a /home/rtp/lib/libjrtp.a
chmod 644 /home/rtp/lib/libjrtp.a
arm-linux-ranlib /home/rtp/lib/libjrtp.a
PATH="$PATH:/sbin" ldconfig -n /home/rtp/lib
----------------------------------------------------------------------
Libraries have been installed in:
   /home/rtp/lib
```

图 9.46　JRTPLIB 库编译安装完成

JRTPLIB 库被安装在/home/rtp/lib 目录下。将上述库文件复制到虚拟机编译器的库文件目录下，并将/home/rtp/include 下的头文件复制到/usr/local/include/jrtplib3 目录下。

(4) 将编译生成的库文件 libjrtp-3.7.1.so 复制到 ARM 板的/usr/lib 目录下，完成移植。

3．MPEG-4 影像流的 RTP 封装与传输

采用 RTP 协议传输时，首先要将原始影像压缩编码得到的 MPEG-4 影像流打包成 RTP 数据包，然后再通过网络进行传输。用于 MPEG-4 流传输的 RTP 负载格式遵循 RFC3640 (RTP Payload Format for Transport of MPEG-4 Elementary Streams)标准。RTP 数据包由 RTP 报头和连续的 MPEG-4 影像流载荷组成。

将 MPEG-4 影像流以 VOP 为单位进行 RTP 打包封装。为避免 IP 碎片的形成，这里选取包长为最大传输单元 MTU 值与当前 VOP 大小的较小值。需要注意的是：即使最后一个 RTP 包中有空间，也不能将下一个 VOP 中的宏块放入到这个 RTP 包中。MPEG-4 影像流的 RTP 包封装流程图如图 9.47 所示。

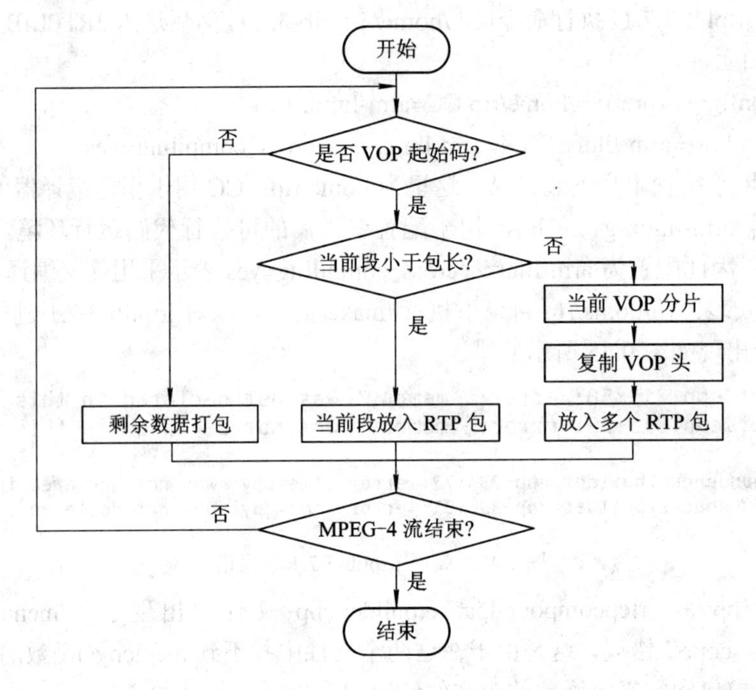

图 9.47　MPEG-4 流的 RTP 包封装流程

按照上述封装格式，在影像发送终端，首先配置 RTP 报头参数，然后将 Xvid CODEC 编码输出的 MPEG-4 影像流装入 RTP 报文的负载段；同时，不断地接收 RTCP 包，通过提取的 QoS 控制信息对其参数进行动态调整。

在接收端，不断接收 RTP 包，分析 RTP 报头参数；然后，更新缓冲区中的接收帧数及包数等参数，并根据时间戳等同步信源，完成包排序与影像流的重组；最后，送入 Xvid 解码器中对接收到的数据帧解码，同时，根据 RTP 的报头参数完成 QoS 反馈控制，并将 RTCP 数据包回送到发送端。基于 RTP/RTCP 协议的 MPEG-4 影像流传输如图 9.48 所示。

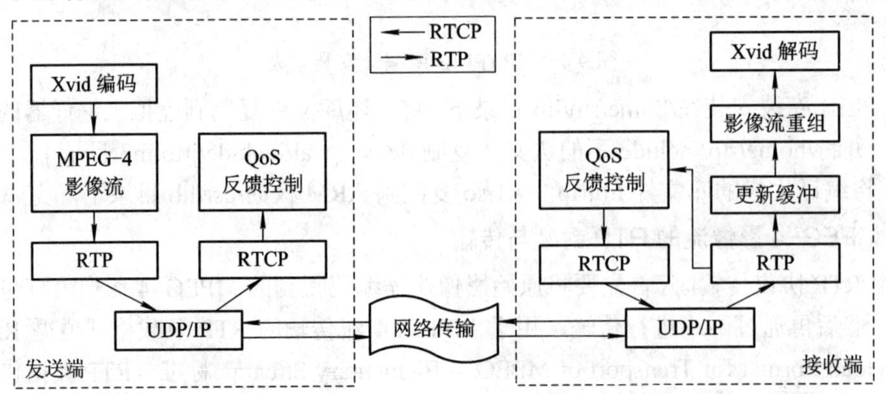

图 9.48　基于 RTP/RTCP 的 MPEG-4 影像流传输

4. 影像发送

基于 RTP 协议的流媒体数据传输如图 9.49 所示。

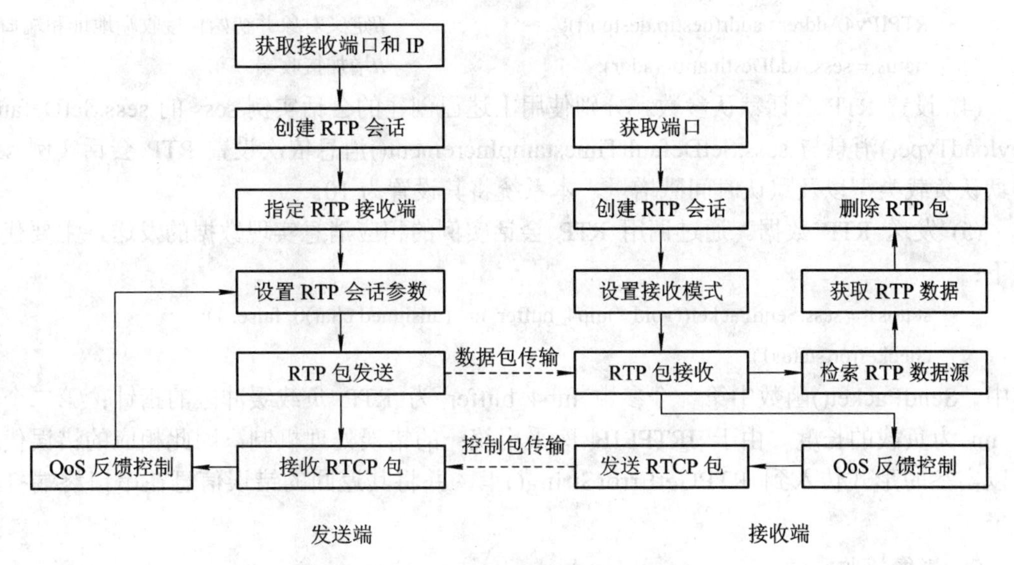

图 9.49　基于 RTP 协议的流媒体数据传输

系统采用 JRTPLIB 库实现影像的 RTP/RTCP 传输，通过对库函数的调用实现创建 RTP 会话、发送/接收 RTP 包和 RTCP 包。当应用层启动 RTP 会话时会同时占用两个端口分别用来提供 RTP 和 RTCP 数据包的传输，因此只需调用 PollData()和 SendPacket()接口函数，JRTPLIB 库即可周期性地自动收发并处理 RTCP 包，从而实现 QoS 反馈拥塞控制和流量控制。基于 RTP 协议的影像发送分为以下几步：获取接收端的 IP 和端口号、创建 RTP 会话、指定 RTP 会话的接收端、设置 RTP 会话默认参数、发送 RTP 数据。

(1) 获取接收端的 IP 和端口号。首先，调用 inet_addr()函数将接收端的点分十进制 IP 转换成一个无符号长整数型数；然后，调用 ntohl()函数将其从网络字节顺序转换为主机字节顺序，并记为 destip；最后，调用 atoi()函数把字符串形式的端口号转化为整数形式，并记为 destport。

(2) 创建 RTP 会话。首先，定义一个 RTPSession 类的对象 sess，用于创建 RTP 会话；其次，定义 RTPSessionParams 类的对象 sessparams，用于设置时间戳和 RTP 最大数据包大小等参数；然后定义 RTPUDPv4TransmissionParams 类的对象 transparams，用于设置本地端口；最后，调用 RTPSession 类的 Create()方法，用于创建 RTP 会话。主要代码如下：

```
sessparams.SetOwnTimestampUnit(1.0/22050.0);          //设置时间戳，即采样频率的倒数
sessparams.SetAcceptOwnPackets(true);
sessparams.SetMaximumPacketSize (512);                //设置 RTP 最大数据包大小
transparams.SetPortbase(local_port);
/*采用 create()方法创建 RTP 会话*/
status1 = sess.Create(sessparams,&transparams);       //如果创建失败，则返回一个负数
checkerror(status1);                                  //出错处理
```

(3) 指定 RTP 会话的接收端。调用 RTPSession 类的 AddDestination()方法来指定接收端的 IP 地址和端口。代码如下：

```
RTPIPv4Address addr(destip,destport);          //定义对象并初始化接收端地址和端口
status = sess.AddDestination(addr);             //增加接收端
```

(4) 设置 RTP 会话默认参数。分别使用上述已创建的会话实例 sess 的 sess.SetDefaultPayloadType()消息与 sess.SetDefaultTimestampIncrement()消息依次设置 RTP 会话实例 sess 的默认负载类型以及默认时间戳增量，本系统将其设置为 10。

(5) 发送 RTP 数据。通过调用 RTP 会话实例的相应消息实现数据的发送，主要代码如下：

```
status1 = sess.SendPacket((void *)mp4_buffer, nn, (unsigned char)0, false, 1);
checkerror(status1);
```

其中，SendPacket()函数中第一个参数 mp4_buffer 为 RTP 负载缓冲区的指针；第二个参数 nn 为负载的长度。由于 JRTPLIB 库采用统一的错误处理机制，因此相应的错误代码会以实参的形式传入到 RTPGetErrorString()里，并将其返回的错误信息在串口终端打印出来。

5. 影像接收

本系统采用 RTP 协议实现影像的接收，其具体的方法如下：首先，调用新创建的接收实例的 sess_receive.Create()消息，用以创建 RTP 会话；其次，设置接收模式为 RECEIVEMODE_ACCEPTSOME，并调用 AddAcceptList()方法添加被接收的发送者列表，调用 Poll()方法接收 RTP/RTCP 包；最后，遍历所有的携带 RTP 数据的流，并从中抽取 RTP 数据包，将其负载存储到 MPEG-4 影像接收缓冲区，影像接收完成后将上述 RTP 包删除。以下是实现影像接收的部分代码：

```
if (sess_receive.GotoFirstSourceWithData()){                //查找每一个具有数据的源
  do {
        RTPPacket *packet_recv;
        while ((packet_recv = sess_receive.GetNextPacket())) {
            timestamp_r = packet_recv->GetTimestamp();      //返回这个 RTP 包的时间戳
            srcLen = (int)packet_recv->GetPayloadLength();  //获取 RTP 包的负载长度
            bzero(recv_buf,sizeof(recv_buf));               //将影像接收缓冲区清零
            /*获取 RTP 数据包中的负载数据，并复制到影像接收缓冲区*/
            memcpy(recv_buf,(void*)packet_recv->GetPayloadData(),srcLen);
            …                                               //接收影像的存储与显示
            delete packet_recv;
        }
  } …                                                       //寻找下一个携带有 RTP 数据的流
}
```

基于 RTP 协议的影像接收流程如图 9.50 所示。

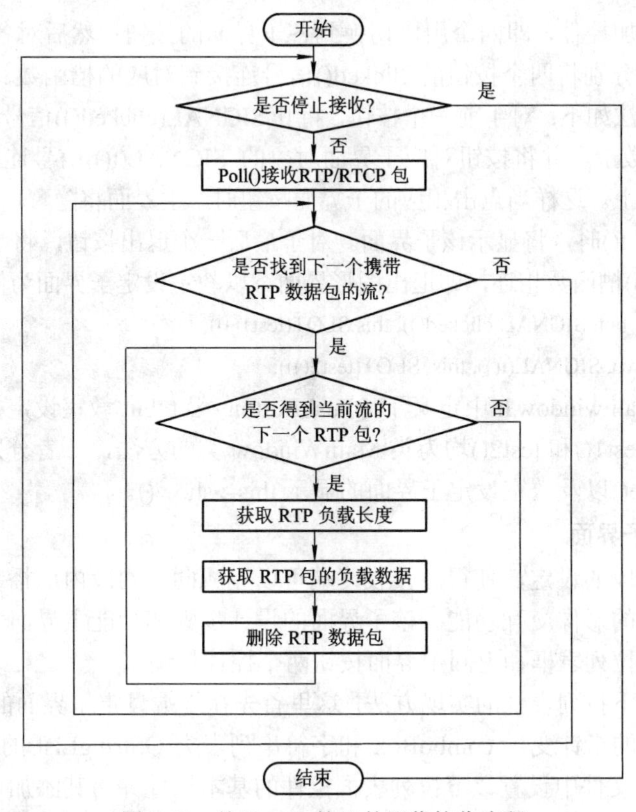

图 9.50　基于 RTP 协议的影像接收流程

9.3.3　多媒体信息的显示

1. 基于 Qt 的 GUI 图形界面设计

在基于 Qt GUI 的 ARM11 终端图形界面设计中定义四个类，分别用以实现系统功能选择、终端的设定、影像广播、影像交互功能。终端图形界面设计中将要用到 Qt GUI 接口 API 的 QLabel 类、QPixmap 类、QPushButton 类、QComboBox 类、QStringList 类以及用于监听按键硬件操作的 QSocketNotifier 类。

图形界面的设计思想是：在 main.cpp 中定义功能选择主界面类 MainWindow 的对象，并在该类的头文件中定义三个子界面类的对象，这样当主程序执行到主界面对象的定义语句时，这四个类的构造函数将同时被执行；最后，在 MainWindow 类中采用信号和槽机制，并通过 this->show()和 this->hide()消息实现由主界面与各子界面之间的切换。

2. 功能选择主界面

各图形子界面的设计步骤基本一致，如图 9.51 所示。

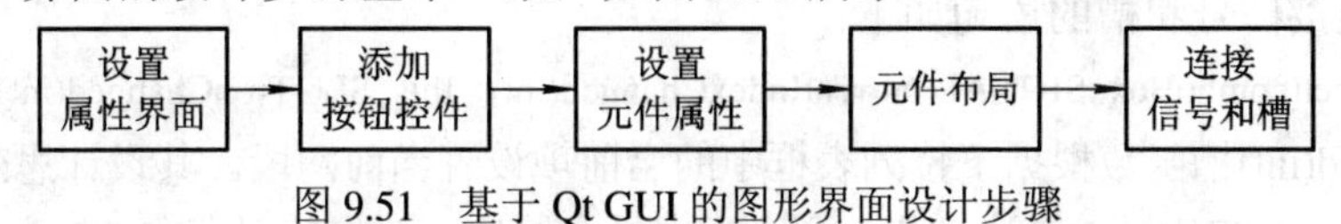

图 9.51　基于 Qt GUI 的图形界面设计步骤

功能选择主界面是由 MainWindow 类的对象实现的。在类的源文件 mainwindow.cpp 中通过调用 Qt API 的接口函数定义了这个类的具体实现。首先设置界面属性，包括界面尺寸、界面背景；其次添加控件，即四个用以切换到各子界面的按钮；然后对各控件布局；最后，采用信号和槽机制分别将四个按钮的 clicked()信号连接到对应的槽函数。

具体的实现方法如下：对于前三个按钮，将其 SIGNAL(clicked())信号连接到主界面隐藏 this->hide()的槽函数上，并将按钮对应子界面对象的 SIGNAL(t())信号连接到该界面的显示 this->show()槽函数上。这样当点击相应的子界面按钮时，主界面将隐藏，且当主界面接收到子界面发来的信号 t()时，将显示该子界面。对于最后一个退出按钮，将 SIGNAL(clicked())信号与 SLOT(quit())槽函数相连，即退出图形界面。以教室设定子界面为例，代码如下：

```
connect(set_but, SIGNAL(clicked()), this,SLOT(test1()));
connect(&two, SIGNAL(t()), this, SLOT(test2()));
```

其中，在头文件 mainwindow.h 中定义了 QPushButton *set_but 教室设定按钮以及该界面类 Two 的对象 two。test1()和 test2()均为类 MainWindow 类的方法，二者分别实现了主界面对象的隐藏 this->hide()以及教室设定子界面的显示 this->show()。

3. 终端设定子界面

终端设定即网段的设定，使得各接收终端可以完成同一网段内广播终端广播影像的接收以及与广播终端的影像交互功能。该子界面的设计步骤和功能主界面大体相同，界面中包括网段设置的下拉列表框和返回主界面按钮两个控件。

需要注意的是下拉列表框的实现方法，这里首先在终端设定子界面的类 Two 中定义指向 QComboBox 类的指针变量 comboBox 和字符串列表类 QStringList 的对象 test，然后在 mainwindow.cpp 源文件中设置该下拉列表框控件的基本属性并为其添加可设定的网段项，实现方法如下：

```
comboBox = new QComboBox;
comboBox->setFixedSize(100,30);        //设置下拉列表控件的大小
comboBox->setEditable(true);           //设置下拉菜单是否可编辑，true 为可编辑
test = QStringList()                   //初始化字符串列表，这里设定为五个网段
    <<" Set   Network"
    <<"192.168.1.255"
    <<"192.168.2.255"
    <<"192.168.3.255"
    <<"192.168.4.255"
    <<"192.168.5.255";
comboBox->addItems(test);              //为下拉列表控件添加字符串列表项
```

布局完成后，要连接下拉列表框的信号和槽。设计思想是，当列表框中的 item 值改变时，即自动发出 currentIndexChanged(int)信号，则执行 onChanged(int)槽函数对当前网段做相应修改，连接信号和槽的语句如下：

```
connect(comboBox, SIGNAL(currentIndexChanged(int)), this, SLOT(onChanged(int)));
```

onChanged(int)槽函数根据下拉列表框中的当前项设置当前网段。其设计思想是：首先通过 comboBox->itemText(index)消息获取列表框中的字符串，并将其保存在 QString str 中；然后将 QString 类型的变量转换为字符串指针变量，提取前 10 个字节“192.168.*.”(其中“*”为“1”、“2”、“3”、“4”或“5”)；最后，将网络中的主机号和上述网络地址连接起来组成一个完成

的 IP，并通过 system()系统调用执行终端命令“ifconfig wlan0……”修改终端的 IP 地址。

4．影像广播子界面

广播终端的影像广播子界面类 Three 设计了三个按钮：QPushButton *bcast_but、*stop_but 和*ret_but，分别实现广播开始、广播停止以及返回主界面。广播发送的实现方法是通过选择的网段及各接收终端的主机地址，采用 RTP 实例 sess 的 AddDestination()方法添加各接收终端的 IP 地址到广播发送对应的目的接收端。

首先设置界面属性以及为各控件布局，然后连接信号和槽：

```
connect(bcast_but,SIGNAL(clicked()),this,SLOT(bcaststart()));        //广播开始
connect(stop_but,SIGNAL(clicked()),this,SLOT(bcaststop()));          //广播停止
connect(ret_but,SIGNAL(clicked()),this,SLOT(threeret()));            //返回主界面
```

其中，在槽函数 bcaststart()中调用 pthread_create(&bcastthread, NULL, &bcastproc, NULL)创建广播发送线程，bcastthread 为该线程的标识符，&bcastproc 为广播发送线程运行函数的起始地址；在槽函数 bcaststop()中调用 pthread_cancel(bcastthread)取消广播发送线程；在 threeret()槽函数中发射信号 s()，即 emit s()，并执行 this->hide()隐藏影像广播子界面。

最后，在类 Three 的构造函数中打开摄像头设备，并完成设置图像格式、向驱动申请缓冲、建立内存映射、将申请的缓冲放入视频采集输出队列以及开启图像捕捉等内容。

接收终端与广播终端影像广播子界面的实现方法大体相同。二者的不同之处就在于广播接收功能的实现，接收端口需要和广播发送时设置的端口一致，设置接收模式为 RECEIVE_ACCEPTSOME，并添加被接受的发送者列表；在类 Three 的构造函数打开摄像头设备后调用::fopen()，以创建一个用于存储广播接收影像的文件。广播发送与广播接收线程流程如图 9.52 所示。

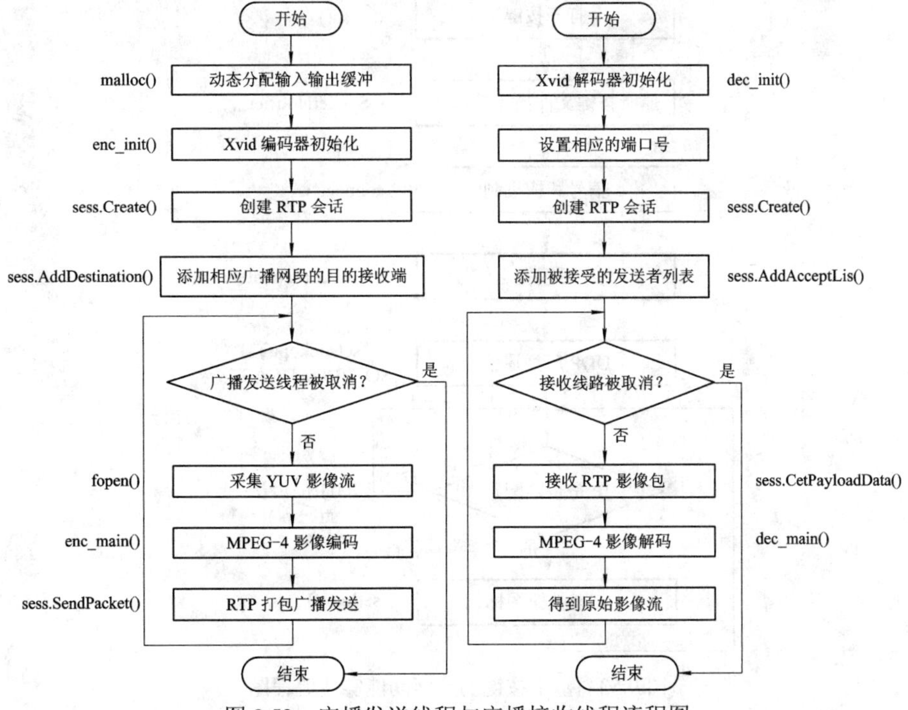

图 9.52　广播发送线程与广播接收线程流程图

影像显示的设计思想是将解码器输出的原始影像保存为单个的.bmp 格式图片，在 Qt GUI 界面中采用定时器事件完成。首先，将接收按钮的 SIGNAL(clicked())信号和槽函数 SLOT(timer1())连接，在 timer1()中调用 startTimer(30)函数来开启 30 ms 的定时器，并返回一个定时器 ID，当定时时间到，这个全局变量和定时器事件 QTimerEvent *event->timerId()相等时即触发该定时器事件发生，在 QLable 上不断显示实时接收的影像。由于人眼的视觉暂留特性，当连续的影像以每秒大于 24 帧的速率显示时，即可达到人眼对于平滑流畅视觉效果的需求。

5. 影像交互子界面

在广播端该子界面中实现了终端检索功能。首先，在接收终端定义了 4 个 QPushButton 类的按钮，设置各个按钮的属性，并将按钮的图标设置成与各个接收终端对应的灰色图标；其次，分别将各个按钮的 SIGNAL(clicked())点击信号与影像发送槽函数 SLOT(sendstart())、影像接收槽函数 SLOT(recvstart())及定时器槽函数 SLOT(timer())连接；最后，基于 ARM 板上的按键实现检索功能，具体过程如下：

调用::open()，以非阻塞只读 O_RDONLY|O_NONBLOCK 的方式打开 ARM 板上的按键"/dev/buttons"，并通过 QSocketNotifier 类的实例来监听按键文件描述符的状态，当有数据可读时 QSocketNotifier 就会发送 SIGNAL(activated(int))信号，通过信号和槽机制将此信号与按键处理槽函数 SLOT(buttonClicked())连接；当检索按键被按下时，执行 find()函数，建立 UDP 广播通信，接收终端发送当前 IP 到广播终端，由广播终端判断这个接收终端的 IP 和已设定缓冲区中的 IP 是否匹配，如果相同则调用 QPushButton 类的 setIcon()方法重新加载此接收终端图标，即将该 IP 对应的接收端图标点亮。基于按键的检索功能实现流程如图 9.53 所示。

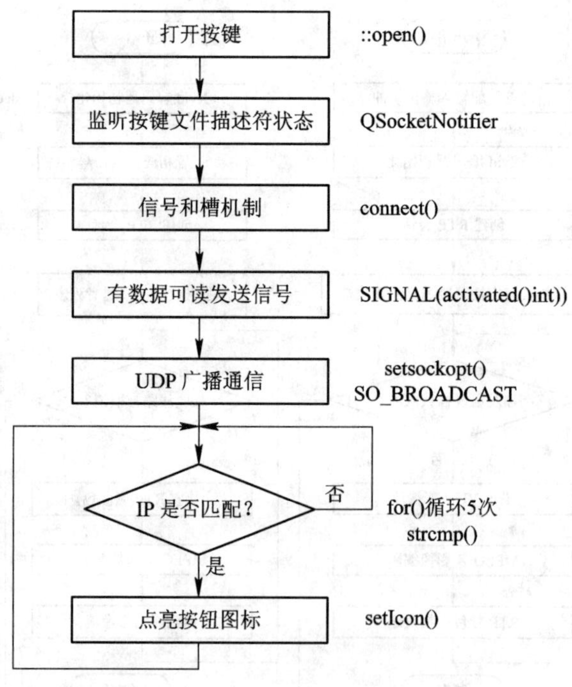

图 9.53　基于按键的检索功能实现流程图

影像交互即实现影像的点对点通信，其实现基于多线程编程，并采用信号和槽机制。首先，将按钮的 SIGNAL(clicked())信号同时连接对应影像交互的三个槽函数；然后，分别在影像发送槽函数 SLOT(sendstart())和影像接收槽函数 SLOT(recvstart())中调用 pthread_create()来创建影像发送线程 sendthread 和影像接收线程 receivethread，代码如下：

```
pthread_create (&sendthread, NULL, &sendproc, NULL);          //创建发送线程
pthread_create (&receivethread, NULL, &recvproc, NULL);       //创建接收线程
```

最后，在发送线程函数中实现影像的采集、Xvid 编码及 RTP 点对点发送，在接收终端完成 RTP 接收、Xvid 解码、影像的显示和存储。这样通过多线程编程即可实现点对点的全双工影像通信。影像交互的实现这里不再赘述，其实现方法与影像广播基本一致，仅在发送端添加目的接收端及接收端添加被接收的发送者列表时做相应更改即可。

6. 影像回放

各接收终端将接收到的 MPEG-4 影像流存储为.mp4 格式的文件，再在 ARM 板上移植 SMPlayer，从而实现对存储影像的回放。SMPlayer 是一款开源的软件，它提供了视/音频流的播放功能。

首先在 ARM 板上移植 SMPlayer，其基本步骤为先解压安装源码包、配置、编译安装，再将编译好的文件复制到 ARM 板上并设置其运行的环境变量，详细过程不再赘述。

在接收终端首先运行按键处理后台进程，读取按键状态，根据保存按键状态的数组键值判断执行影像回放程序或基于 Qt 的 GUI 影像广播与交互图形界面程序。由 system()系统调用 ARM 板上执行的相应 SHELL 命令。部分代码如下：

```
/*按下 K7，执行 SHELL 命令使用 mplayer 播放存储的.mp4 文件*/
if(buttons[6]!='0'){
        system("/usr/local/smplayer/bin/mplayer -fps 24 -demuxer lavf /udisk/test.mp4");
    }
/*按下 K8，执行 SHELL 命令./teacher1 –qws*/
    if(buttons[7]!='0') {
        close(buttons_fd);
        system("./teacher1 -qws");          //执行 Qt 程序，实现影像的广播与交互
        …                                   //重新打开按键
}
```

其中，system("/usr/local/smplayer/bin/mplayer -fps 24 -demuxer lavf /udisk/test.mp4")系统调用通过 mplayer 播放 math.mp4 文件，这里将播放速率设置为 24 幅/s。

9.4　数字电视的网络功能开发

数字电视网络功能的出现，可以使电视变成网络信息终端。利用网络功能，借助电视的显示屏可实现网络信息的浏览、网络视频的播放，以及家庭照片、录像的网络推送显示等诸多功能拓展。

数字电视在家居环境下，最合适的网络环境就是基于 Wi-Fi 的无线局域网络，这一网

络的构建需要以下内容的支撑。

9.4.1 家庭 Wi-Fi 无线网络

1. 无线网卡的驱动

本系统选用腾达公司的 Tenda W541U V2.0 无线网卡作为 Wi-Fi 模块，通过对它的驱动和配置来组建无线 Wi-Fi 局域网络。Tenda W541U V2.0 是一款信号好、传输距离远、性能稳定、性价比高的无线网卡，它支持 IEEE 802.11g 和 IEEE 802.11b 网络标准，它的无线传输速率高达 54 Mb/s，并且带有标准 USB 2.0 接口。

要驱动 Tenda W541U V2.0 无线网卡，就要配置 Linux 内核，使它支持相应的 Wi-Fi 硬件驱动和 802.11 无线网络协议栈。详细步骤如下：

(1) 进入 Linux 内核源码目录，执行 make menuconfig 命令开始配置内核。然后进入 Device Driver→Network device support→Wireless LAN→Ralink driver support 界面，将 Ralink driver support 界面下的全部驱动都加载到内核中，这样就可以支持 Tenda W541U V2.0 硬件了。配置界面图 9.54 所示。

```
Ralink driver support
Arrow keys navigate the menu.  <Enter> selects submenus --->.  Highlighted letters are hotkeys.
Pressing <Y> includes, <N> excludes, <M> modularizes features.  Press <Esc><Esc> to exit, <?>
for Help, </> for Search.  Legend: [*] built-in  [ ] excluded  <M> module  < > module capable

    --- Ralink driver support
    <*>   Ralink rt2500 (USB) support
    <*>   Ralink rt2501/rt73 (USB) support
    <*>   Ralink rt27xx/rt28xx/rt30xx (USB) support
    [*]     rt2800usb - Include support for rt33xx devices (EXPERIMENTAL)
    [*]     rt2800usb - Include support for rt35xx devices (EXPERIMENTAL)
    [*]     rt2800usb - Include support for unknown (USB) devices
    [*]   Ralink debug output
```

图 9.54　Wi-Fi 硬件驱动的配置界面

(2) 进入 Networking support→Wireless 界面，选中 Generic IEEE 802.11 Networking Stack(mac80211)，这样就使内核支持 802.11 无线网络协议栈。配置界面如图 9.55 所示。

```
Wireless
Arrow keys navigate the menu.  <Enter> selects submenus --->.  Highlighted letters are hotkeys.
Pressing <Y> includes, <N> excludes, <M> modularizes features.  Press <Esc><Esc> to exit, <?>
for Help, </> for Search.  Legend: [*] built-in  [ ] excluded  <M> module  < > module capable

    --- Wireless
    <*>   cfg80211 - wireless configuration API
    [ ]     nl80211 testmode command
    [ ]     enable developer warnings
    [ ]     cfg80211 regulatory debugging
    [*]     enable powersave by default
    [*]     cfg80211 wireless extensions compatibility
    [*]   Wireless extensions sysfs files
    < >   Common routines for IEEE802.11 drivers
    <*>   Generic IEEE 802.11 Networking Stack (mac80211)
          Default rate control algorithm (Minstrel)  --->
    [ ]   Enable mac80211 mesh networking (pre-802.11s) support
    [ ]   Enable LED triggers
    [ ]   Select mac80211 debugging features  --->
```

图 9.55　802.11 网络协议栈的配置界面

配置完内核后，就可以重新编译内核了，将生成的内核镜像文件烧写到终端板子上，然后系统就可以支持 Tenda W541U V2.0 无线网卡了。

要想组建一个 Wi-Fi 无线网络，需要对无线网卡进行 Wi-Fi 的配置。Linux 下常用的 Wi-Fi 用户层配置工具是 iwconfig，使用 iwconfig 工具之前要进行移植，移植成功后在串口终端输入 iwconfig 命令，会打印出图 9.56 所示的信息，说明已检测到了无线网卡，就可以进行 Wi-Fi 的配置了。

```
wlan0     IEEE 802.11bg  ESSID:off/any
          Mode:Managed  Access Point: Not-Associated   Tx-Power=0 dBm
          Retry  long limit:7   RTS thr:off   Fragment thr:off
          Encryption key:off
          Power Management:on
```

图 9.56　检测无线网卡图

2. 配置无线网卡组建 Wi-Fi 局域网

用 iwconfig 进行 Wi-Fi 配置的方法有多种，下面介绍本设计用到的工作模式和网络名称的配置。

(1) 设置无线网卡的工作模式。无线网卡有四种工作模式。本设计选用的是 Ad-hoc 模式，Ad-hoc 模式是点对点的对等网模式，在这种模式下，所有网络节点地位平等，不需要设置任何中心控制节点就可以组建一个 Wi-Fi 网络，多个终端之间即可进行对等的通信。在本系统中，无线网卡的设备名为 wlan0，设置 Ad-hoc 工作模式的命令如下：

iwconfig wlan0 mode ad-hoc

(2) 设置 Wi-Fi 网络的网络名称。为每一个无线网络设置一个网络名，用网络名来区分不同的网络，只有处在同一个无线网络内的多个终端之间才可以通信，这样可以防止不同的网络之间相互干扰。设置网络名称为 wenzi 的命令如下：

iwconfig wlan0 essid wenzi

(3) 配置网络终端的 IP 地址。无线网络中的每一个网络终端都要有一个 IP 地址，IPV4 地址由 32 位的二进制数组成。通常用 IP 地址的第 9～16 位代表网段，同一网段内的不同终端之间才可以相互通信；用 IP 地址的最后 8 位区分不同的终端，例如终端 A 的 IP 地址为 192.168.2.3，终端 B 的 IP 地址为 192.168.2.5，则终端 A 和终端 B 就是同一网段内的两个不同终端。

配置 IP 地址使用 Linux 自带的 ifconfig 命令，使用方法如下：

终端 A：ifconfig wlan0 192.168.2.3　　终端 B：ifconfig wlan0 192.168.2.5

配置完成后，终端 A 和终端 B 之间就可以用 ping 命令检测它们之间的连通状态了。

综上所述，在驱动无线网卡之后，用 iwconfig 工具把多个终端配置成 Ad-hoc 模式，并且配置成相同的网络名称，本系统中我们把配置命令加到系统开机启动脚本里就可以自动完成配置。然后用 ifconfig 把不同的终端设置成同一网段内的不同 IP，则这些终端之间就组建了一个对等的 Wi-Fi 局域网，就可以以广播或交互的形式进行通信，这样就成功组建了本系统的无线网络工作环境。

9.4.2　三网融合网络

随着网络信息平台的建立，有线电视网络、固定电话网络、宽带城域网络都在不断升级改造与维护，而城市化建设的过程对已有网络设施造成很大破坏(拆迁)，且城市新区的建设又需要新建各种网络。上述三种具有广泛应用需求和固有客户量的网络本质上都是数字网络，可以进行三网融合，只用一根有线电视线缆或一根光纤就可以解决三网固有的实际需求，并有广泛的拓展应用空间，三网融合已经成为国家网络发展的必然趋势。

三网融合在技术上已经成熟，发达国家已经大量普及这一网络技术，起到了很好的使用效果。其最大的优势是节省了大量网络设施和布线，解决了网络带宽和稳定性的问题。

数字电视的发展趋势是成为高性能的数字网络视频信息终端，一根线缆(光纤)接到电视上，既可以看高质量的电视节目，又可以成为网络信息浏览器以获取大量多媒体信息，还可以实现接打电话和可视电话的功能。基于网络的创新应用功能层出不穷，三网融合技术使人们真正过上了舒适、便捷的信息生活。

三网融合在数字电视的结构设计上只需加入一广义的调制解调模块(Modem)，分别建立数字电视信息链路、固定电话信息链路、宽带网络信息链路，根据功能选择激活某一链路，实现相应的信息传输显示与交互功能。

9.4.3　移动网络电视

随着移动通信技术的飞速发展，3G、4G 甚至 5G 网络相继出现，使得基于移动网络信息传输下的移动网络电视成为可能，并不断推出便携式视频、音频交互应用的创新产品，是继传统手机、智能手机之后最有发展前景的新产品。

由于数字电视已实现高度模块化结构，显示单元模块、信号处理模块、网络通信模块与上述基于移动网络的移动网络电视终端具有结构上的一致性，因此，设计上可以相互借鉴，只要根据市场需求定位来改变设计结构与尺寸，在电路上根据固定应用还是移动应用选择功耗等级和信号传输方式(有线、无线、移动)，就可以确定产品系统架构，由此设计出相应的产品。

移动网络电视信息终端将满足人们的高水平、高便捷、高信息方面的需求，成为未来数字电视新的发展方向。

9.5　视频编解码器设计实例

下面我们以视频编码和解码器的设计为例，阐述数字电视的开发过程。

视频编解码器的设计与目标平台、传输环境和用户使用的环境相关。然而，有一些共同的设计目标和设计经验对很多设计都很有用。视频编解码器的接口设计是很重要的问题，因为要对高带宽要求的视频数据进行实时的操控，而且对编解码器灵活的控制对编码性能有很大的影响。功能模块的划分有许多可选的方案，而模块划分的方式会影响编码器的性能和系统的模块化。视频编解码器中每个重要的功能模块都有大量可选的算法和设计。好的设计步骤是先采用简单的算法实现设计，然后在设计中对效率影响大的部分寻找更复杂和优化的算法替代简单的算法。为确保编解码器在所有模式下能正确地工作，必须用一系列的视频序列和控制参数进行全面测试。

这里主要介绍两种视频编解码器的设计策略：一种是软件实现，应用于通用目的的设备；另一种是硬件实现，基于FGPA或ASIC。

1. 视频编解码器的接口设计

图9.57显示了一个视频编码器和一个视频解码器的主要接口。

(1) 编码输入：未压缩的视频图像序列(从帧采集器或其他途径获得)，控制参数。

(2) 编码输出：压缩了的比特流(为适应网络传输的需要)，状态参数。

(3) 解码输入：压缩了的比特流，控制参数。

(4) 解码输出：解压缩后的视频图像序列(传送给显示单元)，状态参数。

一个视频编解码器通常被一个用于处理上层应用程序和协议的宿主进程或程序所控制。

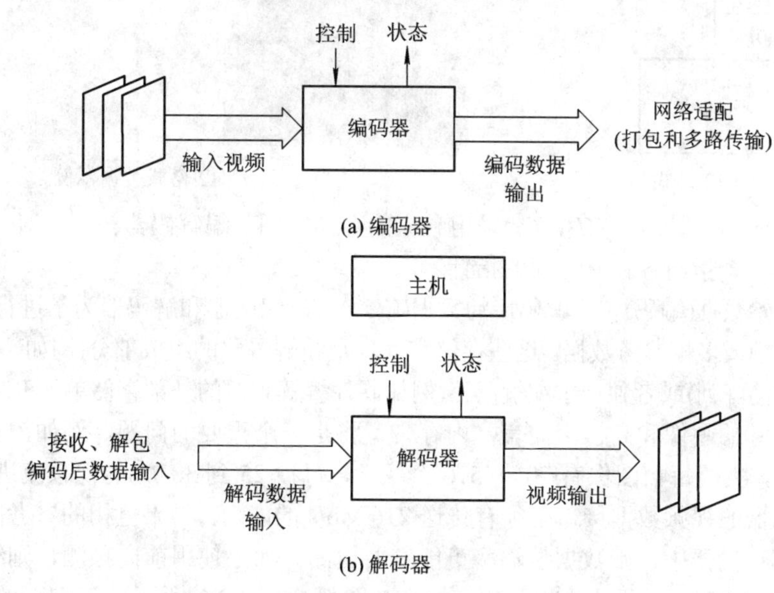

图9.57　视频编码器和视频解码器接口

2. 视频输入/输出设计

作为编码输入和解码输出的未压缩的视频有很多种选择。这里列出了一些例子(下面四个字符的代码被称为“FOURCC”描述，是AVI视频文件格式定义的组成部分)。

(1) YUY2(4∶2∶2)：这种格式的数据结构如图9.58所示。一个Y(亮度)分量后跟着一个C_B(蓝色色差)分量，接着又一个Y分量，然后跟着一个C_R(红色色差)分量；结果色度分量在垂直方向上与亮度分量有相同的分辨率，但在水平方向上的分辨率只有亮度的一半。在图中，亮度的分辨率为176×144，色度分辨率为88×144。

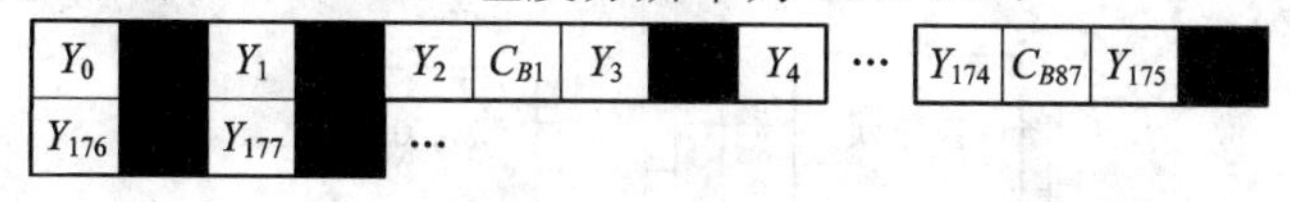

图9.58　YUY2格式

(2) YV12(4∶2∶0)(见图9.59)：当前帧的亮度分量连续存储，接下来是C_R分量，再接着是C_B分量。C_R和C_B分量在水平和垂直方向上的分辨率都只有亮度分量的一半。原始图像中的每个彩色像素平均需要12比特(1个Y分量，1/4个C_B分量，1/4个C_R分量)，因此得名“YV12”。图 9.60 显示了一个按此格式存储的帧，先是 Y 分量数据，接着是长宽各半的 C_B 和 C_R 分量数据。

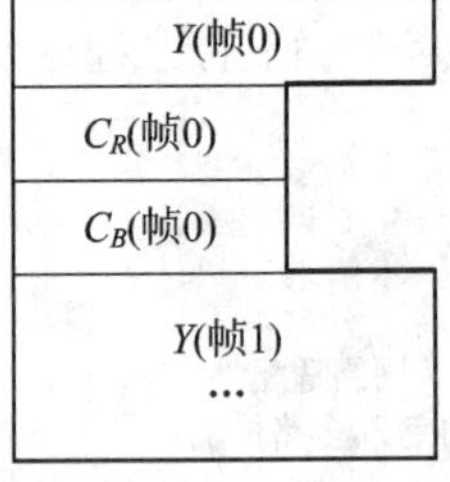

图 9.59　YV12 格式

图 9.60　YV12 格式数据示例

(3) 对每种色度分量(Y，C_R，C_B)采用独立的存储空间：编解码器在开始对一帧图像编/解码时，需要一个指向各存储空间的指针。

在读取原始数据(编码)和写解码后的数据(解码)时，编码器和解码器为了进行运动补偿，都需要存储一帧或多帧参考数据。这些存储空间也是编解码器的组成部分(例如，软件编解码器中的内部存储阵列)或者独立于编解码器(例如硬件编解码器的外部存储单元 RAM)的。

对于大尺寸的图像和高帧率而言，内存带宽将是一个重要的问题。例如，对电视分辨率(ITU-R 601，大约每帧图像有 704 × 576 个像素，每秒 25 到 30 帧)的视频流进行编解码，编码器或解码器的视频数据接口必须有传送 216 Mb/s 的能力。如果重构的参考图像放在编解码器的外部存储器中，则数据传输率可能需要更高。如果使用前向预测，则编码器在对一帧图像进行编码时，需要传输相关的三帧完整图像：如图 9.61 所示。读取新的输入图像，读取在运动估计和运动补偿中作为参考的图像，写重构的图像，这意味着编码器的输入端，对于 ITU-R 601 的视频流，内存带宽至少需要 3 × 216 = 648 Mb/s。如果允许在运动估计和运动补偿中采用两个或两个以上的参考帧(例如，在 MPEG-2 中的 B 帧编码)，则需要更大的带宽。

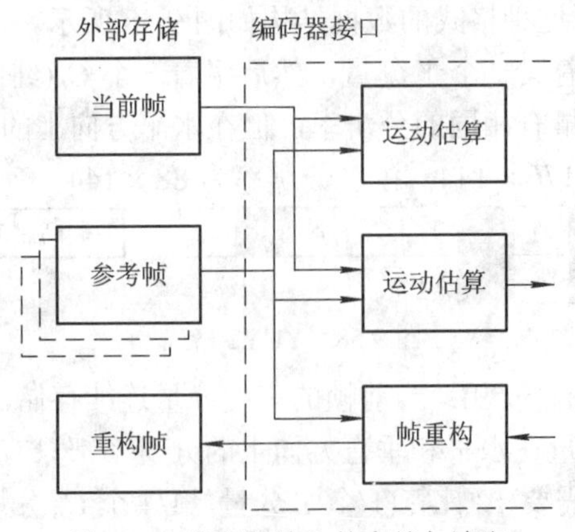

图 9.61　编码器输入的存储与读取

3. 编码数据的输入/输出设计

编码后的视频数据是描述了编码视频的各种语法元素(例如文件头、变换后的相关系数和运动向量)的连续比特流。如果采用改进的哈夫曼编码，则码流由一系列的变长编码(VLC)包组成。如果采用算术编码，则各比特描述了一系列小数，每个小数代表一系列的数据单元。比特流必须存放在恰当的单元中以利于传输。

(1) 位(Bit)：如果传输信道能处理任意位的数目，不需要对数据进行特殊处理。这种情况可能在专用的串行信道中出现，但是对大多数的网络传输系统是不成立的。

(2) 字节或字(Byte 或 Word)：比特流通过整数个字节(Byte 是 8 位)或字(16 位、32 位，64 位等)传输。这对于以字节的倍数为单位进行传输和存储的设备而言是合适的。为构成完整的字节，对于流的尾部通常需要进行填补。

(3) 完整的编码单元：对编码后的流按照编码的视频语法分解成编码单位。这种单元包括条带(在 MPEG-1、MPEG-2、MPEG-4 或 H.263 中编码后的图像的组成单元)、GOB(H.261 或 H.263 中编码后的图像组成单元：块组)和整帧图像。在传输过程中，这些编码单元完整地保存在一起。例如，将整个单元放入到一个网络传输包里。

图 9.62 显示了在采用 H.263、MPEG-4 编码时一帧图像中各块组的位置，编码单元(这种情况下就是块组)对应当前帧的特定位置。但是由于编码的内容不一样，每个编码单元编码所用的位数不同，结果导致形成大小不等的编码单元(块组)，如图 9.62 所示。

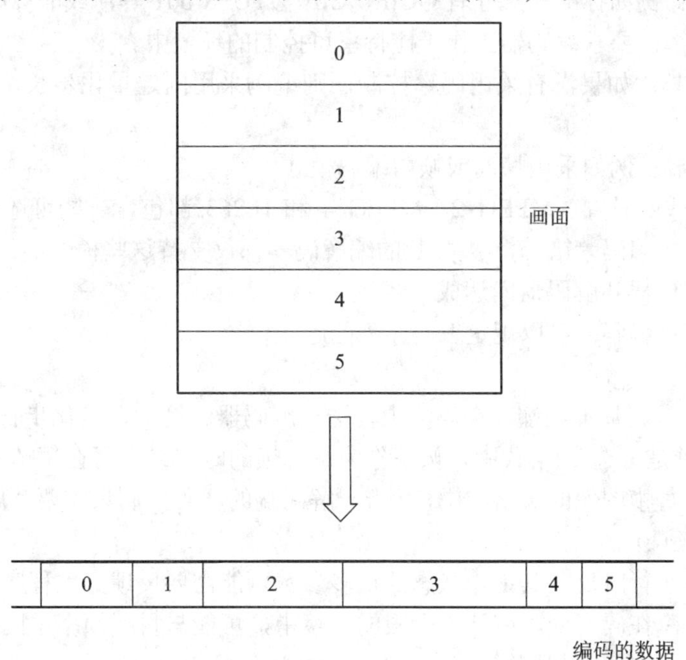

图 9.62 在一帧中的 GOB 位置与变长编码单元

另一种可选方式是采用变长的条带(例如 H.263 中的条带结构和 MPEG-4 中的视频包)。图 9.63 显示了当前帧中宏块数目不同的条带，以保证在编码时各条带编码后的总比特数相近。

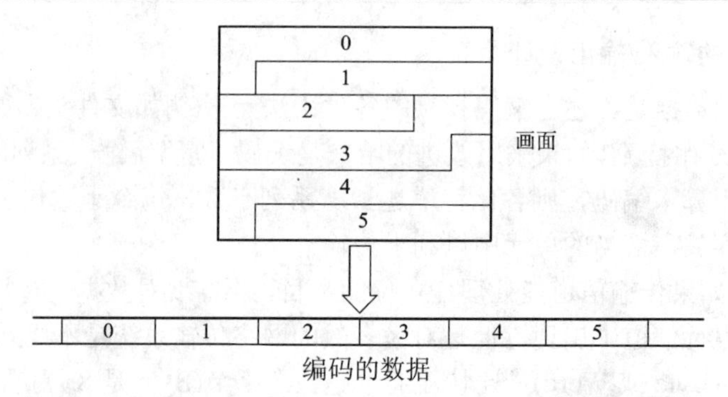

图 9.63　在一幅画面中的条带边界与固定大小的编码单元

4. 控制参数设计

下面列出了一些重要的控制参数，但视频编解码器的应用程序接口(API)可能没有提供这些参数的全部接口。

1) 编码器

(1) 帧率：可以指定每秒的帧数或编码时需要跳过的帧数(也就是每秒跳过的帧数)。如果编码器工作于码率受限或计算受限的环境，这个帧率可能不能实现，只能作为目标帧率而不是实际帧率。

(2) 帧尺寸：例如标准的尺寸有 QCIF、CIF、ITU-R 601 等，或非标准的尺寸。

(3) 目标码率：要求编码器工作于比特率可控制的环境中。

(4) 量化步长：如果没有采用码率控制，则编码采用固定量化步长，得到质量基本稳定的视频数据。

(5) 模式控制：例如采用帧间或帧内编码模式。

(6) 可选模式的设置：MPEG-2、MPEG-4 和 H.263 都包含一些可选的编码模式(以提高编码效率，减少编码差错等)。大多数的编解码器都仅支持这些模式的一部分，而且这些可选项必须在编码器和解码器间达成一致。

(7) 开始/停止编码：可以规定编码序列的起止位置。

2) 解码器

上面提到的参数基本上都写在码流中传送给解码器。例如，量化步长写在码流的头和宏块的头(后一种是可选项)格式中，帧率作为每一帧的时间参考写在每帧图像的头格式中，模式选择也写在每帧图像的头格式中，因此，解码端的解码控制只需要“开始/停止”参数。

3) 状态参数设计

编解码器在运行时反映其工作状态的很多参数可能需要反馈到主程序上。它们包括：

(1) 实际帧率(在码率受限或计算受限的环境中，可能与目标帧率不同)。

(2) 每一帧编码输出的比特数。

(3) 对各个宏块模式的统计(例如帧间和帧内编码宏块的个数)。

(4) 每个宏块的量化步长(对解码端的后处理滤波器可能有用)。

(5) 编码的各比特的分布(例如分配给系数、运动向量和头信息编码的比特数的比例)。

(6) 差错标志(当解码端检测到传输错误时的返回值，可能还包含解码中具体的出错位置)。

5．基于软件的编解码器的设计

下面将描述创建一个软件的视频编解码器的设计目标和主要步骤。

1) 设计目标

一个实时的软件视频编解码器的工作在很多方面受限，其中最重要的原因是计算能力(由可用的处理器资源决定)和码率(由传输或存储介质决定)的限制。软件的视频编解码器的设计目标包括：

(1) 最大化编码帧率。合适的目标帧率由应用目的决定。例如，对于视频会议系统需要每秒 15～30 帧的帧率，而电视质量的视频则需要每秒 25～30 帧的帧率。

(2) 最大化视频尺寸(视频图像的长宽)。

(3) 最大化峰值码流速率。考虑到编解码器的目的在于视频压缩，这似乎不是一个常见的目标。但是考虑到它有利于最大限度地利用网络传输速率或存储速率(如果有的话)，以得到高的编码质量。更高的峰值码流速率对处理器也提出了更高的性能要求。

(4) 最大化视频质量(在给定码率下)。在给定的视频编码标准下，通常有很多机会在质量和编码复杂度间取舍。

(5) 最大化编解码时延。这在要求时延尽量小的双向应用的场合(如视频会议)中显得尤为重要。

(6) 编译后的代码或数据量最少。这对内存有限的系统(如嵌入式系统)很重要。

(7) 提供灵活的 API，可能还提供一个标准的框架，例如 DirectX。

(8) 确保代码的鲁棒性(也就是代码对所有的视频流、所有允许的参数设置和在出现传输差错的条件下都能正确工作)，稳定性和易于升级更新(例如增加对未来的标准和模式的支持)。

(9) 不依赖工作平台。可移植的软件可以在很多不同的平台下工作，这样有利于该软件的发展更新，有利于未来向其他的平台移植并且适应市场变化。然而，得到最佳的性能需要软件针对工作平台进行优化工作，例如 SIMD(单指令多数据)/VLIW(超长指令字)。

上面提到的设计的前四个目标是相互排斥的。每一个目标(最大的编码帧率、最大的视频尺寸(视频图像的长宽)、最大的峰值码流速率和最高的视频质量)都需要增加处理器的资源。软件的视频编解码器经常受限于处理器资源和(或)允许的最大比特传输速率。一般情况下，编解码器可以处理的视频尺寸是严格受限的(由允许的最大比特传输速率和处理器资源决定)。这意味着要提高帧率必须减小帧的尺寸。图 9.64 显示了在计算能力受限的条件下，帧尺寸和帧速率间的关系曲线。如果要更好地利用计算资源，则曲线可以向右移(也就是说，在不改变帧尺寸的条件下提高帧率)。

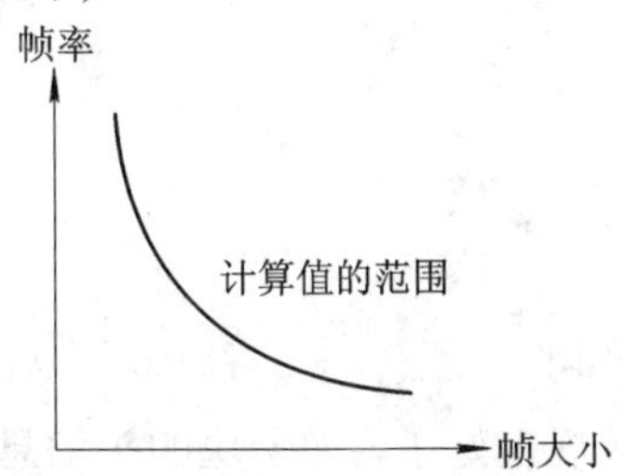

图 9.64　在视频 CODEC 软件中帧尺寸与帧速率之间的关系曲线

2) 规范和分割

根据不同的标准(如 MPEG-2、MPEG-4 或 H.263)，对编码器或解码器的各功能模块进行分割和初始化。图 9.65 显示了基于块/宏块的帧间编码(如 MEPG-1、MEPG-2、MPEG-4 或 H.263)简化了的流程图，图 9.66 显示了相应的解码器流程图。

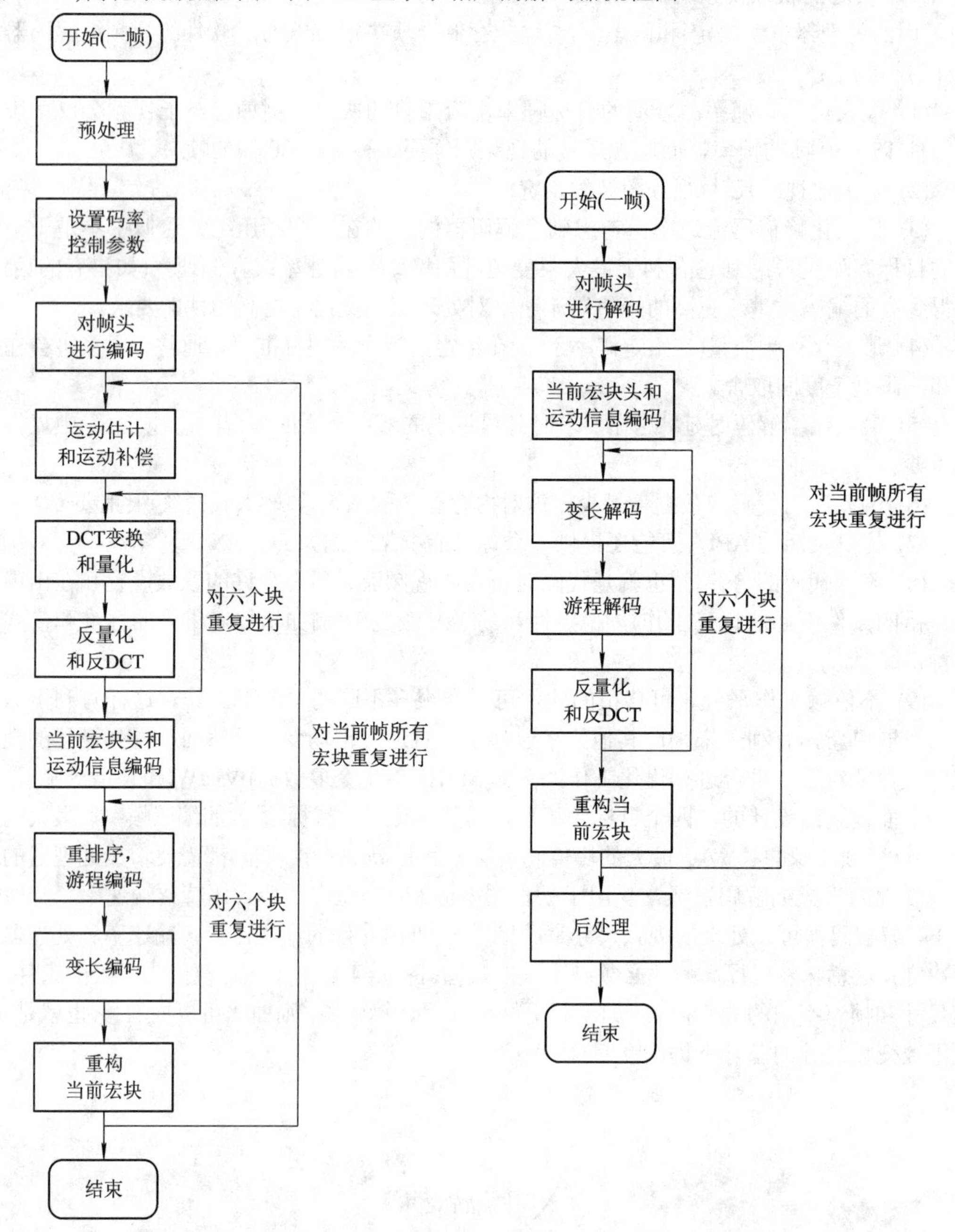

图 9.65　软件实现的编码器流程图　　图 9.66　软件实现的解码器流程图

有些步骤的顺序已经被标准规定好了，如宏块的头信息一般会包含 CBP 系数，来表明当前宏块中的各子块是否存在编码后的 DCT 系数，所以对宏块头进行 VLC 编码前必须先进行DCT变换和量化。但是剩余很多步骤的安排就可以有一定的灵活性。编码器可以在进行块级的操作(DCT、量化等)前完成整帧图像的运动估计和运动补偿，也可以选择对每个宏块计算了残差之后，再进行DCT、量化等操作。解码端的情况也类似。编码器与解码器之间的互操作点如图9.67所示。

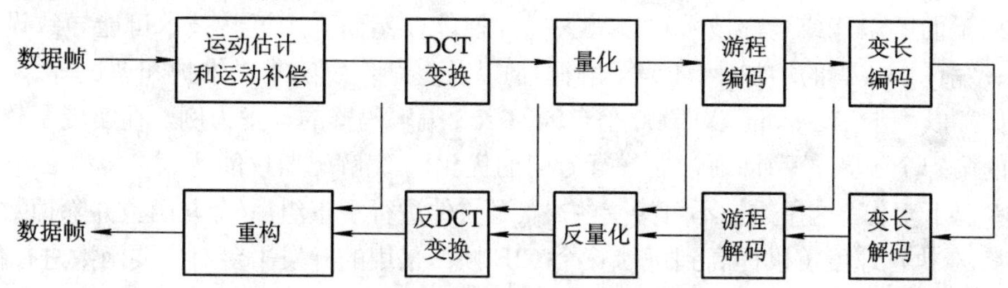

图9.67　编码器与解码器之间的互操作点

下列的法则有助于决定软件编解码器的结构：

(1) 在软件模型中尽量减小函数的相关性，使代码模块化。

(2) 尽量减少函数间的数据复制(因为复制增加计算量)。

(3) 减少函数的过量调用，这会引起联合调用，影响代码的模块化。

(4) 减小时延，在运动估计和运动补偿之后，再立刻对各宏块进行编码和传输，而不是在编码前对整帧进行运动补偿，可以有效地减少处理时间。

3) 设计功能模块

为了以最快的时间实现编解码器的功能，对每种算法应该从最简单的实现做起。设计的第一步是得到能够工作但是效率不高的代码，然后可以用更快速的算法来代替那些基本算法以提高编解码器的性能。设计的第一个版本可以作为基准，以确保在此基础上发展起来的版本能够满足编码标准的要求。

先设计编码器再设计解码器，可以使两个设计相互作用，使设计变得简单。例如编码获得的残差数据可以与解码器的运动补偿之后的数据相加，作为解码的输出，结果应该和编码器的输入一样。

4) 改进性能

当已经实现了一个包含基本功能的编解码器后，下面的工作就是按照上面讨论的设计目标对编解码器进行优化，可以包括下面的步骤：

(1) 衡量每个单独函数的性能，来确定软件的层次。可以在软件中加入计时代码，由编译器自动获得每个函数需要花费的时间。

(2) 对重要的函数采用快速算法。一般来说，像运动估计、DCT变换和变长编码都有很大的计算量。对快速算法的选择依赖于开发平台以及编解码器的结构设计。可以通过比较一些替代算法的性能，从中选择最佳的算法。

(3) 解循环。例如运动估计函数可以通过重新设计，减少由于循环计数器而引起的开支。

(4) 减少数据间的依赖性。许多处理器可以实现并行处理(例如采用SIMD/VLIW的指令)，然而这仅限于对相互独立的数据进行操作。

(5) 采用联合函数可以减少函数调用和数据拷贝。例如，解码器在反量化后，实现反

Z 形扫描时，每次操作都会包含数据从一个序列到另一个序列的移动，两次操作包含同一个函数的调用和返回。将这两个函数合并，数据的移动和函数的调用都可以得到节省。

(6) 对于计算量大的操作(如运动估计)，可以采用与开发平台相关的优化，例如嵌入汇编指令、与编译器相关或开发平台相关的链接库(例如 Intel 的图像处理库)等。

采用上面的一些或全部技术可以大大提高性能，然而采用这些技术可能导致设计时间的增加、编译后代码的增加(例如为了解循环)以及复杂代码的难以维护和调试等。

例如，以基于 TriMedia TM1000 平台的 H.263 编解码器的开发为例，在实现了软件编码器设计的第一个步骤之后(即还没有进行专门的优化)，编解码器仅能达到在每秒 2 个 CIF 帧的低码率以下工作，这显然是不可接受的。在对软件进行了重组后(合并函数并除掉数据间的相互依赖)，执行速度可以提高到每秒 6 个 CIF 帧；采用的开发平台对主要函数进行优化(采用 TriMedia 的 VLIW 指令)之后，达到了每秒 15 个 CIF 帧(视频会议系统可以接受的码率)。

5) 测试

除了常规的软件测试，对于视频编解码器的设计还需要检查下面的内容：

(1) 解码器和编码器的协同工作(如果编、解码器都开发)。

(2) 实验一系列的视频序列(如果可能，包括实时的视频)，因为有些错误只有在一些特定的条件下才会出现(例如被错误解码的 VLC 码流可能只会偶尔出现)。

(3) 与第三方的编码器和解码器协同工作。最近推出的标准都有软件的测试模型，这些模型在制定标准的同时开发，是进行协同工作测试的有效参考。

(4) 在码流出错情况下，评估解码器的性能，例如随机比特错误或丢包。

为了帮助调试，提供一种跟踪模式是很有必要的，在这种模式下，主要函数的数据都会记录到一个文本文件中。没有这种模式，光靠编码出来的码流，将很难发现软件运行中出现错误的原因。一个实时的测试框架采用正在开发的视频编解码器从摄像头获得的实时视频再进行实时编码和解码。这个框架对测试很有帮助，例如比特流分析工具(MPEGTool)可以对编码的视频流提供统计信息。

6. 基于硬件的编解码器的设计

一个专用的硬件设计过程与软件不同，尽管很多设计的目标与软件编解码器相同。

1) 设计目标

硬件编解码器的设计目标包括：

(1) 最大化帧频。

(2) 最大化帧尺寸。

(3) 最大化峰值码率。

(4) 给定码率下的最大化视频质量。

(5) 最小的处理时间。

(6) 最小的门数量/设计面积，板上的内存和(或)功耗。

(7) 最小的片外数据传输(内存带宽)，这常常是硬件设计的瓶颈。

(8) 提供灵活的接口到主机系统(在通用处理器上运行的应用软件)。

在硬件设计里，前 4 个目标(最大帧率/帧尺寸/峰值比特率/质量)和第 6、7 目标(最小的门数量/功耗和内存带宽)必须折中考虑。对核心的编码函数如运动估计、DCT 和变长编码，有很多种可选的结构。但是高性能必然带来门数的增加，一个重大的限制就是完成每个宏块的编码所分配到的周期数。这可以由目标帧率、帧尺寸和选定的开发平台的时钟周期计算得到。

2) 示例

目标帧尺寸：QCIF(每帧有 99 个宏块，H.263/MPEG-4 编码)。

目标帧率：30 帧/秒。

时钟频率：20 MHz。

每秒处理的宏块个数：$99 \times 30 = 2970$。

每个宏块需要的时钟周期：$20 \times 10^6/2970 = 6374$。

这意味着在6374个时钟周期内要完成对一个宏块编码的所有操作。如果不同的操作(运动估计、运动补偿、DCT 等等)串行实现，那么这些操作所花费的周期总数不能超过这个数字。如果采用流水线的方式，那么每个独立的操作不能超过 6374 个时钟周期。

3) 规范和分割

与图 9.65 和图 9.66 列出的各项操作一样，硬件编解码器也要进行同样的操作。图 9.68 显示了采用普通总线结构的解码器方案。

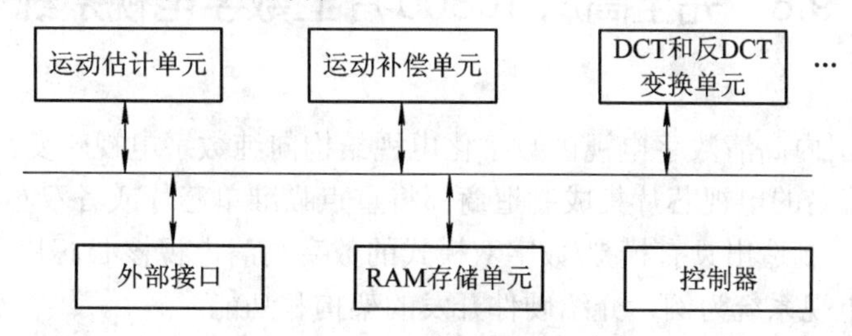

图 9.68　普通总线结构的编码器方案

这种结构具有一定的灵活性和适应性，但是性能会受到总线上传输的数据和单个处理单元工作时序的影响。图 9.69 是流水线结构的编码器方案，各处理单元流水线的独立工作，可以提高编解码器的性能。但是，在支持不同的编码标准或需要确定不同的编码模式时，这种结构需要重新设计。

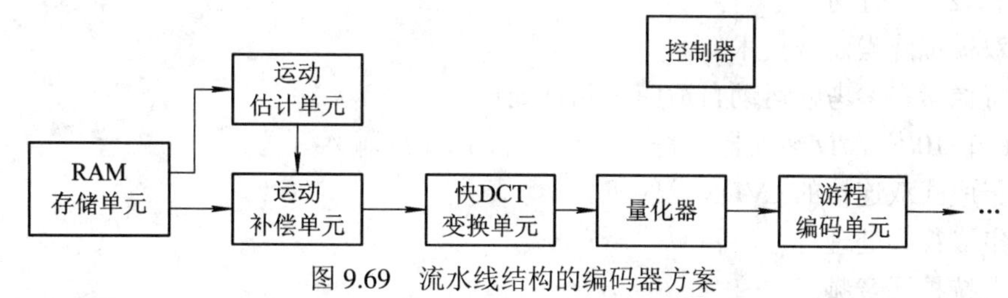

图 9.69　流水线结构的编码器方案

硬件编码器设计还需要考虑更多的事情，如专用的硬件和主处理器间的功能划分。一个像 DirectX VA 框架的协处理器结构显示了主处理器和硬件间在一个个宏块上的协调工作。一个替代的方案是将更多的操作交给硬件实现。例如，允许硬件独立于主处理器对一完整帧视频图像进行编码。

4) 设计功能模块

功能模块的设计取决于设计的目标(例如小尺寸、小功耗及高性能)，在某种程度上也取决于编码器结构。一个普通总线型的结构可能会复用一些很“费时”的处理单元。一些基本的操作(乘法)可能被很多功能模块复用(如 DCT 和量化)。而在流水线结构中，各单独的功能模块间一般不复用基本操作单元，其设计目的是最有效率地实现各功能模块。例如采用较慢、较紧凑的分布式设计。

一般来说，规则、标准的设计使得目标在开发平台上设计硬件编解码器较容易和有效。例如，有些运动估计的算法(如分级扫描)移植到规则的硬件设计比一些不规则的算法(如最近邻搜索法)更可取。

7. 测试

硬件编解码器的测试和验证可能是一个很复杂的过程，因为只有在得到硬件的原型后，才能用真正的视频流进行测试。开发与硬件设计相对应的软件模型对于产生测试变量和检测测试结果有很大的作用。硬件设计的 FPGA 连接到主系统，并具备视频捕捉、显示功能，就构成了一个实时测试的平台，可以使用一系列的视频序列在此平台上进行测试。

9.6 完全高清 1080p 片上数字电视系统

目前国际与国内高清数字电视由数字化电视结构向纯数字电视转变，已经成为电视发展的趋势。国际著名的电视芯片集成制造商都将重点瞄准单芯片或者双芯片数字应用模式，美国博通公司率先制造出具有模拟/数字双模式的数字高清电视核心芯片。下面以完全高清 1080p 片上数字电视系统为例，介绍硬件开发的架构和功能。

1. 系统主要特征

(1) 图像自动增大、绿色增强控制、黑色拉伸电路，直方图均衡处理，蓝色转移和敏锐性控制。

(2) 完全的 10 位视频处理单元。

(3) 3∶2 下拉显示。

(4) 双模拟降噪滤波技术。

(5) 每像素多参考帧运动自适应去隔行处理。

(6) 6 个 10 位 A/D 转换器，每个具有一个 8∶1 的输入开关。

(7) 集成式双连接的 LVDS 发射机。

(8) 集成视频处理。

(9) 支持扩展音频。

① 5 波段声音均衡器。

② 对模拟和数字音频输出进行独立音频输出控制。

③ 集成 BTSC 和 A2 音频解码器。

④ 集成音频数模转换器。

⑤ 道尔贝数字降噪、去环境串音、MPEG 音频解码器。

(10) 集成 NTSC 系统解调器。

(11) 集成 ATSC/QAM 接收机。

(12) 双 USB 2.0 接口。

(13) 330 MHz 32 位片上 CPU。

2．优点

(1) 对单一芯片支持全高清 1080p。

(2) 双 1080p 格式、60 帧/s 的 HDMI 接收机，可支持高质量消费电子产品应用。

(3) 集成式双连接的 LVDS 发送器，可直接与全高清 1080p 显示面板连接。

(4) 先进的 PEP 视频信号处理，可提供边缘和彩色增强功能。

(5) 双运动自适应每像素逐行扫描，可使交错视频并排展示，产生与逐行扫描同样的视觉效果。

(6) 支持自动相位和模式检测的直接 PC 输入，可降低系统设计的成本和复杂度。

(7) 双三维梳状滤波器，可为每像素自适应运动检测提供优良的亮度/色差分离。

(8) 芯片上的高品质视频缩放功能，可提供广泛的画中画处理能力，支持和 4∶3 图像到 16∶9 电视机显示的非线性转换。

(9) 全部 10 位视频支持，保留了信号完整性和图像质量。

(10) 优越的 ATSC 信号接收及解调，在静态和动态多径条件下都能良好地工作。

(11) A/D 转换器和 D/A 转换器的综合集成，可支持直接音/视频输入/输出，简化了系统设计，降低了成本。

3．外部连接框图

完全高清数字电视的结构由三大部分组成：接收部分、信号解码处理部分以及标准显示输出模块。其中电路部分的外围连接线路框图如图 9.70 所示。

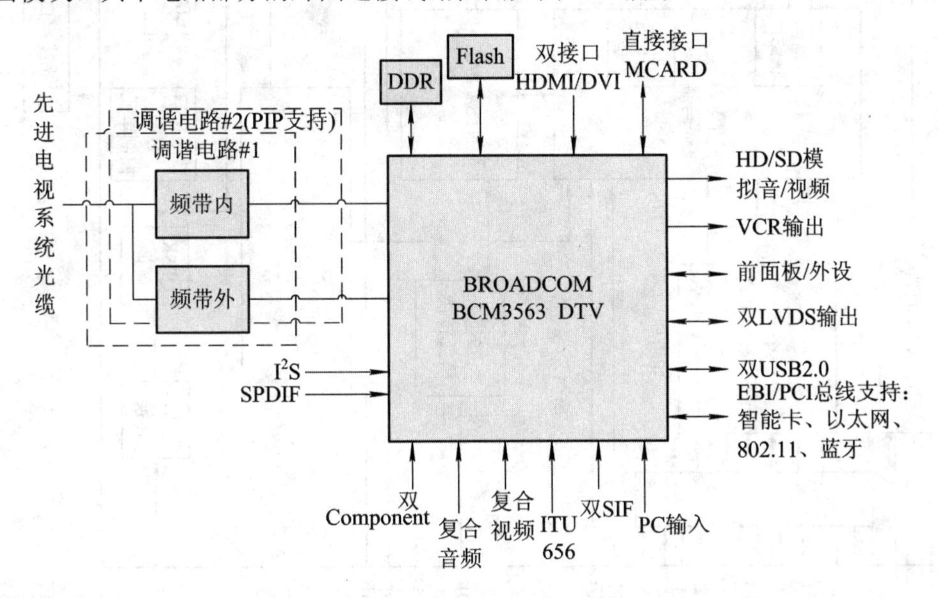

图 9.70　完全高清数字电视的外围连接线路图

4．内部结构框图

完全高清数字电视的内部结构框图见图 9.71。

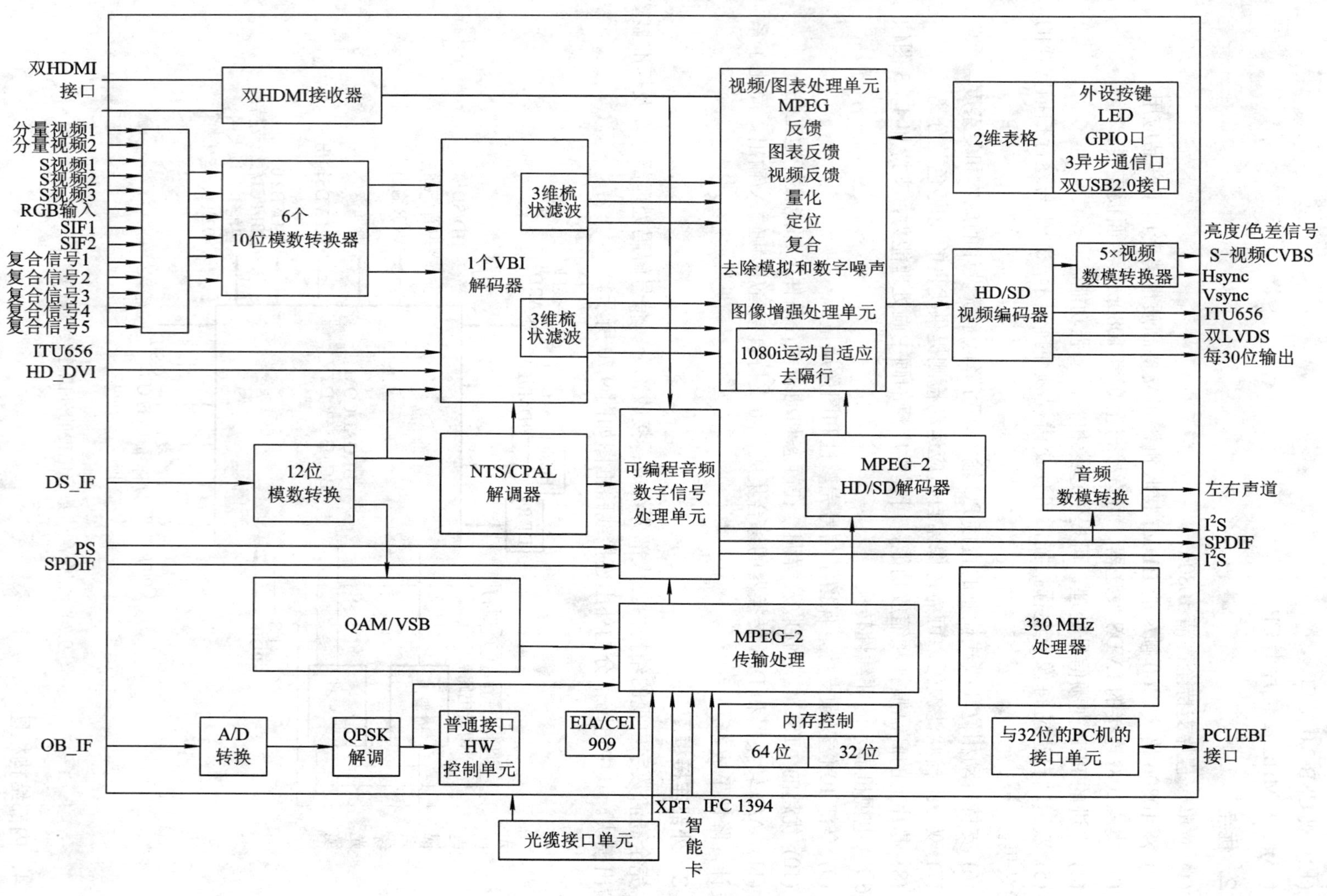

图 9.71　完全高清数字电视的内部结构框图

5. 数字化高清电视接收机

(1) 数字化高清电视接收机的整体结构框图如图 9.72 所示。

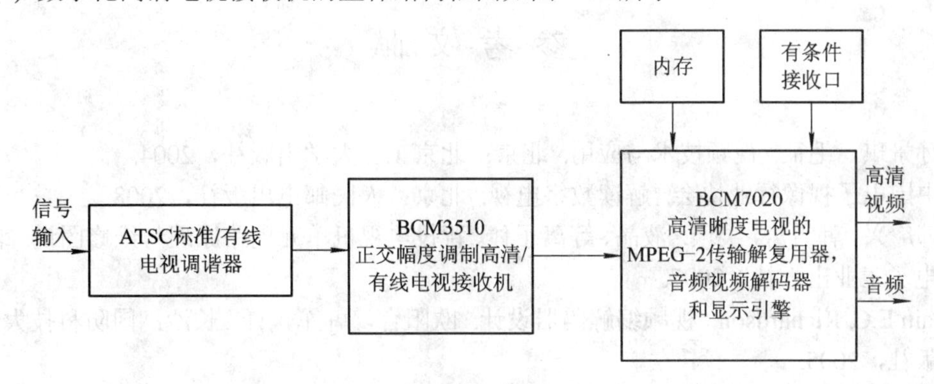

图 9.72　数字化高清电视接收机的结构框图

(2) 数字化高清电视接收机的内部结构图如图 9.73 所示。

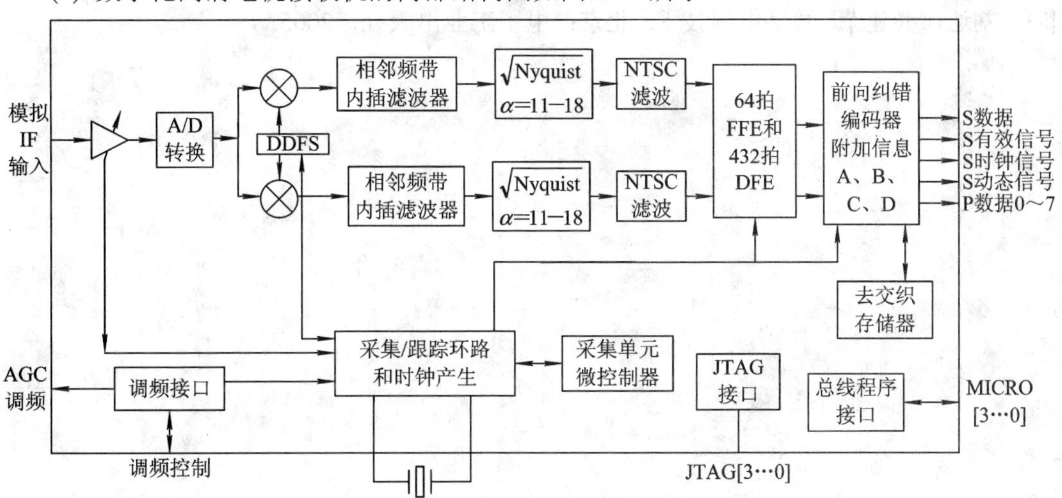

图 9.73　数字化高清电视接收机的内部结构图

数字化高清电视是当前以及今后一段时期内市场需求的热点，也是电视技术发展的重点，因此掌握数字化高清电视的设计过程以及结构特点，了解数字化高清电视的软件、硬件开发环境和技术支撑平台，对于开发具有自主知识产权的电视产品具有重要的意义，也是电子信息工程与电子信息科学专业技术人员的责任。

参 考 文 献

[1] 孙景琪，毛征. 视频技术与应用. 北京：北京工业大学出版社，2004.
[2] 中国电子视像行业协会. 解读数字电视. 北京：人民邮电出版社，2008.
[3] 韩广兴，韩雪涛，吴瑛. 液晶、等离子体、背投电视机单元电路原理与维修图说. 北京：电子工业出版社，2007.
[4] Iain E.G. Richardson. 视频编解码器设计. 欧阳合，韩军，译. 长沙：国防科技大学出版社，2005.
[5] 张建国，戴树春，郭永禄. 电视技术. 北京：北京理工大学出版社，2007.
[6] 李雄杰. 平板电视技术. 北京：电子工业出版社，2007.
[7] 刘达，龚建荣. 数字电视技术. 北京：电子工业出版社，2005.